局部放电检测与绝缘状态评价

唐　炬　曾福平　唐博文　潘　成　肖　淞　著

科学出版社

北京

内 容 简 介

　　本书主要介绍气体绝缘装备局部放电检测与绝缘状态评价所涉及的基础理论与关键技术，内容包括气体绝缘装备局部放电检测及噪声评价、混合局部放电信号分离、局部放电类型辨识、局部放电程度评估与状态评价技术等四篇，共14章。

　　本书适用于从事电气设备设计、制造、运维检修人员的理论与技术参考书，也可作为高等院校研究生和本科生相关专业课程的教学参考书。

图书在版编目(CIP)数据

局部放电检测与绝缘状态评价 / 唐炬等著. —北京：科学出版社，2022.11

ISBN 978-7-03-071025-3

Ⅰ．①局…　Ⅱ．①唐…　Ⅲ．①局部放电-绝缘检测-评价
Ⅳ．①TM855

中国版本图书馆CIP数据核字(2021)第260772号

责任编辑：张海娜　赵微微 / 责任校对：张小霞
责任印制：吴兆东 / 封面设计：蓝正设计

科　学　出　版　社 出版
北京东黄城根北街 16 号
邮政编码：100717
http://www.sciencep.com
北京中科印刷有限公司 印刷
科学出版社发行　各地新华书店经销
*
2022 年 11 月第　一　版　开本：720 × 1000 1/16
2023 年 8 月第二次印刷　印张：23 1/4
字数：466 000
定价：168.00 元
(如有印装质量问题，我社负责调换)

前　言

以气体绝缘封闭组合电器(gas insulated switchgear, GIS)为代表的气体绝缘装备在现代电网的各个电压等级系统中已被广泛使用,保障 GIS 设备可靠运行对于超大规模复杂电网的整体安全愈加重要。实际运行中,由超/特高压 GIS 设备内部绝缘故障导致的电网停电事故率长期居高不下。据不完全统计,特高压 GIS 设备故障率约为 0.649 次/(百间隔·年),而超高压 GIS 设备故障率约为 0.208 次/(百间隔·年),尤其是"高龄"设备的绝缘劣化问题更显突出,时刻危及设备自身与电网的安全运行。因此,需要对 GIS 设备状态进行全面监测及准确的评估,特别是对设备的绝缘状态进行全面监测,这既是 GIS 设备状态检修和全寿命周期管理的前提条件,也是智能电网运行的重要参考依据,对于保障电网安全可靠运行具有重要的现实意义。

目前,GIS 设备绝缘状态监测理论与技术有了长足的进步,能够获得较为准确的绝缘状态信息,加上常年运行与检修积累的大量预防性试验数据,为实现 GIS 设备绝缘状态综合评估奠定了技术与大数据基础。鉴于 GIS 设备绝缘故障的复杂性、运行环境与监测手段的多样性、数据信息的不精确性等因素,多参量综合诊断可以充分、合理地挖掘 GIS 设备状态的多种有效信息,进而提高设备运行状态评价的准确性。为此,需要根据 GIS 设备运行的实际情况,构建基于带电检测、在线监测、巡检试验以及运行工况、环境气候、设备寿命及剩余价值等的多源大数据信息融合分析与评估指标体系,探寻与 GIS 设备内部典型绝缘故障模式与危害程度高度关联的特征信息,提出表征特征参量重要性差异的权重系数赋权原则,利用改进 DS(Dempster-Shafer)证据融合理论进行特征信息决策融合,建立考虑普适性与经济性指标的多类别特征信息综合评估模型和方法,实现对气体绝缘装备绝缘运行状态的科学评估,为保障电网安全运行提供理论和技术支撑。

本书围绕 GIS 设备局部放电综合检测与状态评价方法展开论述,共四篇 14章,第一篇(第 1~3 章)主要论述气体绝缘装备局部放电检测及噪声评价,内容包含绪论、气体绝缘装备局部放电主要检测方法、局部放电信号噪声特点与信噪比二阶估计;第二篇(第 4~7 章)主要论述 GIS 设备多绝缘缺陷产生的混合局部放电信号分离,内容包含局部放电信号混合与分离基础知识、混合局部放电信号二阶统计量分离算法、混合局部放电信号卷积分离技术和局部放电特征参数与特征提取;第三篇(第 8~11 章)则集中阐述 GIS 设备局部放电类型辨识,内容包含基于支持向量数据描述的局部放电类型辨识、基于深度学习的局部放电模式辨识、基于多信息融合的局部放电模式识别和描述局部放电发展过程的特征信息；第四篇(第 12～14 章)针对 GIS 设备局部放电程度评估与状态评价技术进行论述，内容包含 GIS 局部放电状态模糊综合评判方法、基于栈式自编码原理的局部放电程度评估和气体绝缘装备绝缘状态多源信息融合评价。其中，唐炬教授负责撰写第 1、3～6 章，并负责全书统稿和各章的修改及审定；曾福平副教授负责第 2、14 章的部分撰写工作，第 7、9 章、11～13 章的撰写工作，并协助唐炬教授进行统稿和出版工作；潘成副教授负责第 8 章的部分撰写工作和第 10 章的撰写工作；肖淞副教授负责第 2、8 章的部分撰写工作；唐博文博士负责第 14 章的部分撰写工作，并负责全书的校稿工作。

本书是作者及其研究团队多年来对 GIS 局部放电检测技术和状态评价方法系统研究工作的结晶。在研究过程当中，得到了国家自然科学基金重点项目"SF$_6$气体绝缘装备分解组分分析的故障诊断理论与方法研究"(51537009)，国家重点研发计划项目"长期服役条件下特高压设备寿命预测与运行风险评估"(2017YFB0902705)，国家重点基础研究发展计划(973 计划)项目"防御输变电装备故障导致电网停电事故的基础研究"(2009CB724500)和"电气设备内绝缘故障机理与特征信息提取及安全评估的基础研究"(2006CB708411)，国家自然科学基金项目"组合电器中混合绝缘缺陷局部放电机理及模式识别研究"(50377045)、"用复小波(包)提取 GIS 复杂电场中局部放电信号研究"(50577069)、"GIS 绝缘缺陷诱发突发性故障与绝缘状况评判的基础研究"(50777070)和"SF$_6$局部过热分解关键组份特征提取及其故障诊断方法研究"(51607127)，以及湖北省杰出青年基金项目"气体绝缘装备绝缘状态监测理论与关键技术"(2020CFA097)等持续资助。博士研究生李伟、陶加贵、卓然、金淼、杨旭以及硕士研究生王存超、林俊逸、吴司颖、张新伯等在项目研究中付出了大量的精力。在此，一并表示诚挚的谢意。

由于作者水平有限，加上 GIS 设备绝缘在线监测与状态评价理论正在迅速发展，本书可能有许多不够完善之处，敬请广大读者批评指正。

作　者
2022 年 5 月

目　　录

第一篇　气体绝缘装备局部放电检测及噪声评价

第1章 绪 论

1.1 气体绝缘装备结构及应用

随着输变电技术的不断进步和电网发展的需求加快，以 SF$_6$ 气体为主要绝缘介质的设备类型越来越多，应用领域也越来越广泛。本书就应用广泛的 SF$_6$ 气体绝缘装备内部局部放电(partial discharge, PD)检测与绝缘状态评价技术进行介绍。

1.1.1 气体绝缘装备种类及结构

SF$_6$ 气体绝缘装备主要包括气体绝缘电缆(gas-insulated cable, GIC)、气体绝缘变压器(gas-insulated transformer, GIT)、气体绝缘开关柜(cubicle gas-insulated switchgear, C-GIS)、气体绝缘封闭组合电器(gas-insulated switchgear, GIS)等，另外，气体绝缘线路(gas-insulated line, GIL)和气体绝缘断路器(gas-insulated breaker, GIB)作为气体绝缘变电站中的单一设备存在。

1. 气体绝缘电缆

GIC 以 SF$_6$ 气体作为绝缘介质，将导线放在充有 SF$_6$ 气体的金属管道中，又称为气体绝缘管线[1]。GIC 采用 SF$_6$ 气体和管道结构，具有常规电缆无法比拟的优点。

(1)常规电缆绝缘油和纸的介电常数大，充电电流相应较大，且随长度正比上升，而 SF$_6$ 的介电常数近于 1，仅为常规电缆的 30%，电容量只有常规电缆的 25% 左右，通常为 50~70pF/m，充电电流小，故 GIC 的传输距离可相应增加。

(2)GIC 以气体作绝缘介质，介质损失极小，几乎可忽略，因此可承受较常规电缆高得多的运行电压。

(3)GIC 采用 SF$_6$ 气体绝缘，其导热性能比常规电缆好，且导体允许温度比常规电缆高；常规电缆的导线截面因制造工艺而受限制，GIC 则不受限制，导体截面可做得很大，传输功率相应可增加。

(4)GIC 终端套管结构简单，相互连接采用插入式结构，连接方便。

(5)GIC 不存在常规充油电缆终端的高低差问题，特别适用于落差大、场地窄小的水电站和抽水蓄能电站等地中与架空线的连接段。

(6)GIC 占地面积小，例如，传输容量 2500MVA、电压 420kV 的三相充气管道电缆，占地面积不到同容量架空线路走廊的 1/30，为超高压变电所建于市区创造了条件。

(7)使用场所广泛。例如，发电机组与变电所间的连接；容量特大而空间有限，且要求无油、不易引起火灾危险的场所，如大城市集中负荷处所和核电站、水电站等的高压引出线；不同等级电压间线路交叉的变电所；跨越高速公路的架空线、河流、铁道等的大容量短距离的高压线。现在已有用作较长距离输配电管线的趋势。

但是，与常规电缆相比，GIC 制造工艺复杂，消耗材料较多，制造成本高。GIC 具有刚性单芯式、刚性三芯式和可挠式这三种结构，具体如下所述。

1)刚性单芯式

刚性单芯式 GIC 由中心导体、支持绝缘子、外壳和内充压缩的 SF_6 气体组成，导体一般为拉制成的铝管，支持绝缘子为环氧树脂浇注件，外壳由刚性铝管制成。铝管一般用铝板材卷轧成螺旋形后焊接成筒状。刚性单芯式是过去 GIC 的主要结构形式，其运输长度一般小于 20m，需在现场装配，焊接工作量很大，施工质量不易保证。

2)刚性三芯式

刚性三芯式 GIC 将三相的每相导体放置于一公共外壳内，近年来产品的运输长度已超过 100m。刚性三芯式 GIC 与刚性单芯式 GIC 相比，有如下优点。

(1)因使用公共外壳，能节省外壳材料，且外壳材料为碳钢，造价低。

(2)因无环流，可降低输电损失和成本。

(3)现场焊接量小，密封、接头均较少，可靠性高。

(4)占地面积小，安装成本较低。

(5)埋入地下的 GIC，既可减少土方工程，又可节约输电走廊。

3)可挠式

可挠式 GIC 的外壳为抗压强度高的铝质波纹管，管壁较薄；导体一般也是波纹铝管；绝缘子是多翼式结构，由共聚树脂压铸成型。可挠式 GIC 有如下优点。

(1)波纹外壳强度高，管壁薄，可节省材料，降低 GIC 的造价。

(2)单件运输长度可达 80m 以上，现场焊接的接头少，可靠性高。安装工作量小，可降低安装费用。

(3)可用专用设备连续制造，生产成本较刚性结构的 GIC 低。

2. 气体绝缘变压器

GIT 具有不燃、不爆、无污染等优点，特别适合于城市人口稠密地区和高层建筑内供电[2]。但是，散热问题是阻碍 GIT 向大容量发展的关键所在。SF_6 气体作为冷却介质时，因其密度仅为变压器油的 1/60 左右(气体绝对压力为 0.22MPa 时)，对流换热系数比变压器油小一个数量级，这不仅导致 GIT 散热困难，而且造成绕组温升的纵向不均匀分布。根据冷却介质的不同，GIT 主要可分为气体绝缘和气体冷却与气体绝缘和液体冷却两大类型[3]。

1) 气体绝缘和气体冷却

对于容量小于 60MVA 的 GIT，由于其热损耗较小，通常采用 SF_6 气体循环冷却的散热方式。这种类型的 GIT 与传统的油浸变压器在结构上有不少类似之处，在总体结构设计中可作借鉴。但具体的绝缘结构和冷却系统设计，还需要结合 SF_6 气体的特点，通过实验研究和理论分析加以考虑。与油浸变压器类似，采用 SF_6 气体循环冷却的散热方式时，要根据变压器容量大小不同，分别采用内部 SF_6 气体自然循环，散热器外部的空气自然冷却。或变压器箱体内部 SF_6 气体强迫循环，散热器外部的空气自然冷却和外加风扇强迫空气冷却。

2) 气体绝缘和液体冷却

当 GIT 容量超过 60MVA 时，大多采用液体 ($C_8F_{16}O$ 或 C_8F_{18}) 冷却和 SF_6 气体绝缘分离式结构，最大容量和电压分别已达到 300MVA 及 275kV，并已制成 300/3MVA、500kV 单相 GIT。这类产品的结构与油浸变压器有极大差异，通常为分层冷却、箔式绕组的 GIT，简称为 S/S 型 GIT。

根据工作电压和容量不同，GIT 选用各种饼式绕组和箔式绕组。高压绕组与低压绕组之间、绕组对地的主绝缘，其强度主要取决于 SF_6 气体的绝缘强度。由于 SF_6 气体中的放电或击穿就是主绝缘的击穿，在设计中要严格控制气体中的电场强度。

变压器箱内 SF_6 气体压力越高，热容量越大。若 0.125MPa 的 SF_6 气体热容量为 1，那么 0.4MPa 的 SF_6 气体热容量应为 2.4。在绝缘强度方面，也是气体压力越高，绝缘强度越大。因此，在 275kV 电压等级时，采用 0.4MPa 的 SF_6 气体，而在 500kV 电压等级时，采用 0.6MPa 的 SF_6 气体。GIT 箱体与油浸变压器的不同之处在于要求箱体除在全真空时不因屈曲失稳而失效外，还要求承受内压时有足够的强度和刚度。为此，日立公司采取在 GIT 箱壁周边加箍的办法，以加强箱体的机械强度。

密封不好会造成箱体内的 SF_6 气体泄漏和外界水分向箱体内渗透，从而危及变压器的安全运行，因此 GIT 对密封性能的要求很高，一般要求气体年泄漏率小于 1/1000。为保证箱体的密封性，应尽可能减少密封面和焊缝，提高焊缝的质量，必要时可采用双密封结构和密封剂。

GIT 采用各种耐热性能和绝缘性能好的固体绝缘材料。例如，匝绝缘一般采用聚对苯二甲酸乙二酯(PET)或聚苯硫醚(PPS)，最近又发展使用价格较低的聚萘二甲酸乙二醇酯(PEN)类聚酯薄膜；绝缘支撑条采用聚酯玻璃纤维；绝缘垫块采用聚酯树脂。聚酯薄膜和 SF_6 气体一起组成组合绝缘结构，其长期耐电强度主要取决于气膜结构的 PD 特征。

采用箔式绕组的 GIT，高低压绕组之间的主绝缘采用两层厚度为 25μm 的薄膜卷制而成的固体绝缘，匝绝缘采用聚酯薄膜。这种结构充分利用了箔式绕组空间系数高、聚酯薄膜厚度薄和绝缘强度高的特点，从而可显著减轻重量和减小尺寸。

变压器绝缘由匝间绝缘、绕组端部绝缘、主绝缘和外绝缘四部分组成。与 SF_6 全封闭组合电器相比，变压器中的电场分布常常很不均匀，需要通过电场分析计算来强化内部电场不均匀处的绝缘。由于 SF_6 气体的绝缘性能对电场的均匀性依赖程度较大，为防止 PD 的产生，需要改善 GIT 内部电场分布，除在绕组端部设置良好的静电屏蔽外，还应尽量除掉铁心各结构件表面的尖角毛刺，必要时应在螺钉和棱角等处加上屏蔽罩。

3. 气体绝缘开关柜

C-GIS 是用于配电等级的柜式全封闭组合电器，虽然在原理上与高压 GIS 设备无多大差别，但其结构设计与高压 GIS 设备有很大不同[4]。尽管 C-GIS 设备是 20 世纪 70 年代末期开发的产品，但其发展很快，例如，瑞士勃朗-鲍威利有限公司（Brown Boveri Corporation, BBC）于 1979 年制成 46～72.5kV 的 C-GIS 设备，到 1982 年运行的 C-GIS 设备已达 200 条馈线。

与常规的空气绝缘开关柜相比，C-GIS 设备的主要优点是占地面积小、维护简单、工作可靠。日本三菱电机股份有限公司的资料说明，20kV 的 C-GIS 设备占地面积只有常规空气开关柜的 45%，30kV 的 C-GIS 设备占地面积仅为常规空气开关柜的 28%，72.5kV 的 C-GIS 设备占地面积只是三相封闭式常规 GIS 设备的 76%。瑞士 BBC 的资料表明，69kV 等级的 GIS 设备尺寸与常规的 34.5kV 空气开关柜相当或更小。此外，C-GIS 设备几乎不受外界大气条件的影响，在高原地区和严重污秽条件下更能充分发挥其优越性。因此，C-GIS 设备在城市电网改造中具有突出的优势。现将 C-GIS 设备设计、结构的主要特点分述如下。

1) 充气压力低

气体绝缘电气设备的最佳充气压力与很多因素有关，如电压等级、制造和装配工艺、密封条件及外壳承压能力等。对用于配电等级的 C-GIS 设备，采用低气压较为经济，其原因如下。

(1) 充气压力低时可用 3mm 钢板焊成柜式外壳，使生产简化。C-GIS 设备的外形与常规的空气绝缘开关柜相似，因此在城网改造中用 C-GIS 设备取代原有开关柜比较容易实现。

(2) 当气压较低时，SF_6 气体对局部电场集中不太敏感，因此对 36kV 及以下

C-GIS 设备中隔离开关、接地开关和母线等有可能采用标准件而不必另行设计，同时可以降低对电极表面光洁度要求，以减少制造成本。

（3）工作气压较低时漏气率低，运行多年后绝缘强度下降不多。

由于开关柜中气压随温度而变化，必须保证在最小允许工作气压下，最低环境温度时柜中气体不小于一个大气压，以免周围空气进入开关柜。所以，C-GIS 设备的充气气压（20℃时）一般为 120～130kPa（绝对气压）。

2）采用 SF_6 和空气的混合气体

由于 C-GIS 设备的外壳为柜式，机械强度低，不能像高压 GIS 设备那样在充 SF_6 气体前先抽真空，而必须采用气体取代法，从底部慢慢充入 SF_6，在柜体上部将空气排出。采用这种充气方式，必然会在 SF_6 中混入少量空气（约 5%）。少量空气的存在不但不会使 SF_6 的绝缘强度下降，在不均匀电场中（C-GIS 设备属不均匀电场）还可以改善 SF_6 的绝缘强度。

3）断路器及隔离开关

通常 72kV 级 C-GIS 设备采用压气式 SF_6 断路器，用电动机储能的弹簧机构操作，以省去压缩空气系统，其充气压力通常为 600kPa。在 36kV 及以下电压等级，目前的趋势是采用频繁操作而无须检修真空开关。例如，瑞士 BBC 的 SF_6 断路器的免检修指标为：满负载电流操作 3000 次，额定短路电流开断 25 次；德国 ABB Calor-Emag 公司真空断路器的免检修指标为：满负载电流操作 1 万次；额定短路电流开断 50～100 次（试验表明：额定短路电流开断 100 次后触头磨损仅为 0.5mm，而最大允许值可达 2mm）。

隔离开关可以和接地开关做成一体（三位置开关）。30kV 及以下的隔离开关常采用简单的刀闸式，72kV 级则采用可动触头作直线运动的插入式隔离开关。

1.1.2 气体绝缘封闭组合电器

GIS 是一种将变电站内除变压器以外的一次元件如断路器、隔离开关、接地开关、电流互感器、电压互感器和避雷器等部件，经优化设计有机地组合成一个整体，封闭于金属壳内，充以 SF_6 气体作为灭弧或绝缘介质组成的封闭组合电器[5]，GIS 也称为气体绝缘变电站（gas insulated substation）。在气体绝缘变电站中，也可将断路器独立成 GIB，同时还有独立存在的 GIL。

GIS 设备也可以是一种高压配电装置。高压配电装置的形式有两种：①空气绝缘的常规配电装置（air-insulated substation，AIS），通常变电站使用的 AIS 采用绝缘器件将带电部分、接地部分分隔一定的距离，依靠空气绝缘。②混合式配电装置（hybrid gas-insulated substation，H-GIS），将断路器、隔离开关、接地开关、电流互感器和电压互感器等部件，集成一个模块，整体封闭于充有 SF_6 绝缘气体的金属壳内，而对母线采用敞开方式进行布置。

GIS 设备的显著特征与优势体现在以下几个方面。

(1)可方便后期运维。运行可靠，安全性高，尤其在接地外壳的保护下，电气设备可视为一个独立的整体，不会因为外界环境的变化而变化，为工作人员的运行维护维修提供了安全保障。

(2)占地面积少。内部 SF_6 气体绝缘性良好，设备绝缘距离变短，在用地费用高的地区具有显著的优势。

(3)对通信设备干扰小。设备外壳具有一定的屏蔽功效，与地面相连接后，降低了电场和电磁辐射的影响。

(4)检修周期长。GIS 设备不会出现氢化现象，且断开能力强，降低了检修频率，通常在 5～8 年才进行一次检修。

(5)操作与安装简便。在设备运输时，一般会采取多个分解部分或整体的方式，从而降低现场安装工作的难度，在节约成本的同时，提高工程建设效率。

GIS 设备通常为积木式结构，断路器、隔离开关、接地开关和互感器等部件可根据用户需要与电气主接线随意组合[6]。目前，投入运行的 GIS 设备额定电压为 66～550kV，额定电流为 1250～4000A，额定开断电流为 31.5～50kA，国产 GIS 设备额定开断电流能够达到 40kA。为了简化结构和便于适应现代变电站的需要，分相式(即 A、B、C 三相分开)GIS 设备大多数用于电压高、电流大的场合。为了进一步缩小 GIS 设备的尺寸，110kV 的 GIS 设备一般都用三相供体式结构，随着技术进步，220kV 也可做成三相供体。

1. 断路器

GIS 设备中的断路器大多是压气式断路器(单压式)，压气式断路器制造简单，使用压力一般为 0.5～0.7MPa，在非极寒地区工作时，SF_6 气体没有液化问题。另外，GIS 设备断路器的断口可以垂直布置，也可以水平布置。对于断口水平布置的断路器，需要将两侧的出线孔支撑在其他元件上，检修时，灭弧室从端盖方向吊出，起吊灭弧室不需要高度的要求，但侧向要有一定的宽度尺寸。对于断口垂直布置的断路器，出线孔布置在两侧，操作机构一般作为断路器的支座，检修时，灭弧室垂直向上吊出，配电室高度要求较高，但侧向距离一般比断口水平布置的断路器要小。

2. 隔离开关

隔离开关是 GIS 设备中一个比较复杂的部件，它主要用于电路无电流区段的投入和切除。隔离开关从结构上可分为直动式和转动式两种，转动式宜布置在 90° 转角处和直线回路中，直动式宜布置在 90°转角处，结构简单，检修方便，且分合速度容易达到较大值。为了简化电气接线，节省投资，在不重要的末端变电站可选用负荷开关。负荷开关是在隔离开关断口上加装灭弧装置，因此结构尺寸基本上与隔离开关相同，但操动机构较大。

3. 电流互感器

电流互感器可以单独组成一个部件或与套管和电缆头联合组成一个部件。单独的电流互感器放在一个直径较大的筒内，筒内根据需要可放置 4~6 个单独的环形铁心，二次绕组即绕在环形铁心上。

4. 电压互感器

电压互感器按其原理可分为电容分压式和电磁感应式两种，按其绝缘方式可分为有机绝缘浇注式和 SF_6 气体绝缘式两类。110kV 和 220kV 采用环氧树脂浇注的电磁感应式电压互感器，300kV 及以上电压等级普遍采用电容分压式电压互感器。

5. 母线

母线有两种形式，一种是三相母线封闭于一个筒内，导电杆采用条形(盆形)支撑固定，它的优点是外壳涡流损失小，相应载流容量大。但三相导线布置在一个筒内不仅电动力大而且存在三相短路的可能性。单相母线筒是每相导线封闭在一个筒内，它的主要优点是杜绝了发生三相短路的可能性，圆筒直径较同级电压的三相母线小，可以分割若干个气隔，回收 SF_6 气体工作量相应减少，但是存在占地面积大、加工量大和涡流损耗大等缺点。

6. 接地开关

一般情况下，接地开关与隔离开关组合成一个元件，通常有以下三种形式。

1)工作接地开关

动触头运动速度较慢，可用手动机构操作，亦可用机械传动机构操作。

2)快速接地开关

触头运动速度很快，通常安装在汇流母线和电缆引线上。在 GIS 设备停电检修时，为安全工作的需要，应首先关合快速接地开关，然后直接关合工作点附近的工作接地开关。

3)保护接地开关

关合时间很短(100ms 以下)，主要是用来熄灭 GIS 设备内部的闪络电弧，要求保护接地开关具有很高的可靠性，不允许误动作。

快速接地开关和保护接地开关一般采用预先储能的操作机构(如弹簧机构和气动机构等)，接地开关的动触头安装在处于地电位的外壳上，因而不需要绝缘拉杆，而静触头则可装在母线和隔离开关套管等的高压导体上。

1.2　气体绝缘装备内部常见绝缘故障

1.2.1　气体绝缘装备内部绝缘故障案例统计

气体绝缘装备是输变电系统中与变压器同等重要的关键设备，据国家电网公司统计[7]，截至 2013 年底，在运 GIS 设备共计 48498 间隔，同比增加 7339 间隔，增幅达 17.8%。统计数据也表明[8,9]，2013 年国家电网系统在运 GIS 设备共发生故障跳闸 11 次，故障率为 0.023 次/(百间隔·年)。随着 GIS 设备应用数量的迅猛增长，故障率有增无减，故障类型也层出不穷。引起故障的原因复杂多样，如设计欠合理、制造过程有残留物、安装出差错或安装出现刮痕、运行过程中有外力破坏等缺陷，都是引起 GIS 设备内部场强发生畸变，并致使绝缘性能下降，甚至最终导致设备放电或击穿故障的原因。

国际大电网会议 23.10 工作组 GIS 设备故障调查报告显示[10]：在 1985 年以前投运的 GIS 设备所发生的故障中，绝缘故障占 60%，1985 年及以后发生的故障中，绝缘故障占 51%。据国家电网对 72.5~800kV 的 GIS 设备运行情况分析：截至 2008 年，发生的 33 次 GIS 设备事故中，绝缘问题导致的事故就有 24 次；发生运行障碍 74 次，绝缘障碍共 13 次[11]。我国也出现过多次 GIS 设备内部绝缘闪络和击穿事故，例如，韶关合西 110kV 变电站 GIS 设备，在进行耐压试验时发现，长螺丝钉掉在盆式绝缘子上造成绝缘击穿；江门 500kV 变电站 GIS 设备，由绝缘操作杆上的缺陷导致闪络事故；沙角电厂 220kV 变电站 GIS 设备，由安装时留下的尖毛刺引起绝缘击穿；等等。GIS 设备发生绝缘故障引发的事故类型多种多样，由图 1.1 看出，由接触不良、金属微粒、绝缘子缺陷和绝缘配合引发的绝缘事故占有较大的比重[12,13]。

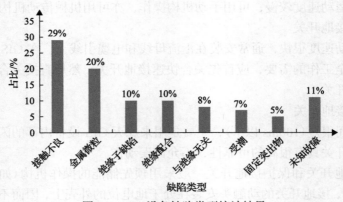

图 1.1　GIS 设备缺陷类型统计结果

1.2.2 气体绝缘装备内部典型绝缘故障原因

从目前形成的共识来看,绝缘故障的产生主要是由于 GIS 设备内部存在各种缺陷[14],这些缺陷畸变了 GIS 设备内部原有的电场,使得局部出现电场集中而引起 PD 现象,PD 严重时会发生放电性故障。同时,缺陷部位的热稳定性也可能被破坏,会造成 GIS 设备内部局部过热(partial over-thermal,POT)现象,POT 严重时会引起过热性故障。从出现的各种缺陷类型判断,主要原因有严重的装配错误、遗留的自由导电物、摩擦产生的自由金属微粒、撞击出现的金属突出物、绝缘子表面与内部缺陷、导体之间电气或机械接触不良、磁路饱和或过载以及 SF$_6$中纯度未达要求等情况。

1. 自由金属微粒

GIS 设备内部的自由金属微粒缺陷是发生绝缘故障的主要诱因之一,它对 GIS 设备绝缘危害极大。GIS 设备内部的自由金属微粒主要有两个来源途径:①在运行中,各金属部件在电动力或开关动作振动作用下,相互摩擦产生金属微粒;②在 GIS 设备部件装配或检修时清洁工艺不达标,没有清洗干净或者人为造成的金属微粒遗留。其形状有细长线形、螺旋线形、球形及粉末状等[15]。由于这些金属微粒没有束缚,它们会在电场中被感应带上电荷,因质量很小,在电场力的作用下发生移位和跳跃,可出现在设备内部任意部位。这些微粒的自由运动与电场强度、微粒形状和质量及一些随机因素有关,如果微粒自由跳跃的范围足够大,数量足够多,就可能在高压导体和外壳之间形成局部带电通道,进而引发贯穿性电弧通道的形成,从而导致 GIS 设备严重的放电性故障,因此自由导电微粒会严重威胁 GIS 设备的安全运行。当导电微粒未导致腔体内发生贯穿性的放电时,最容易表现的电气特征是产生不稳定且分散性较大的 PD。导电微粒的运动路径取决于多种因素,包括外施电压形式、微粒的形状与大小以及微粒所处位置等。

2. 金属突出物

金属突出物缺陷是指 GIS 设备内部金属构件上出现固定的突出部分所形成的缺陷[16],这些金属构件包括高压导体、GIS 设备外壳内壁及其他金属连接构件。金属突出物通常是由于零件加工、运输和装配工程中遭受严重的机械撞击等形成的。由于金属突出物端部往往曲率半径很小,极易出现端部电场集中,形成局部强电场区域。在额定工作电压下,这些强电场区域会形成稳定的 PD,在长期运行中 PD 会逐步加剧,同时有可能在过电压的作用下,引发 GIS 设备击穿性故障。高压导体和外壳内壁上的突出物放电特征是不同的,处在高压导体上的突出物,其放电通常发生在工频负半周,而外壳内壁上的突出物,其放电通常发生在工频正半周。一些微小的突出物会在长期放电中被烧蚀，从而不会对 GIS 设备的绝缘状况造成威胁，但一些较大的突出物会长期存在，对 GIS 设备运行安全造成严重威胁。

3. 绝缘子气隙

绝缘子气隙缺陷主要集中在 GIS 设备内部的盆式绝缘子上，可以分为两种类型[17]：①盆式绝缘子在加工制造过程中，由工艺不达标导致在固化过程中环氧树脂内部存在气泡（绝缘子气隙）；②在长期运行过程中，由于电动力作用、环氧树脂和金属材料的热膨胀系数不同以及开关动作等机械振动，盆式绝缘子与高压导电杆的连接处出现松动，形成气隙缺陷，甚至绝缘开裂。在运行过程中，这些绝缘子气隙会在电场作用下长期发生 PD，使得绝缘缺陷逐渐加剧，最终可造成绝缘击穿的严重事故。

4. 绝缘子表面金属污染物

绝缘子表面有时会吸附一定数量的金属微粒[18]，这些微粒在电场力的作用下会发生移动，形成绝缘子表面金属污染物。如果金属微粒移动到不利于放电发生的位置，不会引起绝缘子表面产生 PD；有些金属微粒起初可能并不危险，但机械振动或静电力的作用，会使其运动到有利于放电发生的位置，从而引起绝缘子表面发生 PD，甚至逐渐演变为沿面放电。另外，还有一些微粒由于附着较为牢固，不易发生移动，从而固定在绝缘子表面形成固定绝缘子表面污染缺陷。这些固定的金属微粒表面会形成电荷集聚，这些表面电荷有时会加剧电场的畸变，从而引起 PD。金属微粒引发的放电往往会导致绝缘子表面损伤，严重时有可能导致绝缘击穿和沿面闪络等故障。

5. 悬浮电位

悬浮电位是指金属部件处于高压与低压之间，按其等效电容形成分压后具有一定的对地电位。悬浮电位有利有弊，在较高电压等级的套管中，带悬浮电位形成屏蔽罩效应，可改善套管外表面的电场分布而被应用。在一些断路器绝缘拉杆接头上，悬浮电位会引起绝缘拉杆接头和销轴发生严重 PD 而出现烧蚀，进而导致操作过程中绝缘拉杆接头断裂[19]。另外，铝合金零部件的阳极氧化能在铝合金零部件的表面上形成一定厚度的氧化膜，这层氧化膜具有很高的绝缘性能，若在电气连接中需要零部件可靠接触，这层氧化膜往往会导致悬浮电位的出现。

6. 接触不良

正常情况下，电气回路中的各种连接件和接头接触电阻均远低于相连导体部分的电阻，在连接部位的损耗发热不会高于相邻载流导体的发热。但是，当某些连接件出现接触不良时，接触电阻会增大，造成该连接部位与周围导体部位出现 POT，严重时会产生局部灼热高温烧蚀接触件，最终导致过热性故障发生[20]。

7. 磁路饱和

磁性材料在磁化过程和反磁化过程中有一部分能量不可逆地会转变为热，即损耗的能量称磁损耗。磁损耗包括涡流损耗、磁滞损耗及其他磁弛豫引起的剩余损耗。当磁损耗达到一定程度时，也会产生 POT 故障。

8. 过载故障

近年来，随着经济建设的加速，用电量急剧增长，一些供电设施由于设计时裕度有限，长期处于满载甚至过负荷运行，导致设备局部或整体发生过热现象而引起 POT 故障[21]。

9. 微水含量

在实际设计中，在高气压的 GIS 设备中添加某些少量其他气体(如 N_2)有利于提高 SF_6 气体绝缘介质的综合性能，但如果少量的微水混入会使 SF_6 的绝缘性能大大下降[22]。另外，当温度下降时，微水就会出现凝露状态，结合其他混合物附着在固体绝缘表面，也会影响绝缘子表面耐受能力。

此外，还有一些影响绝缘性能的情况，如装配错误，在交接试验时可能会被漏检；或者只在运输途中使用的袋装干燥剂，在设备投运时没有完全取出，遗留在 GIS 设备内部，交接试验时又没有被检出，虽然不会立即引起故障，但对今后 GIS 设备的运行带来隐患。

1.3　气体绝缘装备故障及状态监测方法

运行中的 SF_6 气体绝缘装备与空气绝缘装备有所不同，它不受外部环境条件影响，如污秽、水分和锈蚀等，因而能长期保持良好的性能。SF_6 气体的优良灭弧性能和绝缘性能可以使得触头和其他零件的寿命得到延长，机械性能进一步改善。在以上几方面，GIS 设备的实用性能远比传统设备优越。但是，长期的运行仍然会使设备各部位出现损伤、劣化甚至损坏等情况，需要进行监测和定期运维。

1.3.1　气体绝缘装备故障检修试验标准

如前节所述，运行中 GIS 设备不可避免地会发生故障，为保证 GIS 设备及其附属设备的安全性，预防事故发生，在国家和行业标准的基础上，各电力运行部门还根据自身情况，制定了相应的运维检查标准，尽管有所差别，但基本要点大致相同，具体如下。

(1)对设备内部充气部分，平时仅需控制气体压力，详细检修每 6 年进行一次。

(2)每 3 个月进行一次不停电的外观检查，主要检查设备有无异常情况。

(3)每 3 年进行一次定期检查，主要是操作特性校核。断路器的操动机构每 6 年定期检修一次。

(4)对于运行时间超过 12 年的产品应进行详细检修。

(5)当发现异常情况或者达到规定的操作次数时，应进行临时检修。

电力运行部门在检修 GIS 设备时，通常会进行以下检查和试验。

1. GIS 设备本体的外观检查

(1)用力矩扳手检查螺栓是否松动或锈蚀。

(2)检查接地线是否有污秽或锈蚀。

(3)气动机构是否有漏气现象。

(4)进出线套管表面是否存在裂纹，瓷套接线端子表面污秽状况及有无过热现象。

(5)若 GIS 设备与进出线或变压器的连接元件是电缆终端，应与电缆的生产厂家协商，共同进行检查及试验。

(6)压力表、密度计、指示器和指示灯等工作是否正常。

(7)表面油漆是否有掉落。

2. 空气压缩机检查

(1)压缩机是否正常工作。

(2)各种阀门及仪表是否工作正常。

(3)空气管路有无漏气现象。

(4)检查油位，更换压缩机油。

3. 就地控制柜检查

(1)各种仪表、控制开关、继电器是否工作正常。

(2)其他方面。

4. GIS 设备本体的试验

(1)SF_6 气体的漏气率测量：保证年漏气率不大于 0.5%。

(2)SF_6 气体的含水量测量：断路器气室应小于 150μL/L；其他气室应小于

250μL/L。

(3)二次端子接触检查：是否有污秽和氧化现象。

(4)空气系统是否工作正常，空气管路有无漏气现象。

(5)机构中连接用的轴销是否有变形。

(6)转换开关、辅助开关等是否有粘连或转换不到位。

(7)辅助回路和控制回路绝缘电阻测量。

(8)回路电阻测量：与投运前比较。

(9)机械特性测量：与投运前比较。

(10)PD 测量：与标准要求比较。

(11)电流互感器变比、伏安特性测量：与标准要求比较。

(12)避雷器性能测量：与标准要求比较。

5. GIS 设备综合诊断

(1)绝缘性能：以工频耐压及绝缘电阻为准。

(2)二次元件性能：以是否准确动作为准。

(3)主导电回路性能：以主回路电阻值为准。

(4)SF_6 气体密封性能：以年漏气率为准。

(5)SF_6 气体状况：以 SO_2 及 HF 的含量及水分含量为准。

(6)外观油漆状况：目视是否有大面积脱落。

(7)机构状况：手动电动各分合 5 次，检查状况是否良好。

(8)控制系统绝缘性能：用 500V 摇表测量，控制回路对地电阻应大于 $2M\Omega$。

(9)用超声波对瓷套探伤。

有关 SF_6 气体绝缘装备故障检修试验的各项具体指标详见 DL/T 311—2010 《1100kV 气体绝缘金属封闭开关设备检修导则》[23]、DL/T 555—2004《气体绝缘金属封闭开关设备现场耐压及绝缘试验导则》[24]、Q/GDW 447—2010《气体绝缘金属封闭开关设备状态检修导则》[25]、DL/T 603—2017《气体绝缘金属封闭开关设备运行维护规程》[26]和 DL/T 639—2016《六氟化硫电气设备运行、试验及检修人员安全防护导则》[27]等。

1.3.2 现有气体绝缘装备状态检测技术

在运行电压下，绝缘缺陷会引起绝缘介质局部区域电场畸变，当局部电场达到临界击穿场强时，就会诱发 PD，进而产生大量带电粒子。带电粒子在电场的作用下会出现迁移、复合和附着等效应，由此产生脉冲电流，并伴随一系列的光、电、热和声等物理现象，有效检测这些物理现象所发出的信号，就可以实现对 GIS 设备内部 PD 的检测。目前，常用以下五种 PD 信号检测方法。

1. 脉冲电流法

脉冲电流法是最初由英国电气协会提出的一种检测 PD 的方法[28]。它主要检测 PD 脉冲信号中较低频段部分的信息(数千赫兹至数百千赫兹,至多数兆赫兹)。该检测法灵敏度较高,可实现对 PD 信号的放电量定量分析,定量精度可达 2pC。但是,脉冲电流法易受外界电磁环境的影响,特别是受电网谐波和地网电流产生的电磁干扰,且检测灵敏度受到缺陷等值电容和耦合电容比值的影响,无法定位 PD 源位置。脉冲电流法采用电容传感器检测 PD 的视在放电量,在 PD 源未知的情况下,虽然能测量视在放电量,但视在放电量与真实绝缘缺陷下 PD 电流脉冲并不是密切相关[29]。基于上述原因,脉冲电流法多用于实验室或设备出厂时的 PD 定量检测,而不适用于工程现场 GIS 设备的 PD 在线检测。

2. 特高频检测法

当 GIS 设备内部发生 PD 时,非周期剧烈变化的电流脉冲会激发急速变化的电磁波,在 GIS 设备中以波导方式传播,并透过盆式绝缘子向外辐射高频电磁信号。由于高气压下 SF_6 气体的良好绝缘特性,PD 引起的电流脉冲往往持续时间短、上升沿陡,激发的电磁波频率成分丰富,可涵盖几兆赫兹到几吉赫兹。另外,GIS 设备具有类似同轴波导结构,特高频电磁波可在 GIS 设备内部有效传播,通过在 GIS 设备内部或外部安装特高频天线传感器,检测这些电磁波信号,进而可实现对 PD 在线检测。该方法称为特高频(ultra-high frequency, UHF)检测法[30,31],也称为特高频法。

UHF 法的检测频段通常为 300MHz~3GHz,能避免环境中大部分的低频电磁干扰,如电晕放电等,抗低频电磁干扰能力强,灵敏度较高。同时,通过在 GIS 设备的不同部位安装 UHF 传感器,提取各传感器采集的 PD 信号的时间差信息,可实现 PD 源的定位,而且由于 UHF 信号的上升沿陡,PD 起始时刻区分度高,定位准确度高。通过对 UHF PD 模式的识别,还能对故障类型和故障严重程度进行诊断和评估[32]。

UHF 法存在的主要不足是不能像脉冲电流法一样方便地标定放电量。国内外学者虽然开展了一些研究[33,34],但还是没有完全解决 UHF 法放电量的现场标定问题,原因是 UHF 信号在 GIS 设备内会出现折射或反射,信号能量容易衰减,且在传播过程中波形容易畸变,导致难以获得准确的原始 PD 脉冲波形特征。

根据 UHF 传感器安装位置的不同,UHF 传感器分为内置传感器和外置传感器。内置传感器安装在 GIS 设备腔体内,灵敏度更高,抗干扰能力强,但需要在 GIS 设备制造时提前安装。如对已投运的 GIS 设备加装内置 UHF 传感器,有可能影响 GIS 设备内部电场分布。外置传感器一般安装在 GIS 设备外连接两段气室的盆式绝缘子处，不影响 GIS 设备内部结构和电场分布，安装使用方便，适用于已投运的 GIS 设备。但是，安装的 UHF 传感器是接收来自盆式绝缘子外泄的电磁波信号，信号的衰减较大，还易受环境强电磁噪声的影响，其灵敏度低于内置传感器。

3. 光测法

在 PD 过程中，分子电离、离子复合和原子能级跃迁等会激发并向外辐射光信号，根据辐射光信号的波段，发展出了紫外光、红外光和可见光 PD 检测法[35,36]。GIS 设备内 SF_6 气体中 PD 产生的光信号的光谱范围为 460～550nm，即主要为可见光[37]。光测法的基本原理是采用光学传感器接收 PD 产生的光信号，通过光电转换器将光信号转换为电信号，然后对电信号进行放大、输出和存储等处理。光测法检测的是光信号，不受现场强电磁干扰的影响，其抗干扰能力比脉冲电流法和特高频法更强，且可实时监测 GIS 设备内的 PD 现象。但是，因为光信号透射性差，而 GIS 设备是一种封闭式结构设备，所以光测法不能用于 GIS 设备体外检测，光学传感器必须安装在 GIS 设备内部，而且光学传感器对振动信号敏感，对传感器的安装技术工艺要求高，加上 SF_6 气体对光信号有一定的吸收作用，其检测灵敏度与 PD 源和传感器的相对位置密切相关。另外，光测法存在检测死角，无法有效检测未暴露在检测视角内的绝缘缺陷下的 PD 现象。目前，光纤传感检测 GIS 设备内 PD 技术还只是处于实验室研究阶段。

4. 超声波检测法

当 GIS 设备内部发生 PD 时，气体分子间相互碰撞会产生超声脉冲波。GIS 设备内部 PD 产生的超声波信号频率为 20～250kHz，且不同绝缘状况缺陷类型下产生的 PD 超声波信号频谱分布不同[38]，因此可采集 PD 产生的超声波信号用于绝缘缺陷类型辨识，同时还可以根据超声信号的幅值大小和时间差特征信息来实现对 PD 源的定位。超声波信号可以在气体、液体和固体三种介质中传播，因此超声波传感器可以直接安装在 GIS 设备外壳。在现场常常采用手持方式沿 GIS 设备移动，来逐点找到 PD 源，这种寻找故障位置的操作比 UHF 法更加灵活，方便运行检修人员对设备进行维护，在现场应用较为广泛[39]。但是，GIS 设备内 PD 超声波信号较微弱，在传播过程中，由于固体介质中超声波能量转化成热能和气体分子碰撞产生能量交换等影响，超声波信号能量衰减严重，同时易受环境噪声的影响，导致其检测灵敏度不高。另外，目前超声波检测法还无法对 PD 量进行标定。

5. SF_6 分解组分分析检测法

在 PD 或 POT 作用下，SF_6 气体分子会分解成低硫化物(SF_x, $x=1, 2, 3, \cdots$)，

当 GIS 设备气室内存在 H_2O 和 O_2 时，除了一部分与 F 原子结合复原成 SF_6 以外，其他的 SF_x 会与 H_2O 和 O_2 产生的 OH^- 或 O 原子结合，生成一系列的含 O 和 H 元素的分解产物，如 SO_2F_2、SOF_2、H_2S、SO_2 和 SOF_4 等组分。如果气室内涉及有机绝缘和金属材料，还会与气室中逸出的 C 原子结合生成含 C 元素的分解产物，如 CO_2、CF_4 和 CH_4 等组分。由于各种分解组分与 PD 或 POT 故障有对应关系，可以通过特征组分含量大小和增长速率的检测与分析，诊断 GIS 设备内部故障类型和程度[40-42]。已有研究结果[43,44]表明：对不同缺陷下 PD 或 POT 产生的特征气体组分含量、组分浓度比值和产气速率等进行特征分析和提取，可以有效地识别各种绝缘缺陷类型。目前气相色谱和气相色谱-质谱等气体分析仪的分析精度较高，每升达到了微升的级别，且不受电磁干扰影响，通过定期检测特征组分，可以掌握 GIS 设备的绝缘状况，定量分析 GIS 设备各气室气体组分，还可定位故障气室。要形成国家或行业检测标准，气体检测法还有许多有待进一步完善之处。

综上所述，在电力系统的运行检修中，还没有一套能够实时、科学、有效监测 GIS 设备过热状态的方法或者装置。在一些电力运行企业主要采用以下方法来判断 GIS 设备接头部位的温度[45]。

(1)贴示温蜡片法。在设备内部容易发热部位贴上蜡片，根据蜡片是否熔化或变色来判断测试部位的发热情况，但是所贴蜡片在运行中容易脱落，且部分接头被遮挡，不易直接观察到。

(2)小雨、积雪判断法。在冬季，通过观察接头上部积雪是否融化来判断发热情况，在小雨天，通过观察接头上部有无汽化现象来判断发热情况。显然该方法受季节和天气影响大，只适合户外设备，且判断准确度低。

(3)红外测温仪测量法。用红外测温仪、红外热电视和红外热像仪等能较为准确地测量设备接头温度，但因干扰、距离及气候等，有一定的误差，而且当 GIS 设备内部发生过热性故障时，表面最高温度主要受介质材料和热源与表面的距离影响，与内部温度差别很大，且与致热源位置可能不对应。

(4)组分分析法。当 GIS 设备局部达到一定温度时，SF_6 气体也会发生分解，产生 SF_x 低氟硫化物，并与内部不可避免存在的微量 H_2O 与 O_2、有机绝缘材料和金属材料等进一步发生反应生成如 H_2S、SO_2F_2、SOF_2、SO_2、CO_2、CF_4 和 CH_4 等特征组分，对这些组分进行分析可以判断 GIS 设备内部是否发生过热性故障[46,47]。但是，该方法目前还未形成标准或规范，需要进一步完善。

(5)经验判断法。经验丰富的值班人员能通过线夹发热时颜色的轻微变化，来判断有无发热。但是，仅凭经验其准确率低，只有线夹发热相当严重时才有可能发现。

上述各种方法各有优点和不足，在很大程度上需要互补方能准确和及时判断设备内部过热性故障。

参 考 文 献

[1] 胡邦基. 气体绝缘电缆在电力系统的应用和发展[J]. 华北电力技术, 1994, (12): 56-57.

[2] 邱毓昌. GIS 装置及其绝缘技术[M]. 北京: 水利电力出版社, 1994.

[3] 陈宗器, 丁伯雄. SF₆气体绝缘变压器综述(下)[J]. 变压器, 1999, 36(8): 24-28.

[4] 邱毓昌. SF₆气体绝缘开关柜[J]. 高压电器, 1988, 24(1): 46-49.

[5] 史炜. 气体绝缘变电站内 VFTO 计算软件的开发与应用[D]. 北京: 华北电力大学, 2010.

[6] 翁利民, 顾振江. SF₆气体绝缘全封闭组合电器的结构与设计应用[J]. 江苏电器, 2003, (4): 22-25.

[7] 杨堃, 李炜, 宋杲, 等. 2013 年高压开关设备运行分析[J]. 智能电网, 2014, 2(6): 32-41.

[8] 李慧萍, 赵国梁. 变电站室外 GIS 设备常见故障处理技术研究[J]. 现代电子技术, 2012, 35(22): 183-184, 188.

[9] 韩玉停. 110kV GIS 设备故障原因分析[J]. 电力安全技术, 2011, 13(9): 32-33.

[10] Cigre W G. 33/23-12 Insulation coordination of GIS: Return of experience, on site tests and diagnostic techniques[J]. Electra, 1998, 176(2): 67-95.

[11] 宋杲, 李炜, 宋竹生, 等. 国网公司系统组合电器运行情况分析[J]. 高压电器, 2009, 45(6): 78-82.

[12] Kranz H G. Fundamentals in computer aided PD processing, PD pattern recognition and automated diagnosis in GIS[J]. IEEE Transactions on Dielectrics and Electrical Insulation, 2000, 7(1): 12-20.

[13] Boggs S A. Partial discharge: Overview and signal generation[J]. IEEE Electrical Insulation Magazine, 1990, 6(4): 33-39.

[14] 唐炬. 组合电器局放在线监测外置传感器和复小波抑制干扰的研究[D]. 重庆: 重庆大学, 2004.

[15] Ziornek W, Kuffel E. Activity of moving metallic particles in prebreakdown state in GIS[J]. IEEE Transactions on Dielectrics and Electrical Insulation, 1997, 4(1): 39-43.

[16] 韩小莲. GIS PD 检测系统的研究[D]. 西安: 西安交通大学, 1995.

[17] 卓然. 气体绝缘电器局部放电联合检测的特征优化与故障诊断技术[D]. 重庆: 重庆大学, 2014.

[18] 刘帆. 局部放电下六氟化硫分解特性与放电类型辨识及影响因素校正[D]. 重庆: 重庆大学, 2013.

[19] 徐世山, 孟可风, 刘文泉. 一起 363kV GIS 充电闪络故障的原因分析[J]. 高压电器, 2007, 43(1): 74-76.

[20] 胡昌斌. 变电站热故障隐患智能监测技术的应用研究[D]. 保定: 华北电力大学, 2005.

[21] 范镇南, 张德威, 陈显坡, 等. 用电磁场和流场模型计算 GIS 母线损耗发热[J]. 高电压技术, 2008, 35(12): 3016-3021.

[22] 张晓星. 组合电器局部放电非线性鉴别特征提取与模式识别方法研究[D]. 重庆: 重庆大学, 2006.

[23] 特高压交流输电标准化技术工作委员会. 1100kV 气体绝缘金属封闭开关设备检修导则: DL/T 311—2010[S]. 北京: 中国电力出版社, 2010.

[24] 电力行业气体绝缘金属封闭电器标准化技术委员会. 气体绝缘金属封闭开关设备现场耐压及绝缘试验导则: DL/T 555—2004[S]. 北京: 中国电力出版社, 2004.

[25] 国家电网公司科技部. 气体绝缘金属封闭开关设备状态检修导则: Q/GDW 447—2010[S]. 北京: 中国电力出版社, 2010.

[26] 电力行业气体绝缘金属封闭电器标准化技术委员会. 气体绝缘金属封闭开关设备运行维护规程: DL/T 603—2017[S]. 北京: 中国电力出版社, 2017.

[27] 全国电气化学标准化技术委员会. 六氟化硫电气设备、试验及检修人员安全防护导则: DL/T 639—2016[S]. 北京: 中国电力出版社, 2016.

[28] 邱昌容, 王乃庆, 等. 电工设备局部放电及其测试技术[M]. 北京: 机械工业出版社, 1994.

[29] Ilyenko S, Romanenko Y V. Real charge definition method in seeming charge of partial discharge measurements[J]. Proceedings of the 9th ISH（Graz）, 1995, 4: 4555-1-4555-4.

[30] Pearson J S, Hampton B F, Sellars A G. A continuous UHF monitor for gas-insulated substations[J]. IEEE Transactions on Electrical Insulation, 1991, 26（3）: 469-478.

[31] Pryor B M. A review of partial discharge monitoring in gas insulated substations[C]. IEE Colloquium on Partial Discharges in Gas Insulated Substations, London, 1994: 1-2.

[32] Hampton B F, Meats R J. Diagnostic measurements at UHF in gas insulated substations[J]. IEE Proceedings C: Generation, Transmission and Distribution, 1988, 135（2）: 137-144.

[33] 张晓星, 唐俊忠, 唐炬, 等. GIS 中典型局部放电缺陷的 UHF 信号与放电量的相关分析[J]. 高电压技术, 2012, 38（1）: 59-65.

[34] Ohtsuka S, Teshima T, Matsumoto S, et al. Relationship between PD-induced electromagnetic wave measured with UHF method and charge quantity obtained by PD current waveform in model GIS[C]. IEEE Conference on Electrical Insulation and Dielectric Phenomena, Kansas, 2006: 615-618.

[35] 唐炬, 欧阳有鹏, 范敏, 等. 用于检测变压器局部放电的荧光光纤传感系统研制[J]. 高电压技术, 2011, 37（5）: 1129-1135.

[36] 徐阳, 喻明, 曹晓珑, 等. 局部放电光脉冲测量法及与电测法的比较[J]. 高电压技术, 2001, 27（4）: 3-5.

[37] 姚唯建, 钟志铿. 气体分析法用于六氟化硫电气设备故障的检测[J]. 广东电力, 1994, 2: 21-24.

[38] 肖登明, 李旭光, 秦松林. 特高压输变电系统中 GIS 气体放电特性[J]. 高电压技术, 2007, 33（6）: 6-8.

[39] 刘君华, 吴晓春, 徐敏骅. 超高频与超声波法在 GIS 局部放电现场检测中的应用研究[J]. 华东电力, 2011, 39(12): 2096-2100.

[40] Casanovas A M, Casanovas J, Lagarde F. Study of the decomposition of SF_6 under DC negative polarity corona discharges(point-to-plane geometry)-influence of the metal constituting the plane electrode[J]. Journal of Applied Physics, 1992, 72(8): 3344-3354.

[41] Stuckless H A, Braun J M, Chu F Y. Degradation of silica-filled epoxy spacers by ARC contaminated gases in SF_6-insulated equipment[J]. IEEE Transactions on Power Apparatus and Systems, 1985, 104(12): 3597-3602.

[42] Derdouri A, Casanovas J, Hergli R, et al. Study of the decomposition of wet SF_6, subjected to 50-Hz AC corona discharges[J]. Journal of Applied Physics, 1989, 65(5): 1852-1857.

[43] Tang J, Liu F, Zhang X X, et al. Partial discharge recognition through an analysis of SF_6 decomposition products part 1: Decomposition characteristics of SF_6 under four different partial discharges[J]. IEEE Transactions on Dielectrics and Electrical Insulation, 2012, 19(1): 29-36.

[44] Ang J, Liu F, Meng Q H, et al. Partial discharge recognition through an analysis of SF_6 decomposition products part 2: Feature extraction and decision tree-based pattern recognition[J]. IEEE Transactions on Dielectrics and Electrical Insulation, 2012, 19(1): 37-44.

[45] 郭清海, 张学众. 电气设备接头发热原因分析和预防[J]. 供用电, 2002, 19(1): 38-39.

[46] Zeng F P, Tang J, Fan Q T, et al. Decomposition characteristics of SF_6 under thermal fault for temperatures below 400℃[J]. IEEE Transactions on Dielectrics and Electrical Insulation, 2014, 21(3): 995-1004.

[47] Zeng F P, Tang J, Zhang X X, et al. Reconstructing and extracting information on SF_6 decomposition characteristic components induced by partial overthermal fault in GIE[J]. IEEE Transactions on Dielectrics and Electrical Insulation, 2016, 23(1): 183-193.

第 2 章　气体绝缘装备 PD 主要检测方法

2.1　脉冲电流法

脉冲电流法是国际标准(IEC 60270—2015)和国家标准(GB/T 7354—2018)所推荐检测 PD 测量的方法，也是目前电力行业要求使用的检测方法。

2.1.1　脉冲电流法基本原理

脉冲电流法的基本原理可用图 2.1 所示电路阐述[1]：当试品 C_x 产生一次 PD 时，脉冲电流经过耦合电容 C_k 在检测阻抗 Z_d 两端产生一个瞬时的电压变化，即脉冲电压ΔU，脉冲电压经传输、放大和显示等处理，由局部放电测量仪 M 测量出 PD 的基本参量。

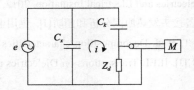

图 2.1　脉冲电流法基本原理示意图

脉冲电流法是对 PD 频谱中较低频(因 PD 信号能量主要集中在数千赫兹至数百千赫兹或至多数兆赫兹频带内)成分段进行的测量。传统的测量仪 M 通常配有脉冲峰值表以指示脉冲电流峰值，并由示波管显示脉冲大小、个数和相位。放大器增益很大，其测试灵敏度相当高，而且可以用已知电荷量的脉冲注入校正定量，从而测出放电量 q。

2.1.2　脉冲电流法三种常用电路

脉冲电流法的基本试验测量线路有三种，如图 2.2 所示，其中图 2.1(a)并联法测量回路和(b)串联法测量回路统称为直接法测量回路，(c)称为平衡法测量回路。

每种测量回路都应包括以下基本部分。

(1)试验电压 u：由试验电源产生。

(2)检测阻抗 Z_d：将 PD 产生的脉冲电流转化为脉冲电压。

(3)耦合电容 C_k：与试品 C_x 构成脉冲电流流通回路，并具有隔离工频高电压直接加在检测阻抗 Z_d 上的作用。

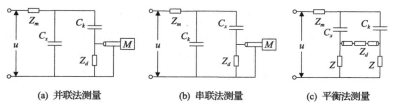

图 2.2　脉冲电流法的基本试验测量线路示意图

（4）高压滤波器 Z_m：一方面阻止放电电流进入试验变压器，另一方面抑制由高压电源造成的谐波干扰。

（5）测量及显示检测阻抗输出电压的装置 M。

并联法多用于被试品电容量较大或被试品有可能被击穿的情况，因为过大的工频电流或者被试品击穿后的过电流不会流入检测阻抗 Z_d 而将被试品烧损，并在测试仪器上出现过电压的危险。另外，某些被试品在正常测量中无法与地分开，只能采用并联法测量线路。

串联法多用于被试品电容较小的情况，耦合电容具有滤波作用，能够抑制外部干扰，而且测量灵敏度随 C_k/C_x 的增大而提高。在相同的条件下，串联法比并联法具有更高的灵敏度，这是因为高压引线的杂散电容及试验变压器入口电容（无电源滤波器时）也被利用充当耦合电容。另外，C_k 可用高压引线杂散电容来充当，线路更简单，可以避免过多的高压引线以减少电晕干扰，在 220kV 及更高电压等级的产品试验中多被采用。

平衡法需要两个相似的试品，其中一个充当耦合电容。它是利用电桥平衡的原理将外来的干扰消除掉，因而抗干扰能力强。电桥平衡的条件与频率有关，只有当 C_{x1} 与 C_{x2} 的电容量和介质损失角 $\tan\delta$ 完全相等时，才有可能完全平衡消除各种频率的外来干扰，否则只能消除某一固定频率的干扰。在实际测量中，被试品电容的变化范围很大，若要找到与每个被试品有相同条件的电容是困难的。因而，往往采用两个同类被试品作为电桥的两个高压臂以满足平衡条件。

2.2　特高频检测法

由于 SF₆ 气体具有很高的绝缘强度，一旦 PD 出现在高气压下的 SF₆ 气体环境中，其放电脉冲具有非常快的上升前沿，可小于 1ns，持续时间为几十纳秒，快速上升时沿的 PD 陡脉冲含有从低频到微波频段的频率成分，频率分量可达数吉赫兹，以电磁波形式向外传播。

2.2.1　特高频检测法基本原理

UHF 法是近年来发展起来的一项新技术，它是利用装设在 GIS 设备内部或外部的天线传感器,接收 PD 激发并传播的 300～3000MHz 频段 UHF 信号进行检测与分析,从而避开常规电气测试方法中难以避开的电晕放电(一般小于 150MHz)等大量的频率相对较低的强电磁干扰,受外界干扰影响小,信噪比高,可以极大地提高检测 PD(特别是在线监测)的可靠性和灵敏度[2]。近年来,在运行中的 GIS 设备上,UHF PD 检测/监测系统已得到广泛应用。

2.2.2 工程应用案例

1. 案例一[3]

1)概况

某 500kV 开关站为某电厂送出工程的重要组成部分,规模为一个完整串和一个不完整串(第 1 串 5011、5012、5013 断路器,第 4 串 5041、5042 断路器),远景规划为 6 串。此开关站采用的是某公司生产的 H-GIS,设备于 2013 年 4 月出厂。此变电站是在厂家的指导和监督下由某电力建设公司完成了 GIS 的安装工作,交接试验时,运行维护单位联系厂家、电建和试验部门对 GIS 的 SF$_6$ 气体压力、微水量、泄漏量、密度控制器、老化试验及耐压试验等按照 GB 50150—2006《电气装置安装工程电气设备交接试验标准》(已废止,更新为 GB 50150—2016)严格要求进行验收,并全部通过。

该变电站于 2013 年安装了 GIS 设备 UHF PD 在线监测系统,该监测系统刚投运时,监测数据合格,无异常放电信号。运行单位按照 Q/GDW 168—2008《输变电设备状态检修试验规程》对 GIS 设备进行巡检,至缺陷发生前,故障间隔压力无异常变化且所有气室微水试验数据合格。

2)事件发生经过

设备投运一年多后,变电站运行人员在巡视时发现 GIS 设备 UHF PD 在线监测系统提示有多处 PD 异常信号。为进一步诊断 PD 异常现象,在现场设备生产厂家人员的配合下,运检人员应用 PD 声电联合检测系统,再次对 UHF PD 信号较大的第一串 H-GIS 开展了 PD 检测诊断,经 UHF 和超声波 PD 联合测量,确定第 1 串 H-GIS 的 9 相断路器中,有 2 相断路器存在比较明显的 UHF 和超声波 PD 信号,即 5011 断路器 A 相和 C 相,5011 断路器 B 相未见异常 UHF 和超声波 PD 信号。

UHF PD 在线监测系统监测到的 UHF PD 单次波形及三维图谱如图 2.3 和图 2.4 所示,其特征与 GIS 设备内部常见的微粒缺陷非常相似。以 UHF PD 信号为例,具体数值如表 2.1 所示。

3)现场检查结果及分析

经过设备使用部门、生产厂家和施工基建单位等共同商议,决定对第 1 串 H-GIS 中存在 PD 信号的 5011 断路器 A 相、C 相进行现场开盖检查。在打开断路器端盖板时,发现靠近端盖板处气室底部均有明显杂质聚集,杂质成分以金属微粒材料为主, 如图 2.5 和图 2.6 所示。

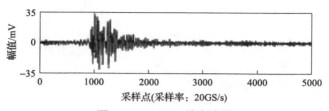

图 2.3 UHF PD 单次波形

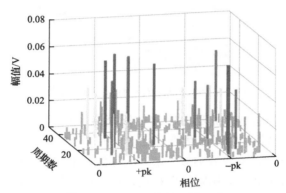

图 2.4 UHF PD 信号三维图谱

表 2.1 各断路器处典型 UHF 和超声波 PD 信号

断路器编号	信号幅值(近似值)	最大值位置
5011 断路器 A 相	40mV	断路器靠近 5011 隔离开关侧
5011 断路器 B 相	未见异常	—
5011 断路器 C 相	60mV	断路器靠近 5011 隔离开关侧

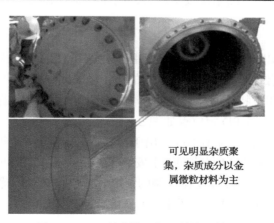

可见明显杂质聚集, 杂质成分以金属微粒材料为主

图 2.5 5011 断路器 A 相开盖检查情况

可见明显杂质聚
集，杂质成分以金
属微粒材料为主

图 2.6　5011 断路器 C 相开盖检查情况

　　设备使用部门的运维人员及时对 5011 断路器 A 相、C 相气室中发现的异常杂质进行成分分析，经扫描电子显微镜及能谱分析仪分析确定：5011 断路器 A 相和 C 相气室发现的异常杂质成分类似，杂质成分包括铝、银、铜和铬等金属微粒材料以及氟化物、纤维和环氧树脂等微粒化合物。初步判定上述杂质主要来源于产品部件原材料、SF_6 气体分解物与金属或绝缘材料的化合物，可能是断路器动作产生碎屑，被气流吹出后积聚在筒体底部。

　　4) 诊断结论与建议

　　(1) 此次 PD 缺陷为杂质微粒的影响，应在设备安装时保持一定的洁净度，以保证杂质微粒不进入 GIS 气室，设备出厂时应进行机械磨合试验，消除开关设备在初始磨合状态产生的金属碎屑对设备绝缘性能的影响。

　　(2) UHF PD 在线监测系统效果显著，应在其他 GIS 变电站逐步推广普及。

　　2. 案例二[3]

　　某 110kV 的 GIS 变电站运维人员使用基于 UHF 法的便携式 GIS PD 测试仪对该站设备进行定期试验时，发现 110kV 的 1M 母线间隔断续出现 PD 信号，放电幅值为–72dBm，相位特征明显，定位点位于 1M 母线上 B 线路与 C 线路之间距离 C 线路 2m 处，设备 PD 定位点如图 2.7 所示。

　　由于测量的放电信号幅值不高，出于稳妥，为避免盲目停电检修造成损失，运维人员在该站 110kV 1M 母线间隔上安装了 DMS 公司的 PM05 移动式 PD 监测系统，以方便短期内监测 PD 变化发展的情况。其中 1、2 号传感器分别安装在 1M 母线上 B、C 线路处的盆式绝缘子上，1 号传感器连接通道 1，2 号传感器连接通道 2。

图 2.7　PD 定位点

刚开始安装移动式 PD 监测系统时，测得的 PD 次数多，但幅值不大，随着时间的增长幅值逐渐变大，放电次数明显减少，而且分析结果显示信号与浮动电极放电的相关性很高，这很有可能是由于表面金属放电间隙在放电影响下逐渐变大，使放电电压升高，放电次数减少，并且通道 2 信号的幅值要比通道 1 高，由此可以推断放电电源位于 1M 母线靠近 C 线路上。同时，PD 信号图谱显示出放电已经发展到比较严重的阶段，因此运维人员建议马上对该母线间隔进行停电检修处理。

通过对 1M 母线停电进行开盖检查，发现 PD 定位点处 A 相的绝缘支柱有放电的痕迹，同时发现 A 相母线接头处有金属线外露。该金属线的作用是将触指与屏蔽罩可靠连接，以免出现悬浮电位放电。最后，经过 GIS 生产厂家确认，该缺陷由施工工艺不良造成。

对 A 相绝缘支柱进行了检修更换后继续进行 PD 的在线监测，发现 PD 消失。

2.3　光　测　法

PD 是在电场较为集中的局部区域使 SF_6 原子发生游离，游离后的离子又会复合，并以光子的形式释放能量。在此过程中，根据气体放电理论，离子的复合会激发出不同频率的光谱成分。因此，可用光传感器(如光纤传感器、光电二极管、光电三极管或光电倍增管等)进行光谱成分测量来检测 PD 信号。

2.3.1　光测法基本原理

光测法是通过安装在设备内部各种光学传感器来检测 PD 过程所激发的光辐射脉冲信号，通过对 PD 产生的光脉冲(图 2.8)或经光电转换后(图 2.9)的光谱进行分析，来判断 PD 的类型、大小和程度等，进而开展 PD 源定位及电气绝缘老化机理等方面的研究,从不同角度对电气设备中 PD 的发生发展过程与机理进行深入分析[4]。

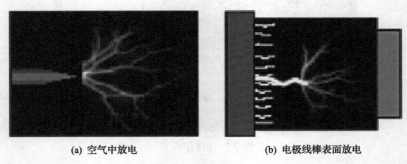

(a) 空气中放电　　　　　　　　　　(b) 电极线棒表面放电

图 2.8　PD 产生的光脉冲

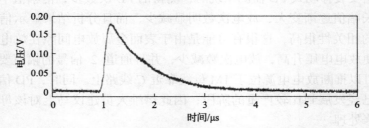

图 2.9　绝缘子表面金属污染物产生的 PD 光测法信号

PD 光学检测技术的研究始于 20 世纪 70 年代,经过几十年的发展,目前主要利用紫外光、荧光及红外光等进行 PD 检测[5]。这些技术方案均是基于光学原理对电气设备 PD 进行检测,与其他方法相比具有的优势包括:①光纤传感器的主要材料是 SiO_2,绝缘性能良好,能方便用于各种电压等级的绝缘监测;②用光纤作为信号传输载体,具有较强的抗电磁干扰能力;③光纤传感器体积小,柔软灵活,并能深入电气设备内部进行检测而不影响其工作状态;④灵敏度高,响应速度快,且能实现数字化。

2.3.2　测量参数与方法

在同一放电强度下,单次 PD 光测法信号的一次积分值与视在放电量均分布在一定的区间内,但不同放电强度下两者的分布区间均存在重叠,用单次 PD 光测法信号的一次积分值和视在放电量不能完全表征 PD 放电强度[6]。为此,常用平均一次积分值 A_{av} 和平均视在放电量 q_{av} 来表示光测法和脉冲电流法检测 PD 的参量。定义 q_{av} 为同一 PD 强度下 N_1 次不同时刻视在放电量的平均值。根据统计学可知,N_1 越大,同一 PD 强度下 q_{av} 的波动越小,即 q_{av} 越能表征 PD 强度。通过大量实验发现,当 $N_1 \geq 200$ 时,同一 PD 强度下 q_{av} 的波动很小,可取 $N_1 = 200$。

A_{av} 与 q_{av} 的定义类似，即为同一 PD 强度下 N_2 个不同时刻单次 PD 光测法信号的一次积分值的平均值，其中也取 $N_2 =200$。A_{av} 和 q_{av} 计算公式如下：

$$A_{av} = \frac{\sum_{j=1}^{N_2} A_j}{N_2} \qquad (2.1)$$

$$q_{av} = \frac{\sum_{i=1}^{N_1} q_i}{N_1} \qquad (2.2)$$

式中，q_i 为视在放电量；A_j 为光测法信号的一次积分值。由于 PD 光测法信号平均一次积分值 A_{av} 和平均视在放电量 q_{av} 均能唯一表征 PD 强度，故可以通过建立 A_{av} 和 q_{av} 的关系曲线，寻求 A_{av} 和 q_{av} 的一一对应关系，以实现光测法对 GIS 内部 PD 的定量检测。

通过控制实验电压可以调节 PD 强度，将同一条件下通过脉冲电流法和光测法同时采集得到的同一电压下的 200 个单次 PD 信号，利用式(2.1)和式(2.2)计算出 PD 强度下对应光测法信号平均一次积分值 A_{av} 和平均视在放电量 q_{av}，改变实验电压可获取不同 PD 强度下 PD 光测法信号平均一次积分值 A_{av} 和平均视在放电量 q_{av}。

通过大量实验获得的四种典型缺陷下 PD 光测法信号平均一次积分值 A_{av} 和平均视在放电量 q_{av} 的关系如图 2.10 所示，采用最小二乘法对 PD 光测法信号平均一次积分值 A_{av} 和平均视在放电量 q_{av} 进行线性拟合，其线性拟合优度 R^2 均达到 0.98 及以上，拟合结果说明 PD 光测法信号平均一次积分值 A_{av} 与平均视在放电量 q_{av} 呈线性关系，反映出随着施加电压升高，绝缘缺陷使得 PD 更加剧烈，但 PD 的性质并没有改变，即光效应强度随 PD 放电能量的增加而成比例增加。

在同一针- 板间隙不同距离下，PD 光测法信号平均一次积分值与平均视在放电量的关系如图 2.10 (a) 所示，可以看出，间隙距离越大，信号平均一次积分值与平均视在放电量之间线性关系的斜率 k 越大。一方面，反映出间隙距离增大，自由带电粒子运动的自由行程增大，单位数量自由带电粒子与中性粒子发生碰撞引起电离的概率增大，从而使带电粒子因复合产生的发光效率 η 增大；另一方面，间隙距离越大，PD 的起始放电电压 u_i 也越大，由于 k 与发光效率 η 和起始放电电压 u_i 成正比，故斜率 k 随间隙距离的增大而增大。

对比图 2.10 (a) ～ (d) 可以看出，不同绝缘缺陷类型产生的 PD 光测法信号平均一次积分值与平均视在放电量对应的线性关系曲线不同，说明不同绝缘缺陷类型产生 PD 的性质不同，从而使 PD 引起的发光效率 η 不同，由于 k 与发光效率 η 正相关，不同绝缘缺陷类型产生的 PD 光测法信号平均一次积分值与平均视在放电量对应的线性关系曲线不同。

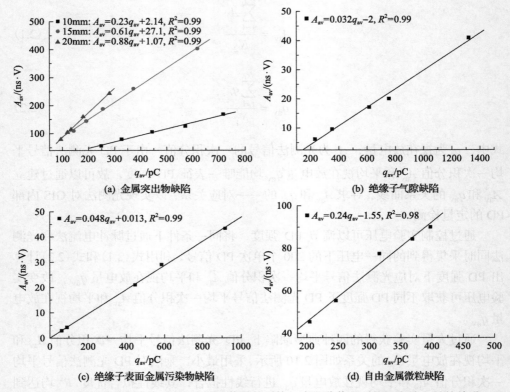

(a) 金属突出物缺陷 (b) 绝缘子气隙缺陷

(c) 绝缘子表面金属污染物缺陷 (d) 自由金属微粒缺陷

图 2.10 不同绝缘缺陷下 PD 光测法信号的平均一次积分值和平均视在放电量的关系

对真型 GIS 内部四种典型绝缘缺陷在三种不同放电强度下的 PD 分别进行实验，利用光测法和脉冲电流法同时进行检测，实验结果如表 2.2 所示，表中根据图 2.10 中线性关系计算得到的平均视在放电量用 q'_{av} 表示，q'_{av} 与 q_{av} 的误差定义为

$$\text{error} = \frac{\left| q_{av} - q'_{av} \right|}{q_{av}} \tag{2.3}$$

上述实验结果表明，在准确识别绝缘缺陷的基础上，利用光测法信号的平均一次积分值计算得到的平均视在放电量与脉冲电流法校正得到的平均视在放电量，误差在 14%以内，因此利用光测法定量检测 GIS 内部 PD 是有效而可行的。

表 2.2　光测法和脉冲电流法定量检测 GIS PD 实验结果

缺陷类型	实验电压/kV	A_{av} /(ns·V)	q'_{av} /pC	q_{av} /pC	误差/%
金属突出物	5	39.6	161.7	148.6	8.8
	6	67.0	280.9	291.4	3.6
	7	85.4	360.8	378.3	4.6
绝缘子气隙	13	6.83	275.9	271.5	1.6
	16	27.9	935.6	901.2	3.8
	18	46.8	1525.7	1410.8	8.1
绝缘子表面金属污染物	4.5	4.84	100.6	109.2	7.9
	5.5	15.7	326.1	315.5	3.4
	6.5	21.3	481.8	467.1	3.1
自由金属微粒	7	50.7	217.7	191.5	13.7
	7.5	67.3	286.8	312.5	8.0
	8	89.7	380.3	360.2	5.6

2.4　超声波检测法

当 GIS 设备中出现 PD 时，放电区域内的分子间撞击剧烈，在宏观上表现出脉冲性质的压力波，常常以球面波的振动形式向四周传播。PD 产生的声波振动频谱为 10Hz～10MHz。在 GIS 设备中，声波的高频分量在传播过程中衰减较大，检测高频超声波需要较高灵敏度，加之 GIS 设备中导电金属微粒碰撞外壳、电磁振动以及操作引起的机械振动等发出的声波频率较低，一般都在 10kHz 以下，因此超声波检测频率一般不会太高。

2.4.1　超声波检测法基本原理

超声波检测法是通过安装在设备腔体外壁上的超声波传感器接收内部 PD 产生的声信号，通过对声信号特性进行分析，来判断设备内部是否发生了 PD，并对放电性缺陷产生的部位进行定位[7]。超声波检测法虽然不受变电站内强电磁环境的干扰，且不会对运行中的装备产生任何绝缘影响，可方便地实现对设备的在线检测，但在超声波检测法的检测频带（30Hz～80kHz）内，变电站存在各种强烈噪声产生的干扰，尤其是设备的各种噪声（机械的和电流的）和设备外部电晕等对超声检测的准确性影响极大，且超声波检测法只能检测到强烈 PD 引起的超声振动，难以达到有效辨识 SF_6 气体绝缘装备绝缘缺陷的要求。

2.4.2 工程应用案例

1. 案例一

某新建 110kV 变电站的 GIS 设备，在交流耐压试验时进行了超声波 PD 检测[8]。试验过程中发现出线间隔靠母线侧电流互感器(current transformer, CT)气室 B 相 PD 信号的峰值和有效值偏大，并且可以听到明显的异音。

检修人员对检测出的 PD 超声波信号有效值、峰值及各项统计参数结合 CT 气室结构进行了分析，经过连续不同点测量，靠母线侧 CT 气室 B 相外壳处测得信号峰值为 400mV，有效值为 100mV，断路器气室信号峰值为 60mV，有效值为 18mV，靠线路侧 CT 气室信号峰值为 60mV，有效值为 18mV，得出结论是噪声源在母线侧 CT 处，且随着距离的增加信号强度逐渐衰减。

由于 CT 和断路器气室为组装结构，除屏蔽松动外，PD 信号偏大的原因还可能是运输过程中的 CT 移位。检修人员对 CT 气室进行解体检查，图 2.11 为本间隔靠母线侧 CT 解体后的内部结构。对气室内的屏蔽筒、导体、紧固螺栓和二次引线分别排查，除发现有一段二次引线超出屏蔽筒外 2cm 左右外，外观检查未发现其他问题。检查处理完毕后再次进行超声波 PD 检测，发现 PD 信号仍然存在。试验结束后对前后两次试验各项测试和统计参数进行了比对分析，结合 CT 检查情况，得出结论是超声波检测中的噪声源来自 CT 内部。

图 2.11　母线侧 CT 内部结构图

考虑到设备运行时，在 CT 的一次侧会有较大电流，如果 CT 存在内部缺陷，则大电流引起的发热会对其安全运行产生不利影响；同时，考虑到断路器和 CT 同在一个气室，CT 在运行中发生的故障会波及断路器，所以对 CT 元件进行了更换，为设备的长期稳定运行提供保障。更换本间隔 CT 后，PD 的超声波检测结果正常，并无异音，设备已顺利投运。

2. 案例二

对某 110kV 变电站的 H-GIS 设备进行超声波 PD 普查，发现了典型的金属悬浮物缺陷产生的 PD 信号[9]。该设备为三相分相式 H-GIS，故障位置在 A 相。检测采用的超声波检测为 AIA-1 型检测仪，检测探头的布置点位于图2.12 中的测点 1～7。故障位置为椭圆标记的隔离开关与断路器气室连接处，其中测点 5 和测点 6 位于隔离开关气室侧，测点 7 位于断路器侧，测点 1 和测点 2 位于断路器气室的另一端，测点 3 和测点 4 位于 GIS 端部连接气室。

图 2.12　超声波 PD 检测位置示意图

现场检测过程中，以测点 5～7 的超声波检测信号最强，且其他测点信号幅值明显小于上述信号，初步判断故障点应位于该隔离开关附近。检测结果显示，该 PD 产生的超声波信号峰值为 840mV，测量信号稳定，与 100Hz 相关性显著，而与 50Hz 相关性极小，PD 产生的超声波信号呈正负半周对称分布，图谱呈现典型的金属悬浮特征，属于 PD 强度较大的均匀电场型悬浮物缺陷。同时，信号异常位置带有机械振动，推断可能为部件松动所致悬浮物缺陷产生的 PD。

将隔离开关解体后，气室的内部结构如图 2.13 所示，检查发现实线标记处的传动轴与绝缘子嵌入座未紧密连接，出现松动。该结果也证实了超声波信号检测的结果和判断，即绝缘子金属嵌入座松动后成为悬浮体，感应电压后与地电位的传动轴之间发生了 PD。由图中的绝缘子嵌入座结构可以看出，嵌入座与传动轴头部之间松动(实测尺寸相差约 0.1mm)，形成类似于板-板放电间隙，与均匀型电场悬浮物产生的 PD 判断相符。

进一步检查还发现，解体气室内和松动部件之间有大量的 SF_6 分解产物和绝缘子金属材料被腐蚀后的残留粉末，如图 2.14 和图 2.15 所示。由残留物的分布位置和残留量可知，该缺陷已较为严重，最终可能造成闪络等严重后果。对该 GIS 设备现场粉末进行清理和部件重新装配后，再次进行现场检测，未检测出 PD 信号，故障现象彻底消除。

图 2.13　隔离开关解体气室内部结构图

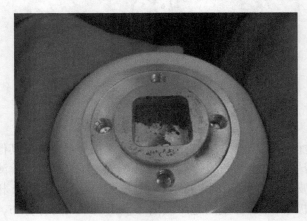

图 2.14　松动部件内 SF_6 分解产物

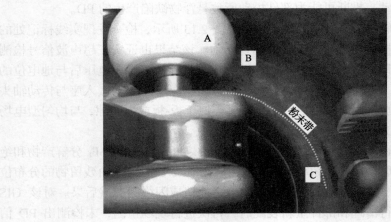

图 2.15　解体气室内 SF_6 分解产物

2.5　SF$_6$分解组分分析检测法

由于 SF$_6$ 在 PD 或 POT 作用下会发生不同程度的分解，在一系列复杂的物理化学反应过程和环境条件下，能够生成许多反映故障属性和严重程度的特征组分气体，通过定期对 SF$_6$ 中气体组分的检测，可以判断设备内部 PD 总体水平或 POT 程度以及故障的发展情况，甚至可以根据不同分解气体组分含量之间的关系推断出 PD 或 POT 的原因。

2.5.1　SF$_6$分解组分分析检测法基本原理

在 SF$_6$ 输变电装备内部绝缘故障的初期阶段，一般都要产生不同属性和程度的 PD 或 POT 现象，而 PD 激发的局部强电磁能或 POT 产生的局部灼热高温会使 SF$_6$ 气体绝缘介质发生不同形式和程度的分解，生成各种低氟硫化物 (SF$_x$, x = 1, 2, 3, …)，并与设备内部固有的微量 H$_2$O 和 O$_2$ 等杂质气体发生反应生成 SO$_2$F$_2$、SOF$_2$、SOF$_4$、S$_2$OF$_{10}$、S$_2$F$_{10}$、SO$_2$、HF 和 H$_2$S 等组分，如果故障发生在固体绝缘材料处，还会生成 CO$_2$、CO、CF$_4$ 和 CS$_2$ 等含 C 元素的组分，它们中有的含量极低，有的稀有罕见。一方面，某些微量组分的逐步增加会使设备内部绝缘性能下降，加重 PD 或 POT 以致形成恶性循环，最终将导致设备绝缘失效，引发电网的停电事故；另一方面，许多分解组分的生成规律和条件又与 PD 或 POT 有着密切关联，通过对 SF$_6$ 分解组分的准确监测 (检测) 与分析，可及时有效地发现设备内部故障的性质、程度、原因及演变过程，为设备运维管理单位制定科学方案，从而避免发生危及电网安全运行的设备绝缘故障[10]。

2.5.2　工程应用案例

1. 案例一[11]

某电网公司 500kV 变电站 3 号主变压器 500kV 侧型号为 ZF15-550 的 GIL，该设备于 2009 年 6 月正式投入运行，2010 年 5 月在 3 号主变压器及三侧回路的相关设备运行后经过首次试验检查，没有发现异常情况。

2011 年 9 月 8 日，3 号主变压器与 5021 号和 5022 号开关连接的引线 SF$_6$ 管母线设备，C 相内部发生闪络放电，引起 5021 号和 5022 号开关跳闸，3 号主变压器跳闸，检查发现此次故障是 C7 气室内金属微粒掉落到盆式绝缘子表面，在电场的作用下产生飘移和聚集，引起局部电场严重畸变产生 PD 并逐步发展，最终导致盆式绝缘子发生沿面闪络故障。

2011 年 9 月 8 日，对 3 号主变压器与 5021 号和 5022 号开关连接的引线 GIL 设备中各间隔气室进行例行气体成分检测时发现，C2 间隔气室气体成分中存在

HF、CF_4、CO_2、SO_2 和 SOF_2，具体检测结果如表 2.3 所示，初步判断 C2 间隔气室可能存在绝缘故障，其余间隔气室无异常。另外，该 GIL 各气室的微水含量如表 2.4 所示。根据这些检测数据的分析，决定对 C 相 GIL 设备 C2 间隔气室进行解体检查处理。

表 2.3　C2 间隔气室气体成分检测结果　　　　　（单位：μL/L）

组分	HF	CF_4	CO_2	SO_2	SOF_2
含量	35	47	16	4	742

表 2.4　GIL 各气室微水检测结果　　　　　（单位：μL/L）

气室	C1	C2	C3	C4	C5	C6	C7
微水含量	171	92	97	96	107	95	95

9 月 11 日，电网公司和厂家检修人员对 3 号主变压器 GIL 母线 C 相的 C2 和 C3 气室进行解体开盖检查，C2 间隔气室未见明显放电迹象，但发现一处可疑点：C2 气室 1 节与 2 节之间的盆式绝缘子上有一微小黑色杂质，其对应气室内壁有一小处发黄印记，现场由厂家人员对其进行了清洁处理。

在 C2 气室解体检查未发现明显问题后，9 月 12 日电网公司和厂家检修人员将 C1~C7 气室逐一进行气体检查，发现 C7 气室气体气味异常（有臭鸡蛋味），随后由电网公司再次组织专家对 C 相 GIL 设备其余未拆除气室气体进行复检，发现 C7 间隔气室气体成分严重异常，并检测到了 H_2S，具体如表 2.5 所示，各组分气体含量明显高于 IEC 60480—2004 中有关 SF_6 回收气的标准，分析其内部存在严重故障。于是，立即对 C7 间隔气室进行气体回收，并从出线套管部分进行开盖检查，根据检查结果确定处理方案。

表 2.5　C7 间隔气室气体成分检测结果　　　　　（单位：μL/L）

组分	HF	CF_4	CO_2	SO_2	SOF_2	H_2S
含量	189	225	335	14	5116	59

对 C7 间隔气室出线套管部分开盖检查后发现套管底部有闪络放电产生的粉尘，初步判定，本次故障就发生在 C7 间隔气室内。吊出出线套管后发现导电杆下触头发黑，其对应的盆式绝缘子表面及短罐体外壳内壁灼黑，判定为 C7 间隔气室内出线套管下端水平盆式绝缘子表面发生了闪络放电。经解体仔细检查后发现出线套管下端水平布置的盆式绝缘子沿面发生了闪络放电，气室内部存有大量粉尘，盆式绝缘子表面及外壳内壁被灼黑，安装于盆式绝缘子上的静触头屏蔽罩根部放电部位被烧出直径为 50mm 左右的孔洞，盆式绝缘子表面有明显的放电通道痕迹，如图 2.16 所示。后经维修处理后，故障消除，设备顺利投入运行。

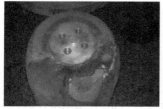
(a) 屏蔽罩上灼烧的孔洞

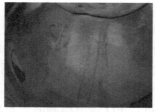
(b) 盆式绝缘子的放电通道痕迹

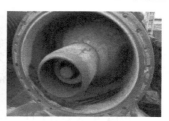
(c) 盆式绝缘子及罐体

图 2.16　某 500kV GIL 盆式绝缘子沿面闪络

2. 案例二[11]

某电网公司运维人员在设备隐患排查中，利用便携式色谱分析仪检测发现，某 252 kV 变电站 GIS 设备 251 间隔 PT C 相气室 SF_6 分解组分存在异常，如表 2.6 所示，但未检出 SO_2F_2、SOF_2、SO_2 和 H_2S 等特征产物，推断该气室可能存在轻度潜伏性绝缘故障，可认为该故障涉及绝缘材料，且 CF_4 含量较稳定，表明故障未进一步发展。

表 2.6　设备绝缘故障的色谱分析结果

时间	气室名称	含量/(μL/L)		
		CF_4	CO_2	CO
2009.3.11	251 间隔 PT C 相	436	251	5
2009.3.26	251 间隔 PT C 相	431	238	6
2009.4.13	251 间隔 PT C 相	418	242	8
2009.5.8	251 间隔 PT C 相	412	243	6

于是对该设备中 SF_6 气体分解特征气体含量进行了近 2 个月的跟踪监测，连续监测中发现 CF_4 较正常运行（100～200μL/L）和新气均增加较多，推测设备可能发生了绝缘故障。对 GIS 设备停电进行解体检查发现，室壁上的绝缘螺杆断裂，如图 2.17 所示，若未及时处理可能酿成事故。

(a) 螺杆断裂

(b) 螺杆断裂处

图 2.17　绝缘螺杆断裂的零件连接异常缺陷

3. 案例三[11]

某变电站 220kV 型号为 ZF6A-252 的 GIS 于 2001 年 6 月出厂,同年 12 月投运,2007 年扩建 2211 间隔。投运以来 GIS 运行正常,定期超声波 PD 带电检测未发现异常。

2014 年 5 月 14 日,在进行 PD 带电检测时,发现该站 220kV 某线间隔有疑似放电信号。运维人员及时赶赴现场,开展相关复测工作,对相关间隔气室进行 SF$_6$ 气体分解物检测,结果如表 2.7 所示。表中可见,除该线间隔 2211-4 刀闸气室 SO$_2$ 和 SOF$_2$ 总含量为 1.5μL/L,其他正常。

表 2.7　各间隔 SF$_6$ 气体分解物检测结果

被测气室	含量/(μL/L)		
	SO$_2$+SOF$_2$	H$_2$S	HF
该线间隔 2211-4 刀闸	1.5	0	0
该线 4 母线	0	0	0
该线附近某线间隔 2212-4 刀闸	0	0	0
该线附近某线间隔 2214-4 刀闸	0	0	0

对 2211-4 刀闸 A 相气室进行解体检查,发现静触头屏蔽罩表面有颗粒状分解物,如图 2.18 所示,证实了通过 SF$_6$ 气体组分检测结果可以判断存在的绝缘故障。气室内的盆式绝缘子、动触头以及绝缘拉杆等其他部件未发现异常。

图 2.18　A 相刀闸静触头

对间隔 2211-4 刀闸气室清洁处理后,在 A 相出线套管处加压进行 PD 测试,升压至 50kV 时,检测到明显放电信号。在 B、C 两相施加相同电压,未检测到信号,进一步确定该 PD 信号位于母线 A 相支撑绝缘子附近。打开间隔 4 母线气室端盖和 A 相底部观察窗,未发现有放电痕迹,如图 2.19 所示。

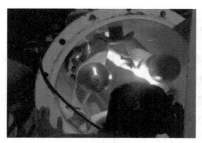

(a) 母线气室　　　　　　　　　　　　　(b) A 相底部

图 2.19　4 母线气室端部和 A 相底部观察窗

在拆解母线支撑绝缘子时，发现 A 相支撑绝缘子表面有很多小孔，最大两个小孔直径为 1～1.5mm，如图 2.20 所示。

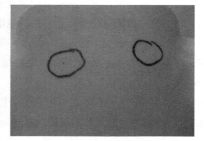

(a) 绝缘子缺陷　　　　　　　　　　　　(b) A 相小气孔

图 2.20　4 母线气室内 A 相支撑绝缘子

5 月 23 日，更换该线间隔 2211-4 刀闸三相盆式绝缘子和 4 母线气室 7 只支撑绝缘子后，进行交流耐压试验，试验电压为 368kV（出厂试验值的 80%），未检测到异常信号。5 月 24 日，该线路恢复送电。

通过对更换下的三相盆式绝缘子和 7 只支撑绝缘子进行 X 射线探伤，发现 A 相支撑绝缘子内部有微小裂纹，如图 2.21 所示，其他 6 只无异常。

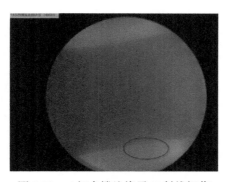

图 2.21　A 相支撑绝缘子 X 射线探伤

参 考 文 献

[1] 全国高压试验技术和绝缘配合标准化技术委员会. 高电压试验技术 局部放电测量: GB/T 7354—2018[S]. 北京: 中国标准出版社, 2019.

[2] 谭巧, 唐炬, 曾福平. 检测气体绝缘组合电器局部放电的四频段微带单极子特高频天线设计[J]. 电工技术学报, 2016, 31(10): 127-135.

[3] 唐炬, 张晓星, 曾福平. 组合电器设备局部放电特高频检测与故障诊断[M]. 北京: 科学出版社, 2016.

[4] 唐炬, 张晓星, 曾福平. 高压电气设备局部放电检测传感器[M]. 北京: 科学出版社, 2017.

[5] 刘克民, 韩克俊, 李军, 等. 局部放电光学检测技术研究进展[J]. 电子测量技术, 2015, 38(1): 100-104.

[6] 刘永刚. 光测法检测局部放电的模式识别及放电量估计研究[D]. 重庆: 重庆大学, 2012.

[7] 李燕青. 超声波法检测电力变压器局部放电的研究[D]. 保定: 华北电力大学, 2004.

[8] 李颖. GIS 局部放电超声检测技术的研究及应用[D]. 大连: 大连理工大学, 2014.

[9] 吴传奇, 汪洋, 王伟. GIS 悬浮局部放电的超声波现场检测典型应用[J]. 湖北电力, 2015, 39(10): 6-8.

[10] 唐炬, 杨东, 曾福平, 等. 基于分解组分分析的 SF_6 设备绝缘故障诊断方法与技术的研究现状[J]. 电工技术学报, 2016, 31(20): 41-54.

[11] 唐炬, 张晓星, 曾福平. 基于分解组分分析的 SF_6 气体绝缘装备故障诊断方法与技术[M]. 北京: 科学出版社, 2017.

第3章 PD信号噪声特点与SNR二阶估计

3.1 典型绝缘缺陷的PD信号特征

PD是所有高压电气设备普遍存在的现象,既是表征设备内部绝缘状态的主要特征指标之一,又是引起设备内部绝缘材料进一步劣化的主要原因之一。从现场运行和维护经验总结来看[1],GIS内部的典型绝缘缺陷可以大致划分为四种,具体抽象为金属突出物缺陷(N类绝缘缺陷)、绝缘子表面金属污染物缺陷(M类绝缘缺陷)、自由金属微粒缺陷(P类绝缘缺陷)和绝缘子气隙缺陷(G类绝缘缺陷)[2]。为研究四种典型绝缘缺陷下产生的PD特性,构建四种典型绝缘缺陷的物理模型,并在实验室GIS设备上进行模拟实验,采集大量不同绝缘缺陷下的PD时域信号。

3.1.1 四种缺陷产生的PD时频信号

对于N类绝缘缺陷,物理模型如图3.1(a)所示,逐步升高外加电压,当放电

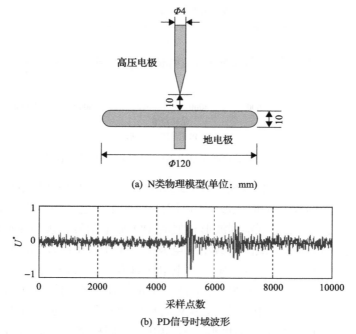

(a) N类物理模型(单位: mm)

(b) PD信号时域波形

图 3.1 金属突出物缺陷产生的PD信号

电压为 8.5kV 时放电稳定，此时采集的 PD 信号时域波形如图 3.1(b)所示，U^*表示归一化后的幅值。适度调节外加电压，能在示波器观察到近似的放电波形，适当调节银针长短后能再次观察到同样近似的放电波形，表明该放电物理模型能表征金属突出物这类缺陷的典型放电波形，放电电压具有一定的分散性。

对于 M 类绝缘缺陷，物理模型如图 3.2(a)所示，在同样的实验条件下，逐步升高外加电压，当放电电压为 6.4kV 时放电比较稳定，此时采集的 PD 信号时域波形如图 3.2(b)所示。再适度调节外加电压，能在示波器观察到近似的放电波形，通过反复改变金属微粒在绝缘子表面的疏密程度可以观察到各种情况下的放电波形，表明该放电物理模型能表征绝缘子表面金属污染物这类缺陷的典型放电波形，而且放电电压具有较大的分散性。

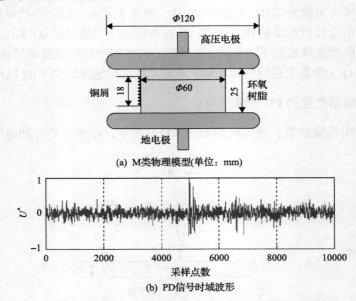

(a) M类物理模型(单位：mm)

(b) PD信号时域波形

图 3.2　绝缘子表面金属污染物缺陷产生的 PD 信号

在设计 P 类绝缘缺陷物理模型(图 3.3(a))后，缓慢升高外加电压至放电电压为 5.5kV 时，其 PD 信号的时域波形如图 3.3(b)所示。适当增加或减小外加电压，在示波器上仍可以间断地观察到波形相似的 PD 放电信号，表明该放电物理模型能表征自由金属微粒这类缺陷的典型放电波形。由于自由跳动的微粒不会跳出碗状电极，产生的放电波形较为稳定，放电电压具有一定的分散性。

对于 G 类绝缘缺陷，物理模型如图 3.4(a)所示，在同样的实验条件下，逐步升高外加电压，当放电电压为 11.5kV 时放电比较稳定，此时采集的 PD 信号时域波形如图 3.4(b)所示。适度调节外加电压，同样能在示波器观察到近似的放电波形，在适当调节气隙尺寸后能再次观察到同样近似的放电波形，表明该放电物理模型能表征绝缘子气隙这类缺陷的典型放电波形，放电电压具有较大的分散性。

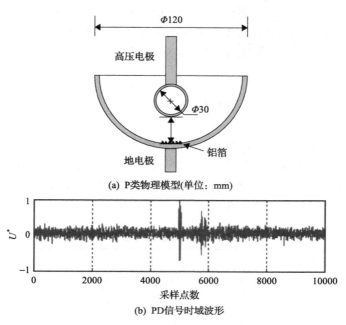

(a) P类物理模型(单位：mm)

(b) PD信号时域波形

图 3.3　自由金属微粒缺陷产生的 PD 信号

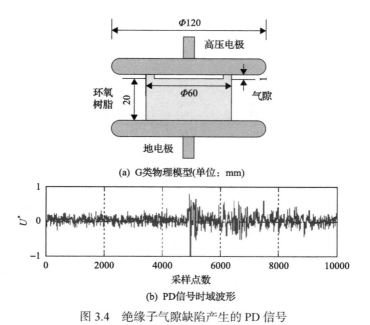

(a) G类物理模型(单位：mm)

(b) PD信号时域波形

图 3.4　绝缘子气隙缺陷产生的 PD 信号

3.1.2　特高频 PD 数学模型

由上述四种典型绝缘缺陷产生的 PD 信号时频波形特征可以看出，不同类型绝缘缺陷的 UHF PD 信号特征波形之间的差异较大。依照散点图进行数据拟合，建立与 UHF 检测相适应的 PD 数学模型为

$$f(x) = \sum_{i=1}^{n} a_i \, \mathrm{e}^{-\frac{(x-b_i)^2}{c_i^2}} \tag{3.1}$$

式中，a_i 表示波峰的高度；b_i 表示所在位置横坐标的值；c_i 表示波峰的陡度；n 表示放电脉冲极值的个数。根据大量的实测数据分析发现，n 的取值由拟合误差参数来确定（一般 $n=3\sim5$）。四种 PD 信号仿真分析的拟合数据如表 3.1 所示，对应的仿真信号时域特征如图 3.5 所示。

表 3.1　数学模型拟合参数表

绝缘缺陷类型	系数	数值	系数	数值	系数	数值
N 类	a_1	0.2002	b_1	4852	c_1	435.3
	a_2	0.1863	b_2	4444	c_2	215.2
	a_3	−0.9328	b_3	3998	c_3	19.2
	a_4	0.3613	b_4	6097	c_4	769.7
	a_5	−0.3475	b_5	5767	c_5	119.0
P 类	a_1	0.2858	b_1	4305	c_1	39.6
	a_2	0.2332	b_2	4531	c_2	97.7
	a_3	0.1117	b_3	4762	c_3	104.1
	a_4	−0.9565	b_4	3998	c_4	19.1
	a_5	0.0454	b_5	6181	c_5	211.8
M 类	a_1	0.9757	b_1	4000	c_1	23.2
	a_2	0.7679	b_2	5298	c_2	521.2
	a_3	0.7750	b_3	6661	c_3	606.1
	a_4	1.1040	b_4	5951	c_4	591.9
	a_5	−1.5420	b_5	5981	c_5	1006.0
G 类	a_1	1.0100	b_1	3998	c_1	30.3
	a_2	0.0588	b_2	5156	c_2	358.2
	a_3	0.8981	b_3	4368	c_3	177.9
	a_4	−1.0730	b_4	4358	c_4	201.4
	a_5	0.0232	b_5	7225	c_5	152.5

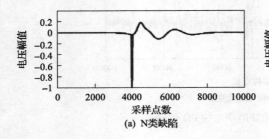

(a) N 类缺陷

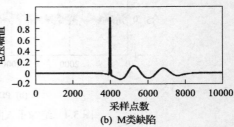

(b) M 类缺陷

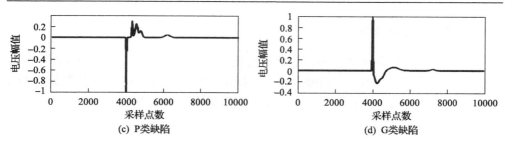

图 3.5　四种 UHF PD 信号的时域特征

四种典型绝缘缺陷 UHF PD 信号的频域特征如图 3.6 所示。

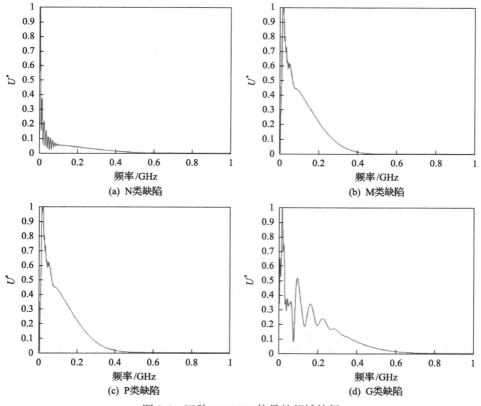

图 3.6　四种 UHF PD 信号的频域特征

3.2　干扰信号特征与 SNR 二阶估计

对运行中的 GIS 设备进行 UHF PD 监测会受到各种电磁信号干扰，主要包括白噪声和周期窄带两种类型干扰[3]。

3.2.1 干扰信号的特征

白噪声包括各种随机噪声，如设备的热噪声、线路中耦合进入的各种噪声以及监测系统中的噪声等[4]。白噪声是一个随机过程，其统计特性可用概率密度函数来表征。正态分布的白噪声随机变量 x 的概率密度函数为

$$p(x) = \frac{1}{\sqrt{2\pi}\sigma} e^{-\frac{(x-\mu)^2}{2\sigma^2}} \tag{3.2}$$

式中，μ 表示 x 的均值；σ 表示 x 的标准差。

在时域中，信号的 Lipschitz 指数 $\alpha = -\frac{1}{2} - \varepsilon, \varepsilon > 0$，因此白噪声信号是处处奇异的。在频域中，白噪声的功率谱为恒定常数，分布在整个频段上。严格地讲，白噪声只是一种理想化模型，由于实际噪声的功率谱不可能具有无限的带宽，因此在实际工程应用中，如果某个噪声信号所具有的频谱宽度远大于其所作用系统的带宽，则可将其认定为白噪声。

周期窄带干扰在时域上呈现正弦或者余弦波的特性，主要来源于各种系统的高次谐波、载波通信和无线电信号等形成的干扰。在时域中，周期窄带干扰信号可用如下数学模型表示：

$$S_p = A\sin(2\pi f t) \tag{3.3}$$

式中，A 为周期窄带干扰的幅值；f 为周期窄带干扰的频率；t 为时间。周期窄带干扰信号的频谱特性为单纯的谱线。

目前，国内外 UHF PD 监测系统受到的周期窄带干扰主要是不同频率波段的无线电干扰。无线电可以划分为 12 个波段，其中可能对 PD 监测造成比较明显影响的波段如表 3.2 所示。

表 3.2　无线电主要分布频段

频段名称	频率范围	波段名称	波长范围
低频(LF)	30~300kHz	长波	10~1km
中频(MF)	300~3000kHz	中波	1000~100m
高频(HF)	3~30MHz	短波	100~10m
甚高频(VHF)	30~300MHz	超短波	10~1m

3.2.2 SNR 二阶估计理论与方法

在电力设备现场获取的 PD 信号往往都是含有一定干扰(噪声)的混合信号，

常用信噪比(signal noise ratio，SNR)来衡量检测信号含噪声的程度。由于 PD 信号和随机干扰之间不具有相关性，根据线性叠加原理，现场实测的 PD 信号 $x(t)$ 可用无干扰的单纯 PD 信号 $s(t)$ 和现场噪声信号 $n(t)$ 叠加组成，即

$$x(t) = s(t) + n(t) \tag{3.4}$$

$x(t)$ 的自相关矩阵可表示为

$$\boldsymbol{R}_x = E\left[\boldsymbol{x}(t)\boldsymbol{x}^{\mathrm{H}}(t)\right] = \boldsymbol{R}_s + \boldsymbol{R}_n \tag{3.5}$$

式中，H 表示共轭转置，$\boldsymbol{R}_s$ 和 $\boldsymbol{R}_n$ 分别表示单纯 PD 信号 $s(t)$ 和噪声信号 $n(t)$ 的自相关矩阵。

根据矩阵理论可知，$\boldsymbol{R}_x$、$\boldsymbol{R}_s$ 和 $\boldsymbol{R}_n$ 均为对称矩阵，分别对 $\boldsymbol{R}_s$ 和 $\boldsymbol{R}_n$ 进行奇异值分解可得

$$\boldsymbol{R}_s = \boldsymbol{V}\boldsymbol{\Lambda}_s\boldsymbol{V}^{\mathrm{H}} \tag{3.6}$$

式中，$\boldsymbol{V}$ 是正交矩阵，对角矩阵 $\boldsymbol{\Lambda}_s = \mathrm{diag}\left(\lambda_1, \lambda_2, \cdots, \lambda_k, 0, 0, \cdots, 0\right)_{m\times m}$。很显然，$k$ 小于对角矩阵的阶数 m，且 $\lambda_1 \geqslant \lambda_2 \geqslant \cdots \geqslant \lambda_k$。

对矩阵 $\boldsymbol{R}_n$ 进行奇异值分解：

$$\boldsymbol{R}_n = \boldsymbol{V}\boldsymbol{\Lambda}_n\boldsymbol{V}^{\mathrm{H}} \tag{3.7}$$

式中，$\boldsymbol{\Lambda}_n = \mathrm{diag}\left(\delta_n^2, \delta_n^2, \cdots, \delta_n^2\right)_{m\times m}$。

由式(3.5)～式(3.7)可得 $\boldsymbol{R}_x$ 的奇异值分解为

$$\boldsymbol{R}_x = \boldsymbol{V}\left(\boldsymbol{\Lambda}_s + \boldsymbol{\Lambda}_n\right)\boldsymbol{V}^{\mathrm{H}} = \boldsymbol{V}\boldsymbol{\Lambda}_x\boldsymbol{V}^{\mathrm{H}} \tag{3.8}$$

式中，对角矩阵 $\boldsymbol{\Lambda}_x$ 表示为

$$
\begin{aligned}
\boldsymbol{\Lambda}_x &= \mathrm{diag}\left(\eta_1, \eta_2, \cdots, \eta_m\right)_{m\times m} \\
&= \begin{bmatrix}
\lambda_1 + \delta_n^2 & & & & & & \\
& \ddots & & & & & \\
& & \lambda_k + \delta_n^2 & & & & \\
& & & \delta_n^2 & & & \\
& & & & \ddots & \\
& & & & & \delta_n^2
\end{bmatrix}
\end{aligned} \tag{3.9}
$$

观察对角矩阵 Λ_x 可知，含噪声信号的奇异值空间分别由前 k 个奇异值 $\lambda_k + \delta_n^2$ 组成的含噪声信号子空间和 $m-k$ 个奇异值 δ_n^2 组成的纯噪声信号子空间构成。源信号 $s(t)$ 的能量可用其所有奇异值之和表示，噪声信号 $n(t)$ 可用 $m\delta_n^2$ 来表示。因此，实测信号 $x(t)$ 的 SNR 估计可用其奇异值来估算，即

$$\text{SNR} = 10\lg\left(\frac{P_s}{P_n}\right) = 10\lg\frac{\sum\limits_{i=1}^{k}\left(\eta_i - \delta_n^2\right)}{m\delta_n^2} \tag{3.10}$$

式中，P_s 和 P_n 分别表示源信号和噪声信号的能量。

然而，对于实测信号无法得到源信号和噪声信号对应的奇异值，故采用式 (3.10) 是不可行的。因此，对实测信号应采用以下办法来估计其自相关矩阵：

$$\hat{R}_x(k) = E\left[x(t)x^{\text{H}}(t+k)\right] \tag{3.11}$$

式中，$k = 0,1,2,\cdots,m-1$。

采用式 (3.11) 估计的自相关矩阵 $\hat{R}(0) \sim \hat{R}(m-1)$，可构建出如下形式的相关矩阵：

$$\hat{R} = \begin{bmatrix} \hat{R}(0) & \hat{R}(1) & \cdots & \hat{R}(m-1) \\ \hat{R}(1) & \hat{R}(0) & \cdots & \hat{R}(m-2) \\ \vdots & \vdots & & \vdots \\ \hat{R}(m-1) & \hat{R}(m-2) & \cdots & \hat{R}(0) \end{bmatrix} \tag{3.12}$$

对式 (3.12) 的相关矩阵进行奇异值分解，得到如下排列的奇异值序列：

$$\hat{\lambda}_1 \geqslant \hat{\lambda}_2 \geqslant \cdots \geqslant \hat{\lambda}_m \tag{3.13}$$

根据这个奇异值排序，假定

$$\hat{\lambda}(n) = f(n) \tag{3.14}$$

式中，n 为排序序号，则奇异值变化率为 $\dfrac{\text{d}\hat{\lambda}}{\text{d}n}$，设信号子空间满足：

$$\frac{\text{d}\hat{\lambda}}{\text{d}n} \geqslant \text{Const} \tag{3.15}$$

根据式 (3.12) 就可以确定含噪信号空间维数 $\hat{m}$、源信号子空间维数 $\hat{k}$ 及噪声

子空间维数 $\hat{m} - \hat{k}$。

由式 (3.10) 可知，仍需对 δ_n^2 进行估计，其噪声能量可采用如下估计：

$$\hat{\delta}_n^2 = \frac{1}{\hat{m} - \hat{k}} \sum_{i=\hat{k}+1}^{\hat{m}} \hat{\lambda}_i \tag{3.16}$$

因此，利用式 (3.12) 和式 (3.16)，可得到 PD 信号的 SNR 二阶估计表达式为

$$\hat{\text{SNR}} = 10 \lg \frac{\sum_{i=1}^{\hat{k}} \hat{\lambda}_i - \hat{k} \hat{\delta}_n^2}{\hat{m} \hat{\delta}_n^2} \tag{3.17}$$

3.2.3　模拟 PD 信号的 SNR 二阶估计

为了验证上述 SNR 二阶估计理论的有效性，常常采用数学模型产生的无干扰单纯 PD 信号，通过人工加噪为不同干扰程度的混合信号，构造出模拟含噪声的 PD 检测信号进行 SNR 二阶估计。由于干扰程度预先可知，通过 SNR 二阶估计理论可得到模拟 PD 信号的 SNR 二阶估计，再进行对比，便可对 SNR 二阶估计理论进行客观评价。为便于阐述，以式 (3.1) 的数学模型模拟产生 N、P 和 G 三类特征明显的绝缘缺陷的无干扰理想 UHF PD 信号为例，来具体说明典型绝缘缺陷 PD 信号的 SNR 二阶估计，N、P 和 G 三类绝缘缺陷的无干扰理想时域波形如图 3.7 所示[5]。

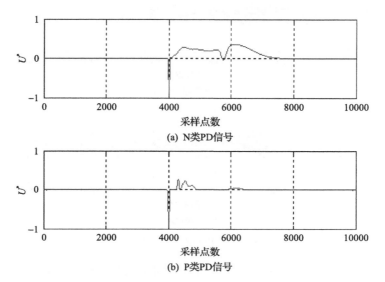

(a) N类PD信号

(b) P类PD信号

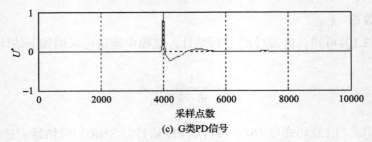

图 3.7　内置 UHF 单纯 PD 信号时域波形

为说明模拟在有一定干扰情况下对 PD 信号的 SNR 二阶估计结果，对上述三类内置 UHF 传感器获取的单纯 PD 信号进行人工加噪，加噪深度为 SNR=0dB，对应的时域波形如图 3.8 所示。观察三种模拟含噪声的 PD 混合信号，并与图 3.7 中无噪声的单纯 PD 信号比较，可以看出 PD 脉冲信号受到较严重的噪声干扰，信号特征波形分辨率极低，有的几乎已完全被干扰淹没。

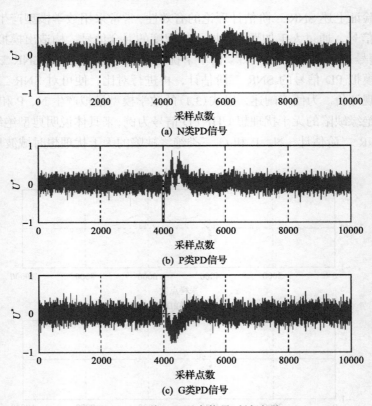

图 3.8　三类 PD 混合信号时域波形

现采用上述 SNR 二阶估计理论，对含不同干扰的各种模拟 PD 混合信号进行

SNR 的二阶估计。由二阶统计量 SNR 估计理论，要构造出模拟单纯 PD 信号自相关矩阵，关键是要确定恰当的参数 m[6]。常用的办法是不断地选择不同的 m 值，使估计值 S$\hat{N}$R 达到预设的无偏估计。当 m 为 50～100 时，可使预设值 SNR 与估计值 S$\hat{N}$R 之间的误差近似为无偏估计。下面先对 SNR=0dB 的 PD 混合信号进行二阶估计。PD 信号子空间和噪声子空间维数估计如图 3.9 所示。经计算得出 S$\hat{N}$R 与 SNR 及误差，如表 3.3 所示。

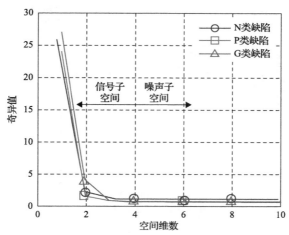

图 3.9　PD 信号子空间和噪声子空间维数估计

表 3.3　SNR=0dB 时干扰前后的 SNR 与误差　　　　　（单位：dB）

指标	$m=50$			$m=100$		
	N 类绝缘缺陷	P 类绝缘缺陷	G 类绝缘缺陷	N 类绝缘缺陷	P 类绝缘缺陷	G 类绝缘缺陷
SNR	0	0	0	0	0	0
S$\hat{N}$R	−0.19	−0.1	−0.08	−0.13	−0.09	0.002
误差	0.19	0.1	0.08	0.13	0.09	0.002

从图 3.9 可以看到，各 PD 混合信号估计自相关矩阵的奇异值呈现递减排列，问题的关键是要找到合适的划分，使得信号子空间能够最大地表征信号的能量，尽量减少信号能量的损失又不受噪声干扰。

本节采用奇异值变化率满足一定值来寻找最优划分，即可设置适当的阈值。对所有 PD 信号，研究发现当奇异值变化率为 0.05 时，可使得信号子空间能够最大地表征信号的能量。经计算，在图 3.10 中空间维数为 4 处，所有 PD 信号的奇异值变化率可以满足设置阈值要求，故确定此处为信号子空间和噪声子空间的临界点，则对应图 3.9 中，空间维数为 4 的左边为信号子空间而右边为噪声子空间[7]。观察两个子空间奇异值的变化，在信号子空间中，奇异值幅值较大且变化快，基本趋向于同一最小值而不再发生变化，表明信号的能量都在这个空间完全表现。在噪声子空间，奇异值很小且保持恒定，表明这个空间完全是随机的干扰信号能量，PD 脉冲信号能量基本没有泄漏到这个空间。因此，这两个子空间的明显划分点是空间维数 4，即最优划分点。由此可得信号子空间维数为 4，噪声子空间维数为 6。

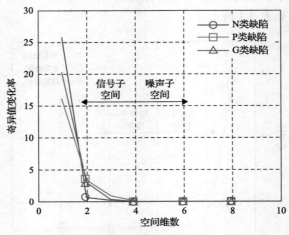

图 3.10　奇异值变化率

再观察表 3.3，N 类缺陷产生的单纯 PD 信号在干扰程度 SNR=0dB 和不同 m 值条件下，采用 SNR 二阶估计理论所得的 SN̂R 非常接近预先的设定值，各绝对误差都在 0.2dB 以内。比较不同 m 值时的 SN̂R，当 m =100 时，SN̂R 更加接近预设值 SNR。因此，可以推知，m 越大，估计越精确。但是，较大的 m 值会带来较大的计算量，从而导致较长的计算时滞，不利于现场在线监测的实时性要求，必须两者兼顾。本节 SNR 二阶估计理论对严重干扰的脉冲类单纯 PD 信号具有较精确的估计。与此同时，由于构造估计相关矩阵参数 m 的选择范围较大（50～100），该 SNR 二阶估计理论具有较强的适应性。

同样，为了检验在不同干扰程度下 SNR 二阶估计理论的有效性，对干扰程度 SNR=0.5dB 和 SNR=5dB 分别计算 SNR 二阶估计，如表 3.4 和表 3.5 所示。

表 3.4　SNR=0.5dB 时干扰前后 SNR 与误差　　　　　（单位：dB）

指标	m=50			m=100		
	N 类绝缘缺陷	P 类绝缘缺陷	G 类绝缘缺陷	N 类绝缘缺陷	P 类绝缘缺陷	G 类绝缘缺陷
SNR	0.5	0.5	0.5	0.5	0.5	0.5
SN̂R	0.46	0.33	0.43	0.50	0.41	0.52
误差	0.04	0.17	0.07	0	0.09	0.02

表 3.5　SNR=5dB 时干扰前后 SNR 与误差　　　　（单位：dB）

指标	m=50			m=100		
	N 类绝缘缺陷	P 类绝缘缺陷	G 类绝缘缺陷	N 类绝缘缺陷	P 类绝缘缺陷	G 类绝缘缺陷
SNR	5	5	5	5	5	5
$\hat{\text{SNR}}$	4.97	4.92	5.03	5.02	4.94	4.99
误差	0.03	0.08	0.03	0.02	0.06	0.01

对比分析表 3.4 和表 3.5，当预设值 SNR=0.5dB 时，估计误差在 0.2dB 以下，多数 $\hat{\text{SNR}}$ 都很接近预设值 SNR。当预设值 SNR=5dB 时，估计误差在 0.1dB 以下，相对表 3.3 的估计而言，估计值 $\hat{\text{SNR}}$ 更精确。由此可以推知，随着单纯 PD 信号干扰程度的减小，即 SNR 越大，通过 SNR 二阶估计理论估计的 SNR 也越大，越准确。这样的推断也符合现场实际以及人们的逻辑推理，即在不确定信号干扰较小的情况下，现场采集的单纯 PD 信号的 SNR 理应较大，而且干扰越小，SNR 越大；较大的干扰不仅使信号处理更麻烦，而且直接影响到 SNR 二阶估计，信号干扰越小，对估计结果的影响也越小，估计越接近真实的信号干扰程度[8]。因此，对越高 SNR 的单纯 PD 信号，SNR 二阶估计理论的估计值越可信。如果在现场检测到的单纯 PD 信号通过这个估计具有较高的数值，针对某些应用需要，就没有必要再对这个单纯 PD 信号进行降噪处理，可避免因降噪畸变单纯 PD 信号而丢失信号更多的波形特征。对那些 SNR 二阶估计较高的单纯 PD 信号，就可直接用于后续绝缘缺陷故障类型的辨识处理。

为了进一步检验 SNR 二阶估计理论能否用于不同噪声水平的模拟单纯 PD 信号，对模拟单纯 PD 信号的受干扰程度设置在 0～25dB 的情形下进行 SNR 二阶估计。图 3.9 中同样的三个单纯 PD 信号在各种不同 SNR 设置情况下的 SNR 二阶估计，如图 3.11 所示。

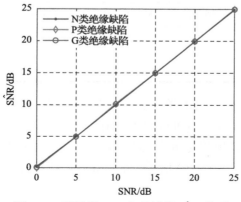

图 3.11　预设值 SNR 与估计值 $\hat{\text{SNR}}$ 关系

由 $\widehat{SNR}$/SNR 的对比关系可知，在 SNR 较宽范围内，通过 SNR 二阶估计的 $\widehat{SNR}$，与 SNR 保持良好的对角线性关系。随着 SNR 的增加，$\widehat{SNR}$ 二阶估计几乎以同样的增幅增加。在低 SNR 段（0～5dB），误差在 0.2dB 范围内，在高 SNR 段（10dB 以上）误差更小。SNR 越大，误差越小。这个 $\widehat{SNR}$/SNR 一致性特征说明，SNR 二阶估计理论对构造的单纯 PD 信号在较宽 SNR 范围内具有很强的估计能力。

3.2.4　实测 PD 信号的 SNR 二阶估计

迄今为止，无法用外置 UHF 传感器获取无干扰的单纯 PD 信号波形，即或多或少都含有一定的干扰[9]，因此对实测外置 UHF PD 信号的理论研究就缺乏各绝缘缺陷对应的理论参考波形。然而，研究多绝缘缺陷的混合 PD 信号分离，参考单纯 PD 信号波形又是必需的。在此，本节采用外置实测的各单纯 UHF PD 信号通过降噪处理后，提取各绝缘缺陷对应的单纯 PD 信号，作为后续研究的原始单纯 PD 信号。

在实验室电磁屏蔽室的 GIS 研究平台上，用外置 UHF 传感器获取四个典型绝缘缺陷模型产生的单纯 PD 信号降噪前后的 SNR 比较如表 3.6 所示，运用上述 SNR 二阶统计估计理论对这些单纯 PD 信号进行干扰的定量估计评价，以确定各实测外置单纯 PD 信号的受干扰程度。为了尽量减少采集 PD 信号的干扰，使用小波变换进行降噪处理，对这些降噪后的单纯 PD 信号进行同样的 SNR 二阶估计评价，以确定信号的噪声干扰程度降低到可以接受的程度，这些降噪后的单纯 PD 信号就可以视为各绝缘缺陷对应的无干扰真实单纯 PD 信号（假设未受噪声干扰）。

表 3.6　外置 UHF PD 信号降噪前后的 SNR 比较　　　（单位：dB）

单纯 PD 信号	N 类绝缘缺陷	M 类绝缘缺陷	P 类绝缘缺陷	G 类绝缘缺陷
降噪前 $\widehat{SNR}$	11	9.4	2.2	7.6
降噪后 $\widehat{SNR}$	23.5	24.3	22.7	24.9

观察四个实测的外置 UHF 单纯 PD 信号，线路测量噪声对信号有一定程度的干扰。为了减小噪声的干扰程度以便于清晰观察各绝缘缺陷对应的 PD 信号特征波形，采用小波变换降噪以尽可能减小噪声对信号的干扰并尽可能保持信号波形特征，从而还原各真实单纯 PD 信号。采用 db 小波降噪，各降噪的单纯 PD 信号如图 3.12 所示。

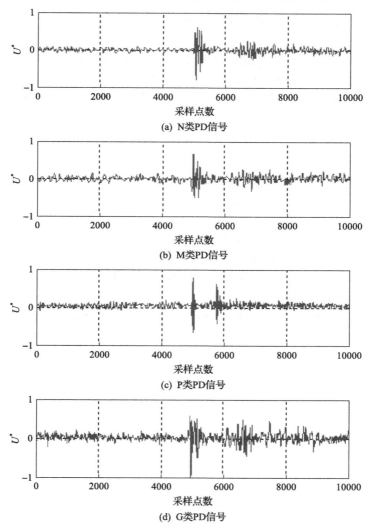

图 3.12　降噪后的单纯 PD 信号

　　从理论上讲，任何算法都不可能彻底消除噪声信号的干扰而还原其真实信号波形，从计算所得的 SNR 数值对比看，SNR 提高很大，降噪后的 SNR 反映出信号中的噪声干扰已经很小，各 PD 信号脉冲的特征波形显现而可辨，且波形特征保持完好，不同绝缘缺陷对应的 PD 波形特征各不相同[10]。

参 考 文 献

[1] 唐炬, 刘明军, 彭文雄, 等. GIS 局部放电外置超高频检测系统[J]. 高压电器, 2005, 41(1): 6-9.

[2] 陈庆国, 张乔根, 汪泷, 等. SF$_6$ 气体中放电特征参数及机理[J]. 高电压技术, 2000, 26(6): 7-10.

[3] 汪泷, 邱毓昌, 张乔根, 等. 冲击电压作用下影响表面电荷积聚过程的因素分析[J]. 电工技术学报, 2001, 16(5): 51-55.

[4] 陈庆国, 张乔根, 邱毓昌, 等. 表面电荷对 SF$_6$ 中绝缘子沿面放电的影响[J]. 高电压技术, 2000, 26(2): 24-26.

[5] 唐炬, 周倩, 许中荣, 等. GIS 超高频局放信号的数学建模[J]. 中国电机工程学报, 2005, 25(19): 106-110.

[6] 李伟. GIS 内多绝缘缺陷产生混合局部放电信号的分离研究[D]. 重庆: 重庆大学, 2010.

[7] 唐炬, 李伟, 姚陈果, 等. 局部放电干扰评价参数信噪比的二阶估计[J]. 中国电机工程学报, 2011, 31(7): 126-130.

[8] 唐炬, 许中荣, 孙才新, 等. 应用复小波变换抑制 GIS 局部放电信号中白噪声干扰的研究[J]. 中国电机工程学报, 2005, 25(16): 30-34.

[9] 唐炬, 谢颜斌, 朱伟, 等. 用于复小波变换的EWC阈值法抑制周期性窄带干扰[J]. 电力系统自动化, 2005, 29(7): 43-47.

[10] 唐炬, 李玉兰, 谢颜斌, 等. 一种用于评价 PD 信号去噪前后波形畸变的新参数[J]. 重庆大学学报, 2009, 32(3): 252-256.

第二篇　混合局部放电信号分离

第 4 章　PD 信号混合与分离基础知识

GIS 设备内部出现 PD 现象既是反映绝缘状态劣化的早期征兆，又是表征绝缘故障的主要参量[1]。对 PD 的检测与分析是诊断 GIS 设备内部潜在绝缘故障最有效的手段之一[2]。然而，对 GIS 设备内部多种绝缘缺陷同时产生 PD，即混合 PD 现象，对于获取的混合 PD 信号分析一直是本领域关注的难点。

4.1　混合 PD 信号的生成与分离

4.1.1　混合 PD 信号的生成过程

混合 PD 是指在 GIS 设备内部存在多个绝缘缺陷(可以是不同类型)的状况下，因不同空间位置的局部绝缘电介质在其承受的局部电场上升至临界场强后[3]，同时或者先后发生强电离作用，形成局部击穿的物理现象与过程。该现象与过程中包含的各单一类型绝缘缺陷的 PD 信号叠加混合后，以声波、光辐射、UHF 电磁波和低频脉冲电流等形式[4,5]，在 GIS 设备内部或外部路径上传播，被 GIS 设备内部或外部的传感器所获取，从而形成混合 PD 信号。混合 PD 信号除了包含固有常规特征外，还包含两个特有的随机特征，即各单一类型绝缘缺陷下 PD 发生的时序随机特征和位置随机特征。

根据已有的研究成果，针对 GIS 设备内部多绝缘缺陷在运行工况下辨识的难题，从多绝缘缺陷诱发的混合 PD 信号中，分离出各单一类型绝缘缺陷的 PD 信号是解决这一难题的有效途径。因此，为了从混合 PD 信号中分离出各单一 PD 信号，首先构建符合 GIS 设备内部信号混合过程的混合 PD 信号数学模型，以奠定混合信号分离研究的理论基础，并根据不同分离算法的理论要求，结合现场实测的混合 PD 信号的特点，对实测混合 PD 信号进行分析和预处理，最终选取有效的分离方法。

4.1.2　混合 PD 信号的数学模型

在实际工程运用中，外置 UHF 传感器已经成为在线获取 GIS 设备内部单一绝缘缺陷产生 PD 信号的主要工具[6]。因而，本书的混合 PD 信号的数学模型是基于外置 UHF 天线所获取的混合 PD 信号，但这并不妨碍模型应用于其他检测手段所获取的混合 PD 信号。在 GIS 设备内多绝缘缺陷状态下，各绝缘缺陷诱发的 UHF

PD 电磁波信号在类似同轴波导的 GIS 设备内传播，传播中产生的谐振、反射、色散和衰减等物理过程，使得各单一类型绝缘缺陷产生的 PD 信号在 GIS 腔体发生叠加混合，混合的电磁波信号在 GIS 罐体金属外壳不连续处（如盆式绝缘子）向外泄漏，由安装在此处的 UHF 传感器所检测到的 PD 信号必然是各单一 PD 信号的叠加混合。假设由自由金属微粒（P 类）绝缘缺陷激发的 PD 电磁波 $s_1(t)$ 和金属突出物（N 类）绝缘缺陷激发的 PD 电磁波 $s_2(t)$，在 GIS 设备内部传播叠加混合后的 PD 信号示意如图 4.1 所示。混合 PD 电磁波信号是通过盆式绝缘子处的绝缘缝隙向外透射或泄漏，如在盆式绝缘子处安放一外置 UHF 传感器，可检测由此泄漏出来的混合 PD 电磁波，并转化为时域的混合 PD 信号 $x_1(t)$ 和 $x_2(t)$。

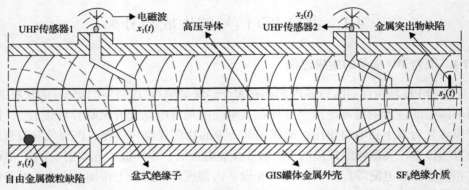

图 4.1　GIS 设备内两个单一类型绝缘缺陷产生 PD 信号的传播与混合示意图

为了不失一般性，假设某时刻在 GIS 设备内部同时存在的绝缘缺陷类型数为 n，安装在 GIS 设备外不同盆式绝缘子处的 UHF 传感器个数为 m，则单一类型绝缘缺陷产生的 PD 信号源矢量 $s(t)$ 和混合 PD 信号矢量 $x(t)$ 可分别表示为

$$\begin{cases} s(t) = [s_1(t), s_2(t), \cdots, s_n(t)]^{\mathrm{T}} \\ x(t) = [x_1(t), x_2(t), \cdots, x_m(t)]^{\mathrm{T}} \end{cases} \tag{4.1}$$

在 GIS 设备内部任意绝缘缺陷产生的 PD 信号，从缺陷所在位置到任意 UHF 传感器位置的信号传播通道，可以用有限脉冲响应（finite impulse response，FIR）滤波器表示，时域响应函数为 $h_{ij}(\tau)$（$i=1,2,\cdots,m$；$j=1,2,\cdots,n$）。$h_{ij}(\tau)$ 表示第 j 类型绝缘缺陷产生的 PD 信号被第 i 个 UHF 传感器所检测到传播通道上的时域响应，则任何 UHF 传感器所检测到的混合 PD 信号，其时域表达式为

$$x_i(t) = \sum_{j=1}^{n} \sum_{t=0}^{m_{ij}} h_{ij}(\tau) s_j(t-\tau) = \sum_{j=1}^{n} h_{ij} * s_j(t) \tag{4.2}$$

式中，m_{ij} 为 FIR 滤波器的阶数；$x_i(t)$ 为第 i 个 UHF 传感器在 t 时刻检测到的混合 PD 信号；"$*$"为卷积运算。

由前面提到的混合 PD 信号随机性可知，各类绝缘缺陷的位置以及各信号传播路径均存在不确定性，因此滤波器函数 $h_{ij}(\tau)$ 没有明确的数学表达。这正体现了盲分离理论所描述的信号源是不可直接检测且混合系统响应的特性未知。从一个运行的 GIS 设备外部看，要想获得 GIS 设备内部的绝缘缺陷类型、放电位置以及信号传播通道参数等信息，具有相当的难度。因此，为了简化 GIS 设备内多绝缘缺陷状态下产生的混合 PD 信号分离方法，可将各单一类型绝缘缺陷产生的 PD 信号电磁波在 GIS 设备内的混合过程，假设为线性瞬时混合或线性卷积混合。

4.1.3　PD 信号的线性瞬时混合与分离

首先，GIS 设备内部由多绝缘缺陷同时产生 PD 时，彼此之间是相互独立的随机过程，其产生的信号源之间也应当在统计上是相互独立的，且 PD 电磁波信号在 GIS 设备内部几乎以近似光速传播。尽管单一类型绝缘缺陷产生的 PD 信号，从 PD 源到传感器检测位置的信号传播距离从理论上讲没有限制，但是在实际的 GIS 设备内部，PD 信号在其传播通道上会遇到如固体绝缘子、弯头等不均匀传播介质而发生能量衰减，因此对 GIS 设备内部 PD 信号的可检测距离是有限的。

由于 PD 电磁波传播速度极快，在 PD 源距离传感器不太远的情况下，可假设各单一类型绝缘缺陷产生的 PD 电磁波信号，从缺陷源位置到达传感器位置为无时延到达，且忽略信号传播过程的非线性，则滤波器函数 $h_{ij}(\tau)$ 退化为无时延的滤波器常系数 h_{ij}。对所有传感器获取的检测混合 PD 信号，可用滤波器系数矩阵 $\boldsymbol{H}_{m \times n}$ 表征 GIS 设备内所有单一类型绝缘缺陷产生的 PD 信号线性瞬时混合过程，即

$$\boldsymbol{H} = \begin{bmatrix} h_{11} & \cdots & h_{1n} \\ \vdots & & \vdots \\ h_{m1} & \cdots & h_{mn} \end{bmatrix} \tag{4.3}$$

再者，使用外置 UHF 天线检测 GIS 设备内部的 PD 信号，尽管 GIS 壳体对外界噪声干扰具有一定的屏蔽作用，但是 GIS 设备运行现场的各种电磁干扰还是会耦合到 UHF 传感器，并叠加到检测的混合 PD 信号上。由于这些干扰信号来自不同绝缘缺陷之外的信号源，且统计特性上相互独立，其属性表现为线性叠加性干扰。针对 m 个 UHF 传感器，可把干扰信号假设为 m 个相互独立且与信号源在统计上也相互独立的噪声源 $v_i(t)$，则干扰信号矢量可表示为

$$v(t) = [v_1(t), v_2(t), \cdots, v_m(t)]^T \qquad (4.4)$$

综上可知，GIS 设备内部信号的混合过程可以简化为线性瞬时混合。信号源矢量 $s(t)$ 的 n 个分量之间相互独立，经过线性瞬时混合被 m 个 UHF 传感器 $x_i(i=1,2,\cdots,m)$ 所接收，则每个观测信号是这 n 个信号的一个线性组合，下面的矩阵方程对于线性时不变瞬时混合函数成立：

$$\begin{bmatrix} x_1(t) \\ \vdots \\ x_m(t) \end{bmatrix} = \begin{bmatrix} h_{11} & \cdots & h_{1n} \\ \vdots & & \vdots \\ h_{m1} & \cdots & h_{mn} \end{bmatrix} \begin{bmatrix} s_1(t) \\ \vdots \\ s_m(t) \end{bmatrix} + \begin{bmatrix} v_1(t) \\ \vdots \\ v_m(t) \end{bmatrix} \qquad (4.5)$$

矢量形式表示为

$$x(t) = Hs(t) + v(t) \qquad (4.6)$$

或表示为

$$x(t) = H's'(t) \qquad (4.7)$$

式中，$H' = [H, I]$，$s'(t) = [s^T(t), v^T(t)]^T$。式 (4.7) 类似于无噪声干扰的混合 PD 信号形式。

对混合 PD 信号分离的目的是寻找一个逆变换矩阵 W，将测量得到的混合 PD 信号矢量 $s(t)$，进行逆变换以后，获得单一类型绝缘缺陷的 PD 信号矢量 $s(t)$ 的估计矢量 $y(t)$，该估计矢量各个分量之间应尽可能地相互独立。这个逆变换可以表示成一个前向线性网络的形式：

$$y_i(t) = \sum_{j=1}^{m} w_{ij} x_i(t), \quad i = 1, 2, \cdots, n \qquad (4.8)$$

其矩阵表达式为

$$y(t) = Wx(t) \qquad (4.9)$$

式中，$y(t) = [y_1(t), y_2(t), \cdots, y_m(t)]^T$；$W$ 为 $m \times n$ 的分离矩阵。

线性瞬时混合-分离系统示意图如图 4.2 所示。从图 4.2 可知，理想情况下，若分离矩阵 W 是瞬时混合矩阵 H 的逆矩阵，信号源就会被无任何偏差地估计出来(包括信号源顺序和信号幅值)。然而，实际情况是在混合-分离系统中，分离出来的估计信号之间存在差异，主要表现在信号顺序和幅值的不确定性上。在分离前，如果将信号的干扰噪声抑制到可以忽略的程度，那么上述的不确定性可以用下述变换来体现：

$$y(t) = WHs(t) = PDs(t) \tag{4.10}$$

式中，P 为置换矩阵；D 为对角矩阵。置换矩阵 P 用来反映信号分离后可能存在的顺序不确定性，即恢复信号的排列顺序与信号源排列顺序之间对应关系的不确定性，对应关系取决于混合矩阵的形式、分离矩阵的初始值和具体分离算法。对角矩阵 D 反映分离后估计的信号源幅值变化的不确定性。

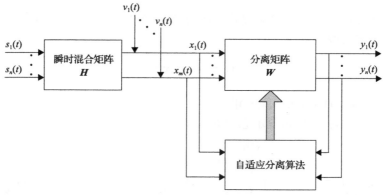

图 4.2　线性瞬时混合-分离系统示意图

　　一般情况下，分离后估计信号的排列顺序和信号幅值的不确定性，不会影响到盲源分离（blind source separation，BSS）理论的应用[7]。在很多应用中，信号的有用特征信息都隐含在信号波形中，分离信号顺序和幅值的不确定性，不影响对信号特征信息的获取。

4.1.4　PD 信号的线性卷积混合与分离

　　由于不同的单一 PD 信号经过不同的信号传播通道后，到达不同的外部 UHF 传感器检测点，如果各单一 PD 信号源之间存在较大的距离，各信号源传播到 UHF 传感器检测点就有一定时间差，即各信号不会同时到达检测点。为了体现由传播通道不同带来的相对传播时延，确切描述 GIS 设备内这种具有相对时延的传播过程，采用卷积混合手段，设传播通道的 FIR 滤波器时域响应函数为 $h_{ij}(\tau)$，则 GIS 设备内 FIR 滤波器具有时延 τ 时的卷积混合矩阵可表示为

$$H_\tau = \begin{bmatrix} h_{11,\tau} & \cdots & h_{1n,\tau} \\ \vdots & & \vdots \\ h_{m1,\tau} & \cdots & h_{mn,\tau} \end{bmatrix} \tag{4.11}$$

则 PD 卷积混合信号的矢量形式为

$$x(t) = \sum_{\tau=0}^{\infty} H_\tau s(t-\tau) + v(t) \tag{4.12}$$

在忽略噪声干扰的情况下，PD 卷积混合信号的矢量表达式为

$$x(t) = \sum_{\tau=0}^{\infty} H_\tau s(t-\tau) \tag{4.13}$$

卷积混合信号的分离就是寻找一组分离矩阵 W_τ，以获得信号源的估计矢量 $y(t)$，其数学模型表示为

$$y(t) = W_\tau * x(t) \tag{4.14}$$

式中，$y(t) = [y_1(t), y_2(t), \cdots, y_n(t)]^{\mathrm{T}}$。

信号卷积混合-分离系统示意图如图 4.3 所示。

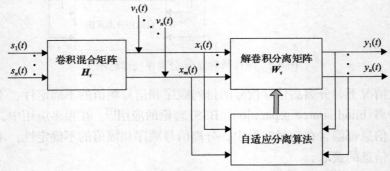

图 4.3　信号卷积混合-分离系统示意图

为方便运算求解，通常可将时域空间的卷积运算转化为 Z 域的乘积运算，式 (4.13) 和式 (4.14) 的 Z 域表达式为

$$x(t) = H(z)s(t) \tag{4.15}$$

$$y(t) = W(z)x(t) = G(z)s(t) \tag{4.16}$$

式中，$H(z) = \sum_{\tau=0}^{\infty} H_\tau z^{-\tau}$、$W(z) = \sum_{\tau=0}^{\infty} W_\tau(l)z^{-\tau}$、$G(z) = W(z)H(z)$ 分别为混合滤波器、分离滤波器、全局混合-分离滤波器矩阵的 Z 变换。一个两信号源卷积混合-分离的 Z 域框图如图 4.4 所示。

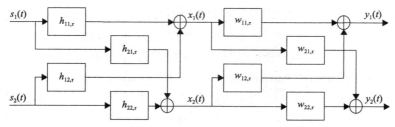

图 4.4　两信号源卷积混合-分离的 Z 域框图

从图 4.4 和式 (4.16) 可知，卷积混合信号的分离就是通过求解矩阵 $\boldsymbol{W}(z)$，从而使得全局混合-分离矩阵满足：

$$G(z) = PD(z) \tag{4.17}$$

式中，$\boldsymbol{P}$ 为置换矩阵；$\boldsymbol{D}(z)$ 为对角矩阵。其对角元素为

$$d_{ii}(z) = \eta_{ij} z^{-\tau_0} \tag{4.18}$$

式中，η_{ij} 非零，τ_0 为整数。此时有分离估计信号：

$$y_i(t) = d s_j(t - \tau_0) \tag{4.19}$$

表明第 i 估计信号 $y_i(t)$ 是第 j 信号源 $s_j(t)$ 的估计，相位时延为 τ_0。

由式 (4.18) 可知，在卷积混合的情况下，分离估计信号与瞬时混合分离的情形一样，也存在分离信号顺序和信号幅值的不确定性。此外，由式 (4.19) 还可以知道，信号卷积混合的分离会带来另一个不确定性：分离估计信号与信号源具有一定的相位时延。为了能构造分离算法的代价函数，通常要利用信号源的分布与统计特性，一般假设信号源在时域内满足独立同分布条件。

4.2　混合 PD 信号的盲源分离理论

由不同频率混合而成的信号，可以经过傅里叶变换在频域内实现信号分离。但傅里叶变换是一种全局变换，它对平稳信号有很好的效果，而对于非平稳的混合信号则效果不佳，可以采用如小波变换、滤波、神经网络和统计模型等手段，主要应用还是集中在对混合信号去噪，一般都要求对目标信号具有充足的先验知识，而在实际应用中，信号源与混合系统都是未知的。目前，针对混合信号的分离比较有效的方法为 BSS 方法。

4.2.1　混合信号盲源分离原理

对 BSS 的研究起源于鸡尾酒会，如何在众多参加酒会人员中，通过对嘈杂的

声音信息辨识，分离出所要找的人的声音。BSS 是在不知道信号源和混合系统参数的情况下，根据信号源和混合系统的一些基本假设，仅由观测的混合信号分离出各个信号源的过程。BSS 理论最早是由法国学者 Herault 和 Jutten 从 1985 年开始研究的，在美国举行的 Natural Network for Computing 会议上，提出了一种循环神经网络模型和基于 Hebbian 类学习的算法，以实现对两个独立源混合信号的分离，奠定了 BSS 理论的研究基础[7]。20 世纪 90 年代后，BSS 理论逐步形成和完善，并已成功运用于通信、图像、语音及生物医学等领域，实现了复杂混合信息的分离。

BSS 理论在电气领域的应用主要集中在故障诊断、信号去噪和电网谐波检测等方面。电力设备的振动和声发射信号常被用于电力设备在线监测，这类信号与 BSS 理论的起源问题有很大相似性，因此故障诊断方面的应用主要集中在涉及振动和声发射信号的混合信号分离方面。对于 GIS 设备内部存在多绝缘缺陷同时产生 PD 的混合信号进行分离，与鸡尾酒会语音辨识问题相比较，有如下相似之处。

(1) 多信号源及其相互独立特性相似。GIS 设备内多绝缘缺陷分布在 GIS 设备内不同的空间位置，激励产生多源 UHF 单一 PD 信号，而且因各单一 PD 信号来自不同的绝缘缺陷物理源，其在统计上相互独立。

(2) 信号传播方式和传播介质相似。语音信号以声波传播，并以空气为传播介质；PD 信号以电磁波传播，并以 SF_6 气体为传播介质。

(3) 信号的空间行为相似。语音信号在房间中具有反射现象而产生回音，同样，PD 信号在传输过程中遇到绝缘子和 GIS 腔体内壁而发生反射。两类信号在各自的传播空间里发生混合。

(4) 信号检测手段相似。声音信号用麦克风阵列检测语音混合信号，PD 信号采用数个外置 UHF 传感器检测混合 PD 信号。

(5) 目的相同。语音信号辨识就是要从混杂的人群语音混合信号中分离提取所关心的语音信号，换言之，就是语言混合信号的分离。研究 GIS 混合 PD 信号，就是要通过对混合 PD 信号的分离，恢复表征绝缘缺陷类型的单一 PD 信号，两者目的一致。

多绝缘缺陷会诱发混合 PD 信号，一个运行的 GIS 设备由于全封闭金属的特点，往往很难从 GIS 设备外部直接获得内部的绝缘缺陷类型、个数、位置以及信号传播通道参数等信息。因此，要直接通过混合 PD 信号获取 GIS 设备内部绝缘缺陷信息(绝缘缺陷个数和类型)是极具挑战性的。BSS 理论并非直接关心信号源的信息特征及混合过程，而是通过对检测混合信号分离来获取各信号源的信息。这个间接获取信号源信息的"黑匣子"特点与通过外置 UHF 混合 PD 信号直接获取 GIS 设备内绝缘缺陷信息具有相同目的。因此，本书介绍基于 BSS 理论对 GIS 设备内多绝缘缺陷诱发的外置 UHF 混合 PD 信号进行分离的方法[8,9]。

4.2.2　盲源分离可分性与判定准则

BSS 问题可以划分为两个关键问题[10]：①信号的可分离性问题，即当检测信号满足什么条件时，才可以实现分离，这是检测信号未知混合系统的本质特性。②分离判定准则问题，即假定检测信号可分离，则采用什么准则来判定混合信号已实现分离。

1. 可分离性

为保证应用 BSS 理论的可分离性，针对线性瞬时混合信号的 BSS，一般要有如下假设[11]。

(1)信号源向量 $s(t)$ 为零均值的平稳随机过程，各信号源彼此之间在统计上相互独立。

(2)混合矩阵应可逆。一般假定传感器的数目大于或等于信号源的数目，可以保证混合矩阵是一个满秩矩阵。

(3)在信号源中服从高斯分布的信号个数不超过 1。因为相同均值和方差的高斯信号的线性组合依旧是高斯信号，其密度是完全对称的，这不利于混合矩阵对列方向的信息获取。

根据式(4.9)，要能够找到矩阵 W，使得全局混合-分离矩阵 $G = WH$ 实现对混合信号的分离，这完全依赖混合矩阵 H 的结构。若 H 满足假设(2)，则总可以找到 W 满足 $G = WH = I$（I 为单位矩阵），从而使得系统可以分离。反之，若 H 为非满秩矩阵，则问题就更为复杂。文献[12]中指出，如果传感器个数（m）小于信号源个数（n），即 $m < n$，则 H 的列矢量不独立，从而使得 H 不能实现所有行的可分解，也就是不能实现信号源的完全分离。

2. 分离判定准则

对于分离判定准则，可依据 Darmois-Skitovich 定理：假设 $s = (s_1, s_2, s_3, \cdots, s_n)^{\mathrm{T}}$ 是 $n(n \geqslant 2)$ 维随机矢量，其各组成分量相互独立，则有

$$
\begin{aligned}
y_1 &= a_{1,1}s_1 + a_{1,2}s_2 + \cdots + a_{1,n}s_n \\
y_2 &= a_{2,1}s_1 + a_{2,2}s_2 + \cdots + a_{2,n}s_n
\end{aligned}
\tag{4.20}
$$

如果 y_1 和 y_2 独立且 $a_{1,i} \neq 0$ 和 $a_{2,i} \neq 0$，则矢量 s 中必有一个分量 s_i 服从高斯分布。对于 BSS 在 $m=n$ 的情况，有以下定理。

定理 4.1　对式(4.10)，$H_{m \times n}$ 为非奇异矩阵，矢量 s 的各分量相互独立，而矢量 y 的各分量两两独立，若 s 和 y 的各分量都具有单位方差，则：

(1)对 s 和 y 的各分量重新排序，全局矩阵 $G = WH$ 就可以写成块对角矩阵的

形式，即 $G = \text{diag}(G_1, G_2, \cdots, G_k, I)$ ，$G_i(i = 1, 2, \cdots, k)$ 是维数大于 1 的正交矩阵。

(2)矩阵 G 中 I 对应的分量 $s_{k+1,j}(j = 1, 2, \cdots, n_{k+1})$ 可服从任意分布（高斯分布或者非高斯分布）。

(3)矩阵 G 中 G_k 对应的各分量 $s_{i,j}(i = 1, 2, \cdots, k; j = 1, 2, \cdots, k)$ 必是服从高斯分布的。

根据定理 4.1 可以直接得到一个推论：只要 s 的分量最多只有一个服从高斯分布，那么矩阵 G 就是置换矩阵。

因此，分离判定准则可以归结为：如果全局混合分离矩阵 G 为置换矩阵，则分离算法实现混合信号的完全分离，否则，混合信号分离不充分。

4.2.3　盲源分离问题解的不确定性

根据混合信号基本数学模型式(4.9)，要辨识和估计出信号源，需要引入辨识空间的概念。假设混合矩阵 H_0 和信号矢量 s_0 分别为真实表征信号混合的混合矩阵和信号源，则辨识空间为产生相同检测信号的若干混合矩阵 $H(\cdot)$ 和相应信号源矢量 $s(\cdot)$ 的线性组合，可表示为

$$I(x, v) = \{(H, s) \in M_0 \mid x(\cdot) = Hs(\cdot) + n(\cdot)\} \tag{4.21}$$

式中，M_0 表示满足模型式(4.6)假设的 (H, s) 集合。很显然，如果存在 $(H_0, s_0(t)) \in I(x, v)$ ，则必然存在一个非奇异矩阵 M 满足 $(H_0 M, M^{-1} s_0) \in I(x, v)$ 。因此，BSS 辨识空间存在固有的不确定性问题，由非奇异矩阵 M 导致。然而，辨识空间中只有部分矩阵 $M \in M_0$ 是可用于信号源的辨识，则可接受的矩阵 M 满足下列条件。

(1)信号源的特征信息与信号的幅度无关，只存在于信号的波形中，也就是信号源幅度的不确定性是可以接受的，即 $s(\cdot) = \Lambda s_0(\cdot)$ ，Λ 为任意非奇异对角矩阵。

(2)不关心分离信号源顺序，即与信号源顺序相关的不确定性是可以接受的，表示为 $s(\cdot) = P s_0(\cdot)$ ，P 为置换矩阵，其任意一行或一列只有一个为 1 的非零元素。

对以上的两个不确定性，可以用数学语言描述为：对于 (H, s) 和 (H', s') ，当满足 $H' = H \Lambda^{-1} P^{\mathrm{T}}$，$s'(\cdot) = P s(\cdot)$ 时，(H, s) 和 (H', s') 之间存在信号波形保持关系 R，表示为 $(H, s) R(H', s')$ 。因此，有如下定理。

定理 4.2　可接受的分离信号 y 必定与真实的信号源 s 和混合矩阵 H 具有波形保持关系 R，并且这个关系为等价变换关系，记为：$(H, s) \sim (H', s')$ 。

如果存在 $(H, s) \sim (H', s')$ ，则有以下结论：

(1)当且仅当 $\{s_i'(t), i = 1, 2, \cdots, n\}$ 相互独立时，$\{s_i(t), i = 1, 2, \cdots, n\}$ 相互独立。

(2)对二阶统计量 $R_s(\tau) = E(s(t)s^{\mathrm{T}}(t - \tau))$ 和 $R_{s'}(\tau) = E(s'(t)s'^{\mathrm{T}}(t - \tau))$ ，当且仅

当 $\boldsymbol{R}_{s'}(\tau)$ 为对角矩阵时，$\boldsymbol{R}_s(\tau)$ 为对角矩阵。

在等价关系 $\boldsymbol{R}$ 下，s 与 s' 在统计意义上相当。等价关系 $\boldsymbol{R}$ 将在辨识空间形成一个划分，真实的 $(\boldsymbol{H}_0, \boldsymbol{s}_0)$ 只可能属于其中的一个等价类。BSS 方法的目的就是要寻找含有 $(\boldsymbol{H}_0, \boldsymbol{s}_0)$ 的等价类。

4.2.4　盲源分离对比函数准则

为了判断多个随机变量之间的统计独立性，引入对比函数(contrast function)，它实质上就是随机变量概率密度函数的泛函，当且仅当对比函数所测量的所有随机变量之间彼此相互统计独立时，函数取得极大值。BSS 问题有以下三大对比函数准则。

1. 信息论准则

为了深入理解基于信息论的对比函数准则，需要厘清以下几个十分重要的基本概念。

1）熵

熵是信息论中的一个重要概念，用来描述随机变量的不确定性，度量信号包含的平均信息量。对于概率密度函数为 $f(x)$ 的连续随机变量 x，其熵（微分熵）定义为

$$H(x) = -\int f(x) \lg f(x) \mathrm{d}x \tag{4.22}$$

对于多维随机变量 $\boldsymbol{X} = [x_1, x_2, \cdots, x_n]$，记其联合分布为 $f(x_1, \cdots, x_n)$，则联合熵定义为

$$H(\boldsymbol{X}) = -\int f(x_1, \cdots, x_n) \lg f(x_1, \cdots, x_n) \mathrm{d}\boldsymbol{X} \tag{4.23}$$

2）KL 散度

KL (Kullback-Leiler) 散度能有效度量两个概率密度函数的相似程度。设有随机变量 x，则密度函数 $f(x)$ 和 $g(x)$ 间的 KL 散度定义为

$$\mathrm{KL}(f(x), g(x)) = \int p(x) \lg \frac{p(x)}{q(x)} \mathrm{d}x \tag{4.24}$$

对于多维随机变量，定义 $f_i(x_i)$ 为分量 x_i 的边缘密度函数，则 $f(\boldsymbol{X})$ 和 $\prod_{i=1}^{n} f_i(x_i)$ 之间的 KL 散度定义为

$$\mathrm{KL}\left(f(\boldsymbol{X}), \prod_{i=1}^{n} f_i(x_i)\right) = \int f(x_1, \cdots, x_n) \lg \frac{f(x_1, \cdots, x_n)}{\prod_{i=1}^{n} f_i(x_i)} \mathrm{d}\boldsymbol{X} \tag{4.25}$$

3）互信息

互信息（mutual information）是一种非常有用的信息度量，指两个事件集合 X 和 Y 之间的相关性，定义为

$$I(X,Y) = H(X) + H(Y) - H(XY) \tag{4.26}$$

对于多维随机变量，它的互信息定义为

$$I(X) = \sum_{i=1}^{n} H(x_i) - H(X) \tag{4.27}$$

可以证明，多维随机变量的 KL 散度与互信息是等价的，即

$$\text{KL}\left(f(X), \prod_{i=1}^{n} f_i(x_i) \right) = \sum_{i=1}^{n} H(x_i) - H(X) = I(X) \tag{4.28}$$

其意义在于互信息是非负的，且联合熵等于各个分量熵之和。

4）负熵

负熵用来度量信号的非高斯性。熵有一个非常重要的性质就是具有相同协方差矩阵的概率密度函数中高斯分布的熵最大。若高斯分布密度函数 $G(X)$ 和任意密度函数 $f(X)$ 具有相同的协方差矩阵，则 $f(X)$ 的负熵定义为 $G(X)$ 的熵与 $f(X)$ 的熵之差，即

$$J(f(X)) = H_G(X) - H_f(X) \tag{4.29}$$

利用 KL 散度，负熵还定义为 $f(X)$ 与 $G(X)$ 的 KL 散度，即

$$J(f(X)) = \text{KL}(f(X), G(X)) = \int f(X) \lg \frac{f(X)}{G(X)} \, \mathrm{d}X \tag{4.30}$$

信息论的对比函数准则，包括信息最大化准则[13]、最小互信息准则[14]以及最大似然估计（maximum likelihood estimation，MLE）准则[15]，这些对比函数准则的共同特点就是用到信号源各分量之间相互独立性的假设及概率密度函数信息。

信息最大化准则是美国索尔克生物研究所计算神经生物学实验室的研究者首先提出来的一类基于神经网络的对比函数准则[16]。假定式（4.9）中的 $\boldsymbol{x}(t)$ 是神经网络的输入，而对应的神经网络的输出具有如下形式：

$$y_i = \varphi_i(\boldsymbol{w}_i^{\mathrm{T}} \boldsymbol{x}) \tag{4.31}$$

式中，φ_i 是某种非线性标量函数；$\boldsymbol{w}_i^{\mathrm{T}}$ 对应于神经元的权重向量。信息最大化的

出发点是极大化输出的熵：

$$\max_{\boldsymbol{W}}[\boldsymbol{H}(\boldsymbol{y})] = \boldsymbol{H}(\varphi_i(\boldsymbol{w}_i^{\mathrm{T}}\boldsymbol{x}), \cdots, \varphi_n(\boldsymbol{w}_n^{\mathrm{T}}\boldsymbol{x})) \tag{4.32}$$

利用熵的有关性质可得 PD 混合信号的准则：

$$\max_{\boldsymbol{W}}[\boldsymbol{H}(\boldsymbol{y})] = \max_{\boldsymbol{W}}\left\{\boldsymbol{H}(\boldsymbol{x}) + \sum_{i=1}^{n}\boldsymbol{E}[\lg(y_i)] + \lg|\det\boldsymbol{W}|\right\} \tag{4.33}$$

最小互信息准则基本原理，就是以互信息为代价函数，选择分离矩阵 $\boldsymbol{W}$，使得输出信号互信息最小。$\boldsymbol{Y}$ 的互信息为

$$\boldsymbol{I}(\boldsymbol{Y}) = \sum_{i=1}^{n}\boldsymbol{H}(y_i) - \boldsymbol{H}(\boldsymbol{Y}) \tag{4.34}$$

由 $\boldsymbol{y}(t) = \boldsymbol{W}\boldsymbol{x}(t)$，得

$$\boldsymbol{I}(\boldsymbol{Y}) = \sum_{i=1}^{n}\boldsymbol{H}(y_i) - \boldsymbol{H}(\boldsymbol{X}) - \lg|\boldsymbol{W}| \tag{4.35}$$

由于式 (4.35) 右边的 $\boldsymbol{H}(\boldsymbol{X})$ 是观测信号的熵，与分离矩阵 $\boldsymbol{W}$ 无关，信息最小化对比函数准则为

$$\min_{\boldsymbol{W}}\left[\sum_{i=1}^{n}\boldsymbol{H}(y_i) - \lg|\boldsymbol{W}|\right] \tag{4.36}$$

最大似然估计准则是由观测样本来估算真实的概率密度，当各分量相互独立时，联合概率密度等于各分量边缘概率密度的乘积。由 $\boldsymbol{y}(t) = \boldsymbol{W}\boldsymbol{x}(t)$，得

$$f(\boldsymbol{x}) = |\det(\boldsymbol{W})|f(\boldsymbol{y}) = |\det\boldsymbol{W}|\prod_{i=1}^{n}f_i(y_i) \tag{4.37}$$

对 T 个时间样本取均值，可得 $\boldsymbol{W}$ 的对数似然估计函数：

$$L(\boldsymbol{W}) = \lg|\det(\boldsymbol{W})| + \frac{1}{T}\sum_{i=1}^{T}\lg f[y_i(t)] \tag{4.38}$$

极大似然估计的任务即选择 $\boldsymbol{W}$ 使得式 (4.38) 的值最大。

通过以上三种对比函数准则的推导，不难发现：信息最大化准则与最小互信息准则事实上是等价的[16]。同样，当输出信号各分量的边缘概率密度函数等于各信号源的概率时，最大似然估计准则也等价于信息最大化准则。如果估计信号 $\boldsymbol{y}(t)$

是信号源 $s(t)$ 的可接受估计，根据前面的分离判定准则，那么 $y(t)$ 各分量之间应该两两独立，因此满足：

$$f(y(t)) = \prod_{i=1}^{n} f_i(y_i(t)) \tag{4.39}$$

式中，$f(y(t))$ 为估计信号矢量 $y(t)$ 各分量的联合概率密度函数；$f_i(y_i(t))$ 为分离的边缘概率密度函数。输出信号 y 各个 $f_i(y_i(t))$ 分量之间的互信息量等价于各个分量的负熵之和，这说明基于互信息和基于负熵的对比函数准则是一致的。为了说明这些对比函数准则的内在一致性，采用 KL 散度形式表示对比函数：

$$J = \mathrm{KL}\left(f(z(t)), \prod_{i=1}^{n} f_i(z_i(t)) \right) \tag{4.40}$$

式中，对于最大似然估计准则和信息最大化准则，$f_i(z_i(t))$ 代替信号源的边缘概率密度函数 $f_i(s_i(t))$，而对于最小互信息准则，$f_i(z_i(t))$ 代替估计信号的边缘概率密度函数 $f_i(y_i(t))$。

2. 高阶累积量准则

信息论准则需要获取信号源的概率密度函数信息，这对实测的检测信号而言是比较困难甚至是不可能实现的。然而，基于高阶累积量的对比函数准则算法可以避开这个问题，其分离准则主要利用高阶累积量的性质和信号源统计上相互独立的假设条件。

随机变量 x 的特征函数定义为

$$\varphi(\omega) = E[\exp(\mathrm{j}\omega x)] = \int_{-\infty}^{+\infty} \exp(\mathrm{j}\omega x) p(x) \mathrm{d}x \tag{4.41}$$

通常称 $\varphi(\omega)$ 为第一特征函数。随机变量 x 的 k 阶矩 m_k 定义为

$$m_k = E(x^k) \tag{4.42}$$

对特征函数进行泰勒级数展开：

$$\varphi(\omega) = \int_{-\infty}^{+\infty} \left[\sum_{k=0}^{\infty} \frac{x^k (\mathrm{j}\omega)^k}{k!} \right] p(x) \mathrm{d}x = \sum_{k=0}^{\infty} E(x^k) \frac{(\mathrm{j}\omega)^k}{k!} \tag{4.43}$$

上述展开的系数项 x^k 称为随机变量的原点矩，因此第一特征函数又称矩产生函数。对第一特征函数取自然对数得到：

$$\phi(\omega) = \ln[\varphi(\omega)] = \ln\left\{E[\exp(\mathrm{j}\omega x)]\right\} \tag{4.44}$$

式中，$\phi(\omega)$ 称为第二特征函数。

再对式（4.44）进行泰勒级数展开：

$$\phi(\omega) = \sum_{k=0}^{\infty} \kappa_k \frac{(\mathrm{j}\omega)^k}{k!} \tag{4.45}$$

式中，系数项 $\kappa_k = (-\mathrm{j}) \dfrac{\mathrm{d}^k \phi(\omega)}{\mathrm{d}\omega^k}\bigg|_{\omega=0}$　称为随机变量 x 的 k 阶累积量。累积量阶数 $k \geqslant 3$ 一般称为高阶累积量，在不引起歧义的情况下简称为累积量。基于累积量的分离准则包括自累积量（auto-cumulant）和互累积量（cross-cumulant）两类。高阶累积量常用的分离对比函数为

$$J(\boldsymbol{y}) = \sum_{i=1}^{m} \phi_q^2(y_i) \tag{4.46}$$

或

$$J(\boldsymbol{y}) = \sum_{i=1}^{m} \left|\phi_q(y_i)\right| \tag{4.47}$$

式中，$\phi_q(y_i)$ 表示 y_i 的 q 阶自累积量。

为了使分离对比函数具有普遍意义，分别利用不同阶的累积量构造分离对比函数：

$$\varphi(\phi_{q_1}(y_i), \phi_{q_2}(y_i), \cdots, \phi_{q_\Omega}(y_i)) = \prod_{i=1}^{m} f\left(\left|\phi_{q_1}(y_i)\right|, \left|\phi_{q_2}(y_i)\right|, \cdots, \left|\phi_{q_\Omega}(y_i)\right|\right) \tag{4.48}$$

式中，$f(\cdot)$ 为严格单调递增的凸函数。

可以看出，分离对比函数利用了信号的不同统计特征，更具有广泛性。由累积量的性质，互累积量也可以衡量信号之间的相关性，在互累积量为零时，说明信号已经分离，基于互累积量的分离对比函数如下：

$$J(\boldsymbol{y}) = \min_{\omega} \left\{ \sum_{i>j}^{m} \mathrm{cum}_{22}^2(y_i, y_j) \right\} \tag{4.49}$$

式中的信号源需要有统一的高斯性，而更具有普遍性的基于互累积量的分离对比函数如下：

$$J(\boldsymbol{y}) = \sum_{i_1=1}^{m} \sum_{i_2=1}^{m} \left(\mathrm{cum}(y_{i_1}, y_{i_2}, y_{i_1}, y_{i_2}) \sum_{i_3=1}^{m} \mathrm{cum}(y_{i_1}, y_{i_2}, y_{i_3}, y_{i_3}) \right) \tag{4.50}$$

3. 二阶统计量准则

当信号源具有时序结构或非平稳性时，使用二阶统计量（second order statistics，SOS）准则可以达到混合信号分离的目的。使用 SOS 进行 BSS 需要先对信号源进行必要的预处理，白化变换是常见的信号预处理方法。经过预处理的信号往往能使分离任务变得简单，分离效果更好，还可以改善分离算法的收敛特性，消除信号冗余，减少噪声。与依赖高阶统计（high order statistics，HOS）的高阶累积量准则相比，SOS 准则不需要知道信号源的概率密度信息，而仅仅依靠检测信号的 SOS，就可以实现混合信号的分离。SOS 准则要求信号源满足如下假设：

(1) 信号源要求为空域不相关而时域相关的零均值随机信号。

(2) 信号混合矩阵列满秩。

(3) 信号源是方差时变意义下的非平稳信号或平稳信号。

(4) 加性噪声 $\{v_i(t)\}$ 与信号源独立，可以是空域"有色"噪声，而时域是"白色"噪声，即满足 $E\left[\boldsymbol{v}(t)\boldsymbol{v}^{\mathrm{T}}(t-p)\right] = \delta_{p0}\boldsymbol{R}_v(p)$，式中 δ_{p0} 为 Kronecker δ 函数。

SOS 准则直接利用混合信号矢量 $\boldsymbol{x}(t)$ 构建时延 p 的相关函数矩阵，由混合信号的基本模型式 (4.6) 得相关函数矩阵：

$$\begin{cases} \boldsymbol{R}_x(0) = E\left[\boldsymbol{x}(t)\boldsymbol{x}^{\mathrm{T}}(t)\right] = \boldsymbol{H}\boldsymbol{R}_s(0)\boldsymbol{H}^{\mathrm{T}} + \boldsymbol{R}_v(0) \\ \boldsymbol{R}_x(p) = E\left[\boldsymbol{x}(t)\boldsymbol{x}^{\mathrm{T}}(t-p)\right] = \boldsymbol{H}\boldsymbol{R}_s(p)\boldsymbol{H}^{\mathrm{T}} \end{cases} \tag{4.51}$$

式中，$\boldsymbol{R}_s(0) = E\left[\boldsymbol{s}(t)\boldsymbol{s}^{\mathrm{T}}(t)\right]$ 和 $\boldsymbol{R}_s(p) = E\left[\boldsymbol{s}(t)\boldsymbol{s}^{\mathrm{T}}(t-p)\right]$ 为不同非零元素的对角矩阵，噪声相关矩阵 $\boldsymbol{R}_v(0) = E\left\{\boldsymbol{v}^{\mathrm{T}}(t)\boldsymbol{v}(t)\right\} = \delta_n^2 \boldsymbol{I}$。当噪声方差为已知或可估计时，零时延相关函数矩阵的无偏估计可以表示为

$$\hat{\boldsymbol{R}}_x(0) = \boldsymbol{H}\boldsymbol{R}_s(0)\boldsymbol{H}^{\mathrm{T}} - \delta^2 \boldsymbol{I} \tag{4.52}$$

因此，可以通过检测信号构造 $\boldsymbol{R}_x(p)$ 和 $\hat{\boldsymbol{R}}_x(0)$ 的估计并通过同时对角化或联合近似对角化[17-21]以获得混合矩阵的估计，从而实现混合信号的分离。

从式 (4.52) 可以看出，SOS 准则充分利用了信号的时序结构（sequence structure）和 SOS 就可以实现混合信号的分离，避免了高阶累积量准则依赖复杂的高阶统计计算和信息论准则依赖信号源概率密度信息，同时适用平稳或非平稳信号，故具有广泛的适用性。SOS 准则对信号源噪声限制在高斯白噪声，一般在分

离前进行信号源的预处理(滤波器子带分解降噪[20])以降低噪声对分离性能的影响。正是由于 SOS 准则的这些应用优势，本书对混合 PD 信号的 BSS 研究主要采用 SOS 准则。

4.3　混合 PD 信号的分析与预处理

根据 4.2.4 节的 SOS 准则要求单一类型绝缘缺陷产生的 PD 信号必须满足 4 个假设，其中假设(2)信号混合矩阵列满秩，即要求检测 PD 信号的传感器数量大于或等于 PD 源的个数，这个是容易满足的。事实上，即使 GIS 设备内部存在多绝缘缺陷，其数量一般不会超过 GIS 设备布置的阵列传感器数量。假设(3)由信号源自身特性决定，PD 信号特性与检测传感器密切相关，经对实测 PD 信号的分析表明，外置传感器获取的 UHF PD 信号是具有非平稳特性的。对于假设(4)，在实验室或 GIS 设备现场，由于噪声信号来自不同的物理源，在 PD 信号上必然表现为叠加性，而且统计上是相互独立的。对于噪声的"有色"和"白色"属性，GIS 设备现场常见的窄带干扰噪声即有色噪声，可以通过抑制窄带干扰法[22-27]进行降噪预处理，而白噪声干扰满足 SOS 准则假设。通常在对混合信号分离前，要对干扰信号程度进行分析判断，并进行降噪预处理，以最大限度地减小干扰噪声对分离性能的影响。因此，对于假设(1)要求信号源满足随机、零均值和空域不相关，即具有随机性的要求，而单一类型绝缘缺陷产生的 PD 信号本身就是随机的，而且 GIS 设备内部绝缘缺陷产生的 PD 也是随机的，因此单一类型绝缘缺陷产生的 PD 信号随机性要求完全可以得到满足，对于零均值和空域不相关则要通过预处理算法来实现。

4.3.1　混合 PD 信号的空域相关分析

BSS 问题的假设条件之一是任意时刻信号源 $s(t)$ 的各个分量 $s_i(t)$ 之间相互独立。若将分量的下角标 i 称为空域维，t 称为时域维，则各分量间独立的条件是各分量在空域上不相关，而对于各分量在时域上的相关性并不作约束。事实上，各种源信号在任意两个时刻 t_1 和 t_2 的值可能是相关的，即有色的，也可能是不相关的，即白色的。

实测的混合 PD 信号矢量 $x(t)$，由于 GIS 设备内部多绝缘缺陷和各单一类型绝缘缺陷产生的 PD 信号，在 GIS 设备内部反射、折射、色散和衰减的物理过程，使得检测 PD 信号是各单一类型绝缘缺陷产生 PD 信号的混合信号，线性混合的基本模型如式(4.5)所示。基于 SOS 准则的盲分离算法，要求分离前对混合 PD 信号的空域相关性进行分析，以及进行分离前的去空域相关性处理，因此有必要在去空域相关性前对混合 PD 信号的空域相关性进行分析，其实现的途径是通过实测单一类型绝缘缺陷产生的 PD 信号构造混合信号，并分析混合 PD 信号的空域相关性。

对 GIS 设备内部的四种典型绝缘缺陷，分别实测各单一类型绝缘缺陷产生的 PD 信号，如图 4.5 所示，假设在某一时刻 GIS 设备内部同时存在任何两类绝缘缺陷。对于混合 PD 信号的空域相关性，采用如下随机产生的混合矩阵 $\boldsymbol{H}$ 构造混合信号进行分析：

$$\boldsymbol{H} = \begin{bmatrix} 0.419 & 0.358 \\ 0.147 & 0.435 \end{bmatrix}$$

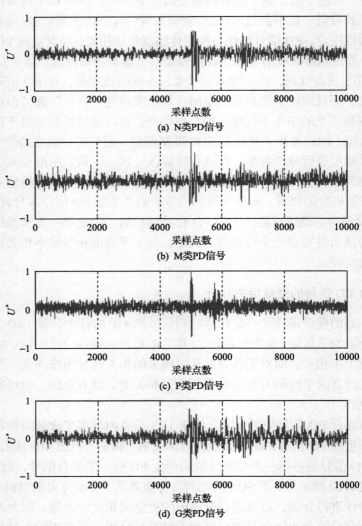

图 4.5　实测单一类型绝缘缺陷产生的 PD 信号

从混合矩阵中的元素来看，任何一个混合 PD 信号都包含两个单一类型绝缘缺陷产生的 PD 信号，表现为在空域线性相关，各单一类型绝缘缺陷产生的 PD 信号在混合信号中的能量比例由混合矩阵中元素大小来决定。假设 N 类和 G 类绝缘缺陷分别产生的 PD 信号为 s_1 和 s_2，如图 4.5(a)和(d)所示，在混合矩阵 $\boldsymbol{H}$ 下的空域相关混合 PD 信号 x_1 和 x_2 如图 4.6 所示。对应比较混合前后 PD 信号的特征波形，可见混合前后的 PD 信号特征波形差异较大。因此，空域去相关以及后续的混合信号分离是实现混合 PD 信号充分分离的必然途径。

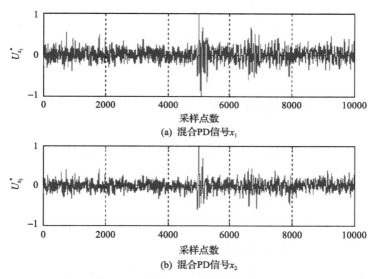

图 4.6　空域相关的混合 PD 信号

空域去相关以及 SOS 准则要求单一类型绝缘缺陷产生的 PD 信号为零均值，因此必须对混合 PD 信号进行如下零均值处理，就可得零均值单一类型绝缘缺陷产生的 PD 信号，其计算方法如下：

$$\overline{x}_{i0}(t) = x_i(t) - \frac{1}{n}\sum_{t=1}^{n} x_i(t), \quad i = 1, 2, \cdots, m \tag{4.53}$$

式中，n 为 PD 信号的长度；m 为检测传感器个数。

经式(4.5)处理后，检测的各混合 PD 信号的源信号均满足零均值的要求。零均值且空域相关的混合 PD 信号 x_{01} 和 x_{02} 如图 4.7 所示。

本书中的白化分析和基于 SOS 准则的分离算法，都要以零均值的混合 PD 信号作为处理的原混合信号。比较图 4.6 与图 4.7 混合 PD 信号波形，尽管目测波形似乎没有差异，但是图 4.6 的混合 PD 信号均值不为零，该混合信号的单一类型绝缘缺陷产生的 PD 信号均值也不为零。然而，经过处理后的混合 PD 信号均值为零

（图 4.7），其包含的各单一类型绝缘缺陷产生的 PD 信号均值也为零，也就能够满足基于 SOS 准则分离算法所需信号源均值为零的要求。其他组合绝缘缺陷的混合信号，均作同样处理。

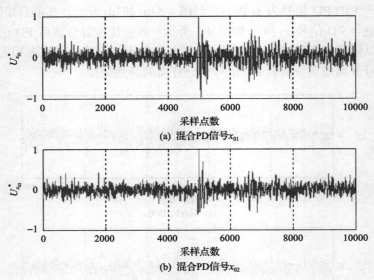

(a) 混合PD信号x_{01}

(b) 混合PD信号x_{02}

图 4.7　零均值且空域相关的混合 PD 信号

4.3.2　混合 PD 信号的白化预处理

前述的各分量在空域不相关是独立的必要条件，而不是充分条件[11]。独立的信号源 $s(t)$ 各分量之间必然是不相关的，即

$$E[s_i s_j] = E[s_i]E[s_j] = 0, \quad i \neq j \tag{4.54}$$

为了避免尺度的不确定性，可对独立的信号源进行能量归一化处理，则归一化后各分量的自相关函数满足：

$$E[s_i^2] = 1, \quad \forall i \tag{4.55}$$

式 (4.54) 和式 (4.55) 同时成立，等价于信号源的自协方差矩阵，即

$$\mathrm{cov}(s) = I \tag{4.56}$$

当信号源等于零均值时，协方差矩阵等于自相关矩阵：

$$R_{ss} = E[ss^{\mathrm{T}}] \tag{4.57}$$

将满足式 (4.57) 的多维信号源称为空域白化信号，简称白化信号。对任意多维的

信号施加一个线性变换，使该信号变换成白化信号的处理过程称为白化预处理或白化处理。混合信号白化是 BSS 处理的必要前提，其目的是改善某些自适应算法的收敛特性，减小噪声干扰影响或者消除检测信号中的冗余信息，因此针对构造的混合 PD 信号，给出下列白化处理的基本方法[9]。

白化处理的基本方法一般有两类：一类是通过对相关矩阵的特征值分解来实现，另一类是通过迭代算法对混合信号进行线性变换来实现。

1. 特征值分解法

信号白化就是对检测混合信号矢量 $\bar{x}(t)$ 寻找线性变换矩阵 Q，使其满足：

$$\begin{cases} \bar{x}(t) = Q\bar{x}_0(t) \\ R_{\bar{x}\bar{x}} = E\left[\bar{x}(t)\bar{x}^{\mathrm{T}}(t)\right] = I \end{cases} \tag{4.58}$$

式中，I 为单位矩阵，即要使混合信号矢量 $\bar{x}(t)$ 的各个分量满足：

$$E[x_i x_j] = \delta_{ij} \tag{4.59}$$

式中，δ_{ij} 为 Kronecker δ 函数。通过去空域相关使得混合信号的各个分量不相关，即使得混合信号各分量之间 SOS 独立。针对实测的零均值混合 PD 信号(图 4.6 和图 4.7)进行白化处理，采用零均值混合 PD 信号矢量 $x_0(t)$ 构造如下估计相关矩阵：

$$\tilde{R}_{x_0} = \frac{1}{n}\sum_{i=1}^{n} x_0(t)x_0^{\mathrm{T}}(t) \tag{4.60}$$

式中，相关矩阵 $\tilde{R}_{x_0}$ 为 Hermitian 正定，故其特征值为非负实数。对相关矩阵 $\tilde{R}_{x_0}$ 进行特征值分解，即

$$\tilde{R}_{x_0} = V\Lambda V^{\mathrm{T}} = V\Lambda^{1/2}\Lambda^{1/2}V^{\mathrm{T}} \tag{4.61}$$

式中，V 为正交矩阵，$\Lambda = \mathrm{diag}(\lambda_1, \lambda_2, \cdots, \lambda_m)$ 为对角矩阵且满足 $\lambda_1 \geqslant \lambda_2 \geqslant \cdots \geqslant \lambda_m \geqslant 0$。因此，可得线性变换矩阵 Q，即

$$Q = \Lambda^{-1/2}V^{\mathrm{T}} = \mathrm{diag}\left(\frac{1}{\sqrt{\lambda_1}}, \frac{1}{\sqrt{\lambda_2}}, \cdots, \frac{1}{\sqrt{\lambda_m}}\right)V^{\mathrm{T}} \tag{4.62}$$

则白化后的混合 PD 信号为

$$\bar{x}(t) = Q\bar{x}_0(t) \tag{4.63}$$

通过式(4.63)变换就可以实现实测混合 PD 信号的白化，确保 $\bar{x}(t)$ 的各分量间 SOS 独立。

2. 迭代算法

如前所述，白化的主要目的是找到一个白化矩阵 $\boldsymbol{Q}$，使得变换得到的新矢量 $z(t)$ 的相关矩阵为单位矩阵，故可取 $z(t) = \boldsymbol{Q}(t)x(t)$，通过迭代不断调整 $\boldsymbol{Q}(t)$ 中各元素的值，使新矢量 $z(t)$ 的相关矩阵越来越接近单位矩阵。可以采用如下方式迭代：

$$\boldsymbol{Q}(t+1) = \boldsymbol{Q}(t) - \theta_1(z(t)z^{\mathrm{T}}(t) - \boldsymbol{I})\boldsymbol{Q}(t) \tag{4.64}$$

式中，θ_1 为学习系数，设 $\boldsymbol{C} = \boldsymbol{QW}$ 为混合-白化复合矩阵，通过对代价函数 $\phi_\omega(\boldsymbol{C}) = \dfrac{1}{4}\left\|\tilde{\boldsymbol{R}}_y - \boldsymbol{I}\right\|_F$ 不断进行最小优化，对式（4.64）的迭代算法进行推导。当式（4.64）迭代算法收敛后，$E[z(t)z^{\mathrm{T}}(t) - \boldsymbol{I}] = 0$，即 $\tilde{\boldsymbol{R}}_z = \boldsymbol{I}$，则式（4.64）可以实现混合信号的白化。将该算法结合其他性能优异的最优化算法，如模拟退火算法、粒子群算法和遗传算法等可以得到良好的结果。

由于 PD 信号源的不规则性，不易观察到白化作用前后的变化，故采用两个均匀分布信号作为信号源，同时利用前面混合矩阵所构造的 2 个混合信号进行白化处理，其信号源到混合信号再到白化信号的变化如图 4.8 所示。可以看出，统

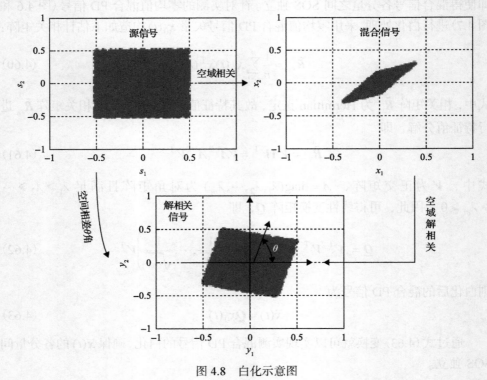

图 4.8　白化示意图

计独立的两个均匀分布的信号源 s_1 和 s_2 的散点图为矩形,通过混合矩阵 $\boldsymbol{H}$ 变换为相关的混合信号 x_1 和 x_2,其散点图为菱形,表明空域相关性改变了信号源波形,再通过白化所得信号 y_1 和 y_2,其散点图基本上为平行四边形,与信号源的散点图(正方形)只是在空间上相差 θ 角,表明通过白化作用仅仅恢复了信号源间的二阶不相关性。换句话说,如果把图 4.8 中的第三幅图看成新的观测信号,则要完成独立信号源的盲分离就只需估计出该幅图与第一幅图之间相差的角度 θ,那么问题就得到很大的简化。对于多维信号,白化后的混合矩阵 $\boldsymbol{A}$ 是 $n \times n$ 的正交矩阵,上述简化可以使得 $\boldsymbol{A}$ 的自由度降低为 $n \times (n-1)/2$,运算量减少了一半。

　　对于混合 PD 信号,本书采用特征值分解的方法对混合 PD 信号(图 4.6)进行白化,白化后的 PD 信号如图 4.9 所示。比较图 4.9 与图 4.6 的 PD 信号波形,白化后,变换前后的波形是相似的,其相似度比未白化的混合信号要高。下面通过变换矩阵 $\boldsymbol{Q}$ 的角度来解释相似的原因。

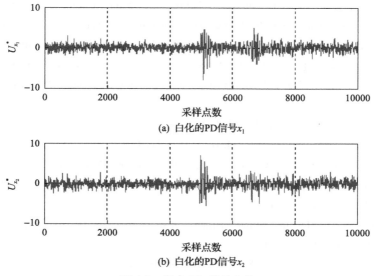

图 4.9　混合 PD 信号白化

通过白化计算,得到白化矩阵:

$$\boldsymbol{Q} = \begin{bmatrix} 9.8141 & -6.2557 \\ -6.2557 & 13.374 \end{bmatrix}$$

则与混合矩阵 $\boldsymbol{H}$ 的乘积如下:

$$\boldsymbol{QH} = \begin{bmatrix} 9.8141 & -6.2557 \\ -6.2557 & 13.374 \end{bmatrix} \begin{bmatrix} 0.419 & 0.358 \\ 0.147 & 0.435 \end{bmatrix} = \begin{bmatrix} 3.19252 & 0.7922 \\ -0.65516 & 3.5781 \end{bmatrix}$$

观察矩阵 **QH**，每行的对角元素数值是非对角元素的 4 倍以上，相比于混合矩阵而言，其比例倍数要大得多。这表明通过白化后，每个混合信号中的干扰信号(混合系数较小者对应的信号源)的能量降低，更加突出了主要信号，即混合系数较大者所对应的信号源的波形。矩阵中的每行非对角元素仍然存在，**QH** 也没有完全转化为对角矩阵，这意味着白化变换后 PD 信号仍然是单一类型绝缘缺陷的 PD 信号的线性混合，没有实现完全独立。尽管矩阵 **QH** 表明白化作用并没有完全分离混合信号，但是白化作用弱化了混合 PD 信号间各单一类型绝缘缺陷的 PD 信号的相关性。因此，白化后的混合 PD 信号对于分离解析出单一类型绝缘缺陷的 PD 信号是有效的。要实现混合 PD 信号的完全分离，是后续分离算法的主要工作，后续分离算法分离的混合 PD 信号都以白化后的混合信号作为分离对象。

参 考 文 献

[1] Hasegawa Y, Izumi K, Kobayashi A, et al. Investigation on phenomena caused by insulation abnormalities in actual GIS[J]. IEEE Transactions on Power Delivery, 1994, 9(2): 796-804.

[2] Sakakibara T, Nakajima T, Maruyama S, et al. Development of GIS fault location system using pressure wave sensors[J]. IEEE Transactions on Power Delivery, 1999, 14(2): 371-377.

[3] Kuffel E, Zaengl W S, Kuffel J. High-Voltage Engineering: Fundamentals[M]. Oxford: Pergamon Press, 2000.

[4] 杨津基. 气体放电[M]. 北京: 科学出版社, 1983.

[5] 武占成, 张希军, 胡有志. 气体放电[M]. 北京: 国防工业出版社, 2012.

[6] Yang L, Judd M D, Bennoch C J. Denoising UHF signal for PD detection in transformers based on wavelet technique[C]. The 17th Annual Meeting of the IEEE Lasers and Electro-Optics Society, Boulder, 2004: 166-169.

[7] Comon P, Jutten C, Herault J. Blind separation of sources, part II: Problems statement[J]. Signal Processing, 1991, 24(1): 11-20.

[8] 李昌利. 盲源分离的若干算法及应用研究[D]. 西安: 西安电子科技大学, 2010.

[9] 李伟. GIS 内多绝缘缺陷产生混合局部放电信号的分离研究[D]. 重庆: 重庆大学, 2010.

[10] Cao X R, Liu R W. General approach to blind source separation[J]. IEEE Transactions on Signal Processing, 1996, 44(3): 562-571.

[11] 史习智. 盲信号处理——理论与实践[M], 上海: 上海交通大学出版社, 2008.

[12] Middleton D. Statistical-physical models of electromagnetic interference[J]. IEEE Transactions on Electromagnetic Compatibility, 1977, 19(3): 106-127.

[13] Bell A J. Sejnowski T J. An information-maximization approach to blind separation and blind deconvolution[J]. Neural Computation, 1995, 7(6): 1129-1159.

[14] Pham D T, Garat P. Blind separation of mixture of independent sources through a quasi-maximum likelihood approach[J]. IEEE Transactions on Signal Processing, 1997, 45(7): 1712-1725.

[15] Cruces-Alvarez S, Cichocki A, Castedo-Ribas L. An iterative inversion approach to blind source separation[J]. IEEE Transactions on Neural Networks, 2000, 11(6): 1423-1437.

[16] 张念. 盲源分离理论及其在重磁数据处理中的应用研究[D]: 武汉: 中国地质大学, 2013.

[17] Mei T M, Mertins A, Yin F L, et al. Blind source separation for convolutive mixtures based on the joint diagonalization of power spectral density matrices[J]. Signal Processing, 2008, 88(8): 1990-2007.

[18] Cichocki A. Amari S I, Cao J T. Neural network models for blind separation of time delayed and convolved signals[J]. IEICE Transactions on Fundamentals of Electronics Communications & Computer Sciences, 1997, (9): 1595-1603.

[19] Chan F H Y, Lam F K, Chang C Q. Neural Network Approach to Blind Source Separation Using Second Order Statistics[M]. Beijing: World Publishing Corporation, 2000.

[20] Gharieb R R, Cichocki A. Second-order statistics based blind source separation using a bank of subband filters[J]. Digital Signal Processing, 2003, 13(2): 252-274.

[21] Doron E, Yeredor A. Asymptotically optimal blind separation of parametric gaussian sources[C]. International Conference on Independet Component Analysis and Signal Separation, Granada, 2004: 390-397.

[22] 唐炬, 谢颜斌, 朱伟, 等. 用于复小波变换的 EWC 阈值法抑制周期性窄带干扰[J]. 电力系统自动化, 2005, 29(7): 43-47.

[23] 程汪刘, 郭跃霞, 王静, 等. 快速傅里叶变换和广义形态滤波器在抑制局部放电窄带干扰中的应用[J]. 电网技术, 2008, 32(10): 94-97.

[24] 毕为民, 唐炬, 姚陈果, 等. 基于熵阈值的小波包变换抑制局部放电窄带干扰的研究[J]. 中国电机工程学报, 2003, 23(5): 128-131.

[25] 黄成军, 郁惟镛. 基于小波分解的自适应滤波算法在抑制局部放电窄带周期干扰中的应用[J]. 中国电机工程学报, 2003, 23(1): 107-111.

[26] 徐剑, 黄成军. 局部放电窄带干扰抑制中改进快速傅里叶变换频域阈值算法的研究[J]. 电网技术, 2004, 28(13): 80-83.

[27] 沈宏, 张蒲, 徐其惠, 等. 基于经验模态分解和自适应噪声对消算法的窄带干扰抑制[J]. 高压电器, 2009, 45(1): 8-10, 14.

第 5 章　混合 PD 信号二阶统计量分离算法

对于 GIS 设备现场实测的 PD 信号，已知的仅仅是测量到的混合 PD 信号，而对各单一类型绝缘缺陷产生的 PD 信号概率分布、源信号个数以及在 GIS 设备内部的混合过程等信息难以获取。作为对混合 PD 信号进行 BSS 应有如下三个合理假设[1]：①单一类型绝缘缺陷产生的 PD 信号需满足 SOS 准则的假设前提；②各单一类型绝缘缺陷产生的 PD 信号在 GIS 设备内部的传播混合过程为线性瞬时混合；③UHF 传感器个数与单一类型绝缘缺陷产生的 PD 信号个数相等。

SOS 准则仅仅利用混合 PD 信号的时序结构和 SOS 就可以实现混合信号的分离，以避免高阶累积量准则依赖复杂的高阶统计计算和信息论准则依赖单一类型绝缘缺陷产生 PD 信号难以获得的概率密度信息这两种困难，同时适用于平稳或非平稳信号。因此，本章采用 SOS 准则，建立二阶盲识别（second order blind identification，SOBI）算法，以实现对混合 PD 信号的分离[2,3]。

5.1　分离评价参数

对分离效果的评价是混合信号分离的必要环节，而评价指标又是对分离算法得到分离效果进行客观评价的依据。本章采用的评价参数包括：①基于全局矩阵的评价参数[4]；②基于信号本身的评价参数[5]。

1. 基于全局矩阵的评价参数

基于全局矩阵的评价参数性能指标（performance index，PI）有下面三种表达形式[6]，在对混合信后分离效果评价时，可任意选择一种形式。

1）全局矩阵与单位矩阵之间的误差 PI_g

全局矩阵与单位矩阵之间的误差 PI_g 是用来度量系统全局矩阵和置换矩阵 G 的接近程度。PI_g 计算如下：

$$PI_g = \sum_{i=1}^{m} \left(\frac{\sum_{j=1}^{m} g_{ij}^2}{\max_k g_{ik}^2} - 1 \right) \tag{5.1}$$

式中，m 为传感器个数；g_{ij} 为全局混合-分离矩阵的元素。全局矩阵越接近置换矩阵，PI_g 值越小。显然 PI_g 大于等于 0，当且仅当置换矩阵 $\boldsymbol{G}$ 等于单位矩阵 $\boldsymbol{I}$ 时，PI_g 等于零。PI_g 越小，说明系统的分离效果越好。

2）信号间干扰 PI_c

信号间干扰是指不同信号间的相关干扰，PI_c 用来度量不同源信号之间的影响程度。PI_c 计算如下：

$$PI_c = \sum_{i=1}^{m} \left(\frac{\sum\limits_{j=1}^{m} \left| g_{ij}^2 \right|}{\max\limits_k g_{ik}^2} - 1 \right) + \sum_{j=1}^{m} \left(\sum_{i=1}^{m} \frac{\left| g_{ji} \right|}{\max\limits_k \left| g_{kj} \right|} - 1 \right) \tag{5.2}$$

PI_c 参数的优势是不受盲分离幅值不确定性和排序不确定性的影响。

3）平均信号间干扰 PI_p

平均信号间干扰 PI_p 是与信号间干扰 PI_c 相似的一个评价参数，它是用来度量不同源信号之间的平均影响程度，具有统计意义上的整体评价。PI_p 计算如下：

$$PI_p = \frac{1}{m(m-1)} \left[\sum_{i=1}^{m} \left(\sum_{j=1}^{m} \frac{\left| g_{ij} \right|}{\max\limits_k \left| g_{ik} \right|} - 1 \right) + \sum_{j=1}^{m} \left(\sum_{i=1}^{m} \frac{\left| g_{ji} \right|}{\max\limits_k \left| g_{kj} \right|} - 1 \right) \right] \tag{5.3}$$

多数情况下，常用 PI_p 形式做定量评价就可得到分离后的误差效果。

2. 基于信号本身的评价参数

基于信号自身特性定义如下三种形式的评价参数[7-14]。

1）均方误差 MSE

均方误差 MSE 是用来度量输出信号与输入信号之间的平均误差，即

$$MSE_i = \frac{1}{m} \sum_{i=1}^{m} (y_i(t) - s_i(t))^2 \tag{5.4}$$

式中，$y_i(t)$ 是输出信号；$s_i(t)$ 是输入信号；m 是传感器个数。

2）信噪比 SNR

信噪比 SNR 是用来度量检测系统中信号与噪声的比例，即

$$SNR_i = 10 \lg \left(\frac{\sum\limits_{i=1}^{m} s_i^2(t)}{\sum\limits_{i=1}^{m} (y_i(t) - s_i(t))^2} \right) \tag{5.5}$$

式中，$y_i(t)$ 为对应于源信号 $s_i(t)$ 的估计信号，在实际计算时要求两者的能量要相等。对一定的源信号 $s_i(t)$，估计误差信号 error = $y_i(t) - s_i(t)$ 越小，信噪比 SNR 越大，分离效果越好。

3）相似系数 η

相似系数 η 是度量两个数据集合是否在一条线上面，它用来衡量定距变量间的线性关系，即

$$\eta_{ij} = \eta(y_i, s_j) = \frac{\left| \sum\limits_{i=1}^{m} y_i(t) s_i(t) \right|}{\sqrt{\sum\limits_{i=1}^{m} y_i^2(t) \sum\limits_{j=1}^{T} s_j^2(t)}} \tag{5.6}$$

式中各符号与式（5.4）一致。当 $y_i = cs_j$（c 为常数）时，$\eta_{ij} = 1$；当 y_i 与 s_j 相互完全独立时，$\eta_{ij} = 0$。相似系数抵消了盲源分离结果在幅度上存在的差异，避免了幅度不确定性的影响。当相似系数构成矩阵的每行每列有且仅有一个元素接近 1，其他元素接近 0 时，可认为分离算法的效果较理想。另外，相似系数描述了信号处理前后的波形整体相似程度，即 η 越大，波形越相似，说明分离出的信号波形畸变小，分离效果好。

4）细节参数 VTP

细节参数 VTP 是度量两个信号波形在处理前后的细节差异，它由上升趋势参数（rise variational trend parameter，RVTP）和下降趋势参数（fall variational trend parameter，FVTP）组成。上升趋势参数是由一个波形在上升趋势下的无限小直线的斜率之和，与另一个波形在上升趋势下的无限小直线的斜率之和相比得到的，即

$$\text{RVTP} = \frac{\sum\limits_{i=2}^{N} [f(i) - f(i-1)]}{\sum\limits_{i=2}^{N} [s(i) - s(i-1)]} \tag{5.7}$$

同样，下降趋势参数是由一个波形在下降趋势下的无限小直线的斜率之和与另一个波形在下降趋势下的无限小直线的斜率之和相比得到的，即

$$\text{FVTP} = \frac{\sum\limits_{i=2}^{N} [f(i-1) - f(i)]}{\sum\limits_{i=2}^{N} [s(i-1) - s(i)]} \tag{5.8}$$

其中，$s(i)$ 是一个波形，$f(i)$ 是另一个波形，$s(i)$ 均大于 $s(i-1)$，$f(i)$ 均大于 $f(i-1)$。

VTP 是取上升趋势参数和下降趋势参数的均值，即

$$VTP = \frac{RVTP + FVTP}{2} \tag{5.9}$$

VTP 表征了两个波形变化趋势的相似程度，在一定程度上衡量波形的振荡情况。VTP 越接近 1，说明两波形的振荡越相似。在要求不高的情况下，可以不对 VTP 评价。

5.2　基于 SOS 准则的分离算法及分离性能分析

SOBI 算法是建立在 SOS 延时互相关矩阵的基础上，只对高斯分布的源信号有效。在分析 SOBI 算法的优缺点后，改进 SOBI 算法为权值优化二阶盲识别（weights-adjusted SOBI，WASOBI）算法，并采用这两种分离算法对混合 PD 信号进行分离、分析和对比。另外，分离算法对混合 PD 信号分离效果的影响因素，不仅与算法有关，还与混合信号自身特点有关。针对 GIS 设备的独特结构和单一类型绝缘缺陷的 PD 信号及混合 PD 信号的特点，在分析绝缘缺陷类型组合、混合过程以及多类型绝缘缺陷之间相对距离的影响因素基础上，用外置 UHF 传感器，获取 GIS 设备内部多类型绝缘缺陷产生的混合 PD 信号进行分离。

5.2.1　基于 SOS 准则的 SOBI 算法原理

在 4.3 节中，对混合 PD 信号的白化过程，仅仅利用了零时滞 SOS。实测混合 PD 信号的矢量 $\bar{\boldsymbol{x}}(t)$ 在时延 p_i 时的 SOS 为

$$\boldsymbol{R}_{\bar{x}}(p_i) = E[\bar{\boldsymbol{x}}(t)\bar{\boldsymbol{x}}^{\mathrm{T}}(t - p_i)] \tag{5.10}$$

式中，对每一个 p_i（$i = 1, 2, \cdots, k$）表示有 k 次时延。对白化后的混合 PD 信号的矢量 $\bar{\boldsymbol{x}}(t)$，利用协方差矩阵 $\boldsymbol{R}_{\bar{x}}(0)$ 和 $\boldsymbol{R}_{\bar{x}}(p_i)$ 进行如下估计：

$$\begin{cases} \hat{\boldsymbol{R}}_{\bar{x}}(0) = \dfrac{1}{n}\displaystyle\sum_{t=1}^{n} \bar{\boldsymbol{x}}(t)\bar{\boldsymbol{x}}^{\mathrm{T}}(t) \\ \hat{\boldsymbol{R}}_{\bar{x}}(p_i) = \dfrac{1}{n}\displaystyle\sum_{t=1}^{n} \bar{\boldsymbol{x}}(t)\bar{\boldsymbol{x}}^{\mathrm{T}}(t - p_i) \end{cases} \tag{5.11}$$

通过白化后，时延协方差矩阵 $\hat{\boldsymbol{R}}_{\bar{x}}(p_i)$ 为

$$\hat{\boldsymbol{R}}_{\bar{x}}(p_i) = \boldsymbol{Q}\hat{\boldsymbol{R}}_{x}(p_i)\boldsymbol{Q}^{\mathrm{T}} \tag{5.12}$$

由于 $H = Q^{-1}U$，U 表示酉矩阵。结合式(4.51)中的(2)式，则将式(5.12)转化为如下关键表达式：

$$\hat{R}_{\bar{x}}(p_i) = U\hat{R}_s(p_i)U^\mathrm{T} \tag{5.13}$$

由于 $\hat{R}_s(p_i)$ 为对角矩阵，U 为酉矩阵，因此白化后的协方差可以被一个酉矩阵对角化。

记 $M_i = \hat{R}_{\bar{x}}(p_i)$，可构造得到 $m \times mk$ 的协方差矩阵 M，即

$$M = \{M_1, M_2, \cdots, M_K\} \tag{5.14}$$

对于矩阵 M，可以采用联合近似对角化算法[14,15]寻找一个酉矩阵 U 使得所有的时延协方差阵同时对角化，即通过下列非负数函数最小化来实现：

$$C(M, U) = \sum_{k=1}^{K} \mathrm{off}(U^\mathrm{T}M_k U) \tag{5.15}$$

这个酉矩阵 U 的唯一性由以下定理来保证。

定理 5.1 假设集合 $M = \{M_1, M_2, \cdots, M_K\}$，矩阵 $M_k = UD_kU^\mathrm{T}$，$1 \leqslant k \leqslant K$，$U$ 为酉矩阵，$D_k = \mathrm{diag}(\lambda_1(k), \lambda_2(k), \cdots, \lambda_n(k))$，当且仅当满足：$d_i(k) \neq d_j(k)$，$\forall 1 \leqslant i \neq j \leqslant n$ 时，集合 M 的对角化算子 U 唯一。

上述定理中，酉矩阵 U 唯一性的要求要比对集合 M 中每一个矩阵 M_k 酉矩阵对角化的条件弱得多，尽管这样使得集合中的每一个矩阵的特征值频谱变差，但是集合的联合对角化算子 U 唯一[9]。为了实现式(5.15)的最小化，Cardoso 等[7]提出近似联合对角化算法，其基本思想就是采用若干的吉文斯旋转(Givens rotation)而使得 $C(M, U)$ 达到最小，在求得矩阵 U 后，则线性瞬时混合 PD 信号的分离估计信号为

$$y = U^\mathrm{T}\tilde{x}(t) \tag{5.16}$$

5.2.2 基于 SOS 准则的分离算法分离性能分析

为了对上述二阶统计量分离算法的分离性能进行深入讨论，以便于后面公式推导，首先进行如下假设：

(1)所有源信号 $s_i(t)$ 满足：$E[s_i(t)s_i(t+p_i)] = 0$。

(2)源信号 $s_i(t)$ 相互独立，与加有噪声干扰信号 $v(t)$ 不相关。

(3)源信号在有限范围内具有一定的相关性，即：$\sum_{p \in \mathbf{Z}} |p\delta_i(p_i)| < \infty$，式中

$\delta_i(p_i) = E[s_i(t + p_i)s_i^*(t)]$，这是一个宽松条件，适合于自回归和自回归滑动平均过程。

对任意 $m \times m$ 的矩阵 M 和 N，上述三个假设可以有如下表达式：

$$\lim_{n \to \infty} nE \cdot \mathrm{Tr}\{\delta R(p_i)M\delta R(p_j)N\} = \sum_{p \in Z} \mathrm{Tr}\{R(p_i + p)N\}\mathrm{Tr}\{R(p_j - p)M\} \quad (5.17)$$

$$\lim_{n \to \infty} nE \cdot \mathrm{Tr}\{\delta R(p_i)M\}\mathrm{Tr}\{\delta R(p_j)N\} = \sum_{p \in Z} \mathrm{Tr}\{MR(p_i + p)NR(p_j - p)\} \quad (5.18)$$

$$\lim_{n \to \infty} nE \|\delta R(p_i)\|^3 = 0 \quad (5.19)$$

式中，$\delta R(p_i) = \hat{R}(p_i) - R(p_i)$，$\mathrm{Tr}\{\cdot\}$ 表示矩阵的迹。

针对线性瞬时混合信号（详见式(4.6)），假设有混合矩阵 H 的估计分离矩阵 $\hat{H}$，其逆矩阵为 $\hat{H}^{-1}$。如果估计的混合矩阵 $\hat{H}$ 非常接近真实的混合矩阵 H，则 $\hat{H}^{-1}H \approx I$（I 为单位矩阵）。对所有分离的源信号，采用信号间相互干扰程度评价分离算法。在分离信号中，第 i 源信号对第 j 源信号的干扰定义为干扰信号比（interference to signal ratio，ISR），即

$$\mathrm{ISR}_{ij} = E\left|(\hat{H}^{-1}H)_{ij}\right|^2 \quad (5.20)$$

对式(5.20)中 $\left|(\hat{H}^{-1}H)_{ij}\right|^2$ 在 $i \neq j$ 时采用泰勒公式展开，有

$$\left|(\hat{H}^{-1}H)_{ij}\right|^2 = \left|\alpha_{ij}(0)C_{ij}(0)\right|^2 + \sum_{1 \leqslant |k| \leqslant K} \alpha_{ij}(0)C_{ij}(k) \cdot [C_{ji}(0)C_{ij}(k) + C_{ij}(0)C_{ji}(k)]$$

$$+ \sum_{1 \leqslant |k|,|l| \leqslant K} \alpha_{ij}(k)\alpha_{ij}(l)C_{ij}(k)C_{ji}(l) + O\left[\sum_{i=0}^{k} \|\delta R(p_i)\|^3\right] \quad (5.21)$$

式中，$\alpha_{ij}(0) = 1 + \dfrac{|\delta_i|^2 - |\delta_j|^2}{|\delta_i - \delta_j|^2}$，$C(0) = -\dfrac{1}{2}H^{-1}\delta R(0)(H^{-1})^{\mathrm{T}} + \dfrac{\mathrm{Tr}[\Pi\delta R(0)]}{2(m-n)}(H^{\mathrm{T}}H)^{-1}$，

当 $k \neq 0$ 时，$\alpha_{ij}(k) = 1 + \dfrac{\delta_i^*(p_k) - \delta_j^*(p_k)}{|\delta_i - \delta_j|^2}$，$C(k) = \dfrac{1}{2}H^{-1}\delta R(p_k)(H^{-1})^{\mathrm{T}}$，$\delta_l = [\delta_l(p_1),$

$\delta_l(p_2),\cdots,\delta_l(p_k)]^{\mathrm{T}}$，$l$ 可以表示 i 和 j，Π 表示对噪声子空间的正交影射算子，$C_{ij}(\cdot)$ 表示矩阵 C 中的第 i 行第 j 列的元素。

结合式(5.17)~式(5.19)，式(5.21)中的部分泰勒展开项可以简化为

$$E\left[\left|C_{ij}(0)\right|^2\right] = \frac{1}{4N}\left[D_{ij}(0) + \sigma^2(J_{ii} + J_{jj}) + \sigma^4\left(\frac{\left|J_{ij}\right|^2}{m-n} + J_{ii}J_{jj}\right)\right]$$

$$E[C_{ji}(0)C_{ij}(k)] = \frac{1}{4N}\left[D_{ij}(k) + \sigma^2(J_{ii}\delta_j(k) + J_{jj}\delta_i(k))\right]$$

$$E[C_{ij}(k)C_{ji}(l)] = \frac{1}{4N}\left[D_{ij}(k+l) + \sigma^2(J_{ii}\delta_j(k+l) + J_{jj}\delta_i(k+l)) + \delta(k+l)\sigma^4 J_{jj}J_{ii}\right]$$

式中，$D_{ij}(k) = \int_{-0.5}^{0.5} f_i(\lambda)f_j(\lambda)\exp(2\pi\lambda p_k i)\mathrm{d}\lambda$；$J_{ij} = (\boldsymbol{H}^\mathrm{T}\boldsymbol{H})_{ij}^{-1}$；$f_i$ 表示第 i 个源信号的谱密度；σ^2 为白化的加性噪声方差，即

$$E\left[\boldsymbol{v}(t)\boldsymbol{v}^\mathrm{T}(t-p_i)\right] = \sigma^2\delta(p_i)\boldsymbol{I} \qquad (5.22)$$

式中，$\delta(p_i)$ 为 Kronecker δ 函数。

通过上述变换以及合并同类项，式(5.20)可以变换为

$$\mathrm{ISR}_{ij} \approx \mathrm{ISR}_{ij}^0 + \sigma^2\mathrm{ISR}_{ij}^1 + \sigma^4\mathrm{ISR}_{ij}^2 \qquad (5.23)$$

式中，各系数为

$$\mathrm{ISR}_{ij}^0 = \frac{1}{4N}\left(\alpha_{ij}^2(0)D_{ij}(0) - 2\alpha_{ij}(0)\cdot\sum_{1\le|k|\le K}\alpha_{ij}(k)D_{ji}(k) + \sum_{1\le|k|,|l|\le K}\alpha_{ij}(k)\alpha_{ij}(l)D_{ij}(k+l)\right)$$

$$\mathrm{ISR}_{ij}^1 = \frac{1}{4N}\left[\left(\alpha_{ij}^2(0) - 2\alpha_{ij}(0)\cdot\sum_{1\le|k|\le K}\alpha_{ij}(k)\delta_j(k) + \sum_{1\le|k|,|l|\le K}\alpha_{ij}(k)\,\alpha_{ij}(l)\delta_j(k+l)\right)J_{ii}\right.$$
$$\left. + \left(\alpha_{ij}^2(0) - 2\alpha_{ij}(0)\cdot\sum_{1\le|k|\le K}\alpha_{ij}(k)\delta_j(k) + \sum_{1\le|k|,|l|\le K}\alpha_{ij}(k)\,\alpha_{ij}(l)\delta_j(k+l)\right)J_{jj}\right]$$

$$\mathrm{ISR}_{ij}^2 = \frac{1}{4N}\left[\frac{\alpha_{ij}^2(0)\left|J_{ij}\right|^2}{m-n} + J_{ii}J_{jj}\left(\alpha_{ij}^2(0) + \frac{2}{\left|\delta_i - \delta_j\right|^2}\right)\right]$$

对于有较大信噪比的混合信号，式(5.23)中以右边 ISR_{ij}^0 项为主导，ISR_{ij}^0 表现出以下两个特征。

（1）ISR_{ij}^0 的大小与源信号 i 和 j 的频谱重叠范围成比例。源信号 i 和 j 没有频谱重叠，即 $f_i(\lambda)f_j(\lambda) = 0$，则相应的干扰信号比 ISR 在 1 阶时就消失。更重要的是，这部分干扰信号比 ISR 与频谱重叠范围成比例，重叠范围越小，信号间相互干扰的抑制水平越强，分离效果越好。

（2）ISR_{ij}^0 的大小与混合矩阵不相关。从算法对源信号间的相互干扰抑制水平的角度可知，算法的分离效果不受混合矩阵和传感器个数的影响，仅依赖信号的频谱重叠范围。

从式（5.23）可以推知，对有较大信噪比 SNR 的混合信号，式中的 σ^2 项和 σ^4 项可以忽略，即 $ISR_{ij} \approx ISR_{ij}^0$，表明 SOBI 算法的分离效果不受加性噪声的干扰，具有较强的噪声干扰抑制能力。从 $ISR_{ij} \approx ISR_{ij}^0$ 还可以推知，源信号的频谱重叠范围越小，SOBI 算法抑制源信号间相互干扰的能力越强，分离效果越好。换言之，源信号本身特性对分离算法 SOBI 的分离效果有影响[1]。

分析总结 SOBI 算法，有如下三个特点。

（1）SOBI 算法仅仅依赖检测信号的二阶统计量。这个特点使得算法对源信号信息的依赖程度大大降低，不需要知道信号的概率密度信息，增强了分离算法的实用性。

（2）不需要高阶累积量就能实现高斯混合信号分离，从而摈弃了高阶累积量的计算，减少了算法的计算量，节省时间，有利于现场在线监测。

（3）联合近似对角化协方差矩阵，使得算法本身具有较强的鲁棒性，增强了算法的抗干扰能力。

从上述分离算法中，联合近似对角化过程使得对所有涉及的协方差矩阵进行对角化，是从全局出发而没有兼顾每个矩阵的对角化，从而有可能导致分离效果欠佳。然而，实现式（5.15）的最小化，也可以仅调整每个矩阵 $\boldsymbol{U}^T\boldsymbol{M}_k\boldsymbol{U}$ 的非主对角元素值而使其达到最小化，以实现协方差矩阵集合 $\boldsymbol{M}$ 的最优对角化，即 SOBI 的改进算法 WASOBI。

5.2.3　改进的基于 SOS 准则的 SOBI 算法

基于 SOS 准则的 SOBI 算法采用联合近似对角化，实现混合矩阵 $\boldsymbol{H}$ 的一致估计。白化矩阵 $\boldsymbol{Q}$ 使协方差 $\boldsymbol{R}_x(0)$ 对角化为单位矩阵 $\boldsymbol{I}$，即 $\boldsymbol{Q}\boldsymbol{R}_x(0)\boldsymbol{Q} = \boldsymbol{I}$，但是时延协方差矩阵 $\boldsymbol{R}_x(p_i)$ 也同样被变换，即 $\hat{\boldsymbol{R}}_x(p_i) = \boldsymbol{Q}\boldsymbol{R}_x(p_i)\boldsymbol{Q}^T (i = 1,2,\cdots,k)$，再通过吉文斯旋转使得式（5.15）达到最小，从而得到唯一酉矩阵 $\boldsymbol{U}$，则估计的混合矩阵 $\hat{\boldsymbol{H}} = \boldsymbol{Q}^{-1}\boldsymbol{U}$。在这个过程中，实现的是关于酉矩阵 $\boldsymbol{U}$ 的最小化，而不是混合矩阵估计 $\hat{\boldsymbol{H}}$ 的最小化。由于白化矩阵 $\boldsymbol{Q}$ 已经满足实现 $\boldsymbol{R}_x(0)$ 的对角化，则联合对角化

未必能使每个时延矩阵 $\boldsymbol{R}_x(p_i)$ 完全对角化，因此这种"硬白化"过程影响了算法的分离效果。Yeredor[15]提出了 WASOBI 算法，通过把联合对角化的最小二乘问题转化为非线性权值优化最小二乘问题，实现式(5.15)关于任意矩阵(不一定是酉矩阵)的最小化。忽略信号噪声，混合信号模型可表示为

$$x(t) = Hs(t) \tag{5.24}$$

则对时延方差矩阵 $\boldsymbol{R}_x(p_i)$ 采用检测信号矢量 $x(t)$ 来估计，即

$$\hat{\boldsymbol{R}}_x(p_i) = \frac{1}{n}\sum_{t=1}^{n} x(t)x^{\mathrm{T}}(t+p_i), \quad p_i = 0, 1, \cdots, M-1 \tag{5.25}$$

式中，$t+p_i$ 为可能的信号采样长度；$M-1$ 为源信号的最大自回归阶数。文献[9]已经证明矩阵 $0.5\left[\hat{\boldsymbol{R}}_x(p_i) + \hat{\boldsymbol{R}}_x^{\mathrm{T}}(p_i)\right]$ 为自回归模型高斯源信号分离的充分统计量。

混合信号矢量 $x(t)$ 的时延相关矩阵可以表示为

$$\boldsymbol{R}_x(p_i) = \boldsymbol{H}\boldsymbol{R}_s(p_i)\boldsymbol{H}^{\mathrm{T}} \tag{5.26}$$

由假设可知源信号相互独立，因此相关矩阵 $\boldsymbol{R}_s(p_i) = \mathrm{diag}\left(\lambda_p^{(1)}, \lambda_p^{(2)}, \cdots, \lambda_p^{(i)}\right)$ 为对角矩阵，对角矩阵中 $\lambda_p^{(i)}$ 为源信号 $s_i(t)$ 在时延 p 时的自相关。为了引入变量 $\boldsymbol{\lambda}_p = \mathrm{diag}(\boldsymbol{R}_s(p)) = \left[\lambda_p^{(1)}, \lambda_p^{(2)}, \cdots, \lambda_p^{(i)}\right]^{\mathrm{T}}$，可以将式(5.26)转化为 Khatri-Rao 积形式：

$$\mathrm{vec}\{\boldsymbol{R}_x(p_i)\} = (\boldsymbol{H}\odot\boldsymbol{H})\boldsymbol{\lambda}_p \tag{5.27}$$

为了使矩阵 $\boldsymbol{R}_x(p_i)$ 对称，采用矩阵的算数均值代替其非对角元素，引入矩阵 $\boldsymbol{Q}$，其元素为 0、1 和 0.5，式(5.27)可以变换为

$$\mathrm{svec}\{\boldsymbol{R}_x(p_i)\} = \boldsymbol{Q}(\boldsymbol{H}\odot\boldsymbol{H})\boldsymbol{\lambda}_p \tag{5.28}$$

引入符号 y_p 和 $\boldsymbol{G}(\boldsymbol{H})$ 以简化式(5.28)以及后续变换简便，分别定义为

$$\begin{cases} y_p = \mathrm{svec}\{\boldsymbol{R}_x(p_i)\} \\ \boldsymbol{G}(\boldsymbol{H}) = \boldsymbol{Q}(\boldsymbol{H}\odot\boldsymbol{H}) \end{cases} \tag{5.29}$$

因此，式(5.29)可变换为

$$y_p = \boldsymbol{G}(\boldsymbol{H})\boldsymbol{\lambda}_p \tag{5.30}$$

根据式(5.25)和式(5.30)，则估计相关矩阵 $\hat{\boldsymbol{R}}_x(p_i)$ 可以变换为 $\hat{y}_p = \mathrm{svec}\{\hat{\boldsymbol{R}}_x(p_i)\}$，则分离估计信号矢量 $\hat{y}$ 的最小二乘形式为

$$\hat{y} \approx [I_M \otimes G(H)]\lambda \odot G(H)\lambda \tag{5.31}$$

式中，$\hat{y} = [\hat{y}_0^T, \hat{y}_1^T, \cdots, \hat{y}_{M-1}^T]^T$ 为新的计算矢量；I_M 为 $M \times M$ 的单位矢量，$\lambda = [\lambda_0^T, \lambda_1^T, \cdots, \lambda_{M-1}^T]^T$。要实现最优权值最小二乘，应寻找 H 和 λ 以最小化代数准则：

$$C_{\text{WLS}}(H, \lambda) = [\hat{y} - G_0(H)\lambda]^T W [\hat{y} - G_0(H)\lambda] \tag{5.32}$$

式中，W 为权值矩阵，其值为

$$W = [\text{cov} \mid \hat{y} \mid]^{-1} \tag{5.33}$$

最优权值矩阵 W 使得估计混合矩阵 H 的均方差最小，从而实现干扰信号比 ISR 最小。

为了减少计算量，将式(5.33)的计算分步进行。在经过初次分离后，源信号弱相关。再对 $\hat{y}$ 和 $G_0(H)$ 行的元素重新排序，则经重新排序最优权值矩阵 $\tilde{W}$ 转化为块对角矩阵，式(5.33)的高维最小二乘问题分解为低维的独立最小二乘问题，则估计相关矩阵的计算简化而使得计算量大大减少，最优权值矩阵 W 就可以从接近分离混合信号的相关矩阵快速估计出来。

由于估计矩阵 $\tilde{W}$ 是对角矩阵，则代数准则(5.32)可以重写为

$$C_{\text{WLS}}(H, \lambda) = [\tilde{y} - \tilde{G}_0(H)\lambda]^T \tilde{W} [\tilde{y} - \tilde{G}_0(H)\lambda] \tag{5.34}$$

式中，$\tilde{y} = [\tilde{y}_{11}^T, \tilde{y}_{21}^T, \cdots, \tilde{y}_{22}^T, \tilde{y}_{32}^T, \cdots, \tilde{y}_{mm}^T]^T$，$\tilde{G}_0(H) = [G_{11}^T(H), G_{21}^T(H), \cdots, G_{mm}^T(H)]^T$，$\tilde{W} = \text{blockdiag}(W_{11}, W_{21}, \cdots, W_{mm})$，则在时延 p_i 的各变量元素为

$$\begin{cases} (\tilde{y}_{ij})_\tau = 0.5[\hat{R}_{ij}(\tau-1) + \hat{R}_{ji}(\tau-1)] \\ W_{ij} = [\text{cov}(\tilde{y}_{ij})]^{-1} \\ G_{ij}(H) = I_M \otimes (H_{i\cdot} * H_{j\cdot}) \end{cases} \tag{5.35}$$

式中，$i, j = 1, 2, \cdots, n, i \geqslant j$；$H_{i\cdot}$ 表示矩阵 H 的第 i 行；符号 "*" 表示以矩阵为元素乘积。

利用矩阵 $\hat{W}$ 的块对角化结构，式(5.34)可以简化为

$$C_{\text{WLS}}(H, \lambda) = \sum_{i, j, i \geqslant j} [\tilde{y}_{ij} - \tilde{G}_{ij}(H)\lambda]^T \tilde{W}_{ij} [\tilde{y}_{ij} - \tilde{G}_{ij}(H)\lambda] \tag{5.36}$$

为了实现式(5.34)的最小化，引入变量 θ 代替矩阵 H 和 λ 而使得变换简化，并令 $f(\theta) = G_0(H)\lambda$，式(5.34)变换为

$$C(\boldsymbol{\theta}) = [\tilde{\boldsymbol{y}} - \boldsymbol{f}(\boldsymbol{\theta})]^{\mathrm{T}} \tilde{\boldsymbol{W}} [\tilde{\boldsymbol{y}} - \boldsymbol{f}(\boldsymbol{\theta})] \tag{5.37}$$

由高斯迭代法[8]可得

$$\boldsymbol{\theta}^{(k+1)} = \boldsymbol{\theta}^{(k)} + [\boldsymbol{F}_k^{\mathrm{T}} \tilde{\boldsymbol{W}} \boldsymbol{F}_k]^{-1} \tilde{\boldsymbol{W}} \boldsymbol{F}_k [\hat{\boldsymbol{y}} - \boldsymbol{f}(\boldsymbol{\theta}^{(k)})] \tag{5.38}$$

式中，$\boldsymbol{F}_k = \partial \boldsymbol{f}(\boldsymbol{\theta}) / \partial \boldsymbol{\theta} |_{\boldsymbol{\theta} = \boldsymbol{\theta}^{(k)}}$。

在实现式 (5.34) 的最小化时，分离算法固有的分离信号幅值的不确定性使得在矩阵 $\boldsymbol{\lambda}$ 元素与矩阵 $\boldsymbol{H}$ 列之间对应关系发生交错，因此，参数 $\boldsymbol{\theta} = [\boldsymbol{\theta}_H^{\mathrm{T}}, \bar{\boldsymbol{\lambda}}^{\mathrm{T}}]^{\mathrm{T}}$ 未知，其中 $\boldsymbol{\theta}_H = \mathrm{vec}\{\boldsymbol{H}^{\mathrm{T}}\}$，$\bar{\boldsymbol{\lambda}} = [\boldsymbol{\lambda}_1^{\mathrm{T}}, \boldsymbol{\lambda}_2^{\mathrm{T}}, \cdots, \boldsymbol{\lambda}_{M-1}^{\mathrm{T}}]^{\mathrm{T}}$。代入 $\boldsymbol{\theta} = [\boldsymbol{\theta}_H^{\mathrm{T}}, \bar{\boldsymbol{\lambda}}^{\mathrm{T}}]^{\mathrm{T}}$，式 (5.38) 变换为

$$\begin{bmatrix} \hat{\boldsymbol{\theta}}_H^{(k+1)} \\ \hat{\boldsymbol{\lambda}}^{(k+1)} \end{bmatrix} = \begin{bmatrix} \hat{\boldsymbol{\theta}}_H^{(k+1)} \\ \hat{\boldsymbol{\lambda}}^{(k)} \end{bmatrix} + \begin{bmatrix} \boldsymbol{D}_k^{\mathrm{T}} \tilde{\boldsymbol{W}} \boldsymbol{D}_k & \boldsymbol{D}_k^{\mathrm{T}} \tilde{\boldsymbol{W}} \bar{\boldsymbol{G}}_k \\ \bar{\boldsymbol{G}}_k^{\mathrm{T}} \tilde{\boldsymbol{W}} \boldsymbol{D}_k & \bar{\boldsymbol{G}}_k^{\mathrm{T}} \tilde{\boldsymbol{W}} \bar{\boldsymbol{G}}_k \end{bmatrix}^{-1} \begin{bmatrix} \boldsymbol{D}_k^{\mathrm{T}} \tilde{\boldsymbol{W}} \\ \bar{\boldsymbol{G}}_k^{\mathrm{T}} \tilde{\boldsymbol{W}} \end{bmatrix} (\tilde{\boldsymbol{y}} - \tilde{\boldsymbol{G}}_0(\hat{\boldsymbol{H}}^{(k)} \hat{\boldsymbol{\lambda}}^{(k)})) \tag{5.39}$$

式中，$\boldsymbol{D}_k = \partial \tilde{\boldsymbol{G}}_0(\boldsymbol{H})\boldsymbol{\lambda} / \partial \boldsymbol{\theta}_H |_{\boldsymbol{\theta} = \boldsymbol{\theta}^{(k)}}$，$\bar{\boldsymbol{G}}_k = \partial \tilde{\boldsymbol{G}}_0(\boldsymbol{H})\boldsymbol{\lambda} / \partial \bar{\boldsymbol{\lambda}} |_{\boldsymbol{\theta} = \boldsymbol{\theta}^{(k)}}$。利用块对角矩阵 $\tilde{\boldsymbol{W}}$（$\tilde{\boldsymbol{W}} = \mathrm{blockdiag}(\boldsymbol{W}_{11}, \boldsymbol{W}_{21}, \cdots, \boldsymbol{W}_{mm})$），式 (5.39) 可重写为

$$\begin{bmatrix} \hat{\boldsymbol{\theta}}_H^{(k+1)} \\ \hat{\boldsymbol{\lambda}}^{(k+1)} \end{bmatrix} = \left\{ \sum_{j=1}^{n} \sum_{i=1}^{n} \begin{bmatrix} \{\boldsymbol{D}_k\}_{ij}^{\mathrm{T}} \boldsymbol{W}_{ij} \{\boldsymbol{D}_k\}_{ij} & \{\boldsymbol{D}_k\}_{ij}^{\mathrm{T}} \boldsymbol{W}_{ij} \{\bar{\boldsymbol{G}}_k\}_{ij} \\ \{\bar{\boldsymbol{G}}_k\}_{ij}^{\mathrm{T}} \boldsymbol{W}_{ij} \{\boldsymbol{D}_k\}_{ij} & \{\bar{\boldsymbol{G}}_k\}_{ij}^{\mathrm{T}} \boldsymbol{W}_{ij} \{\bar{\boldsymbol{G}}_k\}_{ij} \end{bmatrix} \right\}^{-1}$$
$$\cdot \left\{ \sum_{j=1}^{n} \sum_{i=1}^{n} \begin{bmatrix} \{\boldsymbol{D}_k\}_{ij}^{\mathrm{T}} \boldsymbol{W}_{ij} (\tilde{\boldsymbol{y}}_{ij} - \hat{\boldsymbol{G}}_{ij}(\hat{\boldsymbol{H}}^{(k)} \hat{\boldsymbol{\lambda}}^{(k)})) \\ \{\bar{\boldsymbol{G}}_k\}_{ij}^{\mathrm{T}} \boldsymbol{W}_{ij} (\tilde{\boldsymbol{y}}_{ij} - \hat{\boldsymbol{G}}_{ij}(\hat{\boldsymbol{H}}^{(k)} \hat{\boldsymbol{\lambda}}^{(k)})) \end{bmatrix} \right\} \tag{5.40}$$

式中，$\{\boldsymbol{D}_k\}_{ij} = \dfrac{\partial \boldsymbol{G}_{ij}(\boldsymbol{H})\boldsymbol{\lambda}}{\partial \boldsymbol{\theta}_H} \Big|_{\boldsymbol{\theta} = \boldsymbol{\theta}^{(k)}}$，$\{\bar{\boldsymbol{G}}_k\}_{ij} = \dfrac{\partial \boldsymbol{G}_{ij}(\boldsymbol{H})\boldsymbol{\lambda}}{\partial \bar{\boldsymbol{\lambda}}} \Big|_{\boldsymbol{\theta} = \boldsymbol{\theta}^{(k)}} = \boldsymbol{G}_{ij}(\boldsymbol{H}^{(k)})[0 : \boldsymbol{I}_{n(M-1)}]^{\mathrm{T}}$。

在式 (5.40) 的迭代算法过程中，初始参数可以设置为：$\hat{\boldsymbol{\theta}}^{(0)} = \mathrm{vec}\{\boldsymbol{I}_n\}$，而 $\hat{\boldsymbol{\lambda}}_{p_i}^{(0)} = \mathrm{diag}(\hat{\boldsymbol{R}}_s(p_i))$（$i = 1, 2, \cdots, M-1$），"diag" 指的是矩阵 $\hat{\boldsymbol{R}}_s(p_i)$ 的主对角元素。通常而言，经三次迭代，算法就可以收敛，从而得到最优权值分离矩阵 $\boldsymbol{W}$。

5.3　模拟混合 PD 信号的分离

根据前述假设，当得到 GIS 设备内部多绝缘缺陷产生的多个 PD 线性瞬时混合信号后，利用 5.2 节中介绍的方法进行分离。考虑到混合 PD 信号波形的特殊性和 GIS 设备腔体空间结构的独特性，从分离效果角度还应当考虑三个因素：①产生混合信号的多类型绝缘缺陷之间要有一定的距离 d，即不能重合；②PD 信号传

播过程中的线性瞬时混合过程，即混合矩阵 **H**；③绝缘缺陷只考虑两两组合，即两种不同性质的单一 PD 信号线性瞬时混合。

对于因素①，多类型绝缘缺陷的相对距离决定了混合 PD 信号的波形特性，而混合 PD 信号的波形特性影响分离效果，故要对其进行深入分析以找到 GIS 设备内部可分空间与不可分空间；对于因素②，混合矩阵中不同大小的混合系数决定了各单一类型绝缘缺陷的 PD 信号在混合 PD 信号中的强弱，对分离算法的分离效果具有一定的影响，另外，不同的混合矩阵 **H** 反映了单一类型绝缘缺陷的 PD 信号在混合过程中的任意性，采用统计方法研究不同混合情况下混合矩阵 **H** 对分离效果的影响，具有实际意义和参考价值；对于因素③，不同类型绝缘缺陷的组合得到不同的混合 PD 信号波形结构，对分离算法的分离效果有影响，而对因素③的影响作用分析已经包含在因素①和②中，因此，下面主要对前两个因素进行深入分析。另外，对于三个及以上绝缘缺陷产生的混合 PD 信号，仍然可用本书介绍的原理与方法，只是所用分离矩阵及算法更为复杂，因此暂不做分析。

5.3.1　相对距离对分离效果的影响分析

作为对 GIS 设备内部产生的混合 PD 信号分离分析研究，以四种单一类型绝缘缺陷产生的 PD 信号构造出的混合 PD 信号源为对象，假设在某一时刻 GIS 设备内同时存在两类绝缘缺陷，在 GIS 设备的盆式绝缘子外部安放两个 UHF 传感器，同时采集到两个混合 PD 信号，即传感器的个数等于绝缘缺陷个数。对于传感器个数大于绝缘缺陷个数的情况，可任意选择两个传感器所采集的信号做分析。

下面将四种单一类型绝缘缺陷产生的 PD 信号进行两两组合，可构造出四组两绝缘缺陷的模拟潜在故障，即组合Ⅰ(N 类绝缘缺陷和 M 类绝缘缺陷)、组合Ⅱ(P 类绝缘缺陷和 G 类绝缘缺陷)、组合Ⅲ(N 类绝缘缺陷和 P 类绝缘缺陷)和组合Ⅳ(M 类绝缘缺陷和 G 类绝缘缺陷)。采用 4.3.1 中同样的混合矩阵 $H = \begin{bmatrix} 0.419 & 0.358 \\ 0.147 & 0.435 \end{bmatrix}$，分别对各组合模拟构造的混合 PD 信号进行分离研究。

PD 激发的 UHF 脉冲电磁波信号，以速度近似 $3 \times 10^8 \text{m/s}$ 在 GIS 腔体空间中传播(实际的 GIS 腔体中，由于传播介质的不均匀性以及波阻抗的不连续性，传播速度应略小于光速)，假设两个距离为 d 的不同绝缘缺陷所激发的 UHF 电磁波信号分别到达同一个 UHF 传感器，两者必然有一定的相对滞后时间差 Δt，时间差 Δt 的不同(即绝缘缺陷间的距离不同)使得混合 PD 信号的波形时序结构就有不同。

观察金属突出物缺陷(N 类绝缘缺陷)的 PD 信号时域波形，如图 5.1 所示。完整的 PD 信号时域波形包括两部分：一是表征该类型绝缘缺陷的 PD 特征波形(左边部分）；二是电磁波在 GIS 腔体中产生反射而引起的反射波形。完整 PD 信号时域波形的持续时间约 2000 个采样点（采样频率为 20GS/s，大约为 100ns），而 PD 主脉冲时域波形的持续时间约 250 个采样点（约为 12.5ns）。假设以 100 个采样点（$\Delta t = 5$ns，相对相距 d 为 1.5m）的时间差 Δt 为相对滞后时间单位构建混合 PD 信号，同样采用混合矩阵 H，则组合 I 在时间差为 3 倍 Δt（300 个采样点，传播滞后时间 $\tau = 3\Delta t = 15$ns）的混合 PD 信号时域波形如图 5.2 所示。

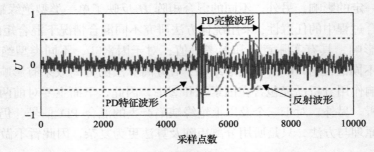

图 5.1　N 类绝缘缺陷的 PD 信号划分

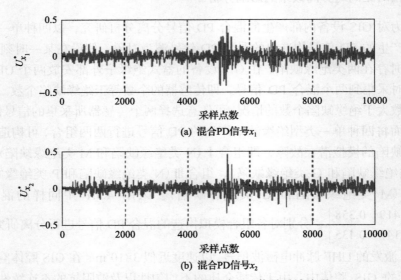

(a) 混合PD信号x_1

(b) 混合PD信号x_2

图 5.2　组合 I 在 $3\Delta t$ 时的混合 PD 信号时域波形

　　观察和比较图 5.2 的混合 PD 信号与图 5.1 的单一 PD 源信号，发现表征绝缘缺陷的 PD 信号特征波形，图 5.2 中的 x_1 与图 5.1 的 PD 信号波形有一定差异，图 5.2 中的 x_2 与图 5.1 的 PD 信号波形差异较大。如果在 GIS 设备中的某一时刻存在两个这样绝缘缺陷，采用现场在线监测系统检测到如图 5.2 所示的任一 PD 信号，假如按照单一类型绝缘缺陷 PD 信号的分析办法处理，不仅判断不到正确的绝缘缺陷类型，还会造成 GIS 内部绝缘缺陷的漏判，把潜在绝缘故障仍留在 GIS 内。

再观察和比较图 5.2 和图 4.6 中的混合 PD 时域信号，能清楚看到同一组合的两个单一类型绝缘缺陷产生的 PD 信号，其混合后的 PD 信号波形有明显差异，主要是由于构造混合 PD 信号时采用的传播相对滞后时间 τ 不同。在图 4.6 中，$\tau=0$，即没有相对传播滞后时间差，两个 PD 信号电磁波同时到达 UHF 传感器，表明对应单一类型绝缘缺陷的 PD 信号的绝缘缺陷位置在 GIS 腔体的同一横截面，即在水平方向的空间距离为零($d=0$m)或非常接近。

在图 5.2 中，采用了 300 个采样点的相位差(传播相对滞后时间 $\tau=3\Delta t=15$ns)，表明单一类型绝缘缺陷产生的 PD 信号对应绝缘缺陷位置的相对距离 d 约为 4.5m。对于 GIS 设备外部已经安装的固定在线监测系统，其盆式绝缘子处的 UHF 传感器位置是固定不变的。然而，GIS 内部潜在绝缘缺陷的出现具有不确定性，导致绝缘缺陷之间的距离因所在 GIS 设备腔体中的位置不同，而使得相对于固定安装的天线传感器位置而言，绝缘缺陷位置之间的相对距离 d 却是变化的。因此，可以推知，变化的相对距离 d 将会使得检测到的混合 PD 信号时域波形在时间相位上有所不同。

在明确绝缘缺陷之间的相对距离 d 对混合 PD 信号波形影响较大后，下面深入分析相对距离 d 对分离算法分离效果的影响。这里仍然采用上述分离算法 SOBI 和 WASOBI 对不同相对距离 d 构造的混合 PD 信号分别进行分析，以了解 GIS 内绝缘缺陷不同类型组合以及相对距离 d 对分离效果的影响。

对于组合 I (N 类绝缘缺陷和 M 类绝缘缺陷)，选择相对距离 $d=0$m 和 $d=4.5$m 构造混合 PD 信号，分别采用 SOBI 算法和 WASOBI 算法进行分离，并对分离效果评价参数进行定量评价。这里先选择两个相对距离观察分离的 PD 信号波形，以便于直观比较和对评价参数进行定量评价，对于组合 I 的其他相对距离以及其他组合，则通过评价参数曲线可以看出。

当相对距离 $d=0$m 时，分离算法 SOBI 分离的单一类型绝缘缺陷产生的 PD 信号如图 5.3(a)所示，U_y^* 表示分离信号幅值。采用相同的小波降噪方法(后文中的降噪方法均相同，不再提及)降噪后的分离单一类型绝缘缺陷产生的 PD 信号如图 5.3(b)所示。分离算法 WASOBI 分离的单一类型绝缘缺陷产生的 PD 信号如图 5.4(a)所示，降噪后的单一类型绝缘缺陷产生的 PD 信号如图 5.4(b)所示。

同样，按照上述步骤对相对距离 $d=4.5$m 时构造的混合 PD 信号进行分离，分离的单一类型绝缘缺陷产生的 PD 信号和降噪后的单一类型绝缘缺陷产生的 PD 信号，采用分离算法 SOBI 的结果分别如图 5.5(a)和(b)所示，而采用分离算法 WASOBI 的结果如图 5.6(a)和(b)所示。针对两个相对距离和两种分离算法，分离降噪单一类型绝缘缺陷产生的 PD 信号（图 5.3（b）与图 5.4（b）和图 5.5（b）与图 5.6（b）），分别与图 5.3（a）中的单一类型绝缘缺陷产生的 PD 信号进行比较，采用评价参数进行定量评价。计算的分离效果评价参数见表 5.1，这里暂时不考虑细节参数 VTP 评价。

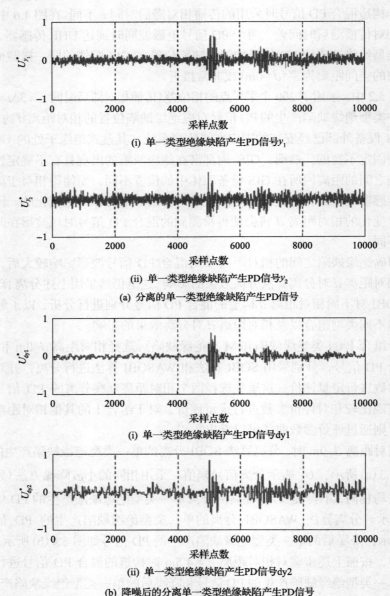

(i) 单一类型绝缘缺陷产生PD信号y_1

(ii) 单一类型绝缘缺陷产生PD信号y_2

(a) 分离的单一类型绝缘缺陷产生PD信号

(i) 单一类型绝缘缺陷产生PD信号dy1

(ii) 单一类型绝缘缺陷产生PD信号dy2

(b) 降噪后的分离单一类型绝缘缺陷产生PD信号

图 5.3 分离算法 SOBI 分离的单一类型绝缘缺陷产生的 PD 信号（d =0m）

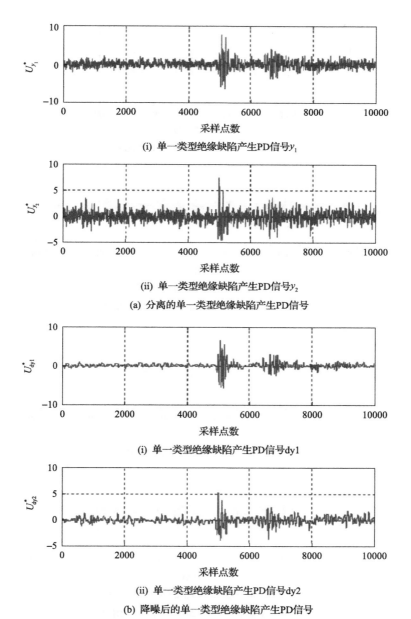

(i) 单一类型绝缘缺陷产生PD信号y_1

(ii) 单一类型绝缘缺陷产生PD信号y_2

(a) 分离的单一类型绝缘缺陷产生PD信号

(i) 单一类型绝缘缺陷产生PD信号dy1

(ii) 单一类型绝缘缺陷产生PD信号dy2

(b) 降噪后的单一类型绝缘缺陷产生PD信号

图 5.4　分离算法 WASOBI 分离的单一类型绝缘缺陷产生的 PD 信号($d = 0$m)

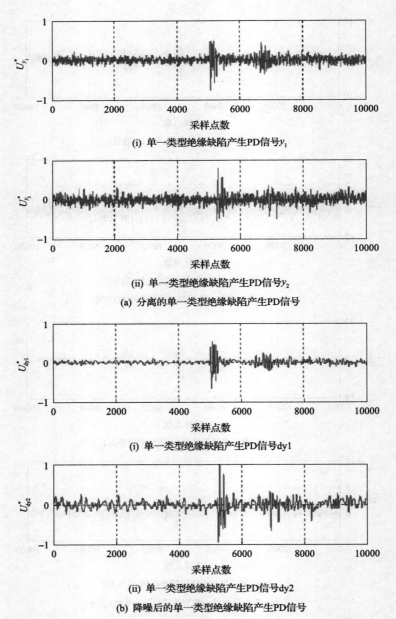

(i) 单一类型绝缘缺陷产生PD信号y_1

(ii) 单一类型绝缘缺陷产生PD信号y_2

(a) 分离的单一类型绝缘缺陷产生PD信号

(i) 单一类型绝缘缺陷产生PD信号dy1

(ii) 单一类型绝缘缺陷产生PD信号dy2

(b) 降噪后的单一类型绝缘缺陷产生PD信号

图 5.5　分离算法 SOBI 分离的单一类型绝缘缺陷产生的 PD 信号($d = 4.5\text{m}$)

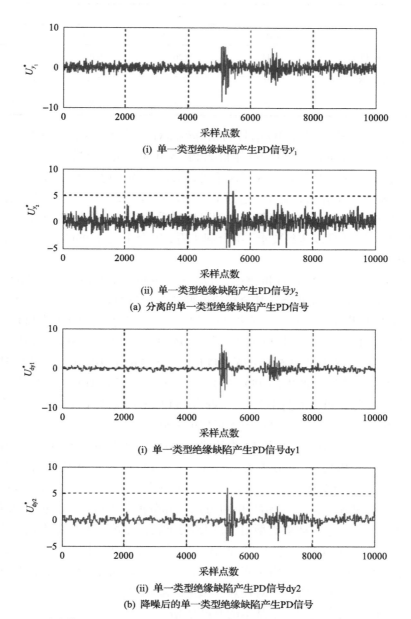

(i) 单一类型绝缘缺陷产生PD信号y_1

(ii) 单一类型绝缘缺陷产生PD信号y_2

(a) 分离的单一类型绝缘缺陷产生PD信号

(i) 单一类型绝缘缺陷产生PD信号dy1

(ii) 单一类型绝缘缺陷产生PD信号dy2

(b) 降噪后的单一类型绝缘缺陷产生PD信号

图 5.6　分离算法 WASOBI 分离的单一类型绝缘缺陷产生的 PD 信号（d=4.5m）

表 5.1 分离效果评价指标(d=0m 和 4.5m)

评价指标	d=0m		d=4.5m	
	SOBI	WASOBI	SOBI	WASOBI
性能指标(PI_g)	0.44	0.26	0.06	0.05
信噪比(SNR)	8.9	12.9	25.4	25.7
相关系数(η)	0.56	0.63	0.96	0.99

观察表 5.1,构造混合 PD 信号的相对距离对分离效果的影响较大。在 d=0m 时,通过分离算法 SOBI 得到的性能指标 PI_g 为 0.44,从这个数值看,这对组合的混合 PD 信号分离效果不好,或者说不可以分离。为了避免由分离算法导致的误判,采用 WASOBI 算法,其 PI_g 达到了 0.26,相对于 SOBI 算法而言,分离效果有了很大的改善,但是这个值仍未达到可以接受的程度,当然其余两个评价参数值(SNR 和 η)同样难以达到要求。综合起来看,组合Ⅰ在 d=0m 时的混合 PD 信号不可以分离。

观察 d=4.5m 时的分离评价指标,分离算法 SOBI 和 WASOBI 得到的 PI_g 都很理想,分别达到 0.06 和 0.05,其余相应的两个评价参数也很理想,特别是相关系数(η)都在 0.95 以上,表明分离算法得到的单一类型绝缘缺陷的估计 PD 信号基本上没有任何波形畸变,说明 WASOBI 算法的分离效果要优于 SOBI 算法,实现了算法改进的目的。对比图 5.5(b)中的 PD 信号、图 5.6(b)中的 PD 信号与图 5.3(a)中的单一类型绝缘缺陷产生的 PD 信号,其波形是非常相似的。无论从分离评价参数还是比较实际 PD 信号图像来看,混合 PD 信号的分离是成功的,为后续绝缘缺陷的正确辨识、提高辨识率奠定了很好的基础。

从组合Ⅰ(N 类绝缘缺陷和 M 类绝缘缺陷)中的两个单一类型绝缘缺陷的 PD 信号构造的混合 PD 信号的分离效果来看,混合 PD 信号中的相对距离(d)对混合 PD 信号的波形结构以及算法的分离效果影响都较大。因而,为了对 GIS 内四种典型绝缘缺陷构造的混合 PD 信号的可分离性和分离效果进行更全面深入的了解,下面主要分析不同绝缘缺陷类型组合以及各绝缘缺陷位置之间相对距离对分离效果的影响,同时对 SOBI 算法以及 WASOBI 算法在前述同样条件下,对混合 PD 信号的分离效果进行比较。由于实际 GIS 内潜在绝缘缺陷的产生是随机的,不具有选择性,为了不失一般性,对任意类型绝缘缺陷组合,在 GIS 内的可分离性及其条件的基础上应当找到一个基本的判断依据。

按照上述思路,对四种组合混合 PD 信号进行分离和评价参数计算,其相应的评价参数曲线见图 5.7~图 5.10。各图中的横坐标用 S_d 表示单一类型绝缘缺陷的 PD 信号在不同相对距离 d 传播到传感器时相对时延的采样点数(例如相对距离

d=1.5m，时延 τ=5ns，S_d=100）。

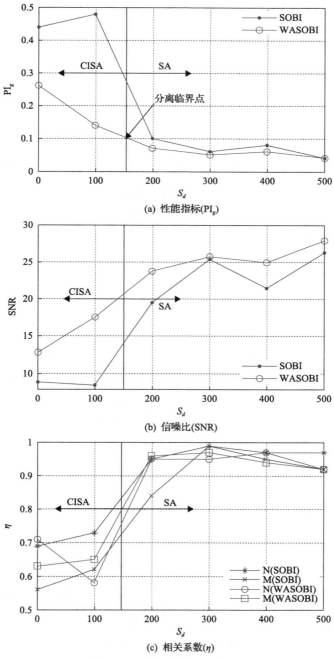

(a) 性能指标(PI_g)

(b) 信噪比(SNR)

(c) 相关系数(η)

图 5.7 组合 I 分离评价参数

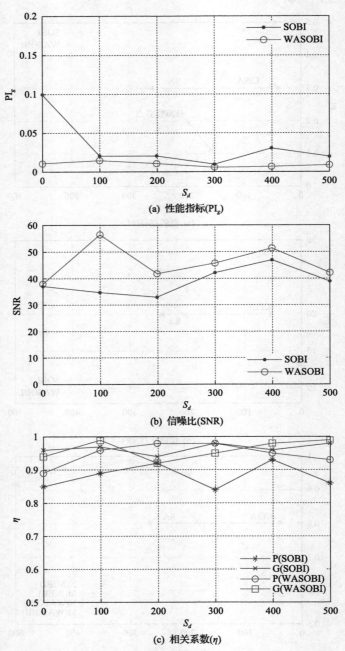

(a) 性能指标(PI_g)

(b) 信噪比(SNR)

(c) 相关系数(η)

图 5.8　组合 II 分离评价参数

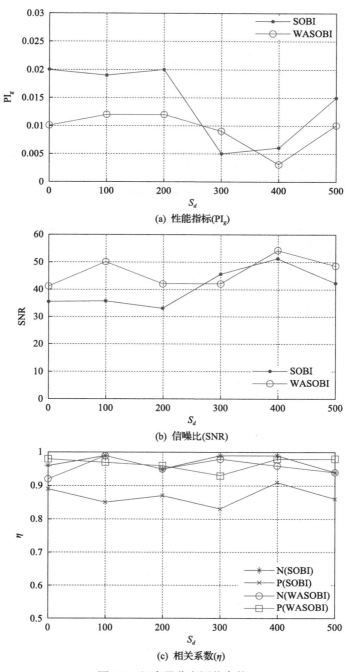

图 5.9　组合 Ⅲ 分离评价参数

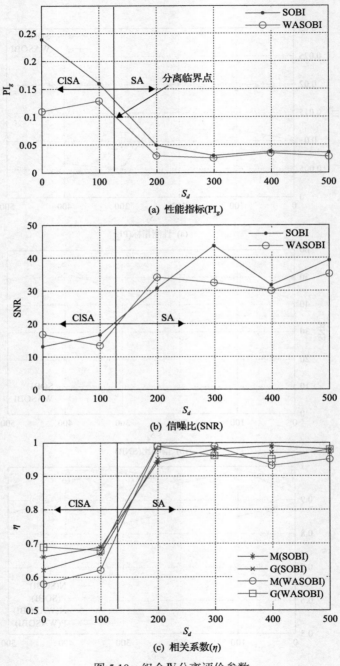

(a) 性能指标(PI_g)

(b) 信噪比(SNR)

(c) 相关系数(η)

图 5.10　组合Ⅳ分离评价参数

通过图 5.7 对组合 Ⅰ (N 类绝缘缺陷和 M 类绝缘缺陷)的分离情况分析，在图

5.7(a)中的性能指标 PI_g 随着 S_d 的增加呈明显的递减趋势,表明 PD 源位置之间的相对距离 d 对混合 PD 信号的分离有着直接的影响。相对距离 d 越大,分离效果越好,反之则分离效果越差。对分离算法 SOBI 和 WASOBI 而言,很显然,在同一 S_d 情况下,后者的 PI_g 要小于前者,在 $S_d<200$ 时,PI_g 相差很大,随着 S_d 的增加,其差异减小,表明分离算法的改进具有实质性效果。

如果以 $PI_g=0.1$ 作为划分混合 PD 信号可分离与不可分离的判断标准,即 $PI_g>0.1$,混合 PD 信号不可分离;$PI_g\leqslant0.1$,混合 PD 信号可分离。将 $PI_g=0.1$ 作为分离临界点,$PI_g\leqslant0.1$ 的右边称为可分区域(separable area,SA),在 $PI>0.1$ 的左边称为完全不可分区(completely inseparable area,CISA),如图 5.7 所示。

在 $PI_g=0.1$ 时,分离算法 SOBI 和 WASOBI 得到的 S_d 不同,由 SOBI 算法得到的 $S_{d1}=200$,其在 GIS 内 PD 源位置之间的相对距离 $d=3m$,而由 WASOBI 算法得到 $S_{d2}=150$,相对距离 $d=2.25m$,表明通过改进分离算法将 GIS 内的完全不可分的相对距离减小了 0.75m,尽可能地减小了 GIS 内的完全不可分区,具有重要的现实意义。对于这个有限的区域,在不能通过分离混合 PD 信号进行绝缘缺陷辨识乃至潜在的绝缘故障排查时,应在确定某一绝缘缺陷故障位置后,在邻近的 GIS 腔体空间检查是否有其他的绝缘故障,以防止被错过造成潜在的绝缘故障排查不彻底而留下的隐患。

分别观察图 5.7(b)和(c)的信噪比(SNR)和相关系数(η),在 CISA,两者都比较小。然而,在 SA,这两个值都比较理想,特别是相关系数大多在 0.9 以上,有的甚至接近 1,表明在这个区域中,分离得到单一类型绝缘缺陷产生的 PD 信号基本上没有波形畸变。对于评价参数 SNR 而言,WASOBI 算法明显优于 SOBI 算法,表明了改进算法的优越性。对于评价参数 η,除了在两个区域的变化一致性外,两个算法得到的 η 没有很明显的变化,几乎交织在一块,这主要是由评价参数计算范围不同所致。由于评价是从整个信号出发,而 PD 信号波形仅仅在有限的 2000 个采样点内,非信号段的计算值可能对 η 产生影响。此外,分离信号都是经过降噪后再进行波形比较,降噪过程也有可能对 PD 信号波形产生不同程度的畸变影响,从而导致 η 的差异。总之,通过这种降噪后再计算 η 来评价 PD 信号波形的相似度,显得略有些粗糙,但是只要计算得到评价参数值到能够达到 0.9 以上,就可以接受。比较分离前后单一类型绝缘缺陷产生的 PD 信号波形,也可得到同样的结论。

通过上面的分析,可知在 GIS 内绝缘缺陷间的相对距离 d 对分离效果有一定的影响,相对距离越远,混合 PD 信号越容易分离。WASOBI 算法改善了该组合混合 PD 信号的分离效果,特别是对相对距离较短的混合 PD 信号。换言之,WASOBI 算法在改善分离效果的同时,减小了绝缘缺陷之间的不可分离距离。因此,WASOBI 算法把 CISA 限制在较小的范围内也是一种具有实际工程意义的途径。

观察图 5.8 和图 5.9 中的分离评价参数，对组合 Ⅱ 和组合 Ⅲ 的分离情况进行分析。比较性能指标 PI_g，两组合的 PI_g 值均小于 0.1，组合 Ⅲ 的 PI_g 值甚至在 0.02 以下，整体上呈减小趋势。通过 PI_g 值来看，这两个组合的混合 PD 信号可以分离。尽管 PI_g 值也受 S_d 的影响，但是 PI_g 值都在可以接受的范围内。比较分离算法 SOBI 和 WASOBI 的分离效果，显然 WASOBI 整体上要优于 SOBI。同样比较另外的两个评价参数 SNR 和 η，图中表明，两个组合的 SNR 值均在 30dB 以上，η 大部分在 0.9 以上，只有个别在 0.9 以下，但都在 0.8 以上。综合来看，这两个组合的混合 PD 信号的分离效果都比较令人满意。

与图 5.7 组合 Ⅰ 在 GIS 腔体中存在 CISA 相比，组合 Ⅱ 和组合 Ⅲ 的混合 PD 信号分离不存在 CISA。但是，三个组合的混合 PD 信号的分离参数 PI_g 和 SNR，都反映出绝缘缺陷之间的相对距离越远分离效果越好的特点。这完全符合对 GIS 混合 PD 信号分离的先验经验：两者相距越近，混合 PD 信号中两个单一类型绝缘缺陷产生的 PD 信号相关性越强，越难以分离；两者相距越远，则相关性越弱，越容易分离。如果两者的 $S_d>2000$，即 PD 源位置的相对距离大于 30m，则采集的混合 PD 信号中各单一类型绝缘缺陷产生的 PD 信号时域波形不再重叠，而是分离的单一类型绝缘缺陷产生的 PD 信号，这种情况下采集的混合 PD 信号其实就是独立的两个单一类型绝缘缺陷产生的 PD 信号，而不必要再进行分离。因此，对于图 5.7 组合 Ⅰ，当 GIS 腔体中的相对距离 d 为 3～30m 时，用分离算法 SOBI 对混合 PD 信号分离具有实际意义；当相对距离 d 为 2.25～3m 时，则用分离算法 WASOBI 对混合 PD 信号分离具有更小的 CISA。当相对距离 d 超过 30m 时，采用分离算法获取单一类型绝缘缺陷的 PD 信号没有必要或没有实际意义。

三个组合的混合 PD 信号是在同样混合过程（相同混合矩阵 H）条件下产生的混合 PD 信号，却在组合 Ⅰ 中存在 CISA，而组合 Ⅱ 和组合 Ⅲ 没有这个限制，表明不同类型绝缘缺陷的组合对其产生混合 PD 信号的分离效果具有影响。不同类型的绝缘缺陷决定了其对应 PD 信号的特性，如功率谱密度等。此外，文中采用的单一类型绝缘缺陷的 PD 信号包含了不确定的反射波形，这个波形基本上由产生该反射的 GIS 腔体空间结构决定，说明各单一类型绝缘缺陷产生的 PD 信号都具有自己的特性，这也是导致不同单一类型绝缘缺陷产生的混合 PD 信号难免有可能不可分或分离效果不理想的原因，组合中绝缘缺陷类型也是影响算法分离效果的又一因素。

观察图 5.10 中组合 Ⅳ 的分离评价参数，在采用 WASOBI 算法 $PI_g=0.1$ 时，S_d 大约在 120，在分离临界线左边（$PI_g>0.1$）为 CISA，其右边（$PI_g≤0.1$）为 SA，因此，可以看出这对组合的混合 PD 信号也导致 GIS 内存在不可分区。在 CISA 内，评价参数 PI_g、SNR 和 η 都不理想。在 SA，PI_g 大部分都在 0.05 以下，SNR 基本在 20dB 以上，η 大部分也不低于 0.9，表明在不同的相对距离，分离评价参数差别明显但具有很好的一致性，其反映在 GIS 腔体中，这对组合的绝缘缺陷在 d 约为 1.8m 范围内通过混合 PD 信号分离来判别绝缘缺陷是行不通的，而在 1.8～30m 则可行。这对组合中，算法 SOBI 和 WASOBI 的分离效果没有明显的差别。

从上面的对比分析中可知，影响混合 PD 信号分离效果的因素有两个：①产生 PD 的绝缘缺陷间相对距离；②构成混合 PD 信号的绝缘缺陷类型。对于在 GIS 腔体中 CISA 的混合 PD 信号，各 PD 源位置之间相对距离的大小对算法的分离性能影响较大，如果相对距离增大，混合 PD 信号的分离可以从 CISA 转向 SA。如果相对距离被限制在有限的范围内，当搜索排查绝缘故障时，应该适当增大在 GIS 腔体中的检查范围，当然也可以通过改进分离算法有效减小 CISA。对于在 SA 内的混合 PD 信号，通过改进分离算法来提高分离效果是有限的，而在 CISA 内改善效果非常明显。因此，可以通过改进分离算法来改善分离效果以有效抑制 CISA。

不同类型绝缘缺陷激发出不同特性的 PD 信号，而不同组合的混合 PD 信号有可能会在 GIS 内产生不同的 CISA。在上面的组合中，组合 I 和组合 IV 产生 CISA，而组合 II 和组合 III 则没有，说明产生混合 PD 信号的绝缘缺陷类型组合对混合信号的分离也很重要。分析比较四个单一类型绝缘缺陷产生的 PD 信号波形，P 类绝缘缺陷产生的 PD 信号与其他的单一类型绝缘缺陷产生的 PD 信号波形差异最大，分别与 N 类和 G 类组合构成的混合 PD 信号没有产生 CISA，而其他组合的混合 PD 信号则引起或大或小的 CISA，表明不同绝缘缺陷类型组合对其混合 PD 信号的分离效果有影响，但对较大的相对距离而言，如 $d>2.5m$，这个距离产生的影响就自然消失。因此，在分析影响混合 PD 信号的分离效果时，绝缘缺陷之间相对距离的影响较为重要。在得不到理想分离效果时，应充分重视绝缘缺陷类型组合以及绝缘缺陷间相对距离这两个影响因素。

5.3.2　混合矩阵 H 对分离效果的影响及统计分析

在 GIS 内部存在多绝缘缺陷的情况下，各单一类型绝缘缺陷所激发的 PD 信号电磁波，从缺陷位置沿着由 SF_6 气体绝缘介质、导体以及盆式绝缘子等部分所组成的不均匀波阻抗传播通道进行传播到达 UHF 传感器。在传播过程中，会发生反射和折射等物理过程，使得接收到的 PD 电磁波信号必然存在能量衰减。这个能量衰减表现之一为检测到的 PD 信号幅值减小，其衰减系数用 h_{ij} 表示。在多绝缘缺陷状况时，由于到达同一 UHF 传感器或不同 UHF 传感器的各单一类型绝缘缺陷产生的 PD 信号电磁波，经过的电磁波传播通道不同，不同传播通道意味着波阻抗不同。因此，各单一类型绝缘缺陷产生的 PD 信号到达 PD 检测点后引起的衰减不同，检测到的混合 PD 信号是由不同衰减程度的各单一类型绝缘缺陷产生的 PD 信号混合而成。本书假设该混合信号是线性组合而成的，采用任意线性瞬时混合矩阵 H 来表示多绝缘缺陷产生的 PD 信号在 GIS 内的任意混合过程，使得混合信号分离更具有实际应用价值。

由于 GIS 设备内部出现的绝缘缺陷具有多样性，加之 PD 潜在故障发生位置的不确定性，相对于固定在 GIS 设备外部盆式绝缘子上的 UHF 传感器而言，各单一类型绝缘缺陷位置与 UHF 传感器位置之间的传播距离和 PD 信号传播通道是不能确定的，它们是随着 PD 源位置不同而变化，反映到混合矩阵 H 中的元素上，表现为各元素值存在随机分布的特点，也就使得混合矩阵 H 具有随机性。这对利用混合矩阵 H 构造混合 PD 信号和决定混合 PD 信号波形结构等方面具有重要作用。在线性瞬时混合的混合 PD 信号构造方法中，H 中元素的大小决定了单一类型绝缘缺陷产生的 PD 信号在总的混合 PD 信号能量中所占比例，较大的元素使得对应的单一类型绝缘缺陷产生的 PD 信号能量在混合信号中占主要部分。反之，则对混合信号的贡献较小。混合矩阵 H 的随机性反映了 PD 信号在 GIS 中混合过程的随机性，也表现出混合 PD 信号的随机性。

从 5.3.1 节的分析可知，PD 源位置之间的相对距离 d 反映在 GIS 中的 SA 还是比较大的，为了更接近实际的 GIS 设备内部 PD 信号的任意混合过程，随机产生混合矩阵 H 来构造混合 PD 信号，并采用蒙特卡罗法来分析 SOBI 和 WASOBI 分离算法的分离效果，以考察混合矩阵 H 对分离算法的分离性能影响以及分离算法对任意混合 PD 信号的稳定性和对 GIS 设备内部随机混合过程的适应性。

采用随机产生的 100 个混合矩阵 H，针对前面的四组混合 PD 信号，分别构造 100 组混合 PD 信号，对分离评价参数 SNR 进行蒙特卡罗分析。四个组合的蒙特卡罗分析结果分别见图 5.11～图 5.14，每个组合不同算法的 SNR 统计参数（均值及方差）见图右上方。各图中，横坐标表示通过不同混合矩阵 H 构造混合 PD 信号分离所计算的 SNR 相对于统计分析均值的偏差，用 δ 表示，即每个 H 的 SNR 为 100 次后的均值与 δ 偏差之和；纵坐标表示相同 SNR 的矩阵 H 在 100 个样本矩阵 H 中所占的频数（次数），用 N 表示。

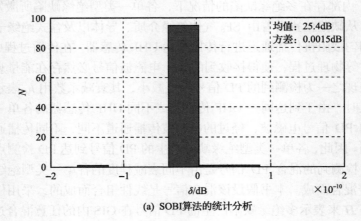

(a) SOBI算法的统计分析

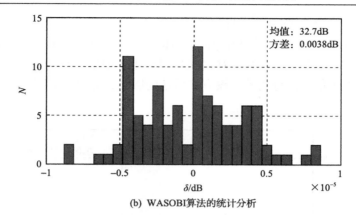

(b) WASOBI算法的统计分析

图 5.11　组合 I 的蒙特卡罗分析

对于组合 I 进行蒙特卡罗分析，观察图 5.11，对随机产生的 100 个混合矩阵 H，SOBI 算法的 SNR 统计均值达到 25.4dB，方差为 0.0015dB。很明显，SNR 在 25.4dB 左右（对应 $\delta=0$ 的最高直方图）的混合矩阵 H 频数在 95 以上，即在样本为 100 的混合矩阵 H 中，SNR 值高达约 25.4dB 的混合矩阵概率不低于 95%，而偏离 25.4dB 较远的混合矩阵个数很少，仅有很小的概率。从统计分析可知，通过随机产生的 100 个混合矩阵 H 构造的混合 PD 信号，采用 SOBI 算法进行分离，从 SNR 分离参数判断，分离效果理想，可以推知 SOBI 算法对组合 I 的混合 PD 信号在任意混合情况下都可以产生比较好的分离效果，表明 SOBI 算法对该组合的 PD 信号的混合过程具有较强的适应性。反之，混合矩阵 H 以不低于 95% 的概率产生 SNR 为 25.4dB，表明 SOBI 算法对这个组合的混合 PD 信号分离有很强的稳定性。

如图 5.11（b）所示，WASOBI 算法对该组合分离的 SNR 统计均值为 32.7dB，方差为 0.0038dB。很显然，100 个混合矩阵 H 产生的 SNR 值分布范围相对较大，落在 2 个 SNR 范围的最大频数（或次数）最高才到 10～15，多数集中在 5 左右，表明不同混合矩阵构造的混合 PD 信号分离效果不同，算法的稳定性相对于 SOBI 而言较差一些。尽管如此，分离评价参数 SNR 大部分集中在 $32.7\pm0.5\times10^{-5}$dB 范围内，最小的也在 32dB。从 WASOBI 算法的分离效果直方图来看，尽管评价参数 SNR 具有较大的分散性，但都在 32.7dB 以上，表明 WASOBI 算法的分离效果对构造混合 PD 信号的不同混合矩阵 H 敏感，但仍然有较好的分离效果。

总之，针对组合 I 中的混合 PD 信号，蒙特卡罗分析表明，从混合矩阵 H 对分离效果影响的角度，SOBI 算法要比 WASOBI 算法稳定，但两者都有较好的分离效果。尽管 WASOBI 算法的 SNR 值具有相对较大的分散性，然而，其分离效果要优于 SOBI 算法，这表明达到了算法改进的目的。

观察图 5.12，对组合 II 中的混合 PD 信号分离效果进行蒙特卡罗分析，SOBI 算法统计分析的 SNR 均值达到了 45.5dB，方差为 0.0076dB。从直方图的分布来看，SOBI 算法具有较强的稳定性，对 100 个混合矩阵 **H**，分离评价参数 SNR 高达 45.5dB 以上的概率达到了 95%，并且 SNR 均值集中在 45.5dB 以上的小范围内，表明采用 SOBI 算法，混合矩阵 **H** 随机性对该组合中单一类型绝缘缺陷的 PD 信号构造混合 PD 信号的分离效果没有实质性的影响，分离效果很好并保持算法较强的稳定性。

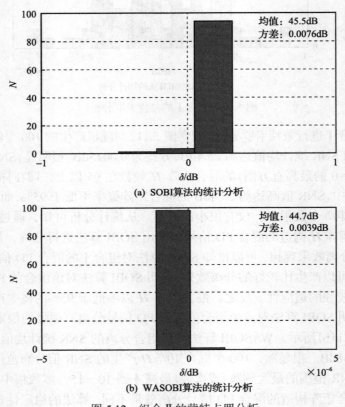

(a) SOBI算法的统计分析

(b) WASOBI算法的统计分析

图 5.12　组合 Ⅱ 的蒙特卡罗分析

　　对 WASOBI 算法，分析直方图反映出，对组合 Ⅱ 的混合 PD 信号，WASOBI 算法略比 SOBI 算法稳定，但统计分析的 SNR 均值 44.7dB 稍低于 SOBI 算法的均值 45.5dB，即表明分离效果要稍逊于 SOBI 算法，这个结论与组合 Ⅰ 得到的结论刚好相反。因此，可以推知，对不同组合的混合 PD 信号，分离算法的分离效果不尽相同，也就意味着分离算法对要分离的混合信号具有一定的选择性，这也是针对不同分离对象要确定合适分离算法的主要原因。尽管如此，相比 SOBI 算法，WASOBI 算法能保证对混合 PD 信号具有很好的分离效果以及很强的稳定性。

　　观察组合 Ⅲ 的统计分析直方图 5.13，SOBI 算法的 SNR 统计均值为 43.4dB，方差为 1.1dB，SNR 值在 43.4dB（最高直方图）的概率达到 90% 左右，在 43.4dB 以上的部分占据很小的概率，表明 SOBI 算法不仅具有较强的稳定性，而且具有很好的分离效果。对该组合中的混合 PD 信号，SOBI 算法分离效果对混合矩阵 H 随机性不敏感，算法比较稳定，分离效果较好。

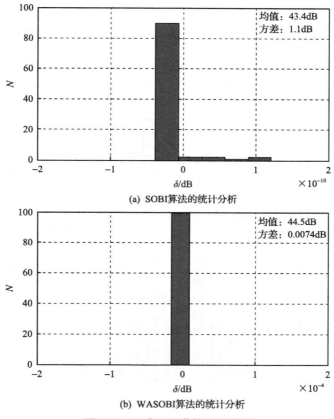

图 5.13　组合 Ⅲ 的蒙特卡罗分析

比较 WASOBI 算法的直方图，相对 SOBI 算法而言，WASOBI 算法更加稳定，而且分离性能要优于 SOBI 算法。WASOBI 算法的统计 SNR 均值达到了 44.5dB，其概率为 100%，表明任意混合矩阵 H 的混合 PD 信号的 SNR 均为 44.5dB，算法具有很强的稳定性。因此，对该组合中的混合 PD 信号，不论是算法的稳定性，还是混合 PD 信号的分离效果，WASOBI 算法都要比 SOBI 算法好[1]。

观察组合 Ⅳ 的统计分析直方图 5.14，直接比较 SOBI 算法和 WASOBI 算法的直方图分布可知，SOBI 算法要比 WASOBI 算法稳定，但从 SNR 的分散性看，两者都对混合矩阵 H 的随机性敏感。

从分离效果看，SOBI 算法的 SNR 统计均值为 30.6dB，80% 以上混合矩阵 H 的 SNR 值都在这个值左右，相对集中。由此可知，任意混合矩阵 H 的 SNR 都在

30dB 以上，表明对这个组合中的混合 PD 信号，SOBI 算法有较好的分离效果，而且对混合矩阵的随机性不太敏感，从而反映出该分离算法对该组合混合 PD 信号具有较强的适应性。

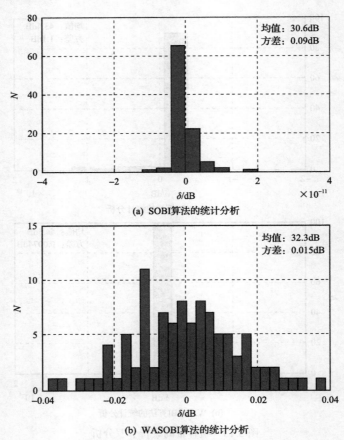

(a) SOBI算法的统计分析

(b) WASOBI算法的统计分析

图 5.14　组合Ⅳ的蒙特卡罗分析

　　相对而言，WASOBI 算法的统计分析 SNR 具有较大的分散性，不同 SNR 的概率大部分集中在 5%左右，最高在 11%。因此，从分离效果的稳定性看，WASOBI 算法对混合矩阵 **H** 有较大的依赖性，不同的混合矩阵 **H** 可能会得到不同的分离效果。然而，从统计分析 SNR 均值看，其值高达 32.3dB，而且 SNR 最小值也在 32dB 以上，表明 WASOBI 算法具有很好的分离效果，甚至比 SOBI 算法还要理想，只是稳定性稍逊于 SOBI 算法，但是只要保证有较好的分离效果，稳定性的不足可以忽略。

　　总结上述四个组合的蒙特卡罗分析，混合矩阵 **H** 的随机性对 SOBI 算法和 WASOBI 算法的分离效果具有一定的影响，特别是对分离算法稳定性的不同影响，

表明混合矩阵 **H** 对构造不同混合 PD 信号的突出作用。从统计的分离效果来看，SOBI 算法和 WASOBI 算法都具有较好的分离效果，且 WASOBI 算法总体要优于 SOBI 算法，体现了算法改进的作用，同时表明分离算法的有效性以及对 GIS 内的任意混合过程具有较强的适应性。

参 考 文 献

[1] 李伟. GIS 内多绝缘缺陷产生混合局部放电信号的分离研究[D]. 重庆: 重庆大学, 2010.

[2] 唐炬, 李伟, 姚陈果, 等. 局部放电干扰评价参数信噪比的二阶估计[J]. 中国电机工程学报, 2011, 31(7): 125-131.

[3] Tang J, Li W, Liu Y L. Blind source separation of mixed PD signals produced by multiple insulation defects in GIS[J]. IEEE Transactions on Power Delivery, 2010, 25(1): 170-176.

[4] Doron E, Yeredor A. Asymptotically optimal blind separation of parametric Gaussian sources[C]. International Conference on Independent Component Analysis and Signal Separation, Berlin, 2004.

[5] Sorenson H W. Parameter Estimation[M]. New York: Dekker, 1980.

[6] 史习智. 盲信号处理——理论与实践[M]. 上海: 上海交通大学出版社, 2008.

[7] Cardoso J F, Souloumiac A. Jacobi angles for simultaneous diagonalization[J]. SIAM Journal Matrix Analysis and Applications, 1996, 17(1): 161-164.

[8] Belouchrani A, Abed-Meraim J, Cardoso J F, et al. A blind source separation technique using second-order statistics[J]. IEEE Transactions on Signal Processing, 1997, 45(2): 434-444.

[9] Doron E, Yeredor A. Asymptotically optimal blind separation of parametric Gaussian sources[C]. The Fifth International Workshop on Independent Component Analysis(ICA 2004), Berlin, 2004: 390-397.

[10] 张念. 盲源分离理论及其在重磁数据处理中的应用研究[D]. 武汉: 中国地质大学, 2013.

[11] 李昌利. 盲源分离的若干算法及应用研究[D]. 西安: 西安电子科技大学, 2010.

[12] 马丽艳. 卷积混合盲源分离[D]. 武汉: 中国地质大学, 2008.

[13] Mei T M, Mertins A, Yin F L, et al. Blind source separation for convolutive mixtures based on the joint diagonalization of power spectral density matrices[J]. Signal Processing, 2008, 88(8): 1990-2007.

[14] Holobar A, Ojstersek M, Zazula D. A new approach to parallel joint diagonalization of symmetric matrices[C]. IEEE Region 8 EUROCON 2003, Ljubljana, 2003: 16-20.

[15] Yeredor A. Blind separation of Gaussian sources via second-order statistics with asymptotically optimal weighting[J]. IEEE Signal Processing Letters, 2000, 7(7): 197-200.

第6章 混合PD信号卷积分离技术

实际的 GIS 设备内部独特而复杂的结构使得 PD 信号在腔体内混合传播过程中，既有能量衰减，又有传播时延，是一个多模态的信号卷积混合过程。因此，采用卷积混合模型更加符合实测混合 PD 信号的分离研究。

对于卷积混合信号进行盲源分离时，有两种处理方法(算法)[1,2]：一种是时域处理算法，另一种是频域处理算法。对于时域处理算法，当分离滤波器很长时，计算相当费时，而且有时很难得到好的分离效果，加之时域处理常用子空间方法[3]，尽管计算量较小，但当存在噪声且信噪比较低时，使用效果不佳。频域处理算法是利用时域上卷积混合与频域上瞬时混合的等价性原理，先通过傅里叶变换将混合信号分块变换到频域，然后再应用时域中处理复数信号瞬时混合的办法，在每一频点上分离混合分块信号。

6.1 卷积混合信号的盲源分离法

本书结合实测单一类型绝缘缺陷产生的 PD 信号具有长时非平稳特性以及各类绝缘缺陷单一 PD 信号有不同功率谱的特征，采用频域处理算法进行混合 PD 信号的卷积分离。首先将实测混合 PD 信号在时域空间下划分成短时平稳的子信号集合，利用 Molgedey-Schuste 相关分离算法，在时域内对子信号进行分离，然后再利用子信号包络线的相关性，在频域内对分离子信号进行重构，还原各单一类型绝缘缺陷的 PD 信号，以实现对非平稳混合 PD 信号的分离验证。

6.1.1 卷积混合信号的盲源分离时域算法

在实际环境中，传感器接收到的混合 PD 信号可以等价为含噪声的源信号与信道的冲激响应。信道的冲激响应代表了发射端与接收端之间的传递函数，并且可以近似地表达成一个 FIR 滤波器[4]。如图 6.1 所示，设有 N 个源信号 $s_n(n=1, 2,\cdots, N)$，M 个接收器，信道多径阶数为 P，则在 t 时刻，传感器上的观测信号 $x_m(t)$ 可以表示为

$$x_m(t) = \sum_{n=1}^{N} \sum_{p=0}^{P-1} h_{mn}(p) s_n(t-p) + n_m(t), \quad m = 1, 2, \cdots, M \tag{6.1}$$

式中，$h_{mn}(p)$ 表示第 n 个传感器的第 p 径信道指数；$n_m(t)$ 表示均值为 0、方差为

σ^2 的加性高斯白噪声。

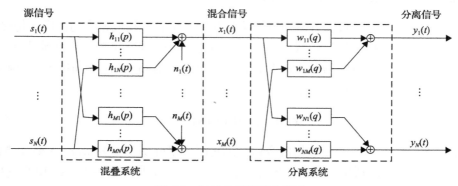

图 6.1　时域卷积瞬时化模型

然后，对观测信号 $x_m(t)$ 取长度为 L 的滑窗，第 m 路观测信号所构成 L 维观测向量可以表示为 $\boldsymbol{x}_m(t) = [x_m(t), x_m(t-1), \cdots, x_m(t-L+1)]^{\mathrm{T}}$，$m=1,2,\cdots,M$，根据式 (6.1) 所示信号模型，$\boldsymbol{x}_m(t)$ 可以表示为

$$\boldsymbol{x}_m(t) = \sum_{n=1}^{N} \boldsymbol{H}_{m,n} \boldsymbol{s}_n(t) + \boldsymbol{n}_m(t), \quad m=1,2,\cdots,M \tag{6.2}$$

$$\boldsymbol{H}_{m,n} = \begin{bmatrix} h_{mn}(0) & \cdots & h_{mn}(P-1) & \cdots & 0 \\ \vdots & & \vdots & & \vdots \\ 0 & \cdots & h_{mn}(0) & \cdots & h_{mn}(0) \end{bmatrix} \tag{6.3}$$

式中，$\boldsymbol{s}_n(t) = [s_n(t), s_n(t-1), \cdots, s_n(t-P-L+2)]^{\mathrm{T}}$，$n=1,2,\cdots,N$，表示第 n 路源信号向量；$\boldsymbol{H}_{m,n}$ 表示第 n 路源信号发送到第 m 路接收器的混叠矩阵。

构造 ML 维的数据观测矢量 $\boldsymbol{X}(t) = [\boldsymbol{x}_1^{\mathrm{T}}(t), \boldsymbol{x}_2^{\mathrm{T}}(t), \cdots, \boldsymbol{x}_M^{\mathrm{T}}(t)]^{\mathrm{T}}$，结合式 (6.1) 和式 (6.2)，可得

$$\boldsymbol{X}(t) = \boldsymbol{H}\boldsymbol{S}(t) + \boldsymbol{N}(t) \tag{6.4}$$

$$\boldsymbol{H} = \begin{bmatrix} h_{11}(n) & \cdots & h_{1L}(n) \\ \vdots & & \vdots \\ h_{M1}(n) & \cdots & h_{ML}(n) \end{bmatrix} \tag{6.5}$$

式中，$\boldsymbol{N}(t) = [\boldsymbol{n}_m(t), \boldsymbol{n}_m(t-1), \cdots, \boldsymbol{n}_m(t-P+1)]^{\mathrm{T}}$，$m=1,2,\cdots,M$；$\boldsymbol{H}$ 如式 (6.5) 所示，$n=1,2,\cdots,N$；$\boldsymbol{S}(t) = [\boldsymbol{s}_1^{\mathrm{T}}(t), \boldsymbol{s}_2^{\mathrm{T}}(t), \cdots, \boldsymbol{s}_N^{\mathrm{T}}(t)]^{\mathrm{T}}$。

卷积混合信号盲源分离模型可以近似简化为式 (6.4) 所示的瞬时混合模型。

6.1.2 卷积混合信号的盲源分离频域算法

卷积混合信号的盲源分离频域算法是利用时域卷积频域相乘的性质，把接收到的混合信号直接变换到频域去分解，然后通过短时傅里叶逆变换回到时域，最终还原出源信号。所以，由式(6.1)短时傅里叶变换(short-time Fourier transform, STFT)到频域单频点的模型为

$$Y(m,f) = W(f)X(m,f) \tag{6.6}$$

式中，$X(m,f)$ 为第 m 帧数据混合信号的短时傅里叶变换；$Y(m,f)$ 为第 m 帧数据分离信号的短时傅里叶变换；$W(f)$ 为 $w_{ij}(q)$ 的短时傅里叶变换，$f \in [1,Q]$，Q 为STFT 点数。

卷积混合信号的盲源分离问题由此转化成了频域瞬时盲源分离问题，所以式(6.6)的问题可以用复数域的瞬时盲源分离算法解决，如复数快速独立分量分析(complex fast independent component analysis, CFast ICA)算法、自适应差分进化(self-adaptive differential evolution)算法。然而，盲源分离技术存在一个关键性问题：源信号矩阵 S 与混合矩阵的逆 W 都是不确定的，故在没有先验知识的情况下，无法唯一地将两者都确定下来。于是，盲源分离就存在两种源信号不确定的情况：①幅值不确定性。对于式(6.6)，若将 W 成倍扩大，只需将 Y 扩大相同的倍数，等式仍然成立，这样 Y 就不能被唯一确定。②顺序不确定性。若将矩阵 Y 中列向的顺序置乱，只需要将矩阵 W 列向的顺序也相应置乱，式(6.6)仍然成立，这也使得 Y 无法被唯一确定。瞬时混合信号盲源分离固有的排列不确定性和输出幅值不确定性存在于各个频点，可以表示为

$$Y(m,f) = W(f)X(m,f) = \Lambda(f)D(f)S(m,f) \tag{6.7}$$

式中，$\Lambda(f)$ 为对角矩阵，表示频点 f 处的幅值不确定性问题；$D(f)$ 为置换矩阵，表示频点 f 处的排序不确定性问题。所以，在频域盲源分离算法中，关键问题是解决排序不确定性问题和幅值不确定性问题，否则将不能还原出源信号。6.3 节将详细介绍卷积盲源分离中两个不确定性问题的解决对策。

卷积混合信号的盲源分离频域算法大致分为两种：一种是在频域范围的各频点上，直接用瞬时混合信号盲源分离算法分离得到各频点的分离信号，然后对各个频点的分离信号进行排序和幅值处理，最后作为一个整体直接短时傅里叶逆变换(ISTFT)到时域，还原出源信号，其过程如图 6.2(a)所示。另一种是在频域范围的各频点上，用相应的瞬时混合信号盲源分离算法得到各频点的分离矩阵，再将分离矩阵进行排序和幅值处理，然后利用逆变换将所有频点的分离矩阵逆变换

到时域，最后与时域的混合信号进行解卷积处理，其过程如图 6.2(b) 所示。

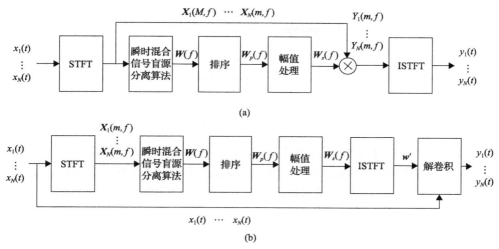

图 6.2　卷积混合信号的盲源分离频域算法框架图

6.2　非平稳混合 PD 信号特性与短时平稳划分

非平稳信号是指信号的统计特性随时间变化的随机信号，具有暂态变化的特点，其信号 $x(t)$ 的均值 $E_x(t)$ 和方差 $D_x(t)$ 为时间的函数。工程中实测到的暂态信号基本上是非平稳信号，其典型表现为有限的信号持续时间及其时变的信号波形[5]。实验采集的 PD 信号波形表明，实测混合 PD 信号也具有非平稳信号的表现特征，属于非平稳信号的范畴。

6.2.1　非平稳混合 PD 信号特性分析

为了对非平稳混合 PD 信号进行有效分离，以获得表征各绝缘缺陷类型的单一 PD 信号，必须对 UHF 混合 PD 信号的非平稳特性进行深入分析，才能找到合适的分离算法以实现混合 PD 信号的有效分离。采用 N 类和 P 类绝缘缺陷组成(组合Ⅲ)的多绝缘缺陷实验方案，在绝缘缺陷之间相对距离为 800mm 时采用外置 UHF 传感器采集实测的非平稳混合 PD 信号时域波形，如图 6.3 所示，对形成的混合 PD 信号特性进行分析。

很显然，实测混合 PD 信号也是脉冲类混合 PD 信号，用持续 2000 个采样点左右频率采样，PD 信号中有用信息都能包含在采样点内，为了尽量减小噪声干扰对混合 PD 信号分析的影响，选用混合 PD 信号中 PD 波形信号段(约 2000 个采样点)进行 UHF 混合 PD 信号的特性分析。

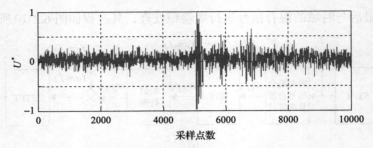

图 6.3   实测的非平稳混合 PD 信号时域波形

既然图 6.3 的混合 PD 信号采集于 N 类和 P 类组合的多绝缘缺陷，那么该混合 PD 信号与这两类绝缘缺陷各自的单一 PD 信号必然存在关联，采用时频分析对其内在联系进行分析，N 类绝缘缺陷和 P 类绝缘缺陷的 PD 信号时频等高线图如图 6.4 (a) 和 (b) 所示。

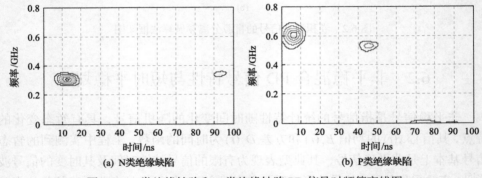

(a) N类绝缘缺陷   (b) P类绝缘缺陷

图 6.4   N 类绝缘缺陷和 P 类绝缘缺陷 PD 信号时频等高线图

观察图 6.4 中各类绝缘缺陷的等高线图，可知 N 类绝缘缺陷的单一 PD 信号频率主要分布在 0.2~0.4GHz，以 0.3GHz 为中心，而 P 类绝缘缺陷的单一 PD 信号频率主要分布在 0.4~0.8GHz，以 0.6GHz 为中心。经比较，两个不同绝缘缺陷物理模型诱发的单一 PD 信号频率分布在不同的范围，从而可知表征不同绝缘缺陷类型的单一 PD 信号有各自的或相同或不同的固有频率分布。对于这两类单一绝缘缺陷组合的多绝缘缺陷，其混合 PD 信号的频率分布如图 6.5 所示，观察比较可知，混合 PD 信号的频率分布包含了各自绝缘缺陷对应的原有单一 PD 信号的频率分布。尽管混合 PD 信号中的两个主要等高线图与对应的单个绝缘缺陷 PD 信号等高线图形状略有差别，但可以推断，多绝缘缺陷的混合 PD 信号包含各自绝缘缺陷对应单一 PD 信号的频率信息。再观察图 6.5 (a) 等高线，P 类和 N 类各自等高线的中心分别在不同的时间轴上，P 类在 10 的左边，而 N 类在 10 的右边。不同的中心坐标表明，混合 PD 信号还包含两个绝缘缺陷对应的单一 PD 信号在 GIS 内传播的相对延迟信息，这个信息由绝缘缺陷之间的相对距离决定，该信息同时也决定了混合 PD 信号的时域波形结构。总之，从混合 PD 信号的等高线图分析看出，实测混合 PD 信号不仅表现了表征多绝缘缺陷的时域波形，还包含了表征各绝缘缺陷的单一 PD 信号的频率信息和各绝缘缺陷之间的相对距离信息。

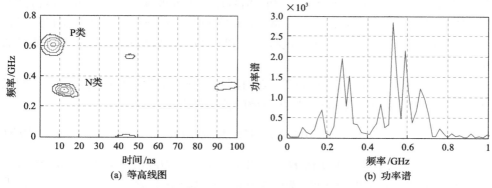

图 6.5　组合Ⅲ混合 PD 信号的时频等高线图与功率谱

观察图 6.5(b)所示的混合 PD 信号功率谱图，很显然，混合 PD 信号的频率分布在 0.15～0.8GHz 的较宽频率范围内，属于宽带信号的范畴，可以推知，实测混合 PD 信号或单一类型绝缘缺陷的 PD 信号是包含丰富频率的非平稳信号，这个连续或非连续的宽带频率分布为混合 PD 信号中的频率划分为若干不同频率的集合创造了条件，也为长时非平稳的混合 PD 信号划分为短时平稳的混合 PD 信号并进行信号分析和处理提供了内在的可能性。

6.2.2　非平稳混合 PD 信号短时平稳划分策略

为了对长时非平稳混合 PD 信号 $x(t)$ 进行有效的短时划分，把非平稳信号的研究转化为平稳信号的分析与处理，借助加窗傅里叶变换(windowed Fourier transformation，WFT)或 STFT 工具来实现。WFT 或 STFT 是分析非平稳信号时变特性的有效工具，能反映和突出信号在某一时刻 t 附近时段(短时)的信号特征，在傅里叶变换的框架内，把长时的非平稳信号划分为多个短时内平稳的子信号，其短时性通过采用窗函数对原时域内的长时非平稳信号进行定点分析来实现，再通过参数平移完成对整个信号时域的变换。非平稳混合 PD 信号 $x_i(t)$ 的离散 WFT关系如下：

$$x_i(\omega, t_s) = \sum_t e^{-j\omega t} x_i(t) h(t - t_s) \tag{6.8}$$

式中，$\omega = 0, \dfrac{1}{N}2\pi, \cdots, \dfrac{N-1}{N}2\pi$ 表示频率，N 为离散傅里叶变换点数或窗口宽度；$h(t)$ 为 Hanning 或 Kaiser 等窗函数；$t_s = 0, \Delta t, 2\Delta t, \cdots$ 为窗口位置，Δt 为移动窗口

的平移时间。

由式 (6.8) 可知，窗函数 $h(t)$ 使得对混合 PD 信号 $x_i(t)$ 的 WFT 具有了局域特性。假定在窗函数分析窗时间间隔内的混合 PD 信号为平稳信号，则通过窗函数在时间轴上的移动而使得整个混合 PD 信号逐渐进入被分析状态，就可以得到混合 PD 信号的一组局部频谱序列，从不同时刻的局部频谱差异就能分析得到混合 PD 信号的时变特性，与此同时，也将混合 PD 信号 $x_i(t)$ 从时域转换为频域的局部频谱序列。

对混合 PD 信号 $x(t)$ 进行 WFT，在时间和频率分别为 t_s 和 ω 时，单一类型绝缘缺陷的 PD 信号与混合 PD 信号在频域的关系如下：

$$x(\omega, t_s) = H(\omega)s(\omega, t_s) \tag{6.9}$$

式中，$H(\omega)$ 为时域滤波器矩阵 H 的 WFT；$s(\omega, t_s)$ 为源信号 $s(t)$ 矢量的 WFT。由式 (6.9) 可知，通过 WFT 把时域的卷积混合过程转化为频域的线性瞬时混合 (乘积) 过程，则频域的混合 PD 信号 $x(\omega, t_s)$ 就可以采用线性瞬时混合信号的分离方法进行处理。

通过对式 (6.9) 进行逆变换，就可以得到频域信号序列 $x_i(\omega, t_s)$ 对应时域的单一类型绝缘缺陷的 PD 信号，即

$$x_i(t) = \frac{1}{2\pi W(t)} \sum_{t_s} \sum_{\omega} e^{j\omega(t-t_s)} x_i(\omega, t_s) \tag{6.10}$$

式中，$W(t) = \sum_{t_s} h(t-t_s)$ 是混合 PD 信号进行 WFT 的窗函数。

通过式 (6.10) 准确逆变换得到正确的单一类型绝缘缺陷产生的 PD 信号，其前提条件是，在频域内对应于单一类型绝缘缺陷产生的 PD 信号的频域分离信号能够正确连接。然而，平稳信号分离算法导致的分离信号幅值和顺序具有不确定性，因此短时平稳混合 PD 信号在频域分离信号的幅值和顺序具有不确定性，这导致式 (6.10) 中频域分离信号正确连接较困难，因而必须分析和处理频域分离信号幅值和顺序的不确定性问题，使得分离信号在频域下可以正确对接，以重构出对应于原时域单一类型绝缘缺陷 PD 信号的 WFT。

6.3　频域内分离信号"两个不确定性"问题

短时平稳混合 PD 信号在频域内通过算法分离[6,7]，会导致分离信号的幅值和顺序出现不确定性问题，这为频域下分离单一类型绝缘缺陷产生 PD 信号的准确重构带来困难。频域分离信号的不确定幅值 (增大或减小) 会使该时段傅里叶逆变

换的时域信号波形随之变化，引起相邻时域的信号波形发生畸变，同时也会使得不同频率的频域分离信号之间产生不正确的连接；频域分离信号顺序的不确定使得分离信号在频域不能按顺序排列，从而难以实现对不同频率 PD 分离信号的正确重构。因此，必须对分离信号在频域空间解决这两个不确定性问题。

6.3.1　分离信号幅值不确定性的控制策略

时域卷积混合的长时非平稳 PD 信号，在经过 WFT 后，转换为短时平稳的频域线性瞬时关系(式(6.9))，再在频域里进行分离就是要寻找分离矩阵 $\boldsymbol{W}(\omega)$ ，使其满足

$$\boldsymbol{W}(\omega)\boldsymbol{x}(\omega,t_s) = \boldsymbol{W}(\omega)\boldsymbol{H}(\omega)\boldsymbol{s}(\omega,t_s) = \boldsymbol{PDs}(\omega,t_s) \qquad (6.11)$$

式中，$\boldsymbol{P}$ 为置换矩阵；$\boldsymbol{D}$ 为对角矩阵。矩阵 $\boldsymbol{D}$ 在对角线上的元素大小导致了混合 PD 信号在频域分离信号幅值的不确定性。为了避免幅值不确定性给后续信号处理带来困难，先不对混合 PD 信号 $\boldsymbol{x}(\omega,t_s)$ 进行分离而是进行如下分解：

$$\boldsymbol{x}(\omega,t_s) = \boldsymbol{v}_1(\omega,t_s) + \boldsymbol{v}_2(\omega,t_s) + \cdots + \boldsymbol{v}_n(\omega,t_s) \qquad (6.12)$$

式中，$\boldsymbol{v}_i(\omega,t_s)$ $(i = 1,2,\cdots,n)$ 所示的各信号分量相互独立，即表示混合 PD 信号 $\boldsymbol{x}(\omega,t_s)$ 中有 n 个相互独立的单一类型绝缘缺陷的 PD 信号。

假设混合信号已经分离，利用其分离矩阵 $\boldsymbol{W}$ 及其逆矩阵 $\boldsymbol{W}^{-1}$ (省略 ω)，则短时平稳混合 PD 信号在频域的信号矢量可以表示为

$$\begin{aligned}
\boldsymbol{x}(\omega,t_s) &= \boldsymbol{W}^{-1}\boldsymbol{W}\boldsymbol{x}(\omega,t_s) \\
&= \boldsymbol{W}^{-1}\boldsymbol{I}\boldsymbol{W}\boldsymbol{x}(\omega,t_s) \\
&= \boldsymbol{W}^{-1}(\boldsymbol{E}_1 + \boldsymbol{E}_2 + \cdots + \boldsymbol{E}_n)\boldsymbol{W}\boldsymbol{x}(\omega,t_s) \\
&= \boldsymbol{W}^{-1}\boldsymbol{E}_1\boldsymbol{W}\boldsymbol{x}(\omega,t_s) + \boldsymbol{W}^{-1}\boldsymbol{E}_1\boldsymbol{W}\boldsymbol{x}(\omega,t_s) + \cdots + \boldsymbol{W}^{-1}\boldsymbol{E}_n\boldsymbol{W}\boldsymbol{x}(\omega,t_s)
\end{aligned} \qquad (6.13)$$

式中，$\boldsymbol{I}$ 为单位矩阵，分解矩阵 $\boldsymbol{E}_i$ 表示在第 i 对角元素为 1 而其余元素为零，即满足：

$$\boldsymbol{E}_1 + \boldsymbol{E}_2 + \cdots + \boldsymbol{E}_n = \boldsymbol{I} \qquad (6.14)$$

因此，式(6.13)中的每一项可以有如下表达：

$$\boldsymbol{v}_i(\omega,t_s) = \boldsymbol{W}^{-1}(\boldsymbol{E}_i\boldsymbol{W})\boldsymbol{x}(\omega,t_s) \qquad (6.15)$$

式中，矢量 $\boldsymbol{v}_i(\omega,t_s)$ 仅包含混合信号中一个独立的源信号。

现在分析分离矩阵 $\boldsymbol{W}$ 对 $\boldsymbol{v}_i(\omega,t_s)$ 幅值大小的影响，采用任意非奇异对角矩阵

D 对 W 进行变换并代入式 (6.15)，得

$$
\begin{aligned}
v_i(\omega,t_s) = (DW)^{-1}(E_iDW)x(\omega,t_s) &= W^{-1}(D^{-1}E_iDW)x(\omega,t_s) \\
&= W^{-1}(E_iW)x(\omega,t_s) \\
&= v_i(\omega,t_s)
\end{aligned}
\tag{6.16}
$$

通过上述变换可知，分离矩阵 W 进行任意变换并没有改变 $v_i(\omega,t_s)$ 幅值，表明通过采用混合信号的分离矩阵 W 以及引入分解矩阵 E_i 就能对混合 PD 信号 $x(\omega,t_s)$ 进行适当分解，以解决分离信号幅值的不确定性问题，从而有助于非平稳混合 PD 信号在频域空间分离的单一类型绝缘缺陷产生的 PD 信号正确重构。

6.3.2　分离信号顺序不确定性的应对措施

对划分的短时平稳混合 PD 信号 $x(t_s)$，采用式 (6.10) 的变换得到频域混合 PD 信号矢量 $x(\omega,t_s)$，通过分离算法对 $x(\omega,t_s)$ 进行分离，得到在频域分离估计的单一类型绝缘缺陷的 PD 信号矢量 $\hat{s}(\omega,t_s)$。分离算法固有的分离信号顺序的不确定性，使得在频域重构信号时选择不同频率分离信号的连接顺序具有不确定性。

对于平稳信号的傅里叶变换，因不同频率的傅里叶系数间不相关，平稳信号在不同频率间不可能找到正确的连接顺序；相反，对于非平稳信号的傅里叶变换，来自同一源信号不同频率之间的傅里叶系数必有相似的幅值，应具有一定的相关性。

对估计的单一类型绝缘缺陷的 PD 信号 $\hat{s}_i(\omega,t_s)$，可表示为

$$
\hat{s}_i(\omega,t_s) = a_i(\omega,t_s)\mathrm{e}^{j\varPhi_i(\omega,t_s)}
\tag{6.17}
$$

由于信号的非平稳特性，$a_i(\omega,t_s)$ 为时间的函数，对应于信号 $\hat{s}_i(\omega,t_s)$ 的包络线。来自不同绝缘缺陷产生的单一 PD 信号而相同频率的 $\hat{s}_i(\omega,t_s)$ 和 $\hat{s}_j(\omega,t_s)$，其相互独立使得两者包络线 $a_i(\omega,t_s)$ 和 $a_j(\omega,t_s)$ 之间的相关系数为零，即

$$
\begin{aligned}
\mathrm{corr}(a_i(\omega,t_s),a_j(\omega,t_s)) &= \frac{1}{T}\sum_{s=1}^{T}a_i(\omega,t_s)a_j(\omega,t_s) - \frac{1}{T}\sum_{s=1}^{T}a_i(\omega,t_s)\frac{1}{T}\sum_{s=1}^{T}a_j(\omega,t_s) \\
&= 0,\quad i \neq j
\end{aligned}
\tag{6.18}
$$

以此类推，不同绝缘缺陷产生的单一 PD 信号，在不同频率的包络线之间的相关性也不存在，即

$$
\mathrm{corr}(a_i(\omega,t_s),a_j(\omega',t_s)) = 0
\tag{6.19}
$$

可以推断，来自同一绝缘缺陷产生的单一 PD 信号，不同频率的包络线之间

具有相关性，即

$$\mathrm{corr}(a_i(\omega, t_s), a_i(\omega', t_s)) \neq 0 \tag{6.20}$$

因此，可以定义来自同一绝缘缺陷产生的单一 PD 信号的不同频率分离信号 $\hat{s}_i(\omega, t_s)$ 和 $\hat{s}_j(\omega, t_s)$ 的包络线 $a_i(\omega, t_s)$ 和 $a_j(\omega', t_s)$ 之间的相关系数，作为选择不同频率分离信号之间正确连接顺序的依据，即包络线相关性判据：

$$r(a_i(\omega, t_s), a_j(\omega', t_s)) = \frac{\mathrm{corr}(a_i(\omega, t_s), a_j(\omega', t_s))}{\sqrt{\mathrm{corr}(a_i(\omega, t_s), a_i(\omega', t_s))\mathrm{corr}(a_j(\omega, t_s), a_j(\omega', t_s))}} \tag{6.21}$$

通过对相关系数 $r(a_i(\omega, t_s), a_j(\omega', t_s))$ 的判断，就可以对在频域不同频率的分离信号进行正确连接。

6.3.3　频域分离单一 PD 信号的重构实现

对混合 PD 信号 $x(t)$ 进行 WFT 得到频域的 $\boldsymbol{x}(\omega, t_s)$，针对每一频率 ω 进行分离，得到分离矩阵 $\boldsymbol{W}(\omega)$，则在频域的混合 PD 信号分离估计记为

$$\hat{\boldsymbol{u}}(\omega, t_s) = \boldsymbol{W}(\omega)\boldsymbol{x}(\omega, t_s) \tag{6.22}$$

式中，$\boldsymbol{x}(\omega, t_s)$ 为复数，故必须采用埃尔米特矩阵和酉矩阵分别代替分解算法中的对称矩阵和正交矩阵进行计算。

根据式(6.15)对 $\boldsymbol{x}(\omega, t_s)$ 进行分解，可得第 i 个独立分量幅值为

$$\hat{\boldsymbol{v}}(\omega, t_s; i) = \boldsymbol{W}^{-1}(\omega)\boldsymbol{E}_i\boldsymbol{W}(\omega)\boldsymbol{x}(\omega, t_s) = \boldsymbol{W}^{-1}(\omega)\begin{bmatrix} 0 & \cdots & \hat{u}_i(\omega, t_s) & \cdots & 0 \end{bmatrix}^{\mathrm{T}} \tag{6.23}$$

式中，$\hat{u}_i(\omega, t_s)$ 为矢量 $\hat{\boldsymbol{u}}(\omega, t_s)$ 中的第 i 个独立分量，i 为频率 ω 的函数。这样就保持了在频率 ω 时混合 PD 信号的分离信号 $\hat{\boldsymbol{u}}(\omega, t_s)$ 中第 i 个独立分量的幅值。

根据包络线的相关性判据，对频域分离的单一类型绝缘缺陷的 PD 信号进行分离信号顺序的置换，以便按照正确的频率顺序进行分离信号的连接。频域分离信号包络线的估计计算，采用滑动均值算子 $\varepsilon\hat{v}(\omega, t_s; i)$ 表示，定义为

$$\varepsilon\hat{v}(\omega, t_s; i) = \frac{1}{2m+1}\sum_{t_s'=t_s-m}^{t_s+m}\sum_{j=1}^{n}\left|\hat{v}_j(\omega, t_s'; i)\right| \tag{6.24}$$

式中，m 为一个正常数；$\hat{v}_j(\omega, t_s; i)$ 为 $\hat{v}(\omega, t_s; i)$ 第 j 点的值。

按照分离信号包络线之间的相关性，实现分离信号正确连接的步骤[8]。

(1)按照独立分量之间的相关系数和从小到大排序，找到最小相关系数和对应的频率 ω_1。对频率 ω 的相关系数之和定义为

$$R(\omega) = \sum_{i \neq j} r(\varepsilon \hat{v}(\omega, t_s; i), \varepsilon \hat{v}(\omega, t_s; j)) \tag{6.25}$$

对不同频率按照相关系数之和从小到大排序:

$$R(\omega_1) \leqslant R(\omega_2) \leqslant \cdots \leqslant R(\omega_N) \tag{6.26}$$

通过这个排序确定信号重构的最初频率 ω_1。

(2)对于 ω_1,赋值:

$$\hat{y}(\omega_1, t_s; i) = \hat{v}(\omega_1, t_s; i), \quad i = 1, 2, \cdots, n \tag{6.27}$$

这样确定了最小频率对应的源信号频域分离估计信号。

(3)对于 ω_k,寻找置换 $\sigma(i)$,使得 ω_k 分离信号的包络线与前 ω_1 至 ω_{k-1} 分离信号包络线之间的相关性最大,即

$$R_{\max} = \max \left\{ \sum_{i=1}^{n} r(\varepsilon \hat{v}(\omega_k, t_s, \sigma(i)), \sum_{j=1}^{k-1} \varepsilon \hat{y}(\omega_j, t_s, i) \right\} \tag{6.28}$$

根据 $R_{\max}$ 确定 ω_k,然后赋值:

$$\hat{y}(\omega_k, t_s; i) = \hat{v}(\omega_k, t_s; \sigma(i)) \tag{6.29}$$

式中, $\sigma(i)$ 表示 $i = 1, 2, \cdots, n$ 的所有可能置换。对所有的频率,重复该步骤,就解决了信号重构时排列顺序的不确定性问题,得到单一类型绝缘缺陷 PD 信号的频域估计:

$$\hat{y}(\omega, t_s; i) = \hat{y}(\omega_k, t_s; i), \quad k = 1, 2, \cdots, N \tag{6.30}$$

采用式(6.10)对 $\hat{y}(\omega, t_s; i)$ 变换就能得到各分离估计的时域源信号:

$$y(t; i) = \frac{1}{2\pi W(t)} \sum_{t_s} \sum_{\omega} \hat{y}(\omega, t_s; i) e^{j\omega(t-t_s)} \tag{6.31}$$

式中, $W(t) = \sum_{t_s} w(t - t_s)$,表示所采用窗函数; $i = 1, 2, \cdots, n$ 为分离的源信号个数。

6.4 模拟混合 PD 信号的分离

对四种典型绝缘缺陷分别进行两两组合,构造四个模拟绝缘缺陷型组合,即组合Ⅰ(N 类绝缘缺陷和 M 类绝缘缺陷)、组合Ⅱ(P 类绝缘缺陷和 G 类绝缘缺

陷）、组合Ⅲ（N 类绝缘缺陷和 P 类绝缘缺陷）和组合Ⅳ（M 类绝缘缺陷和 G 类绝缘缺陷）。将采集到的四种单一类型绝缘缺陷 PD 信号，按照上述组合通过卷积混合矩阵 $\boldsymbol{H}$ 构造模拟的混合 PD 信号，再通过上述分离算法对模拟的混合 PD 信号进行分离和分析研究。

6.4.1　卷积构造模拟混合 PD 信号

根据 PD 信号卷积混合模型（4.14），分别构造出四个组合混合 PD 信号。作为卷积混合信号分离的理论研究，考虑两种情况：①各组合的两绝缘缺陷之间相对距离 $d=0$m（$S_d=0$）；②各组合的两绝缘缺陷之间相对距离 $d=3$m（$S_d=200$）。由于单一类型绝缘缺陷 PD 信号从各自的绝缘缺陷位置经各自不同的信号传播通道到达传感器，则对应的 FIR 滤波器不同。为了不失一般性，这里任意设置各自的 FIR 滤波器系数[8]。对于情况①，由于单一类型绝缘缺陷的 PD 信号到达同一天线传感器的传播延迟相同，故 FIR 滤波器的阶数相同。对于情况②，考虑到滤波器阶数设置有限，故采用调整单一类型绝缘缺陷的 PD 信号位置以满足相对距离的传播延迟，但仍采用与情况①相同的卷积混合滤波器矩阵构造混合 PD 信号，以研究绝缘缺陷间不同相对距离的卷积混合信号分离效果。两种情况卷积混合滤波器矩阵 $\boldsymbol{H}$ 的各滤波器系数如下：

$$h_{11} = \{0.8, 0.7, 0.4, 0.3, 0.25, 0.2, 0.15, 0.1, 0.05\}, \quad h_{12} = \{0.6, 0.5, 0.5, 0.4, 0.35, 0.2, 0.25, 0.15, 0.1\}$$

$$h_{21} = \{0.6, 0.5, 0.4, 0.4, 0.35, 0.3, 0.25, 0.15, 0.1\}, \quad h_{22} = \{0.9, 0.8, 0.6, 0.4, 0.35, 0.3, 0.25, 0.1, 0.05\}$$

采用上述线性相位滤波器构造的混合 PD 信号，由于其滤波器的阶数均为 8，故滤波后产生的 PD 信号波形相位延迟为 4 个采样点。对应情况①，相同的相位延迟对混合 PD 信号波形没有任何改变，能很理想地构造无相对距离的多绝缘缺陷情况。对应情况②，由于仅有 4 个采样点的滞后不可能构成相对延迟为 200 个采样点的混合 PD 信号，如果通过滤波器延迟来实现 200 个采样点的相对延迟，则需要 400 阶的滤波器。模拟构造产生这样相对延迟的混合 PD 信号很难实现，故通过调整单一类型绝缘缺陷的 PD 信号波形之间的相对延迟并采用同样的混合矩阵来构造绝缘缺陷之间距离较长的情形，仅仅作为非平稳混合 PD 信号分离的理论分析研究是符合要求的。

以对多绝缘缺陷的组合Ⅱ（P 类绝缘缺陷和 G 类绝缘缺陷）为代表，采用上述滤波器混合矩阵，在 $S_d=0$ 时的卷积混合 PD 信号如图 6.6 所示，在 $S_d=200$ 时的卷积混合 PD 信号如图 6.7 所示。采用相同办法可以得到其他 3 个组合的混合 PD 信号，其如下分析结论都与组合Ⅱ相似，不再给出对应的卷积混合 PD 信号图。

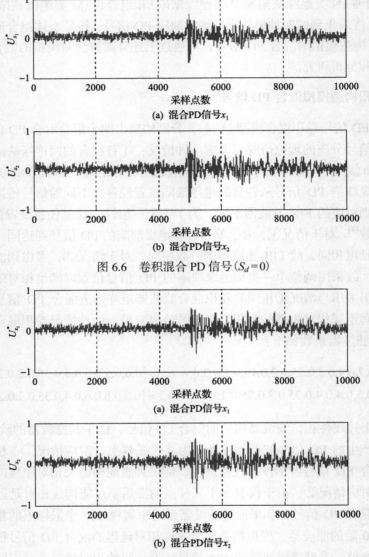

图 6.6　卷积混合 PD 信号$(S_d=0)$

图 6.7　卷积混合 PD 信号$(S_d=200)$

比较图 6.6 和图 6.7 中两种不同情况下的混合 PD 信号波形。对在 $S_d=0$ 时图 6.6 中的波形，似乎两个混合 PD 信号的波形仅仅呈现出了 G 类绝缘缺陷的 PD 信号波形特征，而 P 类绝缘缺陷的 PD 信号似乎被"吞噬"而不存在。如果不进行混合信号的分离，仅仅采用这样的混合 PD 信号作为绝缘缺陷判断的依据，必定会丢失另一个潜在的绝缘故障。再比较图 6.7 中的混合 PD 信号，混合 PD 信号 x_2

没有明确的绝缘缺陷特征波形，这也不能准确判断绝缘缺陷类型。因此，通过卷积混合后，单一类型绝缘缺陷的 PD 信号波形失真明显，基本看不出原有的波形特征，如果作为 GIS 内绝缘缺陷判断的依据，必然会得出错误结论，故必须对混合 PD 信号进行分离以还原单一的 PD 源信号。

6.4.2　混合 PD 信号的分离

用卷积混合信号分离算法分别对上述两种情况下构造的混合 PD 信号进行分离，在 $S_d=0$ 时绝缘缺陷组合 Ⅱ（P 类绝缘缺陷和 G 类绝缘缺陷）所分离出的单一类型绝缘缺陷的 PD 信号如图 6.8（a）所示。比较混合 PD 信号与分离后的单一类型绝缘缺陷的 PD 信号的波形特征，可以明显看出分离前后的波形差异，初步说明分离算法对混合 PD 信号产生了分离效果。观察分离的单一类型绝缘缺陷 PD 信号，PD 特征波形被噪声信号严重干扰，因此采用小波变换进行去噪处理（选择小波的类型以及降噪阈值方法全书相同），降噪后的分离单一类型绝缘缺陷 PD 信号如图 6.8（b）所示，可以明显观察到表征绝缘缺陷的 PD 信号特征波形突显。为了定量评价分离所得的单一类型绝缘缺陷的 PD 信号波形，采用波形相似系数评价分离所得单一类型绝缘缺陷的 PD 信号与单绝缘缺陷时所采集的单一类型绝缘缺陷的 PD 信号的差异。在 $S_d=0$ 情况下的四个组合混合 PD 信号分离前后的波形相似系数见表 6.1。

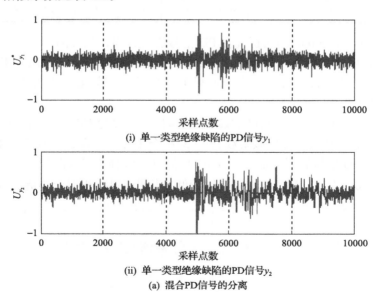

(i) 单一类型绝缘缺陷的PD信号y_1

(ii) 单一类型绝缘缺陷的PD信号y_2

(a) 混合PD信号的分离

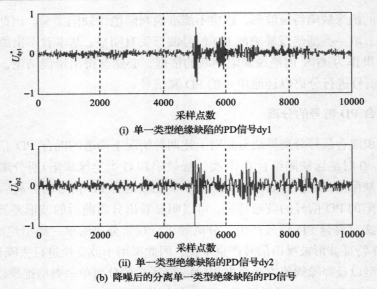

(i) 单一类型绝缘缺陷的PD信号dy1

(ii) 单一类型绝缘缺陷的PD信号dy2

(b) 降噪后的分离单一类型绝缘缺陷的PD信号

图 6.8　卷积混合 PD 信号的分离与降噪 $(S_d=0)$

表 6.1　卷积分离效果评价指标 $(S_d=0)$

绝缘缺陷组合	I		II		III		IV	
绝缘缺陷类型	N	M	P	G	N	P	M	G
波形相似系数 (η)	0.63	0.71	0.83	0.95	0.97	0.84	0.57	0.62

同样，对 $S_d=200$ 时的卷积混合 PD 信号进行分离，其分离的单一类型绝缘缺陷的 PD 信号见图 6.9(a)，降噪后的 PD 信号如图 6.9(b) 所示。对四个组合的混合 PD 信号分离与降噪，定量评价分离所得单一类型绝缘缺陷的 PD 信号的波形相似系数，见表 6.2。

分析表 6.1 中不同组合在绝缘缺陷之间相对距离为零时，分离前后单一类型绝缘缺陷 PD 信号的波形相似系数 (η)。对组合 I 和组合 IV，只有组合 I 中 M 类绝缘缺陷的 PD 信号波形相似系数在 0.71，而其他两种绝缘缺陷的 PD 信号波形相似系数仅在 0.6 左右，波形相似系数比较低，表明通过卷积混合构造的混合 PD 信

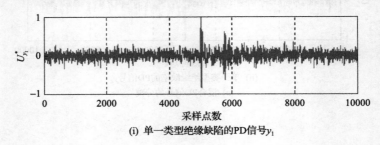

(i) 单一类型绝缘缺陷的PD信号 y_1

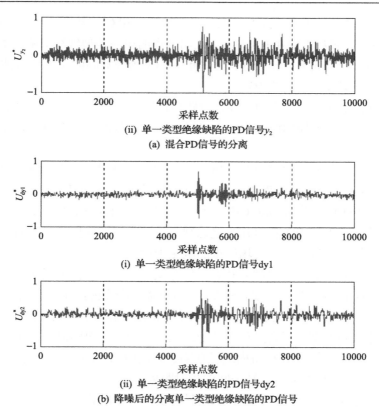

(ii) 单一类型绝缘缺陷的PD信号y_2

(a) 混合PD信号的分离

(i) 单一类型绝缘缺陷的PD信号dy1

(ii) 单一类型绝缘缺陷的PD信号dy2

(b) 降噪后的分离单一类型绝缘缺陷的PD信号

图 6.9　卷积混合 PD 信号的分离与降噪（S_d=200）

表 6.2　卷积分离效果评价指标（S_d=200）

绝缘缺陷组合	I		II		III		IV	
绝缘缺陷类型	N	M	P	G	N	P	M	G
波形相似系数（η）	0.91	0.89	0.81	0.94	0.93	0.87	0.90	0.85

号分离所得单一类型绝缘缺陷的 PD 信号波形的畸变程度较大，这不利于绝缘缺陷的模式识别。这两个组合的分离效果与通过线性瞬时混合的混合 PD 信号分离的情形一致，波形相似系数都比较低。

再分析组合 II 和组合 III 的分离效果，两个组合中 P 类绝缘缺陷的波形相似系数分别为 0.83 和 0.84，而 G 类和 N 类都高达 0.9 以上，分别为 0.95 和 0.97。这表明分离所得的单一类型绝缘缺陷的 PD 信号波形畸变程度较小，G 类绝缘缺陷和 N 类绝缘缺陷基本没有波形畸变，意味着卷积混合 PD 信号的分离是成功的，其分离的单一类型绝缘缺陷的 PD 信号完全可以用于绝缘缺陷的模式识别。

对于表 6.2 的波形相似系数，四个组合缺陷在相对距离为 3m(S_d=200)时的值都在 0.8 以上，多数集中在 0.9 左右，表明分离的单一类型绝缘缺陷的 PD 信号波形畸变较小，分离效果都比较好，这些单一类型绝缘缺陷的 PD 信号波形可以用于潜在绝缘缺陷故障的模式识别。

对比分析上述四个组合缺陷在两种距离情况下卷积混合 PD 信号的分离，将导致不同分离效果的原因归结为：①绝缘缺陷间相对距离；②构造混合 PD 信号的绝缘缺陷类型。

通过 GIS 设备内两种构造混合 PD 信号的混合过程假设(线性瞬时混合和线性卷积混合)得到的分析结论表明，在 GIS 内多绝缘缺陷情况下通过外置 UHF 天线检测的混合 PD 信号分析判断 GIS 的绝缘状况，采用分离混合 PD 信号还原单一类型绝缘缺陷产生的 PD 信号作为绝缘缺陷类型辨识的依据是可行的。然而，运行设备绝缘缺陷的复杂性、现场严重的电磁干扰以及信号检测传感器性能等外在客观因素会影响 GIS 多绝缘缺陷状态下绝缘缺陷的辨识，作为反映多绝缘缺陷状况的混合 PD 信号，对其有效分析处理也是提高绝缘缺陷辨识率的重要途径。采用混合信号盲源分离算法表明，影响分离效果的因素除了分离算法本身外，GIS 设备内绝缘缺陷类型、混合过程以及绝缘缺陷之间的相对距离也是重要的影响因素。因此，对既定的 GIS 设备内绝缘缺陷状态或检测到的混合 PD 信号，应从分离算法、多绝缘缺陷类型以及缺陷间的相对距离等多方面因素综合考虑分离效果，以提高对绝缘缺陷类型的辨识率，从而最终实现对 GIS 设备内潜在的多绝缘缺陷故障的有效排查。

6.5　实测混合 PD 信号的分离

6.5.1　实测混合 PD 信号的二阶统计量分离

本节通过对实测混合 PD 信号的分离，来说明前面介绍的混合 PD 信号分离算法的有效性。图 6.10 为采集到的四个组合混合 PD 信号，通过观察这四个组合混合 PD 信号可以发现，不同组合绝缘缺陷类型的混合 PD 信号波形特征各不相同，每个组合的两类混合 PD 信号波形有些近似，每一混合 PD 信号都与对应的单一类型绝缘缺陷的 PD 信号波形不同。这些特点表明，不同绝缘缺陷类型的组合所诱发的混合 PD 信号都具有自己的波形特征，而且各组合间的混合 PD 信号波形差异较大，也正是这些波形差异说明检测传感器的位置不同，同时也决定了混合 PD 信号的可分离性。

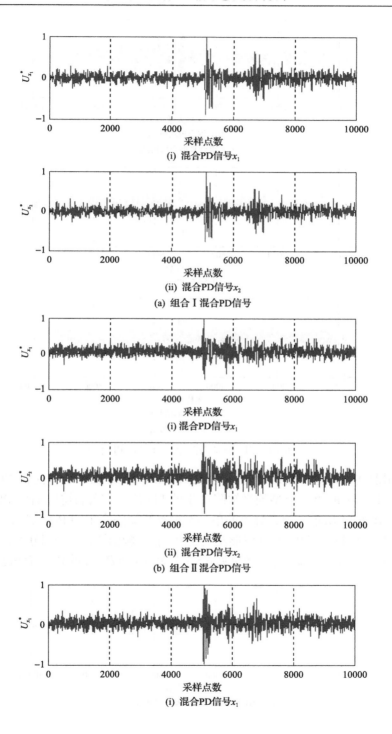

(i) 混合PD信号x_1

(ii) 混合PD信号x_2

(a) 组合 I 混合PD信号

(i) 混合PD信号x_1

(ii) 混合PD信号x_2

(b) 组合 II 混合PD信号

(i) 混合PD信号x_1

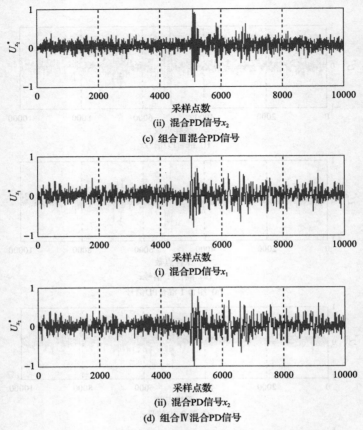

(ii) 混合PD信号x_2

(c) 组合Ⅲ混合PD信号

(i) 混合PD信号x_1

(ii) 混合PD信号x_2

(d) 组合Ⅳ混合PD信号

图 6.10　GIS 模型内四个组合混合 PD 信号

采用前述的改进二阶统计量分离算法对图 6.10 中四个组合混合 PD 信号进行分离，其分离的单一类型绝缘缺陷产生的 PD 信号和各自降噪后的 PD 信号如图 6.11～图 6.14 所示。观察分离的单一类型绝缘缺陷产生的 PD 信号，与对应的混合 PD 信号比较，其 PD 特征波形发生变化，信号幅值增大，表明分离算法对混合 PD 信号进行了有效分离。分离效果见 6.5.3 节表 6.3 和表 6.4 的分离算法比较评价。

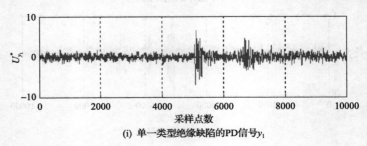

(i) 单一类型绝缘缺陷的PD信号y_1

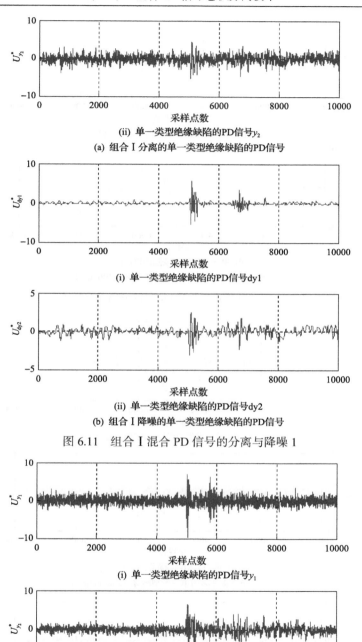

(ii) 单一类型绝缘缺陷的PD信号y_2

(a) 组合 I 分离的单一类型绝缘缺陷的PD信号

(i) 单一类型绝缘缺陷的PD信号dy1

(ii) 单一类型绝缘缺陷的PD信号dy2

(b) 组合 I 降噪的单一类型绝缘缺陷的PD信号

图 6.11　组合 I 混合 PD 信号的分离与降噪 1

(i) 单一类型绝缘缺陷的PD信号y_1

(ii) 单一类型绝缘缺陷的PD信号y_2

(a) 组合 II 分离的单一类型绝缘缺陷的PD信号

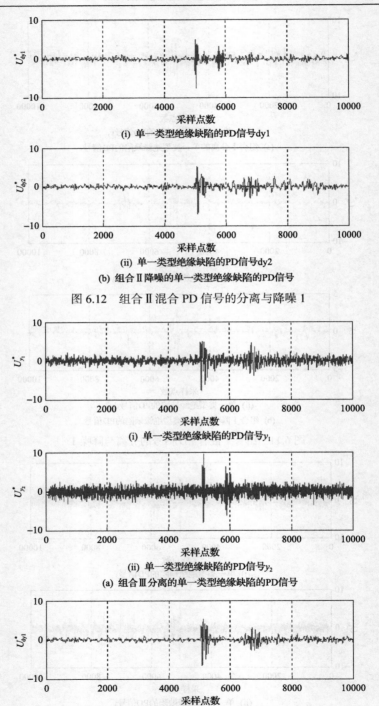

(i) 单一类型绝缘缺陷的PD信号dy1

(ii) 单一类型绝缘缺陷的PD信号dy2

(b) 组合Ⅱ降噪的单一类型绝缘缺陷的PD信号

图 6.12　组合Ⅱ混合 PD 信号的分离与降噪 1

(i) 单一类型绝缘缺陷的PD信号y_1

(ii) 单一类型绝缘缺陷的PD信号y_2

(a) 组合Ⅲ分离的单一类型绝缘缺陷的PD信号

(i) 单一类型绝缘缺陷的PD信号dy1

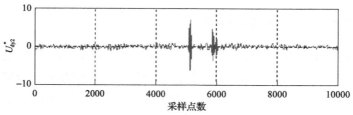

(ii) 单一类型绝缘缺陷的PD信号dy2

(b) 组合Ⅲ降噪的单一类型绝缘缺陷的PD信号

图 6.13 组合Ⅲ混合 PD 信号的分离与降噪 1

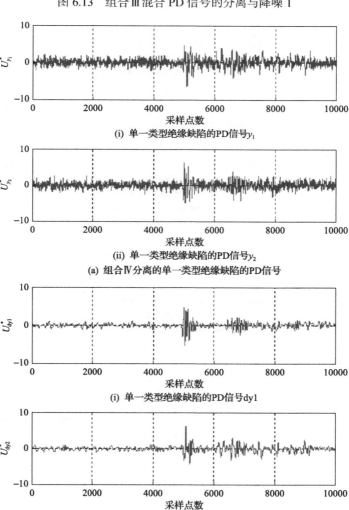

(i) 单一类型绝缘缺陷的PD信号y_1

(ii) 单一类型绝缘缺陷的PD信号y_2

(a) 组合Ⅳ分离的单一类型绝缘缺陷的PD信号

(i) 单一类型绝缘缺陷的PD信号dy1

(ii) 单一类型绝缘缺陷的PD信号dy2

(b) 组合Ⅳ降噪的单一类型绝缘缺陷的PD信号

图 6.14 组合Ⅳ混合 PD 信号的分离与降噪 1

6.5.2 实测混合 PD 信号的卷积分离

同样采用前面介绍的卷积混合分离算法, 对四个组合实测混合 PD 信号 (图 6.10) 进行分离, 分离时采用的参数设置与模拟混合信号分离时相同, 分离后的单一类型绝缘缺陷产生的 PD 信号及其降噪信号分别如图 6.15～图 6.18 所示。

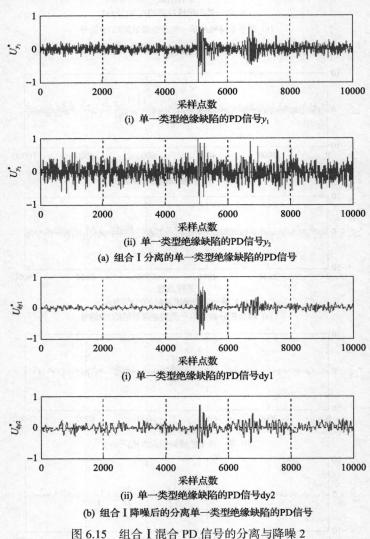

(i) 单一类型绝缘缺陷的PD信号y_1

(ii) 单一类型绝缘缺陷的PD信号y_2

(a) 组合 I 分离的单一类型绝缘缺陷的PD信号

(i) 单一类型绝缘缺陷的PD信号dy1

(ii) 单一类型绝缘缺陷的PD信号dy2

(b) 组合 I 降噪后的分离单一类型绝缘缺陷的PD信号

图 6.15 组合 I 混合 PD 信号的分离与降噪 2

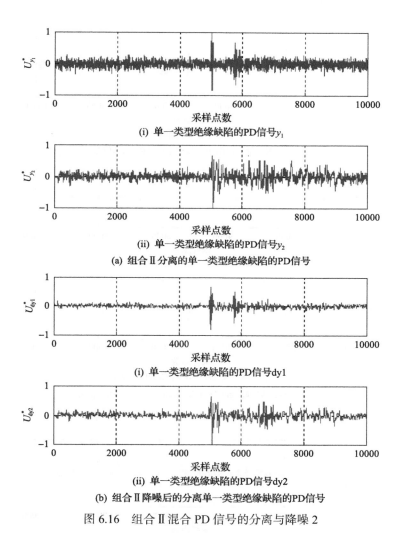

(i) 单一类型绝缘缺陷的PD信号y_1

(ii) 单一类型绝缘缺陷的PD信号y_2

(a) 组合Ⅱ分离的单一类型绝缘缺陷的PD信号

(i) 单一类型绝缘缺陷的PD信号dy1

(ii) 单一类型绝缘缺陷的PD信号dy2

(b) 组合Ⅱ降噪后的分离单一类型绝缘缺陷的PD信号

图 6.16　组合Ⅱ混合 PD 信号的分离与降噪 2

(i) 单一类型绝缘缺陷的PD信号y_1

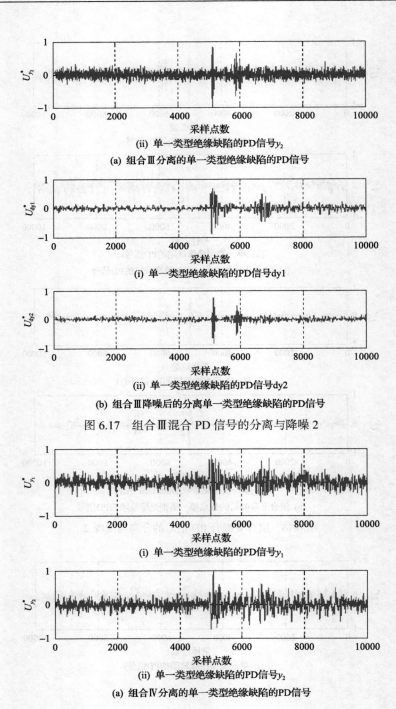

(ii) 单一类型绝缘缺陷的PD信号y_2

(a) 组合Ⅲ分离的单一类型绝缘缺陷的PD信号

(i) 单一类型绝缘缺陷的PD信号dy1

(ii) 单一类型绝缘缺陷的PD信号dy2

(b) 组合Ⅲ降噪后的分离单一类型绝缘缺陷的PD信号

图 6.17 组合Ⅲ混合 PD 信号的分离与降噪 2

(i) 单一类型绝缘缺陷的PD信号y_1

(ii) 单一类型绝缘缺陷的PD信号y_2

(a) 组合Ⅳ分离的单一类型绝缘缺陷的PD信号

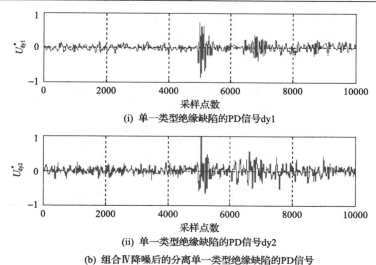

(i) 单一类型绝缘缺陷的 PD 信号 dy1

(ii) 单一类型绝缘缺陷的 PD 信号 dy2

(b) 组合 Ⅳ 降噪后的分离单一类型绝缘缺陷的 PD 信号

图 6.18　组合 Ⅳ 混合 PD 信号的分离与降噪 2

　　观察分离后的单一类型绝缘缺陷产生的 PD 信号，如图 6.15(a)、图 6.16(a)、图 6.17(a)、图 6.18(a)所示，与对应混合 PD 信号比较，其 PD 特征波形发生变化，表明分离算法对混合 PD 信号进行了有效分离。但是，分离信号的幅值没有发生变化，表明卷积分离算法对分离信号幅值约束起到了突出的作用，由此表明，卷积分离算法对分离单一信号幅值不确定性问题得到有效解决。

　　分离的单一类型绝缘缺陷产生的 PD 信号仍然受到噪声的干扰，同样采用小波变换对各分离的单一类型绝缘缺陷产生的 PD 信号进行降噪，降噪后的单一类型绝缘缺陷的 PD 信号如图 6.15(b)、图 6.16(b)、图 6.17(b)、图 6.18(b)所示。对信号分离效果评价见 6.5.3 节表 6.3 和表 6.4 的分离算法比较评价。

6.5.3　两种分离算法效果比较

　　对四个组合实测混合 PD 信号采用两种算法进行分离，各组合分离所得的单一类型绝缘缺陷产生的 PD 信号如图 6.11～图 6.18 所示。观察这些分离的单一类型绝缘缺陷产生的 PD 信号，表征各绝缘缺陷产生的 PD 波形特征已经从各组合的混合 PD 信号中分离出来，各组合分离出来的相同类型绝缘缺陷对应的 PD 信号比较相似。很显然，这些分离的单一类型绝缘缺陷产生的 PD 信号仍有较重的噪声干扰信号，PD 信号源信号波形特征的分辨率较低。因此，采用对每组组合分离的单一类型绝缘缺陷产生的 PD 信号降噪后进行分析和比较。

　　获取单一类型绝缘缺陷产生的 PD 信号波形特征是绝缘缺陷辨识的首要前提，考察分离算法对分离单一信号的波形畸变程度是对分离算法分离效果的直接评价。因而，此处采用相关系数来分别评价各组合通过不同分离算法分离出的单一类型绝缘缺陷产生的PD信号与对应的各单一类型绝缘缺陷获得PD信号之间的差异性。改进的二阶统计量分离算法对应的相关系数评价见表6.3，卷积混合分离算法对应的相关系数评价见表6.4。

表 6.3　改进二阶统计量分离算法的相关系数（d=800mm）

绝缘缺陷组合	I				II	III		IV
绝缘缺陷类型	N	M	P	G	N	P	M	G
相关系数（η_1）	0.75	0.71	0.67	0.80	0.73	0.65	0.72	0.81

表 6.4　卷积混合分离算法的相关系数（d=800mm）

绝缘缺陷组合	I				II	III		IV
绝缘缺陷类型	N	M	P	G	N	P	M	G
相关系数（η_2）	0.81	0.75	0.69	0.86	0.83	0.71	0.80	0.85

观察表 6.3 中各组合对应的相关系数都比较低，各组合中只有 G 类绝缘缺陷相关系数达到 0.8，其余类绝缘缺陷相关系数都在 0.8 以下，集中在 0.7 左右，表明实测混合 PD 信号在改进二阶统计量分离算法下分离的效果不太理想。

再观察表 6.4，组合 II 和组合 III 中的 P 类绝缘缺陷的相关系数在 0.7 左右，其值偏低，观察该类型的波形发现，表征 P 类绝缘缺陷的特征波形很窄，这可能是相关系数较低的一个原因，其次就是分离算法对实测混合 PD 信号未实现完全分离作用。然而，其他组合不同绝缘缺陷类型的相似系数都为 0.75～0.86，多数集中在 0.8。结合相关系数值以及观察分离实测混合 PD 信号对应的各类型绝缘缺陷的特征波形，从 GIS 模型获得多绝缘缺陷混合 PD 信号中分离所得的 PD 源信号，其特征波形基本能表征对应的绝缘缺陷类型。

然而，从四个组合实测混合 PD 信号的所有相关系数值可以推知所有组合的分离效果不是太理想，分析其原因大致如下：①混合 PD 信号中噪声干扰信号的影响。信号测量中不可避免的干扰噪声信号使得短时平稳 PD 信号在频域的分离不充分从而导致信号的分离效果不是最佳，因此，改进混合 PD 信号在短时平稳混合信号分离阶段的分离算法性能以及尽量抑制混合 PD 信号中的噪声干扰为可取措施。②绝缘缺陷之间相对距离的影响。由于 GIS 模型的限制，实测混合 PD 信号的相应绝缘缺陷之间的相对距离仅为 800mm，这个分析结果与前面的结论一致，相对距离越大，分离效果必然越好。③分离算法的影响。通过上述两种分离算法的分离效果比较，分离算法对分离后的单一类型绝缘缺陷的 PD 信号的波形畸变程度具有一定的影响。因此，应针对不同的混合信号选择合适的分离算法。对本书采用的混合 PD 信号而言，卷积分离算法相对比较合适，其主要原因在于分离算法本身考虑到了 PD 信号的传播延迟以及分离过程中的信号幅值衰减；反之，同样证实了 GIS 设备内 PD 信号混合过程的卷积混合特性。

参 考 文 献

[1] Hyvärinen A, Karhunen J, Oja E. Independent Component Analysis[M]. New York: John Wiley & Sons, 2001.

[2] Ohata M, Matsuoka K, Mukai T. An adaptive blind separation method using para-Hermitian whitening filter for convolutively mixed signals[J]. Signal Processing, 2007, 87(1): 33-50.

[3] Mansour A, Jutten C, Loubaton P. Adaptive subspace algorithm for blind separation of independent sources in convolutive mixture[J]. IEEE Transactions on Signal Processing, 2000, 48(2): 583-586.

[4] 欧旭东. 语音信号的卷积盲源分离算法研究[D]. 重庆: 重庆邮电大学, 2016.

[5] 葛哲学, 陈仲生. Matlab 时频分析技术及其应用[M]. 北京: 人民邮电出版社, 2006.

[6] Molgedey L, Schuster H G. Separation of a mixture of independent signals using time delayed correlations[J]. Physical Review Letters, 1994, 72(23): 3634.

[7] Fety L, van Uffelen J P. New methods for signal separation[C]. 1988 Fourth International Conference on HF Radio Systems and Techniques, London, 1988: 226-230.

[8] 李伟. GIS 内多绝缘缺陷产生混合局部放电信号的分离研究[D]. 重庆: 重庆大学, 2010.

第7章 PD特征参数与特征提取

在 PD 模式识别中，由于图像或者波形所获得的数据量是相当大的，如果直接对放电模式进行识别，将是很困难的。为了有效地实现分类识别，需要对原始数据进行变换，得到最能反映分类本质的特征，这就是特征提取。一般把原始数据组成的空间称为测量空间，把分类识别赖以进行的空间称为特征空间，通过数据变换，可把在维数较高的测量空间中表示的模式变为维数较低的特征空间中表示的模式[1,2]。

7.1 PD 模式识别常见特征参数及变化趋势分析

目前，PD 模式特征提取常用的方法主要有统计特征参数法、图像矩特征参数法、分形特征参数法、波形特征参数法以及小波特征参数法等，下面分别加以介绍。

7.1.1 统计特征参数

针对相位分析局部放电(phase resolved partial discharge，PRPD)模式，统计算子分为两类：一类是描述 φ-q 和 φ-n 谱图的形状差异，包括偏斜度 Sk、陡峭度 Ku 和局部峰点数 P_e；另一类是描述 φ-q 谱图正负半周的轮廓差异，包括互相关系数 cc、放电量因数 Q、相位不对称度 $\varPhi$ 以及修正的互相关系数 mcc。

1. φ-q、φ-n 谱图的形状差异特征

1)偏斜度 Sk

偏斜度 Sk 反映了谱图形状相对于正态分布的左右偏斜情况，即如果 Sk=0，则说明该谱图形状左右对称；如果 Sk>0，则说明谱图形状相对于正态分布形状向左偏；如果 Sk<0，则说明谱图形状相对于正态分布形状向右偏。偏斜度 Sk 的数学定义为

$$\text{Sk} = \frac{\sum_{i=1}^{W}(x_i - \mu)^3 \cdot p_i \Delta x}{\sigma^3} \tag{7.1}$$

式中，W 是半周期内的相窗数；x_i 是第 i 个相窗的相位；Δx 是相窗宽度。p_i、μ 和 σ 是把谱图看成概率密度分布图，以 φ_i 为随机变量时，相窗 i 内的事件出现的概率、均值和标准差。

2）陡峭度 Ku

陡峭度 Ku 用于描述某种形状的分布对比于正态分布形状的突起程度，即如果 Ku 等于 0，则说明谱图轮廓是标准的正态分布；如果 Ku>0，则说明该谱图轮廓比正态分布轮廓尖锐陡峭；如果 Ku<0，则说明该谱图轮廓比正态分布轮廓平坦。陡峭度 Ku 的数学定义为

$$Ku = \frac{\sum_{i=1}^{W}(x_i - \mu)^4 \cdot p_i \Delta x}{\sigma^4} - 3 \tag{7.2}$$

式中，各量定义均与式(7.1)中的对应量定义相同。

3）局部峰点数 P_e

局部峰点数用于描述谱图轮廓上局部峰的个数。在轮廓点 (φ_i, y_i) 处是否有局部峰，可根据式(7.3)判定：

$$\frac{dy_{i-1}}{d\varphi_{i-1}} > 0 \text{且} \frac{dy_{i+1}}{d\varphi_{i+1}} < 0 \tag{7.3}$$

将式(7.3)变为差分方程，即

$$\frac{y_i - y_{i-1}}{\varphi_i - \varphi_{i-1}} > 0 \text{且} \frac{y_{i+1} - y_i}{\varphi_{i+1} - \varphi_i} < 0 \tag{7.4}$$

由于在谱图中 $\varphi_i - \varphi_{i-1} > 0$，$\varphi_{i+1} - \varphi_i < 0$，式(7.4)可简化为

$$y_i - y_{i-1} > 0, \quad y_{i+1} - y_i > 0 \tag{7.5}$$

如果式(7.5)成立，则判定轮廓点 (φ_i, y_i) 为局部峰点，该图谱中局部峰点的个数即为局部峰点数 P_e。

2. φ-q 谱图的轮廓差异特征

1）互相关系数 cc

互相关系数 cc 反映了谱图在正负半周内的形状相似程度，即互相关系数 cc 接近于 1，意味着 φ-q 谱图正负半周的轮廓十分相似；cc 接近于 0，说明 φ-q 谱图轮廓差异巨大。互相关系数 cc 的数学定义为

$$cc = \cfrac{\sum\limits_{i=1}^{W} q_i^+ q_i^- - \left(\sum\limits_{i=1}^{W} q_i^+ \sum\limits_{i=1}^{W} q_i^-\right)\Big/ W}{\sqrt{\left[\sum\limits_{i=1}^{W}\left(q_i^+\right)^2 - \left(\sum\limits_{i=1}^{W} q_i^+\right)^2 \Big/ W\right]\left[\sum\limits_{i=1}^{W}\left(q_i^-\right)^2 - \left(\sum\limits_{i=1}^{W} q_i^-\right)^2 \Big/ W\right]}} \tag{7.6}$$

式中，q_i^+ 和 q_i^- 是相窗 i 内的平均放电量，上标"+"和"–"对应于谱图的正负半周。

2）放电量因数 Q

放电量因数 Q 反映了 φ-q 谱图正负半周内平均放电量的差异。放电量因数 Q 的数学定义为

$$Q = \cfrac{\sum\limits_{i=1}^{W} n_i^- q_i^-}{\sum\limits_{i=1}^{W} n_i^-} \Bigg/ \cfrac{\sum\limits_{i=1}^{W} n_i^+ q_i^+}{\sum\limits_{i=1}^{W} n_i^+} \tag{7.7}$$

式中，n_i^+ 和 n_i^- 是相窗 i 内的放电重复率（即单位时间内的放电次数），上标"+"和"–"对应于 φ-q 谱图的正负半周。

3）相位不对称度 Φ

相位不对称度 Φ 反映了 φ-q 谱图正负半周内放电起始相位的差别。相位不对称度 Φ 的数学定义为

$$\Phi = \varphi_{in}^+ / \varphi_{in}^- \tag{7.8}$$

式中，φ_{in}^+ 和 φ_{in}^- 分别是 φ-q 谱图正负半周内放电的起始相角，上标"+"和"–"对应于 φ-q 谱图的正负半周。

4）修正的互相关系数 mcc

修正的互相关系数 mcc 用于评价 φ-q 谱图正负半周内放电模式的差异。修正的互相关系数 mcc 的数学定义为

$$mcc = Q \cdot \varphi \cdot cc \tag{7.9}$$

3. 韦布尔分布

文献[3]～[6]应用韦布尔（Weibull）分布对放电脉冲幅值进行了分析，将得到的统计参数作为人工神经网络的输入，从而实现 PD 的模式识别，研究 PD 脉冲幅值分布的统计特性，证实单一放电分布 $H(q)$ 符合两参数的韦布尔分布，如下所示：

$$H(q) = \begin{cases} 1 - \exp\left[-\left(\dfrac{q - \gamma}{\alpha} \right)^{\beta} \right], & q > 0 \\ 0, & q < 0 \end{cases} \tag{7.10}$$

式中，α、β 和 γ 是韦布尔参数；q 是系统监测到的各放电量与最小放电量（系统灵敏度）之间的差值。

由韦布尔变换，式(7.10)可以重写成

$$y = y(x) = \beta \left[x - \ln(\alpha) \right] \tag{7.11}$$

式中，$y = \ln\left[-\ln\left(1 - H(q) \right) \right]$，$x = \ln(q)$。

文献[3]认为，混合放电的 $H(q)$ 符合多参数韦布尔分布，通过韦布尔分析，能够估计出各组 $H(q)$ 的韦布尔参数及权重值，即分离出各单一放电的 $H(q)$，根据权重值的大小就能判断各组放电的放电量相对大小。

7.1.2　图像矩特征参数

在图像模式识别中，矩特征是一种被广泛应用的图像形状特征参数。一些最基本的图像形状特征都与矩有直接关系，它描述了一幅灰度图像中所有像素点的整体分布情况，在图像边缘检测、特征提取和物体形状描述等领域以及三维图像的处理和识别中都得到了应用。矩的基本理论如下所述。

给定的二维连续函数 $f(x, y)$，其 $i+j$ 阶原点矩定义为

$$m_{ij} = \int_{-\infty}^{+\infty} \int_{-\infty}^{+\infty} x^i y^j f(x, y) \mathrm{d}x \mathrm{d}y \tag{7.12}$$

式中，$i, j = 0, 1, 2, \cdots$。数字图像某区域 R 的 $i+j$ 阶原点矩为

$$m_{ij} = \sum_{x} \sum_{y} x^i y^j f(x, y), \quad x, y \in R \tag{7.13}$$

式(7.12)和式(7.13)表明，当 $i=j=0$ 时，m_{ij} 为 0 阶矩，它是函数 $f(x, y)$ 的积分。将离散函数 $f(x, y)$ 看成一幅灰度图像，那么以 0 阶矩为分母对 1 阶矩进行归一化处理，可以得到图像的灰度重心坐标，即

$$\begin{cases} \bar{x} = m_{10} / m_{00} \\ \bar{y} = m_{01} / m_{00} \end{cases} \tag{7.14}$$

关于质心的二维连续函数 $f(x, y)$ 的 $i+j$ 阶原点矩定义为

$$\mu_{ij} = \int_{-\infty}^{+\infty} \int_{-\infty}^{+\infty} (x - \overline{x})^i (y - \overline{y})^j f(x,y)\,\mathrm{d}x\mathrm{d}y \tag{7.15}$$

式中，$i,j = 0,12,\cdots$。数字图像某区域 R 的 $i+j$ 阶中心矩为

$$\mu_R = \sum_x \sum_y (x - \overline{x})^i (y - \overline{y})^j f(x,y) \tag{7.16}$$

中心矩 μ_R 是反映图像灰度相对于灰度重心是如何分布的度量。

将 PD 的 PRPD 模式中 $\varphi\text{-}q\text{-}n$ 曲面投影在 $\varphi\text{-}q$ 二维平面上，即为 $\varphi\text{-}q\text{-}n$ 灰度图像。文献[7]介绍了以图像模式识别中常用的描述图像基本几何特征的矩特征描述 PD $H_n(q,\varphi)$ 灰度图像的方法，采用 4 阶及以下中心矩（除去 1 阶中心矩）以及灰度中心坐标成功识别了电机线棒中的人造缺陷放电类型。

7.1.3 分形特征参数

"分形"一词由 Mandelbrot 首先创造，认为破碎的、不规则的、具有特征长度的基本形状拥有一个共同重要的性质，即构成其形状的线和面的平滑程度。这是因为与特征长度相比较，即使把小的部分近似平滑，也不会失去整体的特征。分形却完全否定了平滑程度，即我们考虑的分形，任何地方都是不能用微分定义的那些形状。

可以将分形理解为描述自然界复杂物体的一种工具，对于研究 PD 的复杂特征具有一定意义。分维数也称为分形维数，是描述分形集合复杂性的一种度量，对研究复杂现象具有很大意义。针对不同研究对象，分维数的定义有多种形式。

1. 豪斯多夫维数

假设 $D>0$，用直径小于 $r(>0)$ 的可数个数的球覆盖集合 F。此时，若假定 d_1，$d_2,\cdots,d_k$ 为各球的直径，那么 D 维豪斯多夫（Hausdorff）测度可定义为

$$M_D(F) = \lim_{r \to 0} \inf \sum_k d_k^D \tag{7.17}$$

此量从 0 向无限大迁移时，则称 D 为集合 F 的豪斯多夫维数，记为 D_{H}。

2. 容量维数

设 F 是 d 维欧几里得空间 $\mathbf{R}^d$ 中的有界集合，用半径为 r 的 d 维球包覆盖其集合时，假定 $N(r)$ 是球的个数的最小值。容量维数 D_{V} 定义为

$$D_{\mathrm{V}} = \lim_{r \to 0} \frac{\lg N(r)}{\lg(1/r)} \tag{7.18}$$

3. 信息维数

设分形 F 置于欧几里得空间 $\mathbf{R}^d$ 中，令 $\left\{X_{i=1}^{N}\right\}$ 是在 F 上长时间序列的诸点，N 很大；用大小为 r^d 的 d 维立方体去覆盖整个空间，设 $M(r)$ 是含有序列 $\left\{X_{i=1}^{N}\right\}$ 中点的立方体数目，N_i 为第 i 个立方体中含点的数目，$p_i = N_i/N$，信息维数定义为

$$D_{\mathrm{I}} = -\lim_{r \to 0} \lim_{N \to \infty} \frac{\sum\limits_{i=1}^{M(r)} p_i \ln p_i}{\ln r} \tag{7.19}$$

4. 关联维数

设分形 F 置于欧几里得空间 $\mathbf{R}^d$ 中，令 $\{X^N\}$ 是在 F 上长时间序列的诸点，N 很大；用大小为 r^d 的 d 维⋯⋯⋯⋯⋯⋯⋯⋯⋯⋯⋯ 的立方体数目，N_i 为第 i ⋯⋯⋯⋯⋯⋯⋯⋯⋯⋯⋯⋯ 个解序列可以得到关于分⋯⋯⋯⋯⋯⋯⋯⋯⋯⋯

式中

		51	
	总点数	8117	
	总格子数	1.6802	51

$\{x_i, i=1,2,\cdots,N\}$ 为 $\mathbf{R}^d$ 空间的一个解序列，也可以被看成分形空间上各个点的位置，而

$$\theta\left(r - \left|x_i - x_j\right|\right) = \begin{cases} 1, & r \geqslant \left\|x_i - x_j\right\| \\ 0, & r < \left\|x_i - x_j\right\| \end{cases} \tag{7.22}$$

另外，由式(7.20)和式(7.21)容易看出，$C(r)$ 可以写为

$$C(r) = \sum_{i=1}^{M(r)} p_i^2 \tag{7.23}$$

Satish 等[8]于 1995 年首次将分形特征应用于 PD 识别，以 PD $\varphi\text{-}q\text{-}n$ 谱图的分维数和空缺率为特征量，研究环氧树脂空穴放电的识别，取得了良好效果。文献[9]采用小波包和分形维数来定量分析 PD 波形信号的局部特征，实现了对 PD 信号波形特征的量化分析。文献[10]将分形特征引入 PD 模式识别研究中，采用分维

数和空缺率两个分形特征能够区分人造 10 种缺陷，并成功识别出已使用 20 年的 17kV 三相电缆终端存在沿面放电缺陷。文献[11]将分维数、空缺率与韦布尔分布参数作为 PD 识别特征参数，正确识别了三种人工放电模型分别在三个试验电压下的放电类型。文献[12]采用 $H_{qn}(\varphi)$ 分布的分维数，正确区分了五种人造缺陷放电类型。文献[13]采用 q-φ 平面上散点图的分维数和空缺率分形特征对电机线棒缺陷进行识别。文献[14]采用盒维数和信息维数对 GIS 中五种缺陷进行了识别。

7.1.4 波形特征参数

提取 PD 时间分布模式中的特征集通常采用数学法，特征参数是根据放电脉冲时域波形的内在特性来定义的。一个理想 PD 脉冲的参数表示通常包括以下几个部分。

(1)脉冲上升时沿 t_r：脉冲上升沿从 10%峰值上升到 90%峰值所需时间。

(2)脉冲下降时沿 t_d：脉冲下降沿从 90%峰值下降到 10%峰值所需时间。

(3)脉冲宽度时间 t_w：50%峰值对应的时间宽度。

(4)脉冲覆盖面积 A：上升时沿和下降时沿的 10%峰值宽度波形时间所覆盖的面积。

(5)脉冲幅值 U：脉冲督导的最大值。

文献[15]采用 PD 脉冲波形的上升时间、脉冲下降时间、脉冲宽度、脉冲覆盖面积和脉冲幅值等 5 个特征参数识别气隙放电和树枝放电。文献[16]采用放电脉冲前沿时间、脉宽、后沿时间及波形存在时间进行波形识别，成功识别九种 PD 模型。

7.1.5 小波特征参数

小波变换具有良好的时频局部化分析能力，利用小波变换可以得到信号局部时频信息，获得能更加精确和有效描述信号的多尺度特征参数，在 PD 信号特征提取中得到了广泛应用。小波特征参数就是利用小波分析技术对 PD 信号进行分解，对分解得到的小波系数进行分析，提取小波系数特征。常用的小波特征参数有如下四种。

1. 复合系数特征

PD 信号经复小波变换分解后，可得到一系列复小波系数$(R+jI)$，它能完整描述 PD 信号的特征。这样，不仅可以从实部和虚部系数中提取特征量，还可以根据信号的特点，把实部和虚部进行适当的组合以构成复合信息，再从复合信息系数中提取特征量。

2. 能量特征

PD 信号经过多尺度小波分析后，用 (l,k) 表示第 l 层的第 k 个节点，$d_{l,k}$ 表示其小波系数，则每个子空间的总能量 $E_{l,k}$ 为

$$E_{l,k} = \sum_k d_{l,k} \tag{7.24}$$

3. 模极大值特征

信号的奇异性在数学上通常用 Lipschitz 指数来刻画，分析信号波形的局域光滑度实质上就是研究信号在该局域的奇异性。为了精确估计信号局域的 Lipschitz 指数，可以利用小波变换的信号局域分析能力，通过小波变换的模极大值特性来估计 Lipschitz 指数和信号的局部奇异性。

4. 小波能量熵特征

熵能提供关于信号潜在动态过程的有用信息，而小波包变换可以发现某一局部的特性，因此计算小波包的能量熵值，就能发现信号中微小而短促的异常。小波能量熵 W_E 定义为

$$W_E = -\sum_l \left(\frac{E_{l,k}}{\sum_l E_{l,k}} \right) \lg \left(\frac{E_{l,k}}{\sum_l E_{l,k}} \right) \tag{7.25}$$

式中，$E_{l,k}$ 与式(7.24)中定义相同。

7.2　基于二元树复小波变换的辨识 PD 的特征量提取方法

局部放电时间分布(time resolved partial discharge，TRPD)分析模式通过分析单次 PD 信号波形，提取信号的时域、频域或其他变换域特征，该方法数据处理量小，处理速度快，相比于 PRPD 分析模式，TRPD 分析模式不需要相位信息，信号采集设备更加经济[17]，其主要分析手段包括时域分析法、频域分析法和小波分析法等。其中，小波分析法可以将频带进行多层次划分，得到信号局部的时域和频域信息，获得能够精确和有效描述信号特征的多尺度特征参数，在 UHF PD 信号特征信息提取中得到了广泛应用。

7.2.1　二元树复小波变换-奇异值分解

在小波变换中，二元树复小波变换(dual-tree complex wavelet transform，DT-CWT)因具有比传统小波变换更优的时频局部化分析能力和一般复小波变换所不具有的完全重构性，在对有强电磁干扰背景的微弱信号分析中能够取得最佳的效果。奇异值分解(singular value decomposition，SVD)是一种正交变换，它将原矩阵转化为一个对角矩阵，得到的原矩阵的奇异值可以有效反映原矩阵中的一些特征，其在机械振动信号的检测和医学领域得到了广泛的应用[18,19]。近年来，小波变换和 SVD 这两种方法的结合在信号处理、故障诊断和模式识别等领域表现出独特的优势。

DT-CWT 是基于实小波变换来实现复小波变换的，通过两个并行的实数滤波器组，得到实部和虚部滤波器系数，它具有 5 个特性：①近似的平移不变性；②良好的方向选择性；③有限的数据冗余；④信号的完全重构性；⑤计算效率高，相同分解层数下，计算量是小波变换的 2 倍。图 7.1 为一维 DT-CWT 结构图，x 为待分解的信号，a 树为对应的复小波系数实部，b 树为对应的复小波系数虚部。

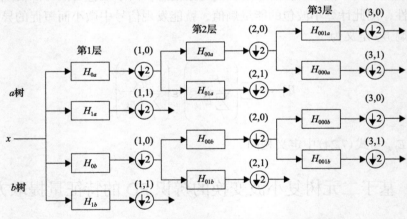

图 7.1　一维二元树复小波变换结构(Q-shift 滤波器)

为了满足平移不变性，Kingsbury[20,21]在奇偶滤波器的基础上提出了 Q-shift 二元树复小波。Q-shift 二元树复小波在底层分解和高层分解中分别采用两组不同的滤波器。在底层分解中，a 树和 b 树都采用奇数长度的滤波器，并分别对信号的偶数和奇数采样位置进行滤波，通过延迟一个采样位置实现滤波；在高层分解中，为保证在每层 b 树采样点正好位于 a 树采样点的中间位置，采用群延迟近似 1/4 采样的 Q-shift 滤波器组，其中 a 树为 1/4 延时采样，b 树为 3/4 延时采用，这样就确保了采样结果的强对称性。

在 SVD 理论中，对任何 $m \times n$ 矩阵 $\boldsymbol{M}$，矩阵的秩为 $r (r \leqslant \min(m,n))$[22]，存在 $m \times m$ 正交矩阵 $\boldsymbol{U}$ 和 $n \times n$ 正交矩阵 $\boldsymbol{V}$，使得

$$\boldsymbol{M} = \boldsymbol{U} \boldsymbol{\Lambda} \boldsymbol{V}^{\mathrm{T}} \tag{7.26}$$

式中，$\boldsymbol{\Lambda} = \mathrm{diag}(\lambda_1, \lambda_2, \cdots, \lambda_p)$ $(p = \min(m,n), \lambda_1 \geqslant \lambda_2 \geqslant \cdots \geqslant \lambda_p)$ 是对角矩阵，矩阵元素为矩阵 $\boldsymbol{M}$ 的奇异值。由此，一个秩为 r 的 $m \times n$ 矩阵 $\boldsymbol{M}$ 通过 SVD 可以表示 r 个秩为 1 的 $m \times n$ 子矩阵的和，即

$$\boldsymbol{M} = \boldsymbol{U} \boldsymbol{\Lambda} \boldsymbol{V}^{\mathrm{T}} = \sum_{i=1}^{r} \lambda_i \boldsymbol{u}_i \boldsymbol{v}_i^{\mathrm{T}} = \sum_{i=1}^{r} \lambda_i \boldsymbol{M}_i \tag{7.27}$$

式中，$\boldsymbol{u}_i$ 和 $\boldsymbol{v}_i$ 分别表示左矩阵 $\boldsymbol{U}$ 和右矩阵 $\boldsymbol{V}$ 的第 i 列向量；λ_i 为矩阵 $\boldsymbol{M}$ 的第 i 个奇异值。式(7.27)表明通过 SVD 可将矩阵 $\boldsymbol{M}$ 分解为一系列子矩阵 $\boldsymbol{M}_i$ 与对应的奇异值 λ_i 的乘积和，而奇异值 λ_i 反映了子矩阵 $\boldsymbol{M}_i$ 蕴含的信息量。

SVD 具有如下性质。

(1)扰动稳定性。若 $\boldsymbol{M}$ 矩阵的扰动很小，那么对应的奇异值变化也很小。

(2)线性。若 $\boldsymbol{M}$ 矩阵的奇异值矩阵为 $\boldsymbol{\Lambda}$，则 $\alpha \boldsymbol{M}$ 矩阵的奇异值矩阵为 $\alpha \boldsymbol{\Lambda}$。

(3)奇异值与特征值的关系。$\boldsymbol{M}$ 矩阵的奇异值是 $\boldsymbol{M}^{\mathrm{T}} \boldsymbol{M}$ 特征值的非负平方根。

(4)矩阵非零奇异值的个数等于矩阵的秩。

(5)矩阵旋转奇异值不变性。

(6)奇异值与范数的关系。$\boldsymbol{M}$ 矩阵的 2 范数和 F 范数分别满足：

$$\| \boldsymbol{M} \|_2 = \sqrt{\lambda_{\max} \boldsymbol{M}^{\mathrm{T}} \boldsymbol{M}} = \lambda_1 \tag{7.28}$$

$$\| \boldsymbol{M} \|_F = \sqrt{\mathrm{tr}(\boldsymbol{M}^{\mathrm{T}} \boldsymbol{M})} = \sqrt{\lambda_1^2 + \lambda_2^2 + \cdots + \lambda_p^2} \tag{7.29}$$

(7)矩阵的逼近。矩阵 $\boldsymbol{M}$ 经式(7.26)变换后，奇异值矩阵 $\boldsymbol{\Lambda}$ 有 r 个非零奇异值，当 $s < r$ 时(s 为整数)，令 $\boldsymbol{\Lambda}_s = \mathrm{diag}(\lambda_1, \lambda_2, \cdots, \lambda_s)$，则满足：

$$\boldsymbol{M}_s = \boldsymbol{U} \begin{bmatrix} \boldsymbol{\Lambda}_s & 0 \\ 0 & 0 \end{bmatrix} \boldsymbol{V}^{\mathrm{T}} = \sum_{i=1}^{s} \lambda_i \boldsymbol{u}_i \boldsymbol{v}_i^{\mathrm{T}} \tag{7.30}$$

矩阵 $\boldsymbol{M}$ 在 F 范数下的最佳近似：

$$\| \boldsymbol{M} - \boldsymbol{M}_s \|_F = \sqrt{\lambda_{s+1}^2 + \lambda_2^2 + \cdots + \lambda_p^2} \tag{7.31}$$

可以看到，s 取不同值时矩阵 $\boldsymbol{M}_s$ 的逼近程度也是不同的。由于 $\lambda_1, \lambda_2, \cdots, \lambda_p$ 按降序排列，它们对矩阵逼近的贡献率也依次减小。

定义奇异熵 E 和奇异增熵 E_i 分别为[23]

$$E = \sum_{i=1}^{r} \Delta E_i \tag{7.32}$$

$$\Delta E_i = -\left(\lambda_i \bigg/ \sum_{j=1}^{r} \lambda_j \right)\left(\lg \lambda_i \bigg/ \sum_{j=1}^{r} \lambda_j \right) \tag{7.33}$$

奇异熵作为信息熵的一种改进形式，对信号复杂度反映的基本思想与信息熵完全一致：奇异熵值越大，信息越复杂。

7.2.2　多尺度特征参数提取

1. 小波复合系数构造

信号经过 DT-CWT 之后，得到一系列的复小波系数（$Z=\mathrm{Re}Z+\mathrm{j}\mathrm{Im}Z$），由复小波系数构造的小波复合系数，即复小波系数模值为

$$|Z| = \sqrt{(\mathrm{Re}Z)^2 + (\mathrm{Im}Z)^2} \tag{7.34}$$

由此得到的模值序列可以描述被分解信号的特征。信号经过 J 层 DT-CWT 分解后，产生了 J 个高频系数模值序列（$\boldsymbol{D}_1, \boldsymbol{D}_2, \boldsymbol{D}_3, \cdots, \boldsymbol{D}_J$）和一个低频系数模值序列（$\boldsymbol{A}_J$），共计 J+1 个模值序列。由于复小波系数模值序列维数比较大，若直接构成或提取模式识别的特征量，势必由数据冗余而导致分类器效率低下，因此需要对小波模值序列进行降维，且必须保证降维后的特征信息维数仍能有效识别 PD 信号类型，为此，选用 Birge-Massart 阈值策略压缩复小波系数模值序列[24]。Birge-Massart 阈值策略的阈值求解步骤如下。

(1) 选定一个分解层数 j，保留 j+1 层及以上更高分解层的所有系数。

(2) 保留第 i 层（$1 \leqslant i \leqslant j$）复合系数中绝对值最大的 n_i 个系数，其中：

$$n_i = S/(j+2-i)^\alpha \tag{7.35}$$

式中，α 为经验系数；S 满足 $L(1) \leqslant S \leqslant L(2)$，缺省情况下取 $S=L(1)$，即第 1 层分解后的系数长度。用途不同，α 的取值不同，当 α=1.5 时，用于数据压缩；当 α=3 时，用于信号降噪。

采用 Birge-Massart 阈值策略压缩数据通常压缩比大的是低层系数，而低层系数包含的能量较小，因此对总的小波能量影响较小。同时低层系数中白噪声较多，对复合系数进行压缩，可达到一定的去噪效果。

2. Hankel 矩阵的构造

原始信号经小波变换后，对系数较少的高频系数序列进行末尾补零，使每层系数长度相等，并依尺度按行排列，组成矩阵 M，然后对矩阵 M 进行 SVD，提取特征量并进行模式识别，这是目前最自然、最直接的、应用最广泛的小波-SVD 组合模式[19]。但研究表明，只有从各细节信号中提取到了明显的故障特征信息，对矩阵 M 进行 SVD 才能明显改善故障特征提取的效果。因此，为了更好地利用 SVD 对 PD 信号特征进行提取，需要对小波变换后各尺度下的系数进行处理。

本章利用 DT-CWT 分解得到的各尺度下压缩后的高频系数模值序列 $(D_1, D_2, \cdots, D_J)$ 构造如下矩阵：

$$\boldsymbol{H}_i = \begin{bmatrix} D_{i,1} & D_{i,2} & \cdots & D_{i,n} \\ D_{i,2} & D_{i,3} & \cdots & D_{i,n+1} \\ \vdots & \vdots & & \vdots \\ D_{i,m} & D_{i,m+1} & \cdots & D_{i,N} \end{bmatrix} \tag{7.36}$$

$$\boldsymbol{D}_i^{\mathrm{T}} = [D_{i,1}, D_{i,2}, \cdots, D_{i,n}, \cdots, D_{i,N}] \tag{7.37}$$

式中，$1 \leqslant i \leqslant J$ 且 $1 < n < N$，N 为压缩后的高频系数模值序列长度。若 $m = N - n + 1$，则 $\boldsymbol{H}_i$ 矩阵称为 Hankel 矩阵。因为每个模值序列的长度 N 都是不一样的，矩阵 $\boldsymbol{H}_i$ 的秩也是不一样的，所以矩阵 $\boldsymbol{H}_i$ 的行列维数可能有差异，本书中矩阵 $\boldsymbol{H}_i$ 行列维数的选择按以下规则选取[18]。

(1) 若 N 为偶数，则利用此模值序列构造的 Hankel 矩阵的行数为 $m=N/2+1$，列数为 $n=N/2$。

(2) 若 N 为奇数，则利用此模值序列构造的 Hankel 矩阵的行数和列数都为 $m=(N+1)/2$。

利用各尺度下的高频系数模值序列构造 Hankel 矩阵，并进行 SVD，就能得到各尺度下奇异信号的信息。同时，通过求解每个 Hankel 矩阵的奇异熵还能得到各尺度下奇异信号的复杂度信息。不同类型的 PD 信号，在经过 J 层 DT-CWT 分解构造的高频系数时，模值序列在各尺度下的奇异值和奇异熵是有差异的，这些差异就可以构成 PD 信号的特征量，用于对 PD 信号的辨识[2]。

3. 最优二元树复小波分解层数求解

DT-CWT 在对信号进行分解时也是采用二进制划分，随着分解层数的增加，得到的高频信息也越来越丰富。但是，由于分解得到的高频系数和低频系数的长度越来越短，小波的分解层数是有限的，同时分解层数越多，高层系数的个数越少，无法体现信号内在的规律性。因此，为了得到最优的 PD 信号时频信息，在对 PD 信号进行 DT-CWT 分解时需要求解其最优分解层数。

奇异值可以表征奇异信息的多少，信息越多，奇异值越大。奇异熵可以表征奇异信息的复杂程度，信号越复杂，奇异熵越大。对于小波分解后的奇异熵，当分解层数增加而奇异熵未增加或增加不明显时，说明增加分解层数带来奇异信息增量和复杂度增量都较少，可以忽略，这时可认为小波的分解层数达到了最优。可以通过分析 DT-CWT 分解层数与奇异熵关系，提取出最优的分解层数。

求解最优分解层数的算法步骤如下。

(1)信号归一化处理。

(2)修剪信号长度。因为 DT-CWT 要求信号的长度 N 能被 2^{J_0}（J_0 为最大分解尺度）整除，所以必须对信号长度进行修剪。在采集 PD 脉冲时，可以通过调节示波器使 PD 脉冲处在单次采样周期的中间，若原始信号长度为 N_0，满足 $2^{J_0+1} \geqslant N_0 \geqslant 2^{J_0}$，可以直接删除信号首端或末端的 N_0-N 个数据点，得到长度 $N=2^{J_0}$ 的信号，这样不会丢失信号的主要特征属性。

(3)构造模值序列复合矩阵。设置信号的分解层数为 j（初值设置为 $j=1$），对修剪后的信号进行 DT-CWT 分解，根据式(7.34)计算各层复小波系数模值序列，采用 Birge-Massart 阈值策略对模值序列进行压缩，构造复合矩阵 $\boldsymbol{Q}=[\boldsymbol{D}_1, \boldsymbol{D}_2, \cdots, \boldsymbol{D}_j, \boldsymbol{A}_j]^{\mathrm{T}}$。

(4)对复合矩阵 $\boldsymbol{Q}$ 进行 SVD，按式(7.32)和式(7.33)求解分解尺度为 j 时矩阵 $\boldsymbol{Q}$ 的奇异熵 E_j。

(5)定义奇异熵相对增量为 R_{error}，如式(7.38)所示，根据式(7.38)判断 E_j 与 E_{j-1} 的大小。若 R_{error} 大于 ε，则增加 j 值，即增加分解层数，返回步骤(3)开始新一轮计算；若 R_{error} 小于 ε，则输出最优分解层数。

$$R_{\mathrm{error}} = \frac{E_j - E_{j-1}}{E_{j-1}} \tag{7.38}$$

4. 最优尺度下特征向量构建

由于不同类型的绝缘缺陷引起的 GIS 电场畸变不同，PD 产生的机理也不尽相同，这使得产生的 UHF PD 信号的时频信息复杂度必然也存在较大差异，而相同类型的绝缘缺陷放电的物理过程和放电脉冲激发的 UHF PD 信号具有较强的相似性，所以可以通过提取 UHF PD 信号的时频域信息进行 UHF PD 辨识。DT-CWT可以从时域和频域综合分析 UHF PD 信号，描述其特点和不同缺陷类型下的差异性。用 DT-CWT 对不同缺陷类型下的 UHF PD 信号进行分解，得到的复小波高频系数模值序列，经压缩后构造 Hankel 矩阵，对 Hankel 矩阵进行 SVD，提取各层Hankel 的最大奇异值及其奇异熵，作为 PD 辨识的特征参量。具体的特征提取步骤如图 7.2 所示。设 $X(i)$ 为 UHF PD 信号，特征空间的构造步骤如下。

（1）将 $X(i)$ 进行 J（即第 3 部分提取的最优分解层数）层 DT-CWT 分解，得到 J组高频系数的实部（$\mathrm{Re}\boldsymbol{D}_1, \mathrm{Re}\boldsymbol{D}_2, \cdots, \mathrm{Re}\boldsymbol{D}_J$）和虚部（$\mathrm{Im}\boldsymbol{D}_1, \mathrm{Im}\boldsymbol{D}_2, \cdots, \mathrm{Im}\boldsymbol{D}_J$），1 组低频系数的实部（$\mathrm{Re}\boldsymbol{A}_J$）和虚部（$\mathrm{Im}\boldsymbol{A}_J$）。

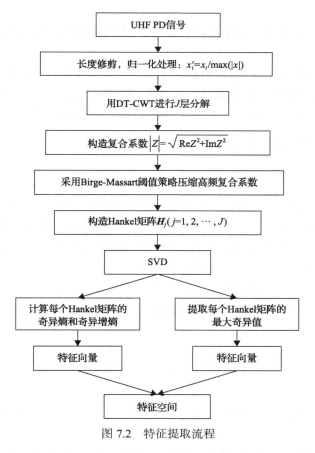

图 7.2　特征提取流程

（2）按式（7.34）计算复小波系数模值，构造复小波系数模值序列 $\boldsymbol{D}_1, \boldsymbol{D}_2, \cdots,$ $\boldsymbol{D}_J, \boldsymbol{A}_J$。

（3）根据 Birge-Massart 阈值策略对指定分解层以下高频系数模值序列进行

压缩。

(4) 根据式 (7.36) 构造各高频系数模值序列 $D_1, D_2, \cdots, D_J$ 的 Hankel 矩阵 H_1, $H_2, \cdots, H_J$。

(5) 对 Hankel 矩阵 $H_1, H_2, \cdots, H_J$ 进行 SVD, 得到 J 个奇异值矩阵, 提取每个奇异值矩阵的最大奇异值, 作为表征 UHF PD 信号各分解尺度下高频奇异信息含量的特征, 并构造出相应的特征向量 $F_1 = [\lambda_1, \lambda_2, \cdots, \lambda_J]$。

(6) 根据式 (7.32) 和式 (7.33) 计算每个 Hankel 矩阵对应的奇异熵和奇异增熵, 作为表征 UHF PD 信号各分解尺度下高频信息复杂度的特征, 并构造出相应的特征向量 $F_2 = [E_1, E_2, \cdots, E_J]$。

7.3 基于核主成分分析与深度神经网络的特征量优化研究

目前对特高频方式采集的 PD 信号有三种主要分析模式, 即 TRPD、PRPD 和 $\Delta u/\Delta t$ 模式。这三种特征提取方式基于单次 PD 统计信号、多次 PD 统计信号, 通过时域、频域、小波分析等方法获取故障特征量以实现故障模式识别。

7.3.1 UHF 信号特征量分析提取模式

1. TRPD 模式

TRPD 模式是将 PD 脉冲波形直接作为模式识别对象, 提取波形特征, 进行模式识别。与 PRPD 模式相比, TRPD 模式包含时间信息, 但缺少相位信息。这种模式包含了 PD 脉冲的真实波形[25], 由于绝缘缺陷属性与 PD 脉冲的波形有直接的联系, 可根据波形提取特征进行模式识别。

受到放电电压大小和绝缘缺陷属性等因素影响, UHF 信号的幅值有着很大的差异, 为了增强信号之间的可比性和简化运算, 首先对 UHF 信号进行归一化处理, 其计算方式为

$$x_i' = \frac{x_i - x_{\min}}{x_{\max} - x_{\min}}, \quad i = 1, 2, \cdots, N \tag{7.39}$$

式中, x_i' 为归一化处理后的信号; x_i 为原信号, $x_{\min}$、$x_{\max}$ 分别为其最小值和最大值。

求取归一化处理后的 UHF 信号的包络信息, 提取其 8 组时域信息特征信息, 如表 7.1 所示, 为表述方便, 表 7.1 中的 $x(t)$ 表示归一化后的包络信号。包络信号的时域特征参数如图 7.3 所示, 频域特征参数如表 7.2 和图 7.4 所示。

表 7.1　TRPD 模式下的时域特征参数

序列	参数	详细说明
1	上升时间(t_r)	t_3-t_1
2	峰值时间(t_p)	t_4-t_0
3	下降时间(t_d)	t_7-t_5
4	脉冲宽度(t_w)	t_6-t_2
5	极值个数(M_{tp})	—
6	信号包络面(A_t)	$A_t = \displaystyle\int_{t_0}^{t_8} x(t)\mathrm{d}t$
7	信号均值(μ_t)	$\mu_t = \dfrac{1}{N}\displaystyle\sum_{i=1}^{N} x_i$
8	信号方差(σ_t^2)	$\sigma_t^2 = \dfrac{1}{N-1}\displaystyle\sum_{i=1}^{N}(x_i-\mu_t)^2$

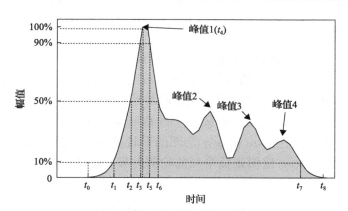

图 7.3　TRPD 模式下包络信号的时域特征参数

表 7.2　TRPD 模式下的频域特征参数

序列	参数
9	第一主频(f_1)
10	第一主频峰值(A_1)
11	谱峰个数(M_{fp})
12	均值(μ_f)
13	方差(σ_f^2)

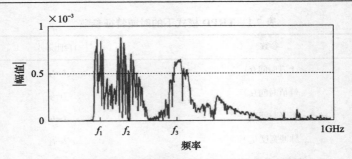

图 7.4　TRPD 模式下包络信号的频域特征参数

小波特征是利用小波变换对 PD 信号进行分解，应用一定的数学处理方法，对 PD 信号分解得到的小波系数进行处理，构建相关特征量，常用的特征有小波复合系数特征、能量特征和能量熵特征等。

小波包分析能为信号提供一种精细的分析方法，它将频带进行多层次划分，对小波分析没有细分的高频部分进一步分解，并能够根据被分解信号的特征，自适应地选择相应频带，使之与信号频谱相匹配，从而提高时频分辨率。

2. PRPD 模式

PRPD 模式是目前 PD 信号电气特征信息最广泛的分析方式，该模式可统计一段时间内在不同工频相位处的放电次数 n 和放电量 q 的相关信息，各种典型缺陷下的 PD 信号 PRPD 模式图谱呈现出明显的差异。

针对采集的 PD 信号，PRPD 模式下的特征参数如表 7.3 所示，表中特征主要含义为：一类是描述 $\varphi\text{-}q$ 和 $\varphi\text{-}n$ 谱图的形状差异，包括偏斜度 Sk、陡峭度 Ku；另一类是描述 $\varphi\text{-}q$ 谱图正负半周的轮廓差异，包括放电量因数 Q、互相关系数 cc。

表 7.3　PRPD 模式下的特征参数

序列	特征量	特征含义
14～19	Sk_m^+, Sk_m^-, Sk_m Sk_n^+, Sk_n^-, Sk_n	正负半周以及整个工频周期的偏斜度
20～25	Ku_m^+, Ku_m^-, Ku_m Ku_n^+, Ku_n^-, Ku_n	正负半周以及整个工频周期的陡峭度
26、27	Q_m, Q_n	放电量因数
28、29	cc_m, cc_n	正负半周互相关系数

注：下标 m、n 表示两个谱图。

3. $\Delta u/\Delta t$ 模式

非相位非时间模式(又称 $\Delta u/\Delta t$ 模式)以 PD 幅值单位时间内的变化($\Delta u/\Delta t$)作为 PD 信号分析的基本参数，如图 7.5 所示。选取 PD 电气参量的三个基本参数，即放电脉冲幅值 p、连续两个放电脉冲的时间间隔(Δt)以及放电间隙(ΔT)，并将放电间隙的两个工频周期分为前周期和后周期。

该分析方式不依赖相位信息，也克服了 TRPD 模式波形过于依赖传感器的缺点，适合直流设备故障特征提取。结合图 7.5 的定义，可提取脉冲幅值、时间间隔以及放电区间的特征参数，具体特征计算方式参考文献[26]，特征参数如表 7.4 所示。

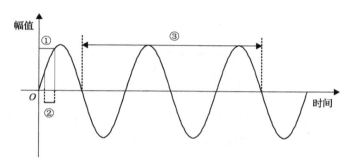

图 7.5　非相位非时间模式的基本参数

①电脉冲幅值；②连续两个放电脉冲的时间间隔；③放电间隙

表 7.4　非时间非相位模式下特征参数

序列	特征量	特征含义
30	半波放电幅值	表征放电的严重程度
31	半波放电次数	表征前/后周期放电重复率
32	半波幅值标准差	表征前/后周期放电脉冲幅值的变化
33	时间间隔均值	表征连续两次放电的时间间隔
34	时间间隔总数	表征放电脉冲序列持续时间
35	时间间隔标准差	表征时间间隔的变化
36	放电间歇特征	表征 PD 放电的分布
37	放电极性特征	表征 PD 放电的分布
38	放电分布区域	表征 PD 放电的分布

7.3.2　三种模式特征量相关性分析

根据三种模式下 PD 特征信息理论分析可知，这三类特征本质上都是以不同视角描述 PD 放电次数、放电幅值、放电频率等本征信息，毫无疑问这些特征数据之间存在着内在联系，挖掘各特征量之间的联系，并将这些特征信息进行有效的优化，对于 PD 故障识别有着重要的意义。

典型的相关性分析方法是处理两个随机矢量之间相互依赖关系的统计方法，其中皮尔森相关系数能定量描述两因素之间的线性相关紧密程度，可在[0,1]区间将因素相关系数进行强弱区间划分[27]。本书只考虑特征量是否相关，此处选取皮尔森系数的绝对值大小判断各特征量的相关度：

$$\left|\rho_{ij}\right| = \left|\frac{\sum\limits_{k=1}^{m}(f_{ik}-\overline{f}_i)(f_{jk}-\overline{f}_j)}{\sqrt{\sum\limits_{k=1}^{m}(f_{ik}-\overline{f}_i)^2\sum\limits_{k=1}^{m}(f_{jk}-\overline{f}_j)^2}}\right| \tag{7.40}$$

式中，f_i、f_j 分别为第 i、j 个特征量；ρ_{ij} 为特征量 f_i、f_j 之间的皮尔森相关系数；f_{ik}、f_{jk} 分别为特征量 f_i、f_j 的第 k 个样本；$\overline{f}_i$、$\overline{f}_j$ 分别为特征量 f_i、f_j 的样本序列均值。

7.3.3　基于核主成分分析的特征量优化

以上 TRPD 模式、PRPD 模式以及 $\Delta u/\Delta t$ 模式联合组成的特征量空间，以不同的角度描述原始特征信息，若将所有这些特征信息实现降维融合以获取更加有效的原始特征信息，将利于提高设备的故障诊断效率。本节尝试引入经典的主成分分析(principal component analysis，PCA)方法实现特征降维融合。

目前采集组合电器的 PD 信号，其统计特征在空间分布往往呈现非线性，常规 PCA 方法不能实现非线性降维。而核主成分分析(kernel PCA，KPCA)方法则是经典线性降维方法 PCA 的一种非线性变换，其主要思想是通过非线性变换将输入的原始特征数据映射到高维特征空间，然后在高维特征空间进行 PCA 操作。

采用经典方案的预处理策略是寻找一个 K-核函数，将原始特征空间映射到一个新的空间，使原始特征在新的空间中线性可分，从而通过已有的线性方法进行模式分类，使得新特征表现为原始特征的综合体现。

选取的内积核函数为高斯径向基函数：

$$K(x,y) = \exp\left(-\frac{\|x-y\|^2}{2\sigma^2}\right) \tag{7.41}$$

支持向量机(support vector machines，SVM)是目前模式识别领域应用最成熟的分类算法，它主要是基于 VC 维理论与结构风险最小化原理，能够很好地处理样本数据较少时的分类问题[27]。此处可直接选用 MATLAB 中已开发的 LibSVM 工具箱，利用降维样本对 SVM 分类器进行学习训练从而实现对故障模式的识别。如图 7.6 所示，将三种模式下提取的初始特征通过 KPCA 方法获得数目较少的新特征量空间，分别选取训练数据和测试数据，训练 SVM 分类器并测试分类器的识别效率。

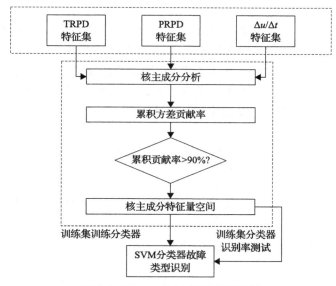

图 7.6　KPCA-SVM 模型实现过程

7.3.4　深度自编码网络特征优化方法

1. 深度自编码网络

深度自编码网络(deep auto-encoder network，DAEN)是在深度神经网络的基础上开发出来的一种非线性降维方法。它采用自适应的多层网络使数据的维度从高变到低，然后通过多个隐藏层将低维数据重构为原始维度的数据，确保低维特征数据能高度表征原始数据信息。DAEN 降维方式有着高度非线性和复杂性，能获取高度抽象的粗粒度特征[28]。

本书尝试将其引入 PD 特征量的降维融合中，通过三种模式下联合特征信息的深度网络故障智能识别达到模拟人脑通过视觉、嗅觉、听觉接收信息并通过大脑反馈实现对事物认知的目的[29-31]。

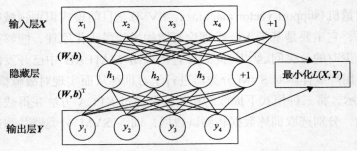

图 7.7　DAEN 的基本拓扑结构图

DAEN 的基本拓扑结构如图 7.7 所示，它通过寻求最优参数 (W,b) 使得输出 Y 尽可能地重构输入 X，中间隐藏层输出 h 即 X 降维后的低维特征。DAEN 以最小化原始输入与重构输入之间的均方误差为目标函数，进行参数调整，损失函数如式 (7.42) 所示，其中第一项为平均重构误差；第二项为权重约束项，防止过度拟合；第三项为稀疏性限制，使输出更加鲁棒[32,33]：

$$
\min L(\boldsymbol{W},\boldsymbol{b}) = \left[\frac{1}{m}\sum_{i=1}^{m}J(\boldsymbol{W},\boldsymbol{b};\boldsymbol{x}^{(i)},\boldsymbol{y}^{(i)})\right] \\
+ \frac{\lambda}{2}\sum_{l=1}^{n_l-1}\sum_{i=1}^{s_l}\sum_{j=1}^{s_l+1}(W_{ji}^{(l)})^2 + \beta\sum_{j=1}^{s_2}(\mathrm{KL}(\rho\|\bar{\rho}_j))
\tag{7.42}
$$

式中的平均重构误差与稀疏性限制分别为

$$
\begin{cases}
J(\boldsymbol{W},\boldsymbol{b};\boldsymbol{x}^{(i)},\boldsymbol{y}^{(i)}) = \frac{1}{2}\left\|h_{\boldsymbol{W},\boldsymbol{b}}(\boldsymbol{x}^{(i)}) - \boldsymbol{x}^{(i)}\right\|^2 \\
\mathrm{KL}(\rho\|\bar{\rho}_j) = \rho\ln\frac{\rho}{\bar{\rho}_j} + (1-\rho)\ln\frac{1-\rho}{1-\bar{\rho}_j}
\end{cases}
\tag{7.43}
$$

其中，$\boldsymbol{x}^{(i)}$ 和 $\boldsymbol{y}^{(i)}$ 分别为第 i 个 DAEN 的原始输入和重构输入，$\boldsymbol{y}^{(i)} = h_{W,b}(\boldsymbol{x}^{(i)})$；$m$、$n_l$、$s_l$ 分别为样本数、网络层数以及第 l 层单元数；(W,b) 分别表示层间的连接权重以及各层的单元偏置，如 $W_{ji}^{(l)}$ 表示第 l 层第 i 单元与第 $l+1$ 层第 j 单元之间的连接参数；λ 为权重衰减系数；β 为稀疏值惩罚值的权重；ρ 为稀疏值惩罚值的权重；$\bar{\rho}_j$ 为隐藏层单元输出的平均值。

2. 深度自编码网络预训练及微调过程

DAEN 的构建过程有预训练过程与微调过程。预训练过程通过训练得到合适的初始权重，并展开生成使用该初始权重的编码网络与解码网络，微调过程则可利用反向传播算法微调权重得到更好的重构数据。

在针对多个隐藏层自编码网络中，本书通过分别训练受限玻尔兹曼机(restricted Bolzmann machine，RBM)的方法来初始化权重。RBM 是一种寻找好的初始化权重的算法，其能量模型由可见层与隐藏层两层构成，通常选用能量函数作为其代价函数，能克服训练过程中容易陷入局部极小值的缺点，此处采用的算法模型的预训练过程由 4 个 RBM 构成以完成网络权重的调解。RBM 模型如图 7.8 所示。

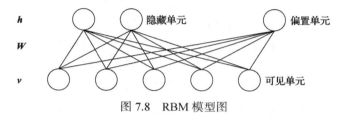

图 7.8　RBM 模型图

RBM 模型的输入层中输入向量 v 和输出层的输出向量 h 之间权重 W 更新公式定义为

$$\Delta w_{ij} = \varepsilon \left(\left\langle v_i h_j \right\rangle_{\mathrm{data}} - \left\langle v_i h_j \right\rangle_{\mathrm{recon}} \right) \tag{7.44}$$

式中，ε 为学习率，可见层和隐藏层对应单元取值；$\left\langle v_i h_j \right\rangle_{\mathrm{data}}$ 为实际数据分布；$\left\langle v_i h_j \right\rangle_{\mathrm{recon}}$ 为模型的重构数据。

为了训练 RBM 更稳定，需要完成能量函数的最小化工作。其预训练及微调过程如下[34]。

(1)训练第一个 RBM，即包含 38 维输入层和 60 维第一隐藏层构成的网络(图 7.9(a))。采用 RBM 优化，这个过程用的是训练样本，优化完毕后，计算训练样本在隐藏层的输出值。

(2)利用第(1)步中的隐藏层输出作为第 2 个 RBM 训练的输入值，同样用 RBM 网络来优化第 2 个 RBM，并计算出网络的输出值，并且用同样的方法训练第 3、4 个 RBM。

(3)将上面 4 个 RBM 展开连接成新的网络，且分成编码器和解码器部分，并用第(1)步和第(2)步得到的网络值给这个新网络赋初值。

(4)由于新网络中最后的输出和最初的输入节点数是相同的，可以将最初的输入值作为网络理论的输出标签值，然后采用 BP 算法计算网络的代价函数和代价函数的偏导数。

(5)利用第(3)步的初始值和第(4)步的代价值和偏导值，采用共轭梯度下降法优化整个新网络，得到最终的网络权值。

将每一层的 RBM 隐藏层与下一层 RBM 可见层合为一层，一次合并展开得到

DAEN，具体结构图如图 7.9 所示。

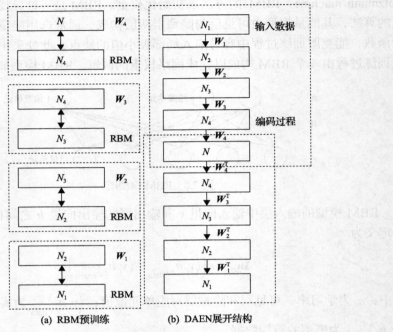

(a) RBM预训练　　　　　(b) DAEN展开结构

图 7.9　DAEN 的预训练与展开过程

DAEN 的微调过程使用预训练过程得到初始权重，通过最小化重构误差来调整权重，从而达到最好的重构效果。

(6) 由上述过程得到初始网络参数，因为最终需要进行模式识别，所以在网络最后一隐藏层级联 softmax 分类器，形成 DAEN 融合识别模型，将 softmax 分类器参数和上述预训练参数作为整个网络参数初值。通过共轭梯度下降法调整权重以达到最小化重构误差的目的，并且预先设置微调次数，经过多次微调以达到最好的重构效果。

7.3.5　两种优化方法对比分析

如前文所述，在各种 GIS 设备状态监测方法中，UHF 法是目前最广泛应用的在线监测法，虽然其放电量难以标定，但适合在线监测的特点是其他方法无法相比的。同时，UHF PD 信号含有大量统计信息，可利用统计学等相关工具提取大量特征参量，以便建立 PD 电气参量与绝缘缺陷属性间的隶属关系，实现故障识别。

1. 测试数据

为了保持与实验室物理模型相近，现场试验设立了相对应的四种绝缘缺陷模型，分别以 S1、S2、S3 和 S4 依次代表。现场试验在距离 GIS 壳体内壁 5cm 处的导电杆上系一根细铜丝来模拟 S1 缺陷(图 7.10(a))；以数个约 2mm×2mm 的矩形薄铝片来模拟 S2 缺陷(图 7.10(b))；以绝缘子表面沾上直径 0.2mm 的铜丝模拟 S3 缺陷(图 7.10(c))；以实际产生 43mm 裂纹的绝缘子模拟 S4 缺陷(图 7.10(d))。利用 UHF 传感器进行 PD 监测时，为了尽量避免信号能量衰减过多引起检测不准的问题，显然传感器离绝缘缺陷越近越好。

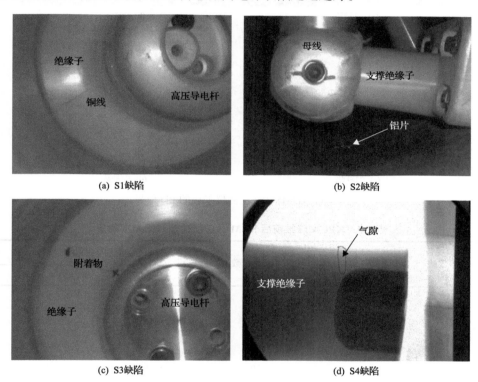

(a) S1缺陷　　　　　　　　　　　(b) S2缺陷

(c) S3缺陷　　　　　　　　　　　(d) S4缺陷

图 7.10　现场 UHF 试验的典型绝缘缺陷

每种绝缘缺陷下首先测得起始放电电压 U_{in}，再选定某一高于 U_{in} 的试验电压值进行现场加压试验。需要注意的是，试验需要更加贴近真实 GIS 设备绝缘缺陷致 PD 引起的物理、化学效应，并将传感器置于合适位置，加强信号采集结果。现场通过该企业现有 DMS PD 检测仪采集 PD 信号，如图 7.11 所示。

2. KPCA-SVM 故障识别

将三种模式提取的特征集分别组合，形成特征集①~⑦，经 KPCA 降维后，SVM 分类器的故障识别准确率如表 7.5 所示。

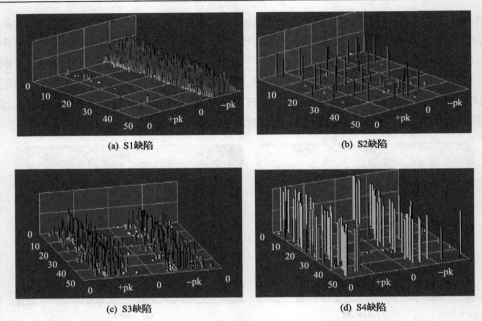

(a) S1缺陷　　　　　　　　　　　　　　　　(b) S2缺陷

(c) S3缺陷　　　　　　　　　　　　　　　　(d) S4缺陷

图 7.11　DMS PD 检测仪采集的 PD 信号

表 7.5　KPCA 降维前后 SVM 分类器的故障识别准确率

特征集	特征量	主成分个数	识别准确率	
			SVM	KPCA-SVM
①	$f_1 \sim f_{13}$	5	0.812	0.824
②	$f_{14} \sim f_{29}$	6	0.833	0.845
③	$f_{30} \sim f_{38}$	4	0.785	0.791
④	$f_1 \sim f_{29}$	10	0.856	0.895
⑤	$f_{14} \sim f_{38}$	9	0.847	0.892
⑥	$f_1 \sim f_{13}$、$f_{30} \sim f_{38}$	9	0.843	0.873
⑦	$f_1 \sim f_{38}$	12	0.837	0.905

在数据测试中，分别在四类故障缺陷中各选 100 个样本构成原始数据集，320 个样本训练集，训练过程如图 7.6 所示，80 个测试样本进行测试，其中最终的识别准确率为测试集中总的准确识别样本数与测试样本数的比值。

如表 7.5 所示，特征集①～⑦经 KPCA 降维，SVM 分类器识别率都有一定程度的提升，表明降维策略有效改善了特征信息质量。但是，三种模式单独提取的特征集①～③经 KPCA 降维后最终识别效果提升不明显，甚至在 $\Delta u / \Delta t$ 模式下的特征集经过降维后识别效果没有差别。其主要原因是单一模式的特征集有用信息及信息冗余有限，通过 KPCA 进一步压缩特征量信息的效果不明显。相反，多种特征模式下特征量联合降维的效果较明显，这印证了前面多模式下特征量相关分析结论，即多模式下包含的原始特征信息更多。

此外，从识别效果上看，多模式下的特征量联合降维能在一定程度上精炼特征信息，但在深度挖掘数据本征结构获取更多特征信息的过程中，KPCA 方法效果有限，因此有必要引入新的方法进一步挖掘特征有效信息。

3. DAEN 降维故障识别

DAEN 以前文提取的 38 维 PD 故障特征量为输入向量，测试过程中选取 4 层隐藏层的深度自编码网络结构，网络结构设置为 N_1-N_2-N_3-N_4-N(N 即输出维度)，详细结构如图 7.9(b)中所示，整个网络过程中涉及的关键参数设置如表 7.6 所示。

表 7.6　DAEN 参数设置表

序号	参数类型	参数值
1	最大迭代次数	150
2	学习率	0.1
3	权重衰减系数	0.0001
4	稀疏性参数	0.1

为了测试设定的 DAEN 结构的预训练与微调过程的训练效果，选取均方误差 (mean squared error，MSE) 为重构效果的评价标准[22]：

$$MSE = \frac{1}{m} \sum_{i=1}^{m} \left\| y_{data}(i) - y_{recon}(i) \right\|^2 \tag{7.45}$$

式中，m 为训练样本数；y_{data} 为原始输入数据；y_{recon} 为 RBM 训练或者微调后的重构数据。

本节选取四种缺陷中 320 个训练样本，80 个测试样本，网络结构定为 38-60-30-20-12，在 MATLAB 中测试经过微调的训练过程与测试过程中的重构误差统计如图 7.12 所示。

从图 7.12 的重构误差数据可以看出，当迭代次数为 50～60 次时，重构误差达到平衡。当迭代次数为 50 时，训练集的最小重构误差为 7，测试集的最小重构误差为 10，重构误差差异都很小，证明降维特征信息能够有效代表原始特征信息。

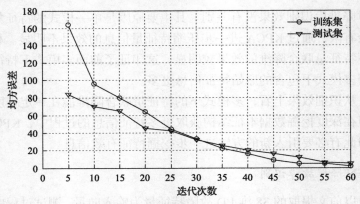

图 7.12　重构误差统计

此外，在选择 DAEN 中 38-60-30-20-N 结构最后隐藏层的输出节点过程中，本书参照了 KPCA 中的最终主成分个数。当改变最终输出特征量维度 N 时，测试集和训练集的模式识别准确率测试结果如图 7.13 所示。

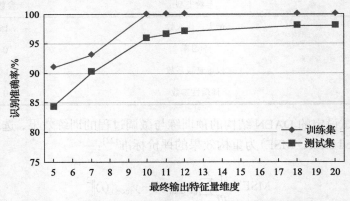

图 7.13　不同特征量个数 DAEN 方式故障识别准确率

由图 7.13 结果可知，当最终输出特征量维度在 10 及以上时，训练集识别准确率都达到了 100%，测试集的识别准确率都在 95%以上。随着维度继续增大到 20，识别效果增加不明显，而在维度较低的时候由于提取的信息有限，测试集的模式识别效率不高。因此，通过 KPCA 得到的主成分个数在一定程度上为 DAEN 方式最终输出维度提供了印证。

4. 两种降维方式运行效率对比

基于以上分析，选定测试的最优 DAEN 参数，仍以图 7.9(a) 中的 N_1-N_2-N_3-N_4-N 为深度网络的架构，其中输入 N_1 和输出 N 分别定为表 7.5 中各特征集类型①～⑦的特征集和主成分个数。经数据测试，KPCA-SVM 和 DAEN 两种降维方式在多特征量降维融合的效果如图 7.14 所示。

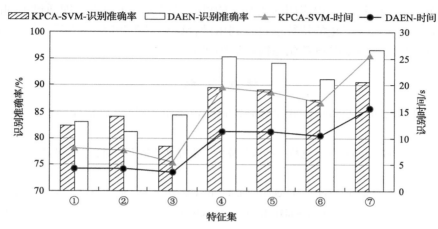

图 7.14　不同特征集经 KPCA-SVM 和 DAEN 融合识别的识别准确率和识别时间对比

由图 7.14 识别结果可知,深度神经网络算法的网络结构与算法参数经合理设置后,DAEN 方式的识别效率高于 KPCA-SVM 方式,随着输入特征量的增加,DAEN 方式在特征的有效融合效果明显优于 KPCA-SVM 方式,其识别准确率普遍高于 90%,适合于实际工程应用。

5. 分析与讨论

针对 UHF 采集的原始 PD 特征信息,基于 TRPD、PRPD 以及 $\Delta u/\Delta t$ 三种特征信息提取方式,构建 GIS 故障诊断多维特征集。不同模式的特征量,本质上都是对原始 PD 放电次数和频率等本征信息不同角度的解读,通过对大量特征量的降维处理,利用不同方式合成特征量,以综合视角来完成故障识别,更具有智能化。

(1)通过对 TRPD、PRPD 以及 $\Delta u/\Delta t$ 模式下的特征集进行相关分析,证明了不同提取方式下的特征量存在一定相关性,并且多模式下的特征量拥有更多的原始特征信息,进行特征融合,更利于故障诊断准确度的提高。

(2)KPCA-SVM 和 DAEN 两种降维方式的测试结果表明,多种特征提取模式组成的联合特征集,在降维后比原始特征集有更高的识别准确率,证明了特征融合的有效性。

(3)KPCA-SVM 和 DAEN 两种降维方式的对比测试表明,DAEN 降维方式在 GIS 故障特征量降维中有更高的效率,多层神经网络结构能够更好地剔除原始特征集中的冗余信息,获取原始特征量空间的价值信息实现高质量的故障模式诊断。

总之,随着计算机技术的发展以及电力系统智能化程度的进一步提高,智能算法集成到设备监测仪器上成为现实，原始的基于理论实验研究的提取关键特征量从而实现故障诊断工程应用的普及化的思路可以进一步改进，即通过不同的特征提取方式获取多元化的特征信息，利用融合思想智能获取关键特征量，实现故障诊断，从而为输变电设备状态检修提供保障。

参 考 文 献

[1] 张晓星. 组合电器局部放电非线性鉴别特征提取与模式识别方法研究[D]. 重庆: 重庆大学, 2006.

[2] 董玉林. 组合电器局部放电特征提取与放电严重程度评估方法研究[D]. 重庆: 重庆大学, 2015.

[3] Stone G C, Montanari G C, Cacciari M, et al. Use of a mixed-Weibull distribution for the identification of PD phenomena[J]. IEEE Transactions on Dielectrics and Electrical Insulation, 1995, 2(4): 628-629.

[4] Schifani R, Candela R. A new algorithm for mixed Weibull analysis of partial discharge amplitude distributions[J]. IEEE Transactions on Dielectrics and Electrical Insulation, 1999, 6(2): 242-249.

[5] Jacquelin J. Inference of sampling on Weibull representation[J]. IEEE Transactions on Dielectrics and Electrical Insulation, 1996, 3(6): 231-237.

[6] Montanari G C, Mazzanti G, Cacciari M, et al. In search of convenient techniques for reducing bias in the estimation of Weibull parameters for uncensored tests[J]. IEEE Transactions on Dielectrics and Electrical Insulation, 1997, 4(3): 306-313.

[7] Gao K, Tan K X, Li F Q, et al. The use of moment features for recognition of partial discharges in generator stator winding models[C]. Proceedings of the 6th International Conference on Properties and Applications of Dielectric Materials, Xi'an, 2000: 290-293.

[8] Satish L, Zaengl W S. Can fractal features be used for recognizing 3-D partial discharge patterns[J]. IEEE Transactions on Dielectrics and Electrical Insulation, 1995, 2(3): 352-359.

[9] 成永红, 谢小军, 陈玉, 等. 气体绝缘系统中典型缺陷的超宽频带放电信号的分形分析[J]. 中国电机工程学报, 2004, 24(8): 99-102.

[10] Krivda A, Gulski E, Satish L, et al. The use of fractal features for recognition of 3-D discharge patterns[J]. IEEE Transactions on Dielectrics and Electrical Insulation, 1995, 2(5): 889-892.

[11] Candela R, Mirelli G, Schifani R. PD recognition by means of statistical and fractal parameters and a neural network[J]. IEEE Transactions on Dielectrics and Electrical Insulation, 2000, 7(1): 87-94.

[12] 李新. 局部放电在线监测的信号重构和模式识别方法研究[D]. 重庆: 重庆大学, 1999.

[13] 李剑, 孙才新, 杜林, 等. 局部放电灰度图象分维数的研究[J]. 中国电机工程学报, 2002, 22(8): 123-127.

[14] 孙才新, 许高峰, 唐炬, 等. 以盒维数和信息维数为识别特征量的 GIS 局部放电模式识别方法[J]. 中国电机工程学报, 2005, 25(3): 100-104.

[15] Mazroua A A. Bartnikas R, Salama M M A. Discrimination between PD pulse shapes using different neural network paradigms[J]. IEEE Transactions on Dielectrics and Electrical Insulation, 1994, 1(6): 1119-1131.

[16] 郑重, 谈克雄, 高凯. 局部放电脉冲波形特性分析[J]. 高电压技术, 1999, 25(4): 15-17, 20.

[17] 李剑, 王小维, 金卓睿, 等. 变压器局部放电超高频信号多尺度网格维数的提取与识别[J]. 电网技术, 2010, 34(2): 159-163.

[18] 赵学智, 叶邦彦, 陈统坚. 奇异值差分谱理论及其在车床主轴箱故障诊断中的应用[J]. 机械工程学报, 2010, 46(1): 100-108.

[19] Xie H B, Zheng Y P, Guo J Y. Classification of the mechanomyogram signal using a wavelet packet transform and singular value decomposition for multifunction prosthesis control[J]. Physiological Measurement, 2009, 30(5): 441-457.

[20] Kingsbury N G. The dual-tree complex wavelet transform: A new efficient tool for image restoration and enhancement[C]. European Signal Processing Conference, Rhodes, 1998: 319-322.

[21] Kingsbury N G. Complex wavelets for shift invariant analysis and filtering of signals[J]. Applied and Computational Harmonic Analysis, 2001, 10(3): 234-253.

[22] 梁霖, 徐光华, 刘弹, 等. 小波-奇异值分解在异步电机转子故障特征提取中的应用[J]. 中国电机工程学报, 2005, 25(19): 111-115.

[23] Yang W X, Tse P W. Development of an advanced noise reduction method for vibration analysis based on singular value decomposition[J]. NDT & E International, 2003, 36(6): 419-432.

[24] 何秋宇, 全玉生, 马彦伟, 等. 二进小波结合伯格·马萨特策略抗局放干扰[J]. 电力系统及其自动化学报, 2007, 19(4): 88-92.

[25] Lalitha E M, Satish L. Wavelet analysis for classification of multi-source PD patterns[J]. IEEE Transactions on Dielectrics and Electrical Insulation, 2000, 7(1): 40-47.

[26] Gao W S, Ding D W, Liu W D. Research on the typical partial discharge using the UHF detection method for GIS[J]. IEEE Transactions on Power Delivery, 2011, 26(4): 2621-2629.

[27] Tang Y. Kernel principal component analysis model for transformer fault detection based on modified feature sample[J]. Computer Engineering & Applications, 2014, 50(21): 4-7, 110.

[28] Hinton G E, Salakhutdinov R R. Reducing the dimensionality of data with neural networks[J]. Science, 2006, 313(5786): 504-507.

[29] 金森. 基于多源局部放电信息融合的气体绝缘装备绝缘状态评估研究[D]. 武汉: 武汉大学, 2018.

[30] Tang J, Jin M, Zeng F P, et al. Assessment of PD severity in gas-insulated switchgear with an SSAE[J]. IET Science, Measurement & Technology, 2017, 11(4): 423-430.

[31] Tang J, Jin M, Zeng F P, et al. Feature selection for partial discharge severity assessment in gas-insulated switchgear based on minimum redundancy and maximum relevance[J]. Energies, 2017, 10(10): 1516.

[32] LeCun Y, Bengio Y, Hinton G. Deep learning[J]. Nature, 2015, 521(7553): 436-444.

[33] Baldi P, Guyon G, Dror V, et al. Autoencoders, unsupervised learning and deep architectures editor: I[C]. Proceedings of the International Conference on Unsupervised and Transfer Learning Workshop, Washington, 2011: 37-50.

[34] Lu S C, Liu H P, Li C W. Manifold regularized stacked autoencoder for feature learning[C]. IEEE International Conference on Systems, Man, and Cybernetics, Hong Kong, 2015: 2950-2955.

第三篇　局部放电类型辨识

第8章　基于支持向量数据描述的 PD 类型辨识

在 GIS 的绝缘缺陷导致击穿故障之前，往往会先产生不同形式和程度的 PD，而 PD 形式又与绝缘缺陷类型和故障的严重程度有着极为密切的内在联系。因此，通过对 GIS 内部 PD 进行科学合理的监测，并采用与之相适应的识别方法进行诊断，是保障 GIS 设备安全可靠运行的重要途径。用支持向量数据描述的 PD 类型辨识，已成为本领域最具有活力的手段。

在 20 世纪中期，针对传统机器学习方法的种种问题，Vapnik 等就致力于统计学习理论(statistical learning theory，SLT)的研究工作，20 世纪 90 年代该理论的研究逐渐成熟起来，并在此理论基础上发展起来了一种新的机器学习算法，即支持向量方法，包括支持向量机(SVM)和支持向量数据描述(support vector data description，SVDD)。SVM 适用于小样本，但在学习阶段存在错分或漏分的问题，为克服这一不足，扩展其应用范围，学者提出将 SVDD 用于分类，它是 SVM 的一种变形，改变了 SVM 原始优化问题中的函数项、变量或系数，从而在某些方面具有突出优势[1,2]。

8.1　支持向量的基本原理

SVM 的理论最初来自对两类数据分类问题的处理，其基本思想是在数据组成的特征空间中，考虑寻找一个超平面，使得不同类别的训练样本正好位于超平面的两侧，并且分类的最终目的是使这些样本到该超平面的距离尽可能远，即构建一个超平面，使其两侧的空白区域最大化。

8.1.1　支持向量机

对于 SVM 线性可分的二分类问题，给定两类训练样本 $\{(x_i, y_i), i = 1, 2, \cdots, l, x_i \in \mathbf{R}^n, y_i \in \{-1,1\}\}$，其中 l 表示训练样本的大小。如果 x_i 属于第一类，则标记为正(y_i=1)，如果 x_i 属于第二类，则标记为负(y_i=−1)。假设已寻找到一个超平面 $F: \boldsymbol{\omega} \cdot x_i + b = 0$，其中 $\boldsymbol{\omega}$ 为超平面的法向量，b 为偏移量，均为非零参数。超平面把 $\mathbf{R}^n$ 空间分成两部分，并且使得训练样本正好位于该超平面的两侧，如图 8.1 所示。图中实心圆圈和空心圆圈分别表示两类训练样本，在 F_1 和 F_2 各类样本中，离分类超平面 F 最近的点且平行于超平面，处于 F_1 和 F_2 平面上的圆圈分别为两类支持向量(support vector，SV)。

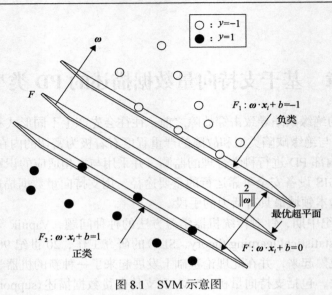

图 8.1　SVM 示意图

最优超平面就是要求超平面不但要将两类训练样本无错误地分开，并且还要使两类训练样本的分类间隔距离最大。间隔距离可用 F_1 上的支持向量到 F 的距离来定义，即

$$d(F_1, F) = \frac{|\boldsymbol{\omega} \cdot \boldsymbol{x}_i + b|}{\|\boldsymbol{\omega}\|} = \frac{1}{\|\boldsymbol{\omega}\|} \tag{8.1}$$

同理，F_2 到 F 的距离也为：$d(F_2, F) = \dfrac{1}{\|\boldsymbol{\omega}\|}$。从而分类间隔（$F_1$ 和 F_2 之间的距离）为

$$d(F_1, F_2) = \frac{2}{\|\boldsymbol{\omega}\|} \tag{8.2}$$

经证明，要使分类间隔最大，等价于使 $\|\boldsymbol{\omega}\|^2$ 最小，则满足 SVM 正确分类的所有样本，可转化为求解如下二次规划问题[1,2]：

$$\begin{cases} \max & \dfrac{2}{\|\boldsymbol{\omega}\|} \\ \text{s.t.} & y_i(\boldsymbol{\omega} \cdot \boldsymbol{x}_i + b) \geqslant 1 \end{cases} \Rightarrow \begin{cases} \min & \dfrac{1}{2}\|\boldsymbol{\omega}\|^2 \\ \text{s.t.} & y_i(\boldsymbol{\omega} \cdot \boldsymbol{x}_i + b) \geqslant 1 \end{cases} \tag{8.3}$$

为了解决式(8.3)中的二次规划问题，利用拉格朗日理论，引入拉格朗日乘子 α_i 和拉格朗日函数 $L(\boldsymbol{\omega}, b, \alpha_i)$：

$$\begin{cases} L(\boldsymbol{\omega}, b, \alpha_i) = \dfrac{1}{2} \|\boldsymbol{\omega}\|^2 - \sum_{i=1}^{l} \alpha_i y_i (\boldsymbol{\omega} \cdot \boldsymbol{x}_i + b) + \sum_{i=1}^{l} \alpha_i \\ \text{s.t.} \quad \alpha_i \geqslant 0, \quad i = 1, 2, \cdots, l \end{cases} \tag{8.4}$$

根据文献[3]中介绍的 KKT(Karush-Kuhn-Tucker)条件，为求以上函数的极值，分别对 $\boldsymbol{\omega}$、b 和 α_i 求偏微分并令其等于 0，于是有

$$\begin{cases} \dfrac{\partial L}{\partial \boldsymbol{\omega}} = 0 \\ \dfrac{\partial L}{\partial b} = 0 \Rightarrow \\ \dfrac{\partial L}{\partial \boldsymbol{\alpha}} = 0 \end{cases} \begin{cases} \boldsymbol{\omega} = \sum_{i=1}^{l} \alpha_i y_i \boldsymbol{x}_i \\ \sum_{i=1}^{l} \alpha_i y_i = 0 \\ \alpha_i y_i (\boldsymbol{\omega} \cdot \boldsymbol{x}_i + b) = 0 \end{cases} \tag{8.5}$$

将式(8.5)代入原始 L 函数，并根据原规划问题的约束条件，可得到原二次规划问题对偶问题，即

$$\begin{cases} \max \left\{ \sum_{i=1}^{l} \alpha_i - \dfrac{1}{2} \sum_{i=1}^{l} \sum_{j=1}^{l} \alpha_i \alpha_j y_i y_j (\boldsymbol{x}_i \boldsymbol{x}_j) \right\} \\ \text{s.t.} \quad \alpha_i \geqslant 0, \quad i = 1, 2, \cdots, l \\ \sum_{i=1}^{l} \alpha_i y_i = 0 \end{cases} \tag{8.6}$$

寻求最优超平面即最佳 $\boldsymbol{\omega}$ 和 b 的过程变为上述二次函数寻优问题，并且文献[4]证明了该寻优问题存在唯一解。若 α_i^* 为最优解，则有

$$\boldsymbol{\omega}^* = \sum_{i=1}^{n} \alpha_i^* y_i \boldsymbol{x}_i \tag{8.7}$$

式中，大部分 α_i^* 不等于 0，对应 F_1 和 F_2 超平面两侧的两类样本，而少量 α_i^* 为零的样本，对应 F_1 和 F_2 超平面上的样本，即支持向量。b^* 对应于最优 α_i^* 时的分类阈值，可满足约束条件 $\alpha_i^* \left(y_i \left(\boldsymbol{\omega}^* \cdot \boldsymbol{x}_i \right) + b^* \right) = 0$，即在分类超平面权系数向量最优时的支持向量线性组，则最优判别函数表达式为

$$F(\boldsymbol{x}) = \text{sgn} \left(y_i \alpha_i^* \left(\boldsymbol{\omega}^* \cdot \boldsymbol{x}_i \right) + b^* \right) \tag{8.8}$$

SVM 有效地改善了传统分类方法的不足，具有解决小样本、非线性和高维问

题的特有优势，且分类效果较好。但是，SVM 在学习阶段存在一定的漏分问题，为此需改变 SVM 原始优化问题中的函数项、变量或系数，从而获得在某些方面的突出优势，以便适用于特定问题的变形 SVM，扩展其应用范围。

8.1.2　支持向量数据描述

SVDD 的基本思想是通过在多维特征空间中，寻找一个体积最小的超球体，让一类样本(目标样本)尽可能地被包围在超球体内，而将其余的一类或者多类样本(也称为非目标样本)排除在外。由于三维以上的多维空间无法用图形表示，下面以三维空间为例，阐述该算法。

假设在三维空间中给定一个包含多种类别 N 个数据对象的样本集 $T=\{X_1,X_2,\cdots,X_L\}$，任意选择其中一种类别为目标样本，用符号 ○ 表示，对应样本集中的 $\{X_1, X_2,\cdots,X_L\}$，则其余类别为非目标样本，用符号 △ 表示，对应样本集中的 $\{X_{L+1}, X_{L+2},\cdots,X_N\}$，不妨设其中样本 $X_i=\{f_1,f_2,f_3\}$，f 为三维特征向量，以三维空间为例的超球体示意如图 8.2 所示。

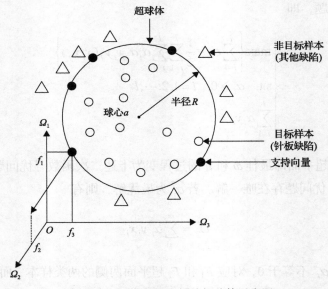

图 8.2　以三维空间为例的超球体示意图

GIS 中常见的缺陷放电模型包括金属突出物放电模型、自由金属微粒放电模型、绝缘子表面污秽放电模型以及绝缘子气隙放电模型等，这里选择其中任意一种放电模型代表目标样本。以金属突出物放电模型为例，则其余放电模型代表非目标样本。定义一个包含金属突出物放电模型样本的超球体 Θ，其球心为 a，半径为 R。在该实验平台下，SVDD 算法本质就是把样本集中的金属突出物放电模型作为研究对象，经过一系列的优化处理，寻找支持向量（图中用黑色实心点表示），然后试图通过最小化 R，来找到体积最小的超球体，以对金属突出物放电模型样本进行准确描述，使被描述的金属突出物放电模型样本全部或者尽可能多地包含在 Θ 内，而其余放电模型样本要没有或者尽可能少地包含在 Θ 内。

将 SVDD 思想中的陈述转化为数学模型，可得到以下含 3 个未知参数的优化问题：

$$
\begin{aligned}
&\min \ f_0 = R^2 + C\sum_i \gamma_i \\
&\text{s.t.} \ f_i = (\boldsymbol{x}_i - \boldsymbol{a})(\boldsymbol{x}_i - \boldsymbol{a})^{\mathrm{T}} - R^2 + \gamma_i \leqslant 0; \ \gamma_i \geqslant 0
\end{aligned} \tag{8.9}
$$

式中，R 是超球体的半径；$\boldsymbol{a}$ 是超球体的球心；$\boldsymbol{x}_i$ 是需要处理的放电模型样本；C 是惩罚因子，控制超球体体积和误差之间折中的常数；γ_i 是松弛变量，在一定范围内允许部分放电模型样本在球体以外；f_0 是最小分类超球体；f_i 是约束条件，表示放电模型样本位于超球体内部。

为减少原始问题中约束条件或者变量的个数，降低原始问题求解难度，同支持向量机求解过程一样，将拉格朗日对偶理论运用到数学模型中，引入拉格朗日乘子 α_i，使优化问题转化成拉格朗日极值问题，则对偶问题最终表达式为

$$
\begin{aligned}
&\min f_0 = \sum_{i=1}^{n}\sum_{j=1}^{n}\alpha_i \alpha_j (\boldsymbol{x}_i \cdot \boldsymbol{x}_j^{\mathrm{T}}) - \sum_{i=1}^{n}\alpha_i (\boldsymbol{x}_i \cdot \boldsymbol{x}_i^{\mathrm{T}}) \\
&\text{s.t.} \begin{cases} \sum_{i=1}^{n}\alpha_i = 1 \\ 0 \leqslant \alpha_i \leqslant C \end{cases}
\end{aligned} \tag{8.10}
$$

式 (8.10) 是一个标准的二次规划且只含一个未知参数 $\boldsymbol{\alpha}$。通过二次规划处理，可得与金属突出物放电模型样本个数相对应的最优解 $\boldsymbol{\alpha}^* = (\alpha_1^*, \alpha_2^*, \cdots, \alpha_L^*)$，为寻找支持向量 SV($\boldsymbol{x}_i^*$) 提供依据。实际上，根据 KKT 条件中的互补条件 $\alpha_i f_i(\boldsymbol{x}_i^*) = 0$，可得 $f_i(\boldsymbol{x}_i^*) = 0$ 时，$\alpha_i^* \neq 0$，与这些 α_i^* 对应的金属突出物放电模型样本 $\boldsymbol{x}_i^*$ 在超球体上，被称为支持向量，并决定了边界的构成。当 $f_i(\boldsymbol{x}_i^*) < 0$ 时，$\alpha_i^* = 0$，其对应的金属突出物放电模型样本 $\boldsymbol{x}_i^*$ 在超球体内，被称为非支持向量。由于在金属突出物放电模型样本中，只有小部分为支持向量，即只有小部分 $\alpha_i^* \neq 0$，而大部分 $\alpha_i^* = 0$，因其不影响超球体边界的构建，故在计算中可以忽略。

对于给定的测试样本 $\boldsymbol{z}$（$\boldsymbol{z}$ 为实验室中采集到的某类 PD 信号），判断它是否属于金属突出物放电模型样本，首先要求该样本到超球体中心的距离，即最终决策函数：

$$F(z) = \|z - a\|^2 = (z \cdot z) - 2\sum_i \alpha_i^* (z \cdot x_i) + \sum_{i,j} \alpha_i^* \alpha_j^* (x_i \cdot x_j) \tag{8.11}$$

若 $F(z) \leqslant R^2$，则为金属突出物放电模型样本；若 $F(z) > R^2$，则为其余三类放电模型样本。

8.1.3　支持向量数据描述核函数

在对实际 GIS 设备进行 PD 检测时，由缺陷放电模型、放电电压和放电量各异而导致缺陷对应的特征量分布是重叠的、非线性的和复杂的，标准 SVDD 模型无法处理非线性问题。为了提高该算法的泛化能力，有效地识别缺陷放电类型，可以引入核函数来解决非线性问题。通过选择函数 $K(\cdot, \cdot)$ 将 PD 样本 x 所对应的原始空间(低维空间)映射到另一个高维空间。然后，在高维空间中寻找相应的最小超球体，使原始空间的非线性问题转化为高维空间的线性问题。由于核函数以映射函数的内积形式出现，不需要求得显式的映射函数，这就相当于直接在输入空间解决了非线性问题。依据 Vapnik 提出的理论，可用符合 Mercer 条件的核函数 $K(\cdot, \cdot)$ 替代式(8.11)中的内积运算 $(x_i \cdot x_j)$，从而得到：

$$\min \sum_{i=1}^n \sum_{j=1}^n \alpha_i \alpha_j K(x_i \cdot x_j) - \sum_{i=1}^n \alpha_i K(x_i, x_j) \tag{8.12}$$

对式(8.12)进行最优化求解即可得到分类超球体的支持向量，并最终得到决策函数，计算待测样本到球心的距离，鉴别目标样本与非目标样本。

核函数是由分类器决策函数的平滑度假设所决定的，如果数据输入空间的平滑度由先验知识可知，那么就可以利用这些知识来选择一个性能优良的核函数，将不同核函数用于 SVDD，可构造不同的分类器。

1. 基于多项式核函数的支持向量数据描述

将多项式核函数用于 SVDD，构造的判别函数为

$$\begin{cases} K(x_i, x_j) = (a(x_i, x_j) + b)^d \\ F(z) = (a(z, z) + b)^d - 2\sum_i \alpha_i^* (a(z, x_i) + b)^d + \sum_{i,j} \alpha_i^* \alpha_j^* (a(x_i, x_j) + b)^d \end{cases} \tag{8.13}$$

多项式核函数是一种典型的全局性核函数，其特点是泛化能力强，但学习能力较差，在实际应用中，多项式核函数虽然善于提取样本全局特性，但插值能力比较弱，表现出一定的局限性。

2. 基于 sigmoid 核函数的支持向量数据描述

将 sigmoid 核函数用于 SVDD，构造的判别函数为

$$
\begin{cases}
K(\boldsymbol{x}_i, \boldsymbol{x}_j) = \tanh(\boldsymbol{v}(\boldsymbol{x}_i, \boldsymbol{x}_j) + \boldsymbol{a}) \\
F(\boldsymbol{z}) = \tanh(\boldsymbol{v}(\boldsymbol{z}, \boldsymbol{z}) + \boldsymbol{a}) - 2\sum_i \alpha_i^* \tanh(\boldsymbol{v}(\boldsymbol{z}, \boldsymbol{x}_i) + \boldsymbol{a}) + \sum_{i,j} \alpha_i^* \alpha_j^* \tanh(\boldsymbol{v}(\boldsymbol{x}_i, \boldsymbol{x}_j) + \boldsymbol{a})
\end{cases}
$$

$$(8.14)$$

sigmoid 核函数仅当 $\boldsymbol{v}$ 和 $\boldsymbol{a}$ 取适当值时才能满足 Mercer 条件，并且确定两个参数的同时将会使参数优化变得复杂。

3. 基于高斯径向基核函数的支持向量数据描述

将高斯径向基核函数用于 SVDD，构造的判别函数为

$$
\begin{cases}
K(\boldsymbol{x}_i, \boldsymbol{x}_j) = \exp\left\{ -\dfrac{\left|\boldsymbol{x}_i - \boldsymbol{x}_j\right|^2}{\sigma^2} \right\} \\
F(\boldsymbol{z}) = 1 - 2\sum_i \alpha_i^* \exp\left\{ -\dfrac{\left|\boldsymbol{z} - \boldsymbol{x}_i\right|^2}{\sigma^2} \right\} + \sum_{i,j} \alpha_i^* \alpha_j^* \exp\left\{ -\dfrac{\left|\boldsymbol{x}_i - \boldsymbol{x}_j\right|^2}{\sigma^2} \right\}
\end{cases}
$$

$$(8.15)$$

高斯径向基核函数是在解决实际问题中经常用到的一个核函数，并对应无穷维的特征空间。因此，对于有限的非线性不同类别的 PD 样本在该特征空间中一定可以线性划分。由于只需要确定一个参数，而多项式核函数和 sigmoid 核函数中分别有两个参数需要确定，将会使参数优化变得复杂。文献[5]已经证明，采用高斯径向基核函数的训练结果优于采用多项式核函数和 sigmoid 核函数，考虑到上述特点，选用高斯径向基核函数优化支持 SVDD 算法。

8.2　改进的支持向量数据描述学习算法

由于 PD 会引起电极间的电荷移动，各种单一 PD 样本具有一定的分散性，SVDD 算法对放电模型训练样本的选择具有随机性，每次训练时均会选择不同的金属突出物放电模型训练样本[6-13]。不同的金属突出物放电模型训练样本会得出不同的支持向量，而金属突出物放电模型样本对应的超球体的分类边界由位于分类边界上的支持向量决定，因此，不同的支持向量将得到不同大小的超球体，导致部分金属突出物放电模型测试样本在超球体外，或者部分其他放电模型测试样

本在超球体内, 从而降低了放电模型样本的识别准确率。

8.2.1　优化半径支持向量数据描述算法

对于上述问题, 本书根据 SVM 中最大化"间隔"的思想, 对 SVDD 模型进行改进, 提出一种用于 GIS 设备绝缘缺陷 PD 类型识别的优化半径支持向量数据描述(OR-SVDD)算法, 如图 8.3 所示。首先, 分别在金属突出物放电模型样本和其余三类放电模型样本中, 随机选择部分 PD 数据对象作为训练样本, 其余 PD 数据作为测试样本, 通过标准 SVDD 算法, 对 PD 样本进行描述, 得到识别金属突出物放电模型样本和其余三类放电模型样本的最优超球体 Θ_1, a_1 和 R_1 分别为超球体的球心和半径。此时, 通过式(8.15)判断得到, 其余放电模型样本在超球体 Θ_1 外。

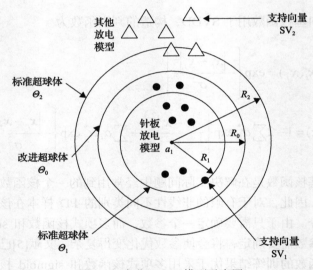

图 8.3　改进 SVDD 模型示意图

运用式(8.11)计算所有其余放电模型样本到超球体球心 a_1 的距离, 选择距离超球体 Θ_1 最近的 PD 样本作为 SV_2, 并以 a_1 为球心, 以支持向量 SV_2 到球心 a_1 的距离为半径 $R_2(>R_1)$, 建立一个与超球体 Θ_1 同心的超球体 Θ_2, 则同心最优超球体 Θ_0 的半径 R_0 表达式为

$$R_0 = R_1 + \frac{1}{2}(R_2 - R_1) \tag{8.16}$$

从图 8.3 中可以看出, 在对基于 SVDD 算法构造的超球体 Θ_1 进行优化之前, Θ_1 所包含的样本全是金属突出物放电模型样本, 有两个金属突出物放电模型样本

和其他放电模型样本全部在 Θ_1 外，说明此算法能够精确地识别其他放电模型样本，而位于 Θ_1 外的金属突出物放电模型样本点虽紧靠 Θ_1，但最终被识别为其他放电模型样本，给识别结果带来一定影响。通过上述优化处理以后，基于 OR-SVDD 算法构造了新的超球体 Θ_0，充分考虑了金属突出物放电模型的分类裕度，使得全部金属突出物放电模型样本都包含在超球体 Θ_0 里，克服了由 PD 数据分散对辨识放电模型造成的影响。

一般地，SVDD 算法所处理的数据对象 T 是在 m 维欧氏空间中散乱分布的 n 个训练数据，每个训练数据都由 m 维特征量构成。因此，对于不同研究领域，只要能够提取到合适的特征量，都可以采用 SVDD 算法进行描述，即 SVDD 算法适用于各个领域。当采用 SVDD 算法对放电样本进行数据描述时，构成的两个超球体的相对位置有相交、相切和相离三种情况。实际上，相切和相离可以归结为一种情况，即放电样本数据未发生重叠。如果超球体相交，那么放电样本数据肯定会发生重叠，无法准确识别放电模型。此时，若使用径向基核函数，总可以选取适当的参数 σ 使两球相离，但这往往会造成过学习现象。因此，需要采用其他优化算法对超球体进行处理，使重叠的数据能够有效分离，克服由放电样本重叠对识别造成的影响。

将 SVDD 具体应用到 PD 在线监测领域，所提取的特征量具有一定的针对性。通过仿真发现，所构造的多个超球体位置都处于相离情况。因此，不需要考虑超球体相交的情况。

8.2.2　基于支持向量数据描述的多分类算法

由于 SVDD 算法本质上是二分类算法，而 PD 类型识别是典型的多分类问题。按照上文所述，SVDD 算法只能识别测试样本是否为金属突出物放电模型样本，不能识别其余三类放电模型样本。因此，需要将 SVDD 算法进行改进，以适应 PD 多分类识别。

目前，存在两类途径解决 SVDD 多分类问题。一种是在考虑所有类别的同时直接在公式中优化参数，另一种是通过构造多个 SVDD 二分类器，然后将它们组合起来实现多类分类。前者尽管思路简洁，但是在最优化问题求解过程中的变量远远多于第二类方法，训练速度远不及第二类方法，而且在分类精度上也不占优势。鉴于第二种多分类思想，用于识别多类电气设备绝缘缺陷的分类方法有以下三种："一对一"、"一对多"和"二叉树"。

"一对一"(one-versus-one，1-V-1)多分类算法最早由 Kressel 提出，当需要识别电气设备中存在的 m 种绝缘缺陷时，该算法在 m 类 PD 训练样本中构造所有可能的二元分类器，共需要 $m(m-1)/2$ 个分类器，每次对其中的两类缺陷进行训练，组合这些分类器并使用投票法，累积各类别的得分，得票最多的类为样本点所属的缺陷类别。该算法的优点在于：每个分类器只考虑两类样本，而且决策边界简单，所以单个分类器训练速度较快。但此方法存在误分、拒分区域，导致推广误差无解，当分类器数量增加时，决策速度变慢。

"一对多"（one-versus-rest，1-V-R）多分类算法由 Vapnik 提出，当需要识别电气设备中存在的 m 种绝缘缺陷时，该算法将其中一种缺陷样本作为一类，其他不属于该缺陷的样本作为另一类，依次进行训练，需要 m 个与缺陷类别对应的分类器。对于未知的 PD 样本，该方法依次使用上述构造的分类器，通过判别函数寻找该样本对应的分类器，诊断该样本放电类型。该算法的优点是只需要训练 m 个二值分类器，因此有较快的分类速度。缺点是每个子分类器的构造都是将全部 m 类样本数据作为训练数据，随着样本数量的增加，每个 SVM 的训练速度明显变慢。

为了识别电气设备中存在的 m 种绝缘缺陷，"二叉树"算法把 m 类缺陷样本分成若干个二分类子集，其结构有两种形式：一种是每个分类器由一个放电样本与剩下的放电样本构造，即每次识别出一种绝缘缺陷；另一种是每个分类器由多个故障样本与剩下样本构造，也称为不定向识别，如图 8.4 所示。基于二叉树多类 SVDD 算法在训练时，从树的根节点开始识别，根据样本超球体的距离辨识故障样本，如此下去，直到最后鉴别出 m 个放电样本。该算法需要 $m-1$ 个分类器，故分类速度比其他两种多分类算法快。但二叉树的生成结构可以多元化，故对整个分类模型的分类精度有很大的影响。

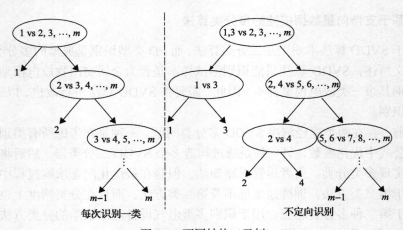

图 8.4　不同结构二叉树

由于需要对四种典型绝缘缺陷 PD 进行分类，三种多分类算法依次需要 6 个、4 个、3 个分类器，而分类器的个数会影响算法的执行时间，个数越少，训练所需时间越短，所以不采用"一对一"多分类算法。虽然二叉树算法所需分类器个数少，训练过程中样本数将随着训练过程逐渐减少，算法执行时间短，但此算法将产生累积效应，位于二叉树上层的分类器识别结果会影响二叉树下层分类器的识别结果，树枝越多，累积效应越严重。然而"一对多"多分类算法不存在累积效应，分类器个数只比二叉树多一个，对算法执行时间不会造成严重影响，故本书采用"一对多"算法构建典型缺陷 PD 识别模型[1]。

8.3　PD OR-SVDD 模式辨识方法

对构建的 PD 类型辨识分类器在使用之前，需要用一定的样本数据进行必要的训练，使分类器适应所辨识的对象。

8.3.1　OR-SVDD 分类器训练及辨识流程

在对 PD 样本进行分类器训练前，先要对样本进行预处理。此处采用文献[1]中的四种绝缘缺陷 PD 特高频数据作为训练样本和测试样本，其中，测试样本数据为 240 组，每种绝缘缺陷 PD 样本数据均为 60 个；训练样本数据为 120 组，每种绝缘缺陷 PD 样本数据为 30 个。为了检验 OR-SVDD 的拒识能力，使用连续手机信号进行人工加噪，形成有干扰的数据样本，并将四类受相同干扰数据的样本分别添加到四类测试样本中，数据样本分组与数量划分见表 8.1。

表 8.1　样本属性

绝缘缺陷类型	训练样本数目	测试样本数目	干扰样本数目	测试样本总数
G 类	30	60	1	61
M 类	30	60	1	61
N 类	30	60	1	61
P 类	30	60	1	61

基于 OR-SVDD 算法的 PD 类型识别需要四个分类器，由于每类放电模型采用不同的特征参数进行识别，故每个分类器将对应不同的特征参数，即识别 N 类放电模型的分类器 OR-SVDD$_N$（下标为 N 表示从四类放电模型中识别出 N 类放电模型，下标为 M 表示从四类放电模型中识别出 M 类放电模型，下标为 G 表示从四类放电模型中识别出 G 类放电模型，下标为 P 表示从四类放电模型中识别出 P 类放电模型），对应的特征参数为 $T_{NN}=\{f_1, f_2, f_3, f_4, f_5, \mathrm{Ku}_m^+, cc_n\}$，识别 M 类放电模型的分类器 OR-SVDD$_M$ 对应的特征参数为 $T_{MM}=\{f_1, f_2, f_3, f_4, f_5, \mathrm{Ku}_m, Q_n\}$，识别 G 类放电模型的分类器 OR-SVDD$_G$ 对应的特征参数为 $T_{GG}=\{f_1, f_2, f_3, f_4, f_5, \mathrm{Sk}_m^+, \mathrm{Ku}_n^-\}$，识别 P 类放电模型的分类器 OR-SVDD$_P$ 对应的特征参数为 $T_{PP}=\{f_1, f_2, f_3, f_4, f_5, \mathrm{Sk}_m^+, cc_m\}$。

应用于 GIS 设备 PD 类型识别的 OR-SVDD 算法如图 8.5 所示。其步骤如下所示。

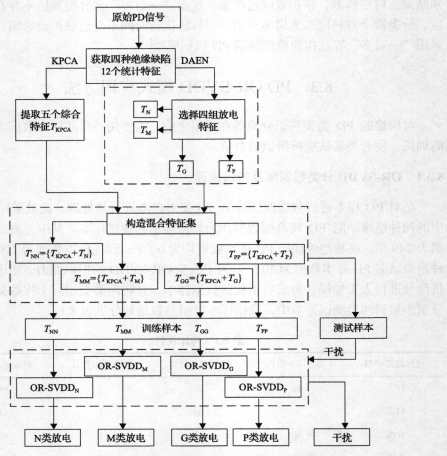

图 8.5　基于 OR-SVDD 算法的 PD 类型识别框图

(1)首先构造 OR-SVDD$_N$ 分类器(分类器的选取是任意的)。按照特征参数 T_{NN} 获取 120 组训练样本的放电特征,将 N 类放电模型作为目标样本送入 SVDD 分类器中学习,根据式(8.12)计算最优解 $\boldsymbol{\alpha}^* = (\alpha_1^*, \alpha_2^*, \cdots, \alpha_{30}^*)$,其中 $\alpha_i^* > 0$ 对应的样本 $\boldsymbol{x}_i^*$ 为支持向量,构成能将 N 类放电模型和其他三类放电模型分离开的标准超球体 Θ_1,记为分类器 SVDD$_N$。

(2)根据式(8.15)和式(8.16)计算标准超球体半径 R_1 和优化超球体半径 R_0,得到最大间隔分类超球体 Θ_0,记为分类器 OR-SVDD$_N$。

(3)按照特征参数 T_{MM} 获取 120 组训练样本的放电特征,将样本中的 M 类放电模型作为目标样本,其余放电模型作为非目标样本进行 OR-SVDD 学习,得到能够将 M 类放电模型和其他放电模型分离的 OR-SVDD$_M$；同理按照特征参数 T_{GG} 和特征参数 T_{PP} 可得分离 G 类放电模型的 OR-SVDD$_G$ 以及分离 P 类放电模型的 OR-SVDD$_P$。

(4) 根据式 (8.15) 对 244 组 PD 测试样本计算其到不同超球体 OR-SVDD$_N$、OR-SVDD$_M$、OR-SVDD$_G$、OR-SVDD$_P$ 的广义距离，通过决策法则进行分类识别。

8.3.2　基于特征获取的 PD 模式辨识

在表 8.2 中，T 表示 PD 原始特征集，T_{KPCA} 表示核主成分分析获取的特征集，T_{BEST} 表示由核主成分分析以及最大相关最小冗余方法相结合得到的最优特征子集。为了在相同条件下验证三个特征集的分类效果，采用同一种分类器 OR-SVDD 进行识别。

表 8.2　不同特征参数 PD 类型识别结果

绝缘缺陷类型	测试样本数目	识别准确率		
		T	T_{KPCA}	T_{BEST}
N 类	60	0.733	0.833	0.933
M 类	60	0.677	0.800	0.850
G 类	60	0.700	0.783	0.900
P 类	60	0.633	0.700	0.833

由表 8.2 给出的测试样本识别结果可以看出：①KPCA 算法比原始特征集识别准确率高，这是因为 KPCA 算法提取的特征参数能够表征 PD 的综合信息，且每一个主分量都是从不同的角度描述 PD，而原始特征集由于特征之间的冗余，可能造成用于识别的最优超球体相互交叉，影响分类效果。②KPCA 算法中，四种绝缘缺陷采用共同的特征进行故障诊断，上述特征信息缺乏针对性，故障具体由哪一类放电所引起，还不能很好地描述，因此 KPCA 算法识别效果还不够理想，需要进一步改进。③最大相关最小冗余算法的优点在于能够获得一组由每类放电独有成分构成的少而精的分类特征，正好能够克服 KPCA 算法的缺点，故将两者结合构造的特征集，不仅能够表征 GIS 设备产生的 PD 综合信息而并非干扰信号，还能体现每一类缺陷独特的、唯一的放电信息，能够大幅度提高分类精度。

8.3.3　基于优化分类器的模式辨识

表 8.3 给出了 SVM 算法和 SVDD 算法对测试样本的识别结果，其中 SVM$_1$ 表示原始 SVM 算法，SVM$_2$ 表示改进 SVM 算法。由表 8.3 可以得出以下结论。

(1) 整体上 SVM$_1$ 算法比 SVM$_2$ 算法识别准确率高，是因为 SVM$_1$ 算法本质上采用符号函数 sgn(x) 进行分类。但该算法的不足是无法正确识别 $x=0$ 对应的 PD 样本(待定样本：某类缺陷样本)，将待定样本随机地归为某一类缺陷，致使该类缺陷的正确识别样本数增加而提高了识别准确率，但不一定可信。为了得到更加合理可靠的识别准确率，在 SVM_1 算法的基础上改进得到 SVM_2 算法，对正确识别样本进行修正，剔除待定样本，得到了 SVM 算法改进后的识别准确率。

(2)通过对四类含干扰样本数据的观察发现，由于 SVM 算法缺乏拒识能力，将干扰样本数据划分为 P 类放电，错误地增加了正确识别样本数，导致 P 类放电识别准确率从 0.733 增加到 0.867。若要得到"去伪存真"后的识别准确率，必须人为地剔除含干扰的样本，致使工作难度增加，甚至无法人工剔除干扰样本。为解决这一问题，采用 SVDD 算法识别四种缺陷，具有较强的拒识能力，能有效修正错误增加识别样本数的缺点。可以看出，其识别准确率为 0.817，明显高于 SVM 算法。

(3)对于某些缺陷，SVM 算法比 SVDD 算法识别准确率略高，这是由于标准 SVDD 模型没有考虑分类裕度，使得部分目标点在超球体外，通过观察目标点到超球体球心的距离发现，这些样本点虽然处于超球体外，但紧靠超球体，并远离非目标样本，对超球体进行优化，可以解决此问题。

表 8.3　SVM 算法与 SVDD 算法对测试样本的识别结果

绝缘缺陷类型	测试样本数目	识别准确率		
		SVM_1	SVM_2	SVDD
N 类	61	0.900	0.883	0.850
M 类	61	0.883	0.850	0.833
G 类	61	0.883	0.800	0.850
		0.867	0.833	0.817
P 类	61	0.733	0.867	0.817

因此，本书采用 OR-SVDD 算法，通过适当增大超球体体积的方法，提高了样本识别准确率，GIS PD 类型识别结果见表 8.4。

表 8.4　GIS PD 类型识别结果

识别算法	不同绝缘缺陷识别准确率				识别时间/s
	N 类	M 类	G 类	P 类	
SVM	0.883	0.850	0.800	0.733	148
SVDD	0.850	0.833	0.850	0.817	72
OR-SVDD	0.933	0.850	0.900	0.833	97

由表 8.4 分析可得出以下结论。

(1)OR-SVDD 算法具有很好的分类精度，但有的样本组识别效果与 SVM 算法相差不大，一方面可能是由于实验室采用的四类放电模型比较典型，采集到的数据分散性较小，识别时不能充分体现 OR-SVDD 算法的优越性。另一方面可能是由于本书采用的 OR-SVDD 算法并没有对参数 σ 进行优化，分类时参数选择不恰当，目前改进的 SVM 算法较多，仿真所使用的工具箱比较完善，而 SVDD 算法尚处于改进阶段，仍存在一些问题还有待于进一步探索和研究，故其相较于 SVM 算法的优势还暂时未能完全得以展现。

(2) 四类放电模型的三维图谱各有特点，N 类放电模型下 PD 信号主要集中在谱图负半周，G 类放电模型下 PD 信号主要集中在正负半周的上升沿处，M 类放电模型下 PD 信号的幅值较高，主要集中在正负半周峰值处，而 P 类放电模型下的 PD 相位则比较分散，并无一定规律可循。利用放电谱图提供的相位信息可以很容易区分 N 类绝缘缺陷，而 P 类绝缘缺陷分散性大，不容易区分。从识别结果可以看出，P 类绝缘缺陷放电识别准确率较低，N 类绝缘缺陷放电识别准确率较高，符合实际情况。

(3) OR-SVDD 算法训练时间远小于 SVM 算法，略大于 SVDD 算法，但由于 OR-SVDD 算法比原始的 SVDD 算法大幅度提高了分类精度，因此具有更高的实用价值。

参 考 文 献

[1] 卓然. 气体绝缘电器局部放电联合检测的特征优化与故障诊断技术[D]. 重庆: 重庆大学, 2014.

[2] 林俊亦. 组合电器局部放电统计特征优化与类型识别研究[D]. 重庆: 重庆大学, 2013.

[3] 郑蕊蕊, 赵继印, 赵婷婷, 等. 基于遗传支持向量机和灰色人工免疫算法的电力变压器故障诊断[J]. 中国电机工程学报, 2011, 31(7): 56-63.

[4] 杨钟瑾. 核函数支持向量机[J]. 计算机工程与应用, 2008, 44(33): 1-6, 24.

[5] 罗苏南, 赵希才, 田朝勃, 等. 用于气体绝缘开关的新型空心线圈电流互感器[J]. 电力系统自动化, 2003, 27(21): 82-85.

[6] 唐炬, 谢颜斌, 周倩, 等. 基于最优小波包变换与核主分量分析的局部放电信号特征提取[J]. 电工技术学报, 2010, 25(9): 35-40.

[7] 张晓星, 唐炬, 孙才新, 等. 基于核统计不相关最优鉴别矢量集的 GIS 局部放电模式识别[J]. 电工技术学报, 2008, 23(9): 111-117.

[8] 佘传伏, 俞立钧, 姚道敏. 基于特征选择的支持向量机在故障诊断中的应用[J]. 现代机械, 2007, (1): 22-24.

[9] Vapnik V N. The Nature of Statistical Learning Theory[M]. New York: Springer, 1999.

[10] 弓艳朋, 刘有为, 吴立远. 采用分形和支持向量机的气体绝缘组合电器局部放电类型识别[J]. 电网技术, 2011, 35(3): 135-139.

[11] 王天健, 吴振升, 王晖, 等. 基于最小二乘支持向量机的改进型 GIS 局部放电识别方法[J]. 电网技术, 2011, 35 (11): 178-182.

[12] Sakla W, Chan A, Ji J, et al. An SVDD-based algorithm for target detection in hyperspectral imagery[J]. IEEE Geoscience and Remote Sensing Letters, 2011, 8 (2): 384-388.

[13] 廖华. GIS 局部放电在线监测系统及核主分量模式识别研究[D]. 重庆: 重庆大学, 2008.

第9章　基于深度学习的 PD 模式辨识

国内外学者对 GIS 设备 PD 模式识别做了大量研究工作，其中 BP 神经网络（back propagation neural network，BPNN）和 SVM 得到了广泛应用。然而，BPNN 在训练中存在过度拟合、易陷入局部最优解陷阱以及收敛速度慢等问题[1,2]；SVM 借助二次规划来求解支持向量，二次规划的过程涉及 m 阶矩阵的计算（m 为样本数量），其运算量和运算时间随样本量的增大急剧攀升；用于 PD 模式识别的特征提取通常采用统计特征法、分形特征法和矩特征法等[3-5]，无论哪种方法选取特征量都具有一定主观性，信息丢失严重，导致识别准确率降低，尤其经常对自由金属微粒缺陷错误识别。

本章介绍用于 GIS 设备 PD 模式识别的深度置信网络（deep belief net，DBN），它能从数据中自主学习出高阶特征，在一定程度上避免特征量选取的主观影响。该方法自 2006 年提出之后，在图像识别和语音识别等很多领域取得了良好的效果[6-8]。例如，2011 年微软将深度学习技术运用到语音识别领域，使得语音识别的准确率达到 70%～80%，这是语音识别领域近十年来最大的进展；2013 年微软又将深度学习技术应用于 Windows Phone 语音识别中，实现了语音和文本之间的实时转换，转换速度相比传统算法提高了两倍，转换准确率提高了 15%；2014 年百度公布了基于深度学习研发的语音识别系统 DeepSpeech，在饭店等嘈杂环境下的识别准确率达 81%。

随着 GIS 设备绝缘状态监测手段的日益丰富，各种监测手段所获取的信号又是异构数据，鉴于深度学习技术在图像和语音识别领域取得的优异表现，本章将该技术应用于 GIS 设备 PD 模式识别领域，以期提高绝缘状态监测和故障诊断的有效性。在获取大量 GIS 设备内典型绝缘缺陷 PD 信号实验数据的基础上，采用受限玻尔兹曼机构建深度置信网络，通过所构建网络从放电数据中自主学习特征信息，实现放电类型划分，并将识别效果与 SVM 和 BPNN 识别方法进行了对比，结果显示将 DBNN 应用于 PD 模式识别领域取得了令人满意的效果。

9.1　深度置信网络

深度学习是利用层次化的概念，从低层次的特征信息中获取高层次的特征信息，不同层次的网络结构对应着不同层次的数据特征。经过最近几年的研究发展，深度学习理论中出现了几类不同的算法模型，这些模型虽然大都由类似的结构演变而来，但原理上各有差异。深度置信网络由 RBM 堆栈而成，它是深度学习理论中最经典的模型之一。

9.1.1　受限玻尔兹曼机

玻尔兹曼机(Boltzmann machine，BM)起源于统计物理学，它是一种基于能量函数的概率建模方法，所建模型具有比较完备的物理解释和严格的数理统计理论作支撑。BM 网络节点分为可见单元(visible unit)和隐藏单元(hidden unit)，不同节点间通过权值表达单元之间的关联关系。虽然 BM 具有强大的无监督学习能力，但层间与层内单元间的关联错综复杂，训练时间太长，计算量偏大，很难准确得到 BM 所表示的分布[9]。

RBM 是对 BM 的一种改进[10-12]，其模型如图 9.1 所示，具有一个可见层和隐藏层，神经元是随机的，一般用二进制的 0 和 1 分别表示未激活和激活两种状态，节点状态根据能量概率统计法则决定，与 BM 相比较，其主要区别在于 RBM 同一层内单元相互独立无连接。因此，当可见层状态确定时，各隐藏层单元的状态条件独立；同理，当隐藏层状态确定时，可见层单元状态也条件独立，从而大大降低了计算复杂性。

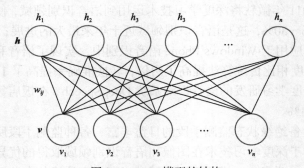

图 9.1　RBM 模型的结构

一个有 n 个可见单元 $v = (v_1, v_2, \cdots, v_n)$ 和 m 个隐藏单元 $h = (h_1, h_2, \cdots, h_m)$ 的 RBM，其能量函数可定义为

$$E(v, h, \theta) = -h^T w v - c^T v - b^T h = \sum_k c_k v_k - \sum_j b_j h_j - \sum_{ijk} w_{ij} v_k h_j \tag{9.1}$$

$$\theta = \{w, a, b\} \tag{9.2}$$

式中，v_k 为可见层第 k 个单元的状态；h_j 为隐藏层第 j 个单元的状态；w_{ij} 为可见单元 i 与隐藏单元 j 之间的连接权重参数；b_j 为隐藏单元 j 上的偏置。

RBM 的状态概率服从正则分布，其处于 v 和 h 状态的概率为

$$p(\boldsymbol{v}, \boldsymbol{h}) = \frac{\exp(-E(\boldsymbol{v}, \boldsymbol{h}))}{z} \tag{9.3}$$

$$z = \sum_{h,v} \exp(-E(\boldsymbol{v}, \boldsymbol{h})) \tag{9.4}$$

其中，式 (9.4) 是配分函数，起归一化因子的作用。当可见单元状态确定时，各隐藏单元的状态相互间呈现条件独立关系，第 j 个隐藏单元激活的概率为

$$p(h_j = 1 \mid \boldsymbol{v}) = \text{sigmoid}\left(b_j + \sum_i w_{ij} h_j\right) \tag{9.5}$$

$$p(\boldsymbol{h} \mid \boldsymbol{v}) = \prod_j P(h_j \mid \boldsymbol{v}) \tag{9.6}$$

式中，激活函数为 sigmoid 型，表达式为 $y = (1 + \exp(-x))^{-1}$。当隐藏层状态确定时，同样可以计算出第 i 个可见单元的激活概率为

$$p(v_i = 1 \mid \boldsymbol{h}) = \text{sigmoid}\left(a_i + \sum_j w_{ij} h_j\right) \tag{9.7}$$

$$p(\boldsymbol{v} \mid \boldsymbol{h}) = \prod_i P(\boldsymbol{v} \mid h_i) \tag{9.8}$$

式中，a_i 为可见单元 i 上的偏置。

训练样本集合为

$$\boldsymbol{S} = \{v^1, v^2, \cdots, v^{n_s}\} \tag{9.9}$$

式中，n_s 为训练样本的数目。

训练的目标是使如下似然函数最大化：

$$L(\theta) = \prod_{i=1}^{n_s} P(\boldsymbol{v}^i) \tag{9.10}$$

对于连乘式 $\prod_{i=1}^{n_s} P(\boldsymbol{v}^i)$ 的处理较为麻烦，通过对该式取对数化简，由 $\lg x$ 的严格单调性可知，$\lg L(\theta)$ 的最大化与 $L(\theta)$ 的最大化等效，即

$$\lg L(\theta) = \lg \prod_{i=1}^{n_s} P(\boldsymbol{v}^i) = \sum_{i=1}^{n_s} \lg P(\boldsymbol{v}^i) \tag{9.11}$$

为了训练一个 RBM，计算相对于 RBM 参数的对数似然的负梯度。给定一个

输入 v_0，参数 θ 的负梯度为

$$\frac{\partial}{\partial \theta}(-\lg p(v_0)) = E_{p(\boldsymbol{h}|v_0)}\left[\frac{\partial E(\boldsymbol{v}, \boldsymbol{h})}{\partial \theta}\right] - E_{p(\boldsymbol{v}, \boldsymbol{h})}\left[\frac{\partial E(\boldsymbol{v}, \boldsymbol{h})}{\partial \theta}\right] \tag{9.12}$$

式中，等式右边第一项表示在概率分布 $p(\boldsymbol{h}|v_0)$ 下 $\frac{\partial E(\boldsymbol{v}, \boldsymbol{h})}{\partial \theta}$ 的期望，第二项表示在概率分布 $p(\boldsymbol{v}, \boldsymbol{h})$ 下 $\frac{\partial E(\boldsymbol{v}, \boldsymbol{h})}{\partial \theta}$ 的期望。对于给定的 RBM，第一个期望值可以直接计算出来，但是第二项对应着 $\boldsymbol{v}$ 和 $\boldsymbol{h}$ 所有可能的取值，其组合数目呈指数关系，很难直接通过计算得到。为解决这一问题，Hinton 发明了比散度(contrastive divergence, CD)算法[13]，可实现对第二个期望项的一种近似估计。

对于一个给定的 RBM，根据条件概率分布进行吉布斯采样(Gibbs sampling)，首先使用 $\boldsymbol{v}^0$ 作为可见层初始的状态。采样过程可以由式(9.13)表示：

$$\boldsymbol{v}^0 \xrightarrow{p(\boldsymbol{h}^0|\boldsymbol{v}^0)} \boldsymbol{h}^0 \xrightarrow{p(\boldsymbol{v}^1|\boldsymbol{h}^0)} \boldsymbol{v}^1 \xrightarrow{p(\boldsymbol{h}^1|\boldsymbol{v}^1)} \boldsymbol{h}^1 \tag{9.13}$$

式中，$\xrightarrow{p(\boldsymbol{h}^i|\boldsymbol{v}^i)}$ 和 $\xrightarrow{p(\boldsymbol{h}^{i+1}|\boldsymbol{v}^i)}$ 分别表示从概率 $p(\boldsymbol{h}^i|\boldsymbol{v}^i)$ 和 $p(\boldsymbol{h}^{i+1}|\boldsymbol{v}^i)$ 上进行采样的过程。大量实践经验表明，迭代一次的马尔可夫链在实际中表现就比较好了。对梯度进行估计的方法即 CD-1 方法，当迭代次数变为 k 时即 CD-k 方法。

对 w_{ij} 权值矩阵中梯度的估计，可通过下面计算化简式：

$$\frac{\partial E(\boldsymbol{v}, \boldsymbol{h})}{\partial w_{ij}} = -h_j v_k \tag{9.14}$$

于是基于 CD-1 采样估计的梯度公式可以写成：

$$\frac{\partial}{\partial \theta}(-\lg p(\boldsymbol{v}^0)) = -p(h_j \mid \boldsymbol{v}_0)v_k^0 + p(h_j \mid \boldsymbol{v}^1)v_k^1 \tag{9.15}$$

本书采用 CD-1 方法实现对 RBM 参数的无监督训练。

9.1.2　构建深度置信网络

DBN 是由多层 RBM 叠加扩展而成的网络结构模型，图 9.2 为一个具有 3 层隐藏层结构的 DBN 模型图，$W_1 \sim W_4$ 为各层间连接参数。

DBN 将网络分为每一单层来处理，对每一层 RBM 进行无监督的训练使其达到能量平衡。由下至上，将底层 RBM 训练完成后的隐藏层状态，作为下一层 RBM 的输入，逐层传递生成更高级的特征[13-15]。当整个网络无监督地预训练结束后，对可视单元状态以目标输出作为监督信号，构造损失函数，采用梯度下降法，用监督学习方式对网络参数进行调优。DBN 利用 RBM 先进行无监督训练，使得模

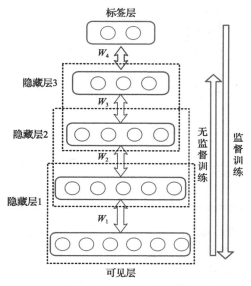

图 9.2　DBN 模型的结构

型能够学习到数据本身的结构信息。在监督训练之前，DBN 的参数已经通过无监督训练靠近最优区域。相比传统神经网络的初始参数随机设置的方法，DBN 可在一定程度上避免参数陷入局部最优解，并减少了监督训练时间。

　　网络第一层初始状态对应归一化处理后 360 维的放电数据信息，首先无监督训练连接权重参数 W_1 和偏置参数 a_1、b_1，使得隐藏层 1 能最大概率地重构可见层放电信息。使用同样的训练方法，让隐藏层 2 能最大概率地重构隐藏层 1 的特征信息，逐层向上抽象出放电图谱的高阶特征，直至在最高隐藏层形成最终的特征向量。然后引入标签值放电类型编号，进入监督学习阶段，进一步微调网络的连接权重参数与偏置参数。

9.2　GIS 设备典型 PD 模拟实验

9.2.1　实验设计

　　针对 GIS 设备内四种常见的绝缘缺陷，即金属突出物缺陷（N 类绝缘缺陷）、自由金属微粒缺陷（P 类绝缘缺陷）、绝缘子表面金属污染物缺陷（M 类绝缘缺陷）和绝缘子气隙缺陷（G 类绝缘缺陷），构建出用于模拟实验的缺陷物理模型，如图 9.3 所示。分别将每一种缺陷物理模型置于 GIS 实验罐体中，并充以 0.1～0.4MPa 的 SF_6 气体进行 PD 实验。

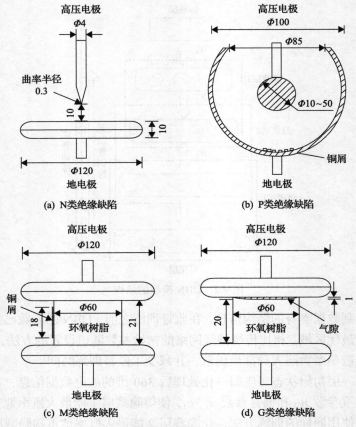

图 9.3　GIS 内部典型绝缘缺陷物理模型（单位：mm）

PD 实验接线如图 9.4 所示，图中 T_1 为输入电压 220V、输出电压 0～250V 的

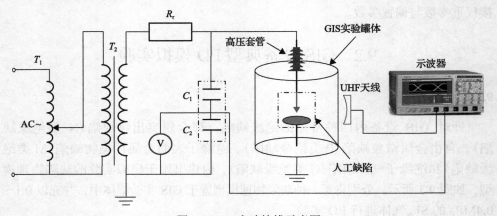

图 9.4　PD 实验接线示意图

可调变压器；T_2 为无晕工频实验变压器（YDTCW-1000/2×500）；C_1、C_2 为工频分压器（TAWF-1000/600）；R_r 为工频实验保护电阻（GR1000-1/6），电路中串联 10kΩ 的保护电阻来限制短路电流的大小；示波器为 TekDPO 7104，其模拟带宽、最大采样率、存储长度分别为 1GHz、20GS/s 和 48MHz；UHF 传感器带宽、中心频率与实测通带增益分别为 340~440MHz、390MHz 与 5.38dB；人工物理绝缘缺陷模型放置于 GIS 模拟实验罐体中，模拟罐体外壁设有钢化玻璃材质的观察小窗，电磁波信号从观察窗泄漏后经 UHF 传感器检测，并通过波阻抗 50Ω 的高频同轴电缆传至示波器进行存储。

9.2.2 实验数据

PD 信号经 UHF 传感器接收后，再通过波阻抗 50Ω 的同轴电缆传导至示波器，并引入分压电容上的工频相位信息作为参考相位。连续采集 1s（50 个工频周期）PD 信号，构建出不同绝缘缺陷 PD 的 PRPD 三维谱图样本。

实测各类典型绝缘缺陷的 PRPD 图谱分别如图 9.5 所示。每类绝缘缺陷包含 120 个样本，四种缺陷共 480 个样本，其中训练样本 320 个，测试样本 160 个。每个谱图样本包含 50 个 PD 脉冲波形的信息，480 个样本共包含 24000 个 PD 脉冲波形的信息。GIS 设备内部绝缘缺陷类型多样，由于不同缺陷下诱发 PD 的机理不同，PD 信号表现特征也有差异，同种缺陷下 PD 产生机理和 PD 信号特征具

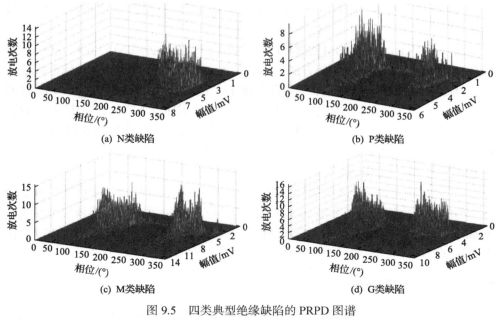

图 9.5 四类典型绝缘缺陷的 PRPD 图谱

有相似性。例如，N 类绝缘缺陷 PD 脉冲多发生在工频负半周；P 类绝缘缺陷的 PD 脉冲相位分布比较分散；G 类绝缘缺陷 PD 脉冲主要发生在工频正负半周的上升沿处；M 类绝缘缺陷 PD 脉冲主要发生在正负半周峰值处。

9.3　基于深度神经网络的 PD 模式识别

利用 MATLAB 程序中 deep learn toolbox 算法，对 N 类、P 类、G 类和 M 类四种典型绝缘缺陷模型的 PRPD 图谱样本进行识别。

9.3.1　识别计算流程

首先构建 5 层 DBN，可见层单元数量为 360 个，3 个隐藏层单元数量分别是 100、50、36，逐层压缩，从每个样本中抽象出 36 个特征量，具体处理流程如下所述。

(1) 对所有谱图样本数据进行归一化处理，每个谱图的原始数据为 50 行 360 列的矩阵数据，360 个相位区间的放电幅值对应 360 个可见层单元的初始输入状态。

(2) 在无监督训练过程中，首先训练第 1 个 RBM 网络，即 360 个可见层单元和 100 个隐藏层单元构成的 RBM 网络结构，采用 CD-1 方法，以一个谱图的数据作为一个整体进行一次参数调整，依次导入 50 行数据，分别计算其参数估计的最大似然函数的负梯度，然后取 50 次负梯度数值的平均值调整一次网络参数，通过该方式得到第一层 RBM 的稳定状态。

(3) 将上一层得到的 RBM 的隐藏层单元状态作为下一层 RBM 的可见层的初始输入值，用与步骤 (2) 同样的训练方法，逐层向上计算出余下 2 个 RBM 的稳定状态。

(4) 进行监督训练调优过程，即将上面 3 个 RBM 网络扩展连接成 DBN，对四种缺陷进行编码，将类型编码作为目标输出值，采用梯度下降法，构建损失函数，依然以一个谱图的数据为一个整体进行一次参数调整，即依次导入 50 行数据，取 50 次计算所得负梯度的平均值微调一次网络参数。重复 (2) ～ (4) 的步骤，直至完成 320 个训练样本的训练。

(5) 训练完成后，导入测试样本对 DBN 进行测试，同样以一个谱图的数据为一个整体做一次识别，逐次将 50 行数据输入神经网络，并分别求得顶层神经元在 sigmoid 函数下的激活值，取 50 次均值作为一个谱图的识别标签。完成 160 个样本的测试后统计各类缺陷识别准确率，并分析识别结果。

9.3.2　预训练效果分析

为验证深度学习预训练对识别过程的影响，此处采取两种训练方法分别对

DBN 进行训练，训练步数为 100 步。第一种方法采用对比散度算法对网络参数进行无监督训练，然后进行监督训练微调；第二种方法采用传统初始参数随机设置的方法直接训练。训练结果对比如图 9.6 所示。

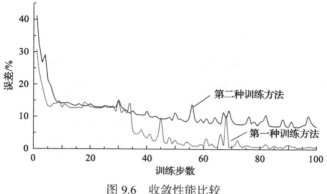

图 9.6　收敛性能比较

由图 9.6 可见，第一种训练方法的初始训练误差为 30%左右，训练 70 步后网络参数趋近于收敛，训练误差逐渐趋近于 0。第二种训练方法训练误差略高于40%，训练 50 步后，训练误差逐渐趋近于 10%，但波动幅度依然较大。相比传统BPNN 初始参数随机设置的方法，DBN 通过无监督预训练得到合适的参数初值，可以在一定程度上克服传统网络易陷入局部最优解且训练时间长等缺点。

9.3.3　DBN 识别结果分析

前面采用 DBN 对四种典型绝缘缺陷的 PRPD 谱图进行了识别，识别准确率如表 9.1 所示。由表可知，DBN 对 N、P、G 和 M 四种绝缘缺陷的识别准确率分别为98.9%、94.7%、98.7%和 93.2%，整体识别准确率达到了 96.4%，识别用时 55.7s。

表 9.1　DBN 算法识别准确率

绝缘缺陷类型	识别准确率/%
N 类	98.9
P 类	94.7
G 类	98.7
M 类	93.2
整体识别准确率	96.4

混淆矩阵(confusion matrix)又称错误矩阵，它的每一行是样本的真实分类，每一列是样本的预测分类，反映了分类结果的混淆程度。混淆矩阵 i 行 j 列表示类别 i 被误分为类别 j 的概率，DBN 算法识别结果的混淆矩阵如表 9.2 所示。

表 9.2　DBN 算法识别结果的混淆矩阵　　　　　（单位：%）

混淆程度	目标 N	目标 P	目标 G	目标 M
输出 N	98.9	0.0	0.0	0.0
输出 P	1.1	94.7	1.3	6.4
输出 G	0.0	1.0	98.7	0.4
输出 M	0.0	4.3	0.0	93.2

由表 9.2 可知，P 类绝缘缺陷误分类别的概率相对较大，这是由自由金属微粒缺陷固有的随机性跳跃而造成的，该类缺陷最容易被误识别为 M 类绝缘缺陷。有 4.3%的 P 类绝缘缺陷被识别为 M 类绝缘缺陷，6.4%的 M 类绝缘缺陷被识别为 P 类绝缘缺陷，很大程度上降低了 M 类绝缘缺陷的识别准确率。在四种绝缘缺陷中，N 类绝缘缺陷和其他三类绝缘缺陷表现形式差异最大，识别准确率达到了 98.9%[16]。

9.4　基于传统方法的 PD 模式识别与结果比较

为对比 DBN 算法的识别效果，本节提取 PRPD 图谱统计参数作为特征量，选用 SVM 分类器和 BPNN 算法对 PD 模式进行识别。

9.4.1　统计特征提取

参照文献[17]方法，提取 PRPD 整体谱图及正负半周的偏斜度 Sk、陡峭度 Ku，谱图正负半周的放电量因数 Q 和正负半周的互相关系数 cc 共 8 个特征量。

1. 偏斜度

偏斜度 Sk 的数学表达式为

$$Sk = E(X - \mu)^3 / \sigma^3 \tag{9.16}$$

式中，X 为 PRPD 样本数据；μ 和 σ 分别为样本数据的均值和标准差；Sk 反映了谱图的轮廓相对于正态分布的左右偏斜情况。其中，自由金属微粒缺陷与金属突出物缺陷 PRPD 谱图的偏斜度与其他两类缺陷差异明显。

2. 陡峭度

陡峭度 Ku 的数学表达式为

$$Ku = E(X - \mu)^4 / \sigma^4 \tag{9.17}$$

式中，X 为 PRPD 样本数据；μ 和 σ 分别为样本数据的均值和标准差；Ku 是用于描述 PRPD 谱图的正态分布。工频半周期内的 Ku 可用于区别金属突出物缺陷、绝缘子表面金属污染物缺陷和自由金属微粒缺陷的 PRPD 谱图。

3. 正负半周放电次数和幅值比

正负半周放电次数 Q_n 和幅值比 Q_m 的数学表达式分别为

$$Q_n = \frac{N^+}{N^-} \tag{9.18}$$

$$Q_m = \frac{\dfrac{1}{N^+}\displaystyle\sum_{i=1}^{N^+} x^+}{\dfrac{1}{N^-}\displaystyle\sum_{i=1}^{N^-} x^-} \tag{9.19}$$

式中，N^+、N^- 分别为工频周期正、负半周内的 PD 脉冲次数；x^+、x^- 分别为工频周期正、负半周内的 PD 脉冲幅值。不同类型绝缘缺陷工频周期正负半周 PD 脉冲次数比值具有一定的差异性。自由金属微粒缺陷和绝缘子表面金属污染物缺陷 PD 的 Q_n 和 Q_m 相近，金属突出物缺陷 PD 脉冲次数正半周明显少于负半周，Q_n 远小于 1。Q_n 和 Q_m 是 PRPD 谱图常见的统计特征。

4. 互相关系数

互相关系数 cc 的数学表达式为

$$cc = \frac{C(X^+, X^-)}{\sqrt{C(X^+, X^+)C(X^-, X^-)}} \tag{9.20}$$

式中，X^+、X^- 分别为工频周期正、负半周内的 PRPD 样本数据。

9.4.2　基于 BPNN 算法的 PD 模式识别

BPNN 算法是一种模仿人类神经网络行为特征的机器学习算法，其主要思想是导入学习样本后，用监督学习方式对网络的权值和偏差进行大量的训练，当网络输出层误差平方和小于目标误差时完成训练，使目标向量与输出向量间的差值尽可能小，以实现模式识别。

此处采用三层神经网络结构，输入层 8 个神经元对应 8 个统计特征量，隐藏层神经元由经验公式设为 12 个，输出层 4 个神经元对应 4 种缺陷类型。经计算，识别准确率如表 9.3 所示。

表 9.3　BPNN 算法识别准确率

绝缘缺陷类型	识别准确率/%
N 类	90.3
P 类	84.1
G 类	86.4
M 类	87.3
整体识别准确率	87.0

9.4.3　基于 SVM 的 PD 模式识别

　　SVM 可通过非线性映射将输入数据转换到高维空间，在高维空间上通过构造线性判别函数对数据进行二分，对高维数问题具有较好的适应性，它是建立在结构风险最小化基础上的机器学习理论，能降低样本维数之间的关联性。

　　SVM 算法中常见的核函数有多项式核函数、sigmoid 核函数和高斯径向基核函数三种，后者只需要确定一个参数，而前两种分别有两个参数需要确定，参数的优化计算较为复杂。大量实践表明，SVM 分类器中采用高斯径向基核函数的训练结果通常较优[18]。因此，SVM 分类器选用高斯径向基核函数。

　　由于需要对四种绝缘缺陷进行识别，而支持向量机是二分类器，需要利用三个 SVM 分类器，才能将 SVM 二分类器拓展成四分类器。为提高计算效率，先对识别难度较低的缺陷进行识别，再对余下的依次识别，即在先识别出 N 类绝缘缺陷和其余三种绝缘缺陷的基础上，再识别 P 类绝缘缺陷和余下的两种绝缘缺陷，最后识别余下的两种缺绝缘陷。识别准确率如表 9.4 所示。

表 9.4　SVM 算法识别准确率

绝缘缺陷类型	识别准确率/%
N 类	98.2
P 类	88.2
G 类	87.2
M 类	90.0
整体识别准确率	90.9

9.4.4　识别结果对比

　　前面分别采用 DBN、SVM 和 BPNN 三种识别算法对四种典型绝缘缺陷进行了识别，为分析各种算法的实用性，此处对各自得到的识别准确率和识别用时进行对比，结果如表 9.5 所示。可见，三种算法中，DBN 整体识别准确率最高，达到了 96.4%；SVM 其次，整体识别准确率为 90.9%；BPNN 最差，整体识别准确率仅为 87.0%。相对 SVM 算法和 BPNN 算法，DBN 算法整体识别准确率分别提高了 5.5 个百分点和 9.4 个百分点。DBN 算法对 N、P、G 和 M 四种典型绝缘缺陷的识别准确率分别是 98.9%、94.7%、98.7%和 93.2%。SVM 算法和 BPNN 算法对各类绝缘缺陷识别准确率相对 DBN 算法的提高百分点，如图 9.7 所示。

表 9.5　识别结果比较

绝缘缺陷类型	识别准确率/%		
	DBN	SVM	BPNN
N 类	98.9	98.2	90.3
P 类	94.7	88.2	84.1
G 类	98.7	87.2	86.4
M 类	93.2	90.0	87.3
整体识别准确率	96.4	90.9	87.0

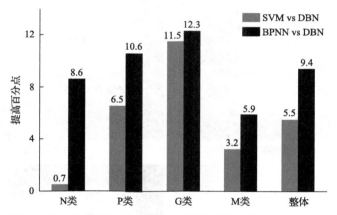

图 9.7　SVM 算法和 BPNN 算法对各类绝缘缺陷识别准确率相对 DBN 算法的提高百分点

　　由于 N 类绝缘缺陷 PD 信号正负半周相位分布差异明显，比较容易识别。而 P 类绝缘缺陷分散性大，识别难度相对较高。DBN 算法能自动从数据中学习特征信息，避免了人为选择特征量的主观性，并能良好捕捉 PRPD 图谱中的细节信息，对 P 类绝缘缺陷的识别准确率达到了 94.7%，相对 SVM 算法和 BPNN 算法，分别提高了 6.5 个百分点和 10.6 个百分点，对于传统的 PD 模式识别方法具有重要补充性。

　　整个识别过程，DBN 算法用时最短，耗时 55.7s；SVM 算法用时居中，耗时 89.2s；BPNN 算法用时最长，耗时 109.3s。DBN 无监督训练阶段采用的对比散度算法，对参数梯度进行良好的预估计，使其接近最优解，在监督学习阶段只需少量的迭代便能达到收敛，缩短了计算时间。

9.5 实 例 分 析

在某高压开关有限公司的高压试验大厅进行了真实设备人工绝缘缺陷试验，整个大厅采用金属封闭，大厅内电磁屏蔽良好，试验环境温度约为10℃。试验所采用的装置为 ZF-10-126 型三相分箱式 GIS，在 GIS 间隔中分别设置了金属突出物、绝缘子表面金属污染物、绝缘子气隙和自由金属微粒四种典型绝缘缺陷，如图 9.8 所示。其中，以导电杆上系一根距离壳体内壁约 50mm 的铜丝模拟金属突出物缺陷；绝缘子表面沾上直径为 0.2mm 的铜丝模拟绝缘子表面金属污染物缺陷；以实际使用产生裂纹的绝缘子模拟绝缘子气隙缺陷，其裂纹长度约 43mm；用数个约 2mm×2mm 尺寸的铜屑模拟金属微粒缺陷。

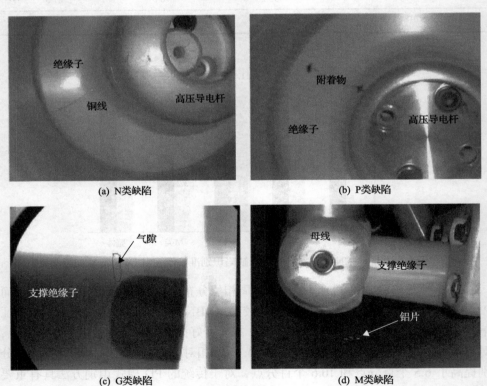

(a) N类缺陷　　　　　　　　　　　　　　(b) P类缺陷

(c) G类缺陷　　　　　　　　　　　　　　(d) M类缺陷

图 9.8　四种典型绝缘缺陷的物理模型

在额定运行电压下，采用带宽、中心频率与实测通带增益分别为 340～440MHz、

390MHz 与 5.38dB 的 UHF 传感器采集各类缺陷的 PD 信号，PD 信号通过波阻抗 50Ω 的同轴电缆传至 TekDPO 7104 示波器。共采集 24000 个 PD 数据样本，其中每类缺陷采集 6000 个，处理后共得到 480 个 PRPD 谱图样本，其中 320 个作为训练样本，160 个作为测试样本，然后分别采用 DBN、SVM 和 BPNN 三种算法对各类缺陷进行识别。

识别准确率如表 9.6 所示，由表可知基于现场试验数据得到的缺陷识别准确率略有下降，但 DBN 算法的识别结果依然较好，对 N、P、G 和 M 四种缺陷的识别准确率分别为 92.8%、89.7%、93.7% 和 97.2%，整体识别准确率高达 93.3%，相对两类传统算法分别提高了 8 个百分点和 14.3 个百分点。

表 9.6　试验识别结果比较

绝缘缺陷类型	识别准确率/%		
	DBN	SVM	BPNN
N 类	92.8	97.2	81.3
P 类	89.7	80.5	76.4
G 类	93.7	81.2	78.5
M 类	97.2	82.3	79.7
整体识别准确率	93.3	85.3	79.0

DBN 的隐藏层单元可以捕捉可视层数据表现的高阶相关性，在顶层形成更具有表征能力的特征向量，可从数据中以客观方式学习出特征量。相比基于统计特征的 SVM 算法和 BPNN 算法，整体识别准确率提升明显。DBN 在无监督学习阶段，对比散度算法能对参数进行良好的预估计，解决了识别过程中过度拟合、易陷入局部最优解陷阱和收敛速度慢等问题，识别用时相比传统方法也更短。基于统计特征的 PD 模式识别方法在特征量选取上主观性较强，对自由金属微粒缺陷识别准确率偏低，DBN 多隐藏层的神经网络具有优异的特征学习能力，可以捕捉图谱的细节特征，信息丢失较少，对自由金属微粒缺陷取得了良好的识别准确率，在对真实设备的人工绝缘缺陷试验数据的应用中，深度学习算法也表现出了良好的效果。

参 考 文 献

[1] 杨延西, 刘丁. 基于小波变换和最小二乘支持向量机的短期电力负荷预测[J]. 电网技术, 2005, 29(13): 61-64.

[2] van Schaik N, Czaszejko T. Conditions of discharge-free operation of XLPE insulated power cable systems[J]. IEEE Transactions on Dielectrics and Electrical Insulation, 2008: 15(4): 1120-1130.

[3] 唐炬, 张晓星, 曾福平. 组合电器特高频局部放电检测与故障诊断[M]. 北京: 科学出版社, 2016.

[4] Satish L, Zaengl W S. Can fractal features be used for recognizing 3-D partial discharge patterns[J]. IEEE Transactions on Dielectrics and Electrical Insulation, 1995, 2(3): 352-359.

[5] Tang J, Liu F, Meng Q H, et al. Partial discharge recognition through an analysis of SF_6 decomposition products part 2: Feature extraction and decision tree-based pattern recognition[J]. IEEE Transactions on Dielectrics and Electrical Insulation, 2012, 19(1): 37-44.

[6] 徐姗姗. 卷积神经网络的研究与应用[D]. 南京: 南京林业大学, 2013.

[7] 陈先昌. 基于卷积神经网络的深度学习算法与应用研究[D]. 杭州: 浙江工商大学, 2014.

[8] 李倩. 深度学习模型构建及学习算法研究[D]. 西安: 西安电子科技大学, 2014.

[9] Smolensky P. Information Processing in Dynamical Systems: Foundations of Harmony Theory[M]. Cambridge: MIT Press, 1986.

[10] Ackley D H, Hinton G E, Sejnowski T J. A learning algorithm for Boltzmann machines[J]. Cognitive Science, 1985, 9(1): 147-169.

[11] 刘建伟, 刘媛, 罗雄麟. 玻尔兹曼机研究进展[J]. 计算机研究与发展, 2014, 51(1): 1-16.

[12] Collobert R, Weston J. A unified architecture for natural language processing: Deep neural networks with multitask learning[C]. Proceedings of the 25th International Conference on Machine Learning, New York, 2008: 160-167.

[13] Hinton G E. Training products of experts by minimizing contrastive divergence[J]. Neural Computation, 2002, 14(8): 1771-1800.

[14] Ding S Y, Lin L, Wang G R, et al. Deep feature learning with relative distance comparison for person re-identification[J]. Pattern Recognition, 2015, 48(10): 2993-3003.

[15] Vincent P, Larochelle H, Bengio Y, et al. Extracting and composing robust features with denoising autoencoders[C]. Proceedings of the 25th International Conference on Machine Learning, New York, 2008: 1096-1103.

[16] 张新伯, 唐炬, 潘成, 等. 用于局部放电模式识别的深度置信网络方法[J]. 电网技术, 2016, 40(10): 3272-3278.

[17] 李剑, 江天炎, 何志满, 等. 交直流复合电压下的油纸绝缘局部放电统计图谱研究[J]. 高电压技术, 2012, 38(8): 1856-1862.

[18] 杨钟瑾. 核函数支持向量机[J]. 计算机工程与应用, 2008, 44(33): 1-6.

第 10 章　基于多信息融合的 PD 模式识别

PD 模式识别是通过监测获得设备内部 PD 信息，利用计算机及信号处理技术对 PD 信号进行处理和特征提取，根据提取的 PD 信号特征对内部绝缘缺陷进行定量描述和分类，以便进一步判断其绝缘可靠性。大量的研究表明，不同的 PD 类型对绝缘的危害程度不同。对于 GIS 设备来说，内部轻微的电晕放电和金属微粒虽然会导致 SF_6 气体的分解，但是由于绝大部分分解气体又复合成 SF_6 和新的 SF_6 气体不断补充，对其绝缘性能影响并不大。发生在支撑绝缘子处的气隙、金属污染的放电将会给固体绝缘造成不可恢复的损伤，甚至使整个绝缘系统在短时间内失效。因此，准确识别 GIS 内部绝缘缺陷属性能为评估 PD 的危害，对于保证 GIS 设备的安全可靠运行、掌握设备的绝缘状况，以及指导设备的检修工作等都有十分重要的工程意义。

多信息融合是综合检测技术发展的必然趋势和最终走向，通过多类型传感器伴随 PD 产生的各种物理现象，观察和分析信号特点，探索绝缘故障发生、发展机理及潜在规律，利于更全面深入地揭示故障演变过程，制定更准确的模式识别、故障危害程度判别和预警方法。此外，利用各种传感器在性能上的差异和互补性，可弥补单一传感器的检测缺陷，充分利用各种检测信息和相关专家经验，融合 PD 诱因和发展的关键因素，综合分析得到表征故障演变过程的稳定可靠信息，便于研制出更具容错性和可靠性的模式识别和评价系统，提高系统信息处理的速度和决策的正确性。

10.1　基于 TRPD 特征的模式识别

单次 PD 信号和 PD 统计信息是目前用于判定、识别和评估 PD 故障的两种最主要方式。由此形成了应用最广泛的两种 PD 分析模式，即 TRPD 和 PRPD，其中 TRPD 信息能为分析 PD 机理和发展过程提供更多细节信息。基于 IEC 60270 和光检测法获取 TRPD 信号波形频带窄，包含的信息量低，但二者给出的信号幅值发展趋势对于评估 GIS 内部 PD 发展及危害性有着重要意义。因而，用 TRPD 方法识别 PD 的信息主要来源于 UHF 信息，当 PD 信号的传输路径固定时，UHF 天线所接收的 PD 信号将完全取决于 PD 源的属性。UHF PD 信号中包含的 TRPD 信息本质上为时间序列，其时域波形的变化在一定程度上体现 PD 的剧烈程度，而

PD 频域信号的能量分布与 PD 源的结构亦有很大的关联。

10.1.1　TRPD 特征的信息提取

　　TRPD 是将 PD 脉冲波形直接作为模式识别对象，提取波形特征，进行模式识别。与 PRPD 相比，其包含了时间序列信息，但缺少了相位信息。这种模式包含了 PD 脉冲的真实波形[1,2]，由于绝缘缺陷特征与 PD 脉冲的波形有直接联系，可根据波形提取特征进行模式识别。具体特征提取方式已在 7.3.1 节详细说明，此处不再赘述。

　　已知 UHF 传感器采集的 TRPD 信号 x，对 x 进行第 i 层的小波包分解，则 x 在第 i 分解层的小波包能量谱向量 E_i 为

$$E_i = \left\{ \sum |x_{i,p}|^2 \right\}, \quad p = 0, 1, 2, \cdots, 2^i - 1 \tag{10.1}$$

式中，$x_{i,p}$ 为 x 在第 i 层分解频带 (i, p) 上的分解系数。在此基础上，还可计算各小波包分解频带上的能量比 I_p 为

$$I_p = \frac{E_{i,p}}{\sum\limits_{j=1}^{2^i - 1} E_{i,j}}, \quad p = 0, 1, 2, \cdots, 2^i - 1 \tag{10.2}$$

能量比 I_p 反映了 TRPD 信号 x 在各个小波包分解频带上的幅频特性，可以作为不同类型绝缘缺陷 PD 信号的特征参数，并通过这些能量比 I_p 的变化来判别缺陷类型。本书以 db4 为母小波，对原始信号进行三层小波包分解，提取其频域能量分布特征，作为 TRPD 信号的第 14～21 个特征量。

10.1.2　TRPD 特征的模式识别分类器

　　人工神经网络由许多具有非线性映射能力的神经元组成，神经元之间通过权系数相连接。人工神经网络的信息分布式存储于连接权系数中，具有很高的容错性和鲁棒性，而模式识别中往往存在噪声干扰和输入模式的部分损失，人工神经网络的这一特点是其成功解决模式识别问题的主要原因之一。因此，人工神经网络在 PD 模式识别中得到了最广泛应用，并取得了良好的应用效果。下面简单介绍在 PD 模式识别中应用较多的几种人工神经网络。

　　BPNN[3]主要采用 BP 算法进行学习训练。BPNN 典型结构是三层前馈网络，基本结构如图 10.1 所示。

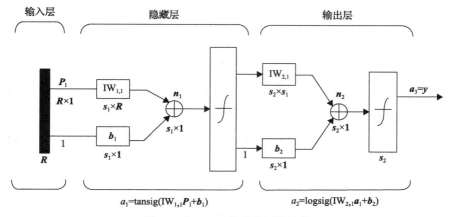

$a_1=\text{tansig}(\text{IW}_{1,1}\boldsymbol{P}_1+\boldsymbol{b}_1)$　　　　$a_2=\text{logsig}(\text{IW}_{2,1}a_1+\boldsymbol{b}_2)$

图 10.1　BPNN 的基本拓扑结构

　　BP 算法的基本思想是把整个学习过程分为输入信号的正向传播和实际输出与期望输出之间误差的反向传播两个过程。正向传播时，输入样本从输入层开始，经过隐藏层传到输出层，由输出层得到输出结果。假如输出层的实际输出结果与期望输出之间的误差不满足要求，则进入误差反向传播过程。误差的反向传播即将实际输出与期望输出之间的误差通过某种方式由隐藏层向输入层逐层传播，同时通过将误差分配到各层各神经元的方式来获取各层单元的误差信号，并以此误差信号作为神经网络中各神经元间连接权值的调整依据。通过对信号与误差正向传播过程与反向传播过程的反复循环运算，不断调整网络中各神经元的连接权值，直到网络的实际输出与期望输出之间的误差达到精度要求，或者达到目标学习次数。

　　为使样本输出达到预期，BP 神经网络通常使用梯度下降法，使误差函数沿着负梯度的方向。算法可描述为

$$l_{p+1}=l_p-\eta_p\boldsymbol{g}_p \tag{10.3}$$

式中，l_p 是当前的权值矩阵；$\boldsymbol{g}_p$ 是当前误差函数的梯度；η_p 是当前学习率。

　　对于最常用的三层 BP 网络(结构为 $n\text{-}m\text{-}l$，即输入层节点 n 个，隐藏层节点 m 个，输出层节点 l 个)，设输入层节点为 x_i，隐藏层节点为 y_j，输出层节点为 o_k。输入层节点与隐藏层节点之间的权值为 w_{ij}，隐藏层节点与输出层节点之间的权值为 v_{jk}，输出层节点的期望输出为 d_k，网络传递函数 $f(x)$ 采用 log-sigmoid 型函数，网络模型如下。

　　隐藏层节点输出：

$$\text{net}_j=\sum_{i=0}^{n}w_{ij}x_i,\quad j=1,2,\cdots,m \tag{10.4}$$

$$y_j = f(\text{net}_j), \quad j = 1, 2, \cdots, m \tag{10.5}$$

输出层节点输出：

$$\text{net}_k = \sum_{j=0}^{n} v_{jk} y_j, \quad k = 1, 2, \cdots, l \tag{10.6}$$

$$o_k = f(\text{net}_k), \quad k = 1, 2, \cdots, l \tag{10.7}$$

输出层节点误差：

$$E = \frac{1}{2} \sum_k (o_k - d_k)^2 \tag{10.8}$$

误差函数对输出节点梯度：

$$\frac{\partial E}{\partial v_{kj}} = \sum_{l=1}^{N} \frac{\partial E}{\partial o_l} \frac{\partial o_l}{\partial v_{jk}} = \frac{\partial E}{\partial o_k} \frac{\partial o_k}{\partial v_{jk}} \tag{10.9}$$

式中

$$\frac{\partial E}{\partial o_k} = -(d_k - o_k) \tag{10.10}$$

$$\frac{\partial o_k}{\partial v_{jk}} = f'(\text{net}_k) \cdot y_j \tag{10.11}$$

设输入层节点误差为

$$\delta_k = (d_k - o_k) \cdot f'(\text{net}_k) \tag{10.12}$$

可得误差函数对输出节点梯度：

$$\frac{\partial E}{\partial v_{kj}} = -\delta_k y_j \tag{10.13}$$

同理，可得误差函数对隐藏层节点的梯度：

$$\frac{\partial E}{\partial w_{ij}} = -\sum_k \delta_k v_{kj} f'(\text{net}_j) \cdot x_i \tag{10.14}$$

设隐藏层节点误差为

$$\delta'_j = f'(\text{net}_j) \cdot \sum_k \delta_k v_{kj} \tag{10.15}$$

可得误差函数对隐藏层节点梯度：

$$\frac{\partial E}{\partial w_{ij}} = -\delta'_k x_i \tag{10.16}$$

根据式 (10.15)，可以得到调整后的权值：

$$w_{ij}(p+1) = w_{ij}(p) + \eta'(p)\delta'_k x_i \tag{10.17}$$

$$v_{kj}(p+1) = v_{kj}(p) + \eta(p)\delta_k y_j \tag{10.18}$$

上述过程不断循环重复，直到网络误差小于期望误差，或达到设置的最大训练次数。

BPNN 的特点是适用范围大，但学习算法较为复杂，在学习训练过程中仍需注意几个主要问题，如陷入局部极小点、初始的权值设定、学习步长和惯性项系数的设定以及隐藏层层数的设定等问题，这些问题会影响 BPNN 的识别效果，甚至可能导致网络在学习训练过程中不收敛。

在 PD 模式识别应用中，BPNN 得到了广泛的应用，文献[4]采用 BPNN 成功识别了四种发电机线棒绝缘缺陷模型。本书采用 BPNN[5-7]作为 UHF TRPD 信息的识别分类器。输入层的神经元个数即输入向量的维数 R 与所提取的 TRPD 特征向量维数一致（即 21 个），输出层神经元的个数取决于对缺陷类型的编码和缺陷类型数，本书设置为 4 个，分别对应四种绝缘缺陷。隐藏层神经元的个数可以通过经验或程序测试来确定，其数量过大，易导致计算训练复杂、收敛过慢，同时易致使过度学习。数量过少则可能削弱整个网络的非线性映射能力，降低网络的求解精度。网络的运行过程首先由输入层的神经元将之前提取的 21 个特征量，经连接权值传递至下一层（即相邻的隐藏层），经逐层传递，输入的特征信息不断被放大、衰减和抑制。通过求解目标函数（一般为网络的输出与预期的均方误差）的极小值，选取最佳的连接权值等网络参数。

BPNN 各层所使用的传递函数必须是单调递增且可微的，同时为了后续融合识别中转化为概率输出，选择 logsig() 作为输出层的传递函数；而相比 logsig() 传递函数，tansig() 的输出范围为 (−1,1)，有着更大范围的非饱和区，有利于加快收敛速度，因此选择 tansig() 作为隐藏层的传递函数。两层传递函数的示意图如图 10.2 所示。

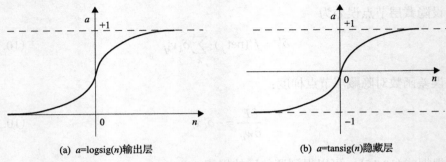

(a) a=logsig(n)输出层　　　　　　　　(b) a=tansig(n)隐藏层

图 10.2　BP 神经元传递函数

此外，BPNN 的拓扑结构对其运算效率和泛化能力有着重要的影响，隐藏层神经元数量过少，网络从输入样本中获取信息的能力差，致使 BPNN 对样本信息的挖掘、概括和体现能力不足；而隐藏层节点数量过多时，容易导致对样本信息学习过分细化，把样本中不具普遍性、规律性的信息牢记，而出现过学习问题，增加了网络系统的复杂度和计算代价。目前，对隐藏层的层数和神经元的个数没有确定且广泛适用的方法，在应用中主要采用试凑法。本书神经元的取值主要根据常用的经验公式 $n_0 = \sqrt{n+l} + a$，n_0 为所取的隐藏层神经元数目，n为输入数据的维数，l 为输出数据的维数，其中 a 为[0,10]之间的常数。

10.1.3　TRPD 特征的模式识别与结果分析

本书引入研究文献[8]中的数据，采集每类绝缘缺陷的 UHF TRPD 信号样本各500 组，随机选取其中的 100 组作为训练样本，其余样本作为测试样本。按照10.1.2 节所述方法，提取 UHF TRPD 信号的 21 个特征，作为 BPNN 的输入向量。为了提高运算效率，增强 BPNN 的收敛性，利用式(10.19)对特征数据归一化处理。

$$y = \frac{(y_{\max} - y_{\min})(x - x_{\min})}{x_{\max} - x_{\min}} + y_{\min} \tag{10.19}$$

式中，y 为数据 x 归一化后的输出值；$y_{\max}$、$y_{\min}$ 分别为归一化后期望的输出最大、最小值，本书分别取+1、–1；x 表示输入数据值；$x_{\max}$、$x_{\min}$ 分别表示 x 整体样本中的最大、最小值。

应用 MATLAB 设计 BPNN，网络的结构 NN(21,12,4)，即输入层设为 21 个节点，对应于 21 个识别特征量；隐藏层为 1 层，12 个隐藏层节点，隐藏层传递函数为 sigmoid 型，输出层设有 4 个节点(对应四种绝缘缺陷)，相应的编码见表10.1。

表 10.1 BPNN 输出编码

绝缘缺陷类型	编码
N 类	0001
P 类	0010
M 类	0100
G 类	1000

设置神经网络的学习速率为 0.02，UHF TRPD 特征的识别结果如表 10.2 所示，可以看出对实验产生的样本整体识别准确率达 80% 以上，其中 P 类绝缘缺陷识别准确率为 79.8%，这主要是由自由金属微粒缺陷固有的分散性所致。同时，由于神经网络较强的非线性逼近能力，即使 UHF TRPD 信号具有较强的不平稳性，其识别准确率仍达到 80% 以上，很大程度上为准确识别 PD 缺陷提供了有利信息。

表 10.2 UHF TRPD 特征的识别结果

缺陷类型	测试结果				总计	识别准确率/%
	N 类	P 类	M 类	G 类		
N 类	338	10	44	8	400	84.5
P 类	25	319	18	38	400	79.8
M 类	57	7	326	10	400	81.5
G 类	11	4	41	344	400	86.0

10.2 基于 PRPD 特征的模式识别

在 PD 模式识别中，从图像或者波形所获取的数据量是相当大的，如果将其直接用于放电模式识别是很困难的。为了有效地实现分类识别，就要对原始数据进行变换，得到最能反映缺陷本质的特征。一般把原始数据组成的空间称为测量空间，把分类识别赖以进行的空间称为特征空间，通过特征空间变换，可把在维数较高的测量空间中表示的模式变为维数较低的特征空间中表示的模式。目前，PD 故障特征提取常用的方法主要有统计特征参数法、分形特征参数法、数字图像矩特征参数法、波形特征参数法和小波特征参数等。

10.2.1 PRPD 特征的模式识别分类器

由表 7.3 提出的 16 个特征量[①]都是基于统计计算产生的，其中部分分别针对

---

① 本章对表 7.3 中的 16 个特征量(即 Sk_m^+、Sk_m^-、Sk_m、Sk_n^+、Sk_n^-、Sk_n、Ku_m^+、Ku_m^-、Ku_m、Ku_n^+、Ku_n^-、Ku_n、Q_m、Q_n、cc_m、cc_n)重新编号为 1~16。

整个工频周期，可能存在部分信息相关，即冗余信息。这些冗余信息的加入，不仅无助于提高识别准确率，而且对采样率、数据传输速率和计算能力等都有着较高要求，同时会加重计算机运行的负担。因此，本节利用 PCA 法和支持向量机回归特征消除（support vector machine recursive feature elimination，SVM-RFE）法对 PRPD 特征降维。

1. 主成分分析法

PCA 法是研究多个数值变量间相关性的一种多元统计方法，在基本保持原变量信息不变的前提下，通过原变量的少数几个线性组合来代替原变量并揭示原变量之间的关系。PCA 法消除了模式样本之间的相关性，实现了模式样本的维数压缩。PCA 法能将高维的模式样本压缩为更易于处理的低维样本，换言之，PCA 法给出了高维数据的一种简约表示，在模式识别和数据压缩等领域得到广泛应用[9]。但是，尽管 PCA 法能够提取均方误差最小意义最佳表达数据的特征，该特征并不一定是最有利于分类的特征。

从数理统计的角度分析，假设某一实际问题涉及较多的随机变量，PCA 法的任务是寻求数目较少的不同于原变量的一组新变量，使得新变量之间互不相关，且包含原变量的最多信息，而且任一新变量应为原变量组的线性组合。因此，PCA 法充分利用数据中的二阶统计信息进行特征提取和降维，算法简单，运算量小，这使它在特征提取、数据压缩等方面都有着极其重要的作用。

标准 PCA 法求解步骤如下所示。

(1) 假设训练样本集为 $\{X_1, X_2, \cdots, X_M\}$，$M$ 为样本的个数，其中每个样本为 $X_i = (x_{i1}, x_{i2}, \cdots, x_{in})$，$n$ 为每个样本的维数，则样本集的协方差矩阵为

$$C_X = E\left[(x-u)(x-u)^{\mathrm{T}}\right] = \frac{1}{M}\sum_{i=1}^{M}(X_i - u)(X_i - u)^{\mathrm{T}} \tag{10.20}$$

式中，u 为训练样本的平均值。

定义如下准则：

$$\begin{cases} J_t(\xi) = \xi^{\mathrm{T}} C_X \xi \\ \xi^{\mathrm{T}} \xi = 1 \end{cases} \tag{10.21}$$

选取一组标准正交且使得准则函数达到极值的向量 $\xi_1, \xi_2, \cdots, \xi_m$ 作为投影轴，其物理意义是使投影后所得特征的总体散布量（类间散布量与类内散布量之和）最大。

(2) 求出协方差矩阵 C_X 特征值和正交归一化的特征向量矩阵 P：

$$P^{\mathrm{T}} C_X P = \mathrm{diag}(\lambda_1, \lambda_2, \cdots, \lambda_n) \tag{10.22}$$

式中，$\lambda_1 \geqslant \lambda_2 \geqslant \cdots \geqslant \lambda_n$ 是 C_X 的 n 个特征值，diag 表示对角阵，其对应的特征向量为 $\xi_1, \xi_2, \cdots, \xi_n$。

（3）将测试样本 $X = (x_1, x_2, \cdots, x_n)$ 对特征向量矩阵 P 投影，求出其系数向量即为该样本的新特征 $Y = (y_1, y_2, \cdots, y_n)$，即

$$y_i = \xi_i^{\mathrm{T}} X, \quad i = 1, 2, \cdots, n \tag{10.23}$$

容易证明经过 PCA 变换后新特征 $y_1, y_2, \cdots, y_n$ 之间是不相关的：

$$r(y_i, y_j) = 0, \quad i, j = 1, 2, \cdots, n, i \neq j \tag{10.24}$$

（4）选取其 q 个最大的特征向量张成的特征子空间 $U = \{\xi_1, \xi_2, \cdots, \xi_q\}$ 作为特征提取器，将测试样本向其投影：

$$Y = U^{\mathrm{T}} X \tag{10.25}$$

式中，q 的选取满足以下条件：

$$\frac{\sum\limits_{i=1}^{q} \lambda_i}{\lambda_1 + \lambda_2 + \cdots + \lambda_n} \geqslant \alpha_0 \tag{10.26}$$

式中，α_0 为阈值，通常情况下 $\alpha_0 = 90\% \sim 95\%$。由于 $y_1, y_2, \cdots, y_q$ 所携带的能量占总能量的比例已超过 α_0，可以把 $y_{q+1}, y_{q+2}, \cdots, y_n$ 看成随机扰动。一般 q 远小于 n，称 $y_1, y_2, \cdots, y_q$ 为显著性水平为 α_0 的 q 个主分量，每个主分量集中了随机变量 X 的各个分量不同的共同特征，这样维数将由 n 个减少为 q 个。

二维随机变量 (x_1, x_2) 的一些样本点散落在平面 $x_1 O x_2$ 上，通过 PCA 法变换后，得到一个新的坐标系 $y_1 O y_2$，如图 10.3 所示。在新的坐标系下，这些样本点的 y_2 坐标几乎都是零，而 y_1 坐标的变化（方差）很大，可以把 y_2 视为随机扰动，而 y_1 是主分量。文献[10]采用 PCA 法对变压器内部 PD 特征参数进行了降维处理，在不明显降低特征向量表征效果的同时实现了将特征空间从 37 维降低到 12 维的目标。文献[11] 在对油纸绝缘老化过程的研究中，同样采

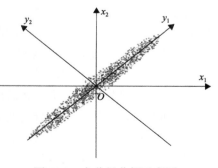

图 10.3　主分量分析示意图

用了 PCA 法成功地从 29 个 PD 统计特征中提取出 12 个主成分因子，并有效用于 PD 类型识别。文献[8]利用 PCA 法对 16 个 PRPD 统计特征信息进行特征优化，得到了 9 个主成分特征，且优化后的 9 个特征可以有效实现 GIS 内部典型绝缘缺陷的分类。

利用文献[12]的数据，由以上步骤所求取的变换矩阵、特征值、累积贡献率如表 10.3 所示，由此选取其中前六个主成分，它们的累积贡献率达到了 90.3%，替代了原输入特征量中的绝大部分信息。

表 10.3　PCA 分析结果

序列	1	2	3	4	5	6	7	8	9	10	11	12	13	14	15	16
P_1	0.28	0.20	0.26	0.21	0.07	0.09	0.29	0.34	0.37	0.29	0.33	0.35	0.28	0.07	0.09	0.14
P_2	0.09	0.32	0.22	0.16	0.48	0.41	−0.26	0.02	−0.06	−0.18	0.11	0.03	−0.12	0.19	−0.35	−0.36
P_3	0.42	−0.10	0.32	0.41	−0.13	0.10	−0.33	−0.19	0.15	−0.31	−0.18	0.15	−0.33	−0.07	−0.10
P_4	0.03	0.47	0.34	−0.31	0.19	0.05	0.19	−0.14	−0.14	0.10	−0.16	−0.23	−0.28	0.09	0.47	0.25
P_5	0.03	0.02	−0.17	0.00	0.08	−0.26	0.41	−0.14	−0.12	0.47	−0.09	−0.16	0.04	0.52	−0.26	−0.32
P_6	0.22	−0.01	0.01	0.18	−0.01	−0.09	−0.25	0.02	−0.22	−0.34	0.05	0.26	0.49	0.53	0.01	0.25
λ	5.383	3.488	2.287	1.400	1.058	0.828	0.432	0.341	0.251	0.227	0.155	0.081	0.036	0.019	0.008	0.006
β	0.336	0.554	0.697	0.785	0.851	0.903	0.930	0.951	0.967	0.981	0.991	0.996	0.998	0.999	1.000	1.000

注：$P_i(i=1,2,\cdots,6)$、λ、β 为列向量。

2. 支持向量机

SVM 的基础理论已在 8.1.1 节介绍。本节借鉴 SVM 算法中最大化"间隔"的思想，建立一种优化的 SVDD 算法，然后构造出不同的分类器对 GIS 设备中典型绝缘缺陷 PD 特征进行分类识别，结合不同特征获取方法优化分类器，从识别花费时间、识别准确率等角度对分类器性能进行对比研究。结果表明，SVDD 算法对 GIS 设备中典型绝缘缺陷 PD 识别效果良好。

SVM 的基本思想是在数据组成的特征空间中考虑寻找一个超平面，使得不同类别的训练样本正好位于超平面的两侧，并且分类的最终目的是使这些样本到该超平面的距离尽可能远，即构建一个超平面，使其两侧的空白区域最大化。

由于第一代 SVM 只能处理二元分类问题，而实际工作中的诊断问题多为非二元问题，并且处理多分类问题难度更大。因此，一些学者提出分类算法来处理多分类问题，这些算法大致分为两类：一类是构建多个二元分类器，其中"一对一"和"一对多"为典型算法[13]；另一类将多组分类数据进行集中优化分类。

1) 二分类支持向量机

二分类 SVM 算法寻找距最近两次采样最大距离的超平面。令 $f(\boldsymbol{X}) = \boldsymbol{W}^{\mathrm{T}}\boldsymbol{X} + b$

为决策方程，其中 $\boldsymbol{W}^{\mathrm{T}} = [w_1, w_2, \cdots, w_p]^{\mathrm{T}}$ 为权重向量，b 为标量，进而 SVM 对如下问题进行最小寻优：

$$\min \ P(\boldsymbol{W}, \boldsymbol{\xi}) = \frac{1}{2} \|\boldsymbol{W}\|^2 + C \sum_{i=1}^{n} \xi_i \tag{10.27}$$

$$\text{s.t.} \quad y(\boldsymbol{W}^{\mathrm{T}} \boldsymbol{x}_i + b) \geqslant 1 - \xi_i, \quad \xi_i \geqslant 0, \quad i = 1, 2, \cdots, n$$

式中，参数 C 用来权衡训练准确率与泛化能力。由于 SVM 最初用来处理二分类，这里假定式(10.27)中 $y_i \in \{1, -1\}$，因此，上述优化问题转化为具有 n 个变量的二次规划问题。

2) "一对多" 多分类支持向量机

"一对多" 多分类 SVM 算法首先通过下述过程构建 k 个二分类器，即类 1 与其余所有类组成二分类，类 2 与其余所有类组成二分类，$\cdots$，类 k 与其余所有类组成二分类。第 r 个分类器的决策方程为：$f_r(\boldsymbol{X}) = \boldsymbol{W}_r^{\mathrm{T}} \boldsymbol{X} + b_r$，$r = 1, 2, \cdots, k$，其中 $\boldsymbol{W}_r^{\mathrm{T}} = [w_{r1}, w_{r2}, \cdots, w_{rp}]^{\mathrm{T}}$ 为第 r 个权重向量，b_r 为标量。进而考虑如下优化问题：

$$\min \ P_r(\boldsymbol{W}_r, \xi_r) = \frac{1}{2} \|\boldsymbol{W}_r\|^2 + C \sum_{i=1}^{n} \xi_i^r \tag{10.28}$$

$$\text{s.t.} \quad z_i^r (\boldsymbol{W}_r^{\mathrm{T}} x_i + b_r) \geqslant 1 - \xi_i^r, \quad \xi_i^r \geqslant 0, \quad i = 1, 2, \cdots, n$$

式中，z_i^r 为第 r 个分类器的分类标签，当 $y_i = r$ 时 $z_i^r = 1$，否则 $z_i^r = -1$，$y_i \in \{1, 2, \cdots, k\}$。当建构 $(k-1)k/2$ 个分类器后，令

$$y = \arg\max_r f_r(\boldsymbol{X}) \tag{10.29}$$

进而实现多分类 SVM。

3) "一对一" 多分类支持向量机

采用 "一对一" 多分类 SVM 算法构建 $(k-1)k/2$ 二分类器，进而只需求解少于 n 个变量的 $(k-1)/2$ 维二次规划问题，从而实现多分类支持向量机。

实验表明，"一对一" 多分类 SVM 算法在识别精确率及运行速度上更有优势，但在处理小样本微阵列数据上，"一对一" 多分类 SVM 算法的效果没有 "一对多" 多分类 SVM 算法及其他多分类器的分类效果理想，原因在于 "一对一" 多分类 SVM 算法中的二分类器只利用少部分采样数据，而这在小样本情况下能够更好地克服过拟合问题。

4) Weston-Watkins 多分类支持向量机

Weston-Watkins 多分类 SVM 算法由 Weston 和 Watkins 提出，且只需求解单

一优化问题即可实现多分类 SVM，同时构建 k 个二分类器，其中第 r 个方程 $\boldsymbol{W}_r^{\mathrm{T}}\boldsymbol{X} + b_r$ 将类 r 与其他类进行划分。考虑如下优化问题：

$$\min P(\boldsymbol{W}, \boldsymbol{\xi}) = \frac{1}{2}\sum_{r=1}^{k}\|\boldsymbol{W}_r\|^2 + C\sum_{i=1}^{n}\sum_{r=1, r \neq y_i}^{n}\xi_i^r \tag{10.30}$$

s.t. $\boldsymbol{W}_{y_i}^{\mathrm{T}}\boldsymbol{x}_i + b_{yi} \geqslant \boldsymbol{W}_r^{\mathrm{T}}\boldsymbol{x}_i + b_r + 2 - \xi_i^r, \quad \xi_i^r \geqslant 0, \quad i = 1, 2, \cdots, n, r \in \{1, 2, \cdots, k\}/y_i$

其决策方程为

$$y = \arg\max_r(\boldsymbol{W}_r^{\mathrm{T}}\boldsymbol{X} + b_r) \tag{10.31}$$

此二次规划问题有 $(k-1)n$ 个变量。由于二次规划的多项式计算复杂度与其变量个数有关，该算法的计算复杂度高于上述两个基于二分类的多分类 SVM。

5) Crammer-Singer 多分类支持向量机

Crammer-Singer 多分类 SVM 算法含有更少的松弛变量，且在决策方程中不含偏差项 b。考虑如下优化问题：

$$\min \quad P(\boldsymbol{W}, \boldsymbol{\xi}) = \frac{1}{2}\sum_{r=1}^{k}\|\boldsymbol{W}_r\|^2 + C\sum_{i=1}^{n}\xi_i \tag{10.32}$$

s.t. $\quad \boldsymbol{W}_{y_i}^{\mathrm{T}}\boldsymbol{x}_i - \boldsymbol{W}_r^{\mathrm{T}}\boldsymbol{x}_i \geqslant 1 - \xi_i, \quad r \neq y_i, \xi_i \geqslant 0, i = 1, 2, \cdots, n$

其决策方程为

$$y = \arg\max_r(\boldsymbol{W}_r^{\mathrm{T}}\boldsymbol{X}) \tag{10.33}$$

此二次规划问题有 nk 个变量。此外，一些文献将此单一优化问题分解为多个小范围二次规划问题，进而减少了计算量。

6) Lee-Lin-Wahba 多分类支持向量机

Lee-Lin-Wahba 多分类 SVM 算法在理论上具有类似的贝叶斯渐进性。考虑如下优化问题：

$$\min \quad P(\boldsymbol{W}, \boldsymbol{\xi}) = \frac{1}{2}\sum_{r=1}^{k}\|\boldsymbol{W}_r\|^2 + C\sum_{i=1}^{n}\sum_{r=1, y \neq y_i}^{n}\xi_i^r$$

s.t. $\quad \boldsymbol{W}_r^{\mathrm{T}}\boldsymbol{x}_i + b_r \geqslant -\frac{1}{k-1} + \xi_i^r, \quad \xi_i^r \geqslant 0, \quad i = 1, 2, \cdots, n, r \in \{1, 2, \cdots, k\}/y_i, \tag{10.34}$

$$\sum_{r=1}^{k}\boldsymbol{W}_r^{\mathrm{T}}\boldsymbol{x}_i + b_r = 0$$

决策方程为

$$y = \arg\max_r (\boldsymbol{W}_r^{\mathrm{T}} \boldsymbol{X} + b_r) \tag{10.35}$$

此二次优化问题有 $(k-1)n$ 个变量。

7）支持向量机回归特征消除

SVM-RFE 法[14-27]是以后向消除的方式进行特征选取，由所有特征开始选取，每次舍弃一个特征。SVM-RFE 算法最初用来处理二元问题。由二元问题权重系数 $\boldsymbol{W}$ 得到的平方系数 $\boldsymbol{W}_j^2(1,2,\cdots,p)$ 作为特征排序准则（feature ranking criteria）。在 SVM-RFE 法的迭代过程中，需要训练 SVM 分类器，计算所有特征的排序准则（ranking criteria）$\boldsymbol{W}_j^2$，并舍弃具有最小排序准则的特征，此过程重复进行，直到得到一个较小的特征子集。

由最优脑损伤（optimal brain damage，OBD）算法可以证明，参数 $\boldsymbol{W}_j^2$ 的大小近似对应当舍弃第 j 个特征时，准则 $P(\boldsymbol{W},\boldsymbol{\xi}) = \frac{1}{2}\|\boldsymbol{W}\|^2 + C\sum_{i=1}^n \xi_i$ 的变化程度。准则 J 可以展成二阶泰勒级数，即

$$\Delta J(j) = \frac{\partial j}{\partial \boldsymbol{W}_j}\Delta \boldsymbol{W}_j + \frac{\partial^2 J}{\partial^2 \boldsymbol{W}_j}(\Delta \boldsymbol{W}_j)^2 + O\big((\Delta \boldsymbol{W}_j)^3\big) \tag{10.36}$$

当 J 最优时，式（10.36）中的一阶项可以忽略，于是有 $\Delta J(j) \approx (\Delta \boldsymbol{W}_j)^2$，若 $J(j)$ 为舍弃第 j 个特征时 J 的值，则有

$$J \approx J(j) - \boldsymbol{W}_j^2 \tag{10.37}$$

因此，舍弃具有最小 $\boldsymbol{W}_j^2$ 的特征使得 J 的增量最小，同时增加了系统的泛化能力，即采用 SVM-RFE 法能够找到使 J 最小的特征子集。

8）多类支持向量机回归特征消除

利用"一对一"多类 SVM 构造多类 SVM-RFE 法。"一对一"多类 SVM 需要设计 $k(k-1)/2$ 个二进制 SVM 分类器，解决 $k(k-1)/2$ 个二次规划问题，为了方便叙述，令 $m=k(k-1)/2$。因为对于 $k(k\geqslant 3)$ 分类问题，需要设计 m 个 SVM 二分类器，也就基于 m 个特征子集，当这 m 个特征子集选定后，最终递归消去选择的结果也即为这 m 个特征子集的某个集合。

假设 m 个特征子集 $S_r(r=1,2,\cdots,m)$ 是相互独立的，且满足 J_r 取得极小值，则有

$$J_r = \frac{1}{2}\|\boldsymbol{W}_r\|^2 + C\sum_{i=1}^n \xi_i^r \tag{10.38}$$

但是，它不能满足最终选择的子集集合$(S_1 \bigcup S_2 \bigcup \cdots \bigcup S_m)$使得所有的准则$J_1, J_2, \cdots,$ J_m最小，为了克服 SVM-RFE 法的限制，最终所获取的特征子集必须同时使 m 个准则最小，因此问题转化为一个多目标优化问题。在一般情况下，k 个特征集对于分类器的贡献可以看成均等的，此多目标优化问题可以转化为

$$\min \ J = \frac{1}{m} \sum_{r=1}^{m} J_r = \frac{1}{m} \sum_{r=1}^{m} \left(\frac{1}{2} \|W_r\|^2 + C \sum_{i=1}^{n} \xi_i^r \right) \tag{10.39}$$

根据 OBD 理论，并将其展开成泰勒级数，可得

$$\Delta J(j) \approx \frac{1}{m} \sum_{r=1}^{m} \left(\frac{\partial J_r}{\partial w_{rj}} \Delta w_{wj} + \frac{\partial^2 J_r}{\partial^2 w_{rj}} \left(\Delta w_{rj} \right)^2 \right) \tag{10.40}$$

当 J 取得极小值时，$\Delta J(j) \approx \dfrac{1}{m} \sum\limits_{r=1}^{m} (\Delta w_{rj})^2$。类似于二进制 SVM-RFE，可改写成：

$$J(j) \approx J + \frac{1}{m} \sum_{r=1}^{m} w_{rj}^2 \tag{10.41}$$

式中，$J(j)$ 为消去第 j 个特征时 J 的值。因此，当移除的特征量对应最小的 $\sum\limits_{r=1}^{m} w_{rj}^2$ 时，将使得 J 增加最小。$\sum\limits_{r=1}^{m} w_{rj}^2$ 可以作为多类 SVM-RFE 法的排序准则。其具体计算步骤如下所示。

输入量：l 组数据 $\{(x_i, y_i)\}$；$\boldsymbol{R} = []$，空的特征排序序列；$\boldsymbol{F} = []$，原始输入特征序列。

输出量：排序后的序列 $\boldsymbol{R}$。

循环以下步骤：

(1) 利用排序为 $\boldsymbol{F}$ 的 l 组数据 $\{(x_i, y_i)\}$ 训练 SVM 多类分类器。

(2) 计算排序准则 $c_i = \sum\limits_{r} w_{ri}^2$。

(3) 找出对应最小排序准则 c_i 的特征量，输入到矩阵 $\boldsymbol{R}$, $\boldsymbol{R} = [f, R]$。

(4) 从 $\boldsymbol{F}$ 中删除 f，$\boldsymbol{F'} = \boldsymbol{F} - f$。

当 $\boldsymbol{F'}$ 为空时，循环结束，返回排序结果 $\boldsymbol{R}$。

仍选用本书作者团队采集的大量数据，具体参考文献[28]，通过实验共采集

每类绝缘缺陷的 PRPD 指纹数据 100 组，共计 400 组。随机选择一半作为训练样本，另一半作为测试样本。提取表 7.3 中的 16 个特征量，并通式 (7.39) 对其归一化，归一化后的数据作为输入量，采用 SVM-RFE 法进行排序。

在 SVM 训练过程中，惩罚系数 C 和核参数 γ 的选择对模型的性能有着重要影响，因而本书通过网格搜索和 5 份交叉验证法对其优化。设置的网格参数及以最优特征集作为 SVM 输入时的识别结果如图 10.4 所示。由图可得对应 C 和 γ 的变化，识别准确率大致分布在 72%～92%。当识别准确率大于 92% 时对应的 C 和 γ 组合为：$C=2^8$、$\gamma=2^{-8}$；$C=2^9$、$\gamma=2^{-7}$ 或 $\gamma=2^{-8}$；$C=2^{10}$、$\gamma=2^{-7}$ 或 $\gamma=2^{-8}$。

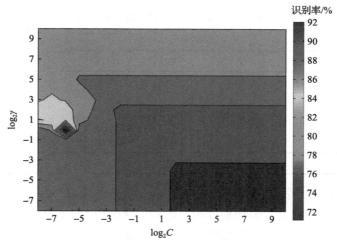

图 10.4　SVM 网格搜索和交叉验证结果

对归一化处理后的 16 维输入变量采用 SVM-RFE 法排序的结果如图 10.5 所示。由此，本书 SVM-RFE 特征选择的最佳序列为变量组合 [3 4 8 9 10 6 1 15 13]。

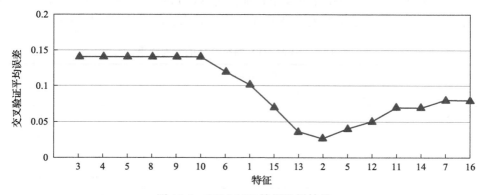

图 10.5　SVM-RFE 特征选择结果

10.2.2　PRPD 特征的模式识别与结果分析

1. 主成分分析

以所提取的前 6 个主成分作为 PRPD 识别的输入数据，采用前述 BPNN 作为识别分类器，网络结构为 NN(6,10,4)，即输入层设为 6 个节点对应于 6 个主成分；隐藏层为 1 层，10 个隐藏层节点，隐藏层传递函数为 sigmoid 型，输出层设有 4 个节点，编码同表 10.1。设置神经网络的学习速率 net.trainParam.lr 为 0.02，BPNN 的识别结果如表 10.4 所示。

表 10.4　以主成分为输入的 BPNN 识别结果

绝缘缺陷类型	识别结果				总计	识别准确率/%
	N 类	P 类	M 类	G 类		
N 类	47	0	1	2	50	94
P 类	0	48	1	1	50	96
M 类	1	0	45	3	50	90
G 类	2	1	5	42	50	84
总计	50	49	52	48	200	91

由表 10.4 可以看出，采用 PRPD 指纹的主成分作为 BPNN 的输入具有较好的识别效果，其中大部分缺陷识别准确率达到了 90%以上，仅 G 类绝缘缺陷识别准确率稍低，为 84%。仔细检查原因，发现其主要错误被划分为 M 类缺陷，可能是由于这两种缺陷同为绝缘子缺陷。

2. SVM-RFE 特征集

采用 SVM-RFE 法所排序的 9 个特征作为 SVM 的输入，利用交叉验证和网格搜索法所获取的识别结果如表 10.5 所示。可以看出，G 类缺陷同样具有最低的识

表 10.5　SVM-RFE 特征选择的识别结果

绝缘缺陷类型	识别结果				总计	识别准确率/%
	N 类	P 类	M 类	G 类		
N 类	47	0	2	1	50	94
P 类	0	49	1	0	50	98
M 类	1	0	46	3	50	92
G 类	1	1	5	43	50	86
总计	49	50	54	47	200	93

别准确率，为 86%，可能因为 PRPD 故障对于 G 类缺陷的识别效果稍逊于其他类型缺陷。对另外三类缺陷的识别准确率均在 90%以上，稍好于 PCA 法。

PCA 法主要根据输入变量的方差信息，判定变量所包含的信息量大小，而 SVM-RFE 法主要依据变量对高维空间分类超平面的影响大小。但在 PD 四分类过程中，可能部分变量的方差信息主要由其中单一缺陷或部分缺陷引起，因而该变量可能用于区分该缺陷与其他缺陷之间或部分缺陷与剩下的缺陷之间颇具效果。而 SVM-RFE 法根据变量对组成多类 SVM 的所有超平面的总体影响，虽然也存在一定的弊端，如仅对其中部分二分类器的影响不平衡等问题，但 SVM-RFE 法的目标约束相比 PCA 法，对分类目标更具针对性，因而在多数情况下，SVM-RFE 法会具有相对更佳的选择效果。

在不计分类器性能参数等的影响下，从识别效果看，PRPD 具有更高的识别准确率。TRPD 对于 P 类绝缘缺陷的识别效果较差，而从分布特征来看，P 类绝缘缺陷的 PRPD 分布模式明显区别于其他三类绝缘缺陷，因而 PRPD 对于 P 类绝缘缺陷的识别效果最佳。对于 G 类绝缘缺陷，两种信号分析模式的识别效果接近，可以通过两种分析模式之间的互补性来弥补这一不足。如提取二者识别算法的共性信息，以增强识别结果的可靠性，或利用其中一种识别方法对于特定缺陷的可靠性，而降低另一种识别方法识别结果的不确定性，以获取更可靠的结果。

10.3　基于 UHF 与 IEC 60270 检测信息相关性的 PD 模式识别

基于 UHF 方法的突出优点是能有效地实现 GIS 绝缘状态的在线监测，但检测的信号不能直接反映放电量，这给准确评价 GIS 绝缘故障危害水平带来一定困难。本书结合电磁场和天线理论，探讨 UHF PD 信号与放电量的相关性以及特征信息。

10.3.1　基于 UHF 与 IEC 60270 检测信息相关性的特征参数提取

在 SF_6 气体中，PD 引起的脉冲电流的上升时间和下降时间短暂，最低至微秒级，由此所引发的电磁信号频率达数吉赫兹。在基于 IEC 60270 的检测方法中，视在放电量是由放电电流信号的能量决定的，同时与真实放电量又是呈线性正相关的，而 UHF PD 信号由脉冲电流所激发产生，脉冲电流同样决定了 UHF PD 信号。因而可以通过 PD 脉冲电流信号与 UHF PD 信号之间的关系，探索 UHF PD 信号与视在放电量乃至真实放电量之间的关系。

国外部分学者[29-32]对 UHF PD 信号能量与放电量关系进行了部分定性的推理，主要思想是对于一个与 PD 源的空间位置相对固定的 UHF 传感器，其接收到的能量完全取决于 PD 源产生的电磁辐射的能量，而单次 UHF PD 信号由其对应的 PD 脉冲电流决定，在外界条件不变的情况下，脉冲电流是决定 UHF 传感器所接收到的信号的根本因素。以 V 表示 UHF 传感器的输出电压，Φ 表示传感器所处的空间位置的感应电势，I 为 PD 所产生的脉冲电流。理论上 V 与 q 存在如下相互关系：

（1）UHF 传感器是无源装置，因而其输出电压 V 与感应电势 Φ 呈正相关性，即 $V \propto \Phi$。

（2）在电容型放电模型中，Φ 是由 di/dt 决定的。在 PD 电流信号波形相似的情况下，di/dt 与脉冲电流的峰值 I_p 呈正比例关系。

（3）对于某一固定绝缘缺陷，PD 产生的脉冲电流波形是相似的，因而 $I_p \propto q$；

也有学者提出 UHF PD 信号的二次积分与放电量呈线性关系，依据原理仍与上述推理相似，主要为 UHF 传感器所输出的电压 V 是由此点的感应电势 Φ 决定的，而 Φ 由脉冲电流辐射产生，它与 di/dt 线性相关。一般情况下，PD 的脉冲电流波形可以近似为高斯信号，UHF PD 信号的正极性部分由电流脉冲的上升时间决定，负极性部分由下降时间决定。由于 PD 的真实放电量与电流脉冲的积分呈线性关系，理论上脉冲电流的微分决定了 UHF PD 信号的波形，UHF PD 信号波形的二次积分与其放电量呈线性关系。

综上所述，UHF PD 信号的幅值与视在放电量呈正相关 $V \propto q$，UHF PD 信号能量可能与视在放电量 q^2 呈线性关系。根据这一原理，结合电磁场和天线理论，对 UHF PD 信号与脉冲电流（IEC 60270 信号）的关系验证如下[31]。

1. 特高频信号能量与放电量的关系

对于放电量为 q 的 PD 脉冲电流（IEC 60270 信号）测量回路如图 10.6 所示。利用 UHF 天线测量 PD 信号，通常可用磁偶极子表示这种由正负电荷位移产生的电流 I 信号，如图 10.7 所示。

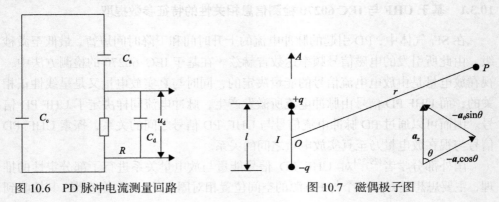

图 10.6　PD 脉冲电流测量回路　　　　　图 10.7　磁偶极子图

将 I 写成向量形式，$I = \mathrm{j}wq$，可求得 P 点的一个微分矢位 $\mathrm{d}A$：

$$\mathrm{d}A = a_z \frac{\mu I \mathrm{e}^{-\mathrm{j}\beta r}}{4\pi r} \mathrm{d}z \tag{10.42}$$

式中，$\beta = \omega\sqrt{\mu\varepsilon}$ 为无界介质中的波数，μ 为磁导率，ε 为介电常数；r 为偶极子中心与点 P 的径向距离。它们的几何关系由图 10.7 可得

$$\mathrm{d}A_r = -\mathrm{d}A_z \cos\theta \tag{10.43}$$

$$\mathrm{d}A_\theta = -\mathrm{d}A_z \sin\theta \tag{10.44}$$

偶极子磁场 H 为

$$\mathrm{d}H = \frac{\mathrm{d}B}{\mu} = \frac{\nabla \times (\mathrm{d}A)}{\mu} = \frac{1}{\mu} \begin{vmatrix} \dfrac{a_r}{r^2\sin\theta} & \dfrac{a_\theta}{r\sin\theta} & \dfrac{a_\phi}{r} \\[2mm] \dfrac{\partial}{\partial r} & \dfrac{\partial}{\partial \theta} & 0 \\[2mm] \mathrm{d}\hat{A}_r & r\mathrm{d}\hat{A}_\theta & 0 \end{vmatrix} = a_\phi \frac{\hat{I}\mathrm{d}z}{4\pi} \mathrm{e}^{-\mathrm{j}\beta r} \left(\frac{\mathrm{j}\beta}{r} + \frac{1}{r^2} \right) \sin\theta \tag{10.45}$$

偶极子电场 E 为

$$\mathrm{d}E = \frac{1}{\mathrm{j}\omega\varepsilon} \nabla \times (\mathrm{d}H) = a_r \mathrm{d}E_r + a_\theta \mathrm{d}E_\theta \tag{10.46}$$

式中

$$\mathrm{d}E_r = \frac{I\mathrm{d}z}{4\pi} \mathrm{e}^{-\mathrm{j}\beta r} \left(\frac{2\eta}{r^2} + \frac{2}{\mathrm{j}\omega\varepsilon r^3} \right) \cos\theta \tag{10.47}$$

$$\mathrm{d}E_\theta = \frac{I\mathrm{d}z}{4\pi} \mathrm{e}^{-\mathrm{j}\beta r} \left(\frac{\mathrm{j}\omega\mu}{r} + \frac{\eta}{r^2} + \frac{1}{\mathrm{j}\omega\varepsilon r^3} \right) \sin\theta \tag{10.48}$$

式中，$\eta = \sqrt{\mu/\varepsilon}$ 为在自由空间中的自由平面波的本征波阻抗。

由于 PD 的电磁信号频率达数吉赫兹，其波长为 $1\sim10\mathrm{m}$，实验中天线的安放距离 $r \approx 0.5\mathrm{m}$，可以将其看成近场区，此时式（10.47）和式（10.48）中的指数项 $\mathrm{e}^{-\mathrm{j}\beta r}$ 近似为 1，由式（10.45）和式（10.46）积分，分别可得磁场和电场为

$$H \approx a_\phi \frac{Il\sin\theta}{4\pi r^2} \tag{10.49}$$

$$E \approx \frac{Il}{\mathrm{j}\omega 4\pi\varepsilon r^3}(a_r 2\cos\theta + a_\theta\sin\theta) \tag{10.50}$$

此时近场区的辐射强度 S（也称为能流密度、坡印亭矢量）为

$$S = \frac{1}{2}(E \times H^*) = -\mathrm{j}\frac{I^2 l^2}{32\pi^2 r^5 \omega\varepsilon}\sin^2\theta a_r \tag{10.51}$$

由于 PD 产生的电磁辐射源向空间任何方向辐射是均匀的，在距离辐射源 r 的某点处，可通过对能流密度的积分求解电磁波的能量，其结果仍为关于电流源 I 的二次函数。

$$\Delta u = U_m\left(1 - \mathrm{e}^{-\alpha_f t}\right) \tag{10.52}$$

式中，α_f 为放电衰减常数，由式 (10.52) 可求解脉冲电压的幅值 U_m 为

$$U_m = q/\left[C_c + C_a C_d/(C_a + C_d)\right] \tag{10.53}$$

进而可得脉冲电流为

$$\Delta i = I_m\left(1 - \mathrm{e}^{-\alpha_f t}\right) \tag{10.54}$$

式中

$$I_m = \frac{U_m}{R} = q/\left\{R\left[C_c + C_a C_d/(C_a + C_d)\right]\right\} \tag{10.55}$$

令 $k_c = R\left[C_c + C_a C_d/(C_a + C_d)\right]$，式 (10.55) 可简写为

$$I_m = q/k_c \tag{10.56}$$

脉冲电流 I_m 即辐射电流源 I，将式 (10.56) 代入式 (10.51) 可得

$$S = \frac{1}{2}(E \times H^*) = -\mathrm{j}\frac{\left(\dfrac{q}{k_c}\right)^2 l^2}{32\pi^2 r^5 \omega\varepsilon}\sin^2\theta a_r \tag{10.57}$$

由此可得，电磁波能量为视在放电量 q 的二次函数，UHF PD 信号能量与视在放电量的平方以及 UHF PD 信号二次积分与视在放电量之间均为线性关系。

2. UHF PD 信号幅值与视在放电量的关系

由于 UHF PD 信号频率达数吉赫兹，对检测设备的采样率和带宽要求较高，且信号的能量或二次积分在现场很难直接观察，如果能求解其信号最大幅值与视在放电量的关系，将大大降低应用和故障观察分析的难度。UHF PD 信号的幅值由脉冲电流大小与陡度决定，而脉冲电流的波形形状是基本相似的，因此 UHF PD 信号的幅值可视为由脉冲电流大小决定。

根据天线检测原理可知，天线上的感应电压 U 与空间场强 E 的关系为

$$U = k_t E \tag{10.58}$$

式中，k_t 是由天线性能、结构以及与信号源的位置关系决定的修正系数。

将式（10.52）、式（10.53）、式（10.58）三式联立可得

$$U = \frac{k_t l \left(a_r 2 \cos \theta + a_\theta \sin \theta \right)}{\mathrm{j} \omega 4 \pi \varepsilon r^3 k_c} q \tag{10.59}$$

令 $k = \dfrac{k_t l \left(a_r 2 \cos \theta + a_\theta \sin \theta \right)}{\mathrm{j} \omega 4 \pi \varepsilon r^3 k_c}$，在天线与信号源相对位置固定的情况下，式（10.59）可简写为

$$U = cq \tag{10.60}$$

因此，天线输出电压的幅值与视在放电量呈线性关系，在天线参数、天线的安装位置、电磁传播参数以及空间环境因素不变的情况下，c 可以看成一个常量。

实验中通过示波器所获取的是 UHF 的电压时间序列信号，其信号能量计算方法为

$$W = \frac{\Delta t}{R} \sum_{i=1}^{N} U_i^2 \tag{10.61}$$

式中，R 为匹配阻抗，其阻值为 50Ω；N 为天线测得的一次 UHF 时间序列信号的总点数，即 $10\mathrm{GS/s} \cdot 2\mu s = 20000$ 个；U_i 表示第 i 个数据点的电压值。

实验中必须同时采集 UHF PD 信号与脉冲电流法（IEC 60270）的 PD 信号。为保证观察到完整的信号波形，尽量保证 UHF PD 信号在较长的时间长度内不丢失峰值信息，因此信号的采样率为 10GS/s，数据长度为 2μs，采样时间时隔 Δt 为 100ps。根据脉冲电流法测量放电量的标定方式，提取 PD 信号的最大幅值，其与刻度系数 k 的乘积，即为此次 PD 的视在放电量。

由此，UHF PD 信号与能量以及四种绝缘缺陷下 UHF PD 信号能量与对应的

视在放电量的关系分别如图 10.8 和图 10.9 所示。

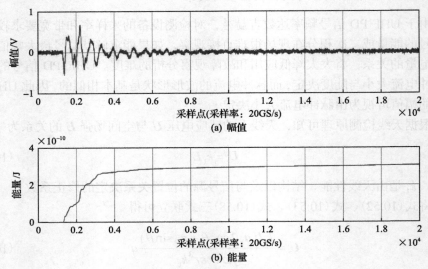

(a) 幅值

(b) 能量

图 10.8　UHF PD 信号与能量

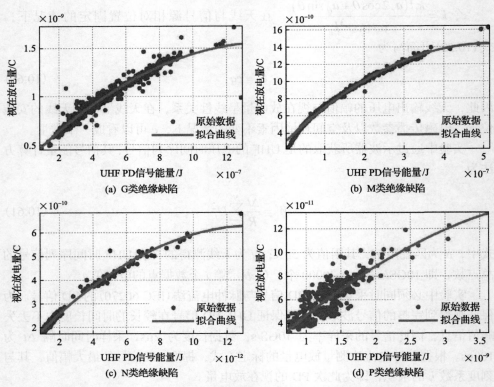

(a) G类绝缘缺陷

(b) M类绝缘缺陷

(c) N类绝缘缺陷

(d) P类绝缘缺陷

图 10.9　UHF PD 信号能量与对应的视在放电量的关系

由图 10.9 可以看出，四种绝缘缺陷的 UHF PD 信号能量与视在放电量均体现出一定程度的二次函数关系 $(f(x) = p_1 x^2 + p_2 x + p_3)$，置信区间为 95% 的拟合，拟合的结果如表 10.6 所示。

表 10.6　UHF PD 信号能量与视在放电量拟合结果

绝缘缺陷类型	p_1	p_2	p_3	SSE	RMSE	R^2
G 类	-5.82×10^2	1.70×10^{-3}	3.28×10^{-10}	1.72×10^{-18}	5.88×10^{-11}	0.93
M 类	-4.30×10^4	4.40×10^{-3}	3.00×10^{-10}	3.02×10^{-19}	2.47×10^{-11}	0.99
N 类	-2.57×10^{12}	7.27×10^1	1.15×10^{-10}	4.73×10^{-20}	9.86×10^{-12}	0.99
P 类	-5.50×10^6	5.83×10^{-2}	-6.10×10^{-12}	3.01×10^{-20}	7.78×10^{-12}	0.78

通过误差平方和(sum of squares due to error，SSE)、均方根误差(root mean squared error，RMSE)和确定系数(coefficient of determination)R^2 几个统计量对结果进行检验。它们的计算方法分别为

$$\text{SSE} = \sum_{i=1}^{n}\left(y_i - \hat{y}_i\right)^2 \tag{10.62}$$

$$\text{RMSE} = \sqrt{\frac{1}{n}\sum_{i=1}^{n}\left(y_i - \hat{y}_i\right)^2} \tag{10.63}$$

$$R^2 = \frac{\sum\limits_{i=1}^{n}\left(\hat{y}_i - \overline{y}_i\right)^2}{\sum\limits_{i=1}^{n}\left(y_i - \overline{y}_i\right)^2} \tag{10.64}$$

式中，y_i 为 PD 的视在放电量；$\hat{y}_i$、$\overline{y}_i$ 分别为视在放电量的拟合值和均值；n 为参与拟合的样本总数。

由表 10.6 的结果可以看出，拟合的 SSE、RMSE 相对于原始数据结果都比较理想，而 G 类、M 类、N 类绝缘缺陷的确定系数 R^2 均达到了 0.9 以上，具有很好的拟合效果。尽管 P 类绝缘缺陷的 R^2=0.78 略低，但仍说明 P 类绝缘缺陷的 UHF PD 信号能量与其视在放电量具有一定的二次函数关系。

通过 UHF PD 信号能量与视在放电量的相关性实验研究发现，四种绝缘缺陷的相关性信息存在一定的规律性，在外界条件(传感器与 PD 源的相对位置、传播介质等)不变的情况下，PD 的视在放电量与 UHF PD 信号的能量存在明显的二次函数关系。这将为标定 UHF 法的视在放电量提供基础，也将为通过多传感器信息融合识别和评价 PD 故障属性和危害性提供新的有利信息。

观察图 10.9 发现，UHF PD 信号的能量与其对应的视在放电量的分布具有很强的规律性，可利用这二者的相互关系识别 PD 源属性，为了便于观察和比较，可用对数 lg 对 UHF PD 信号能量与视在放电量进行变换，如图 10.10 所示。可以看出，除 P 类绝缘缺陷之外，其他三类绝缘缺陷都具有很好的线性相关性，而 P 类绝缘缺陷的分布也存在着较明显的线性相关性。

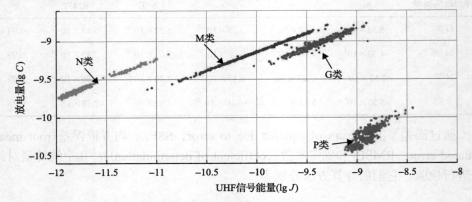

图 10.10　UHF PD 信号能量与对应的放电量

10.3.2　基于 UHF 与 IEC 60270 相关性特征参数的识别分类器

由于 UHF PD 信号能量与对应的视在放电量的关系数据是二维的，为了挖掘其用于分类的自然特征，以免利用神经网络和支持向量机等理论时，出现复杂网络或复杂结构的过度映射(过学习)，本书针对该类特征信息，采用模糊 C 均值(fuzzy C-means，FCM)聚类算法，对四种绝缘缺陷进行划分。

聚类是根据对象的特征、亲疏程度和相似性等关系进行的一种数学划分。传统的聚类为硬性划分，即将对象非此即彼地划分到某类中。在实际问题中，大多数研究对象往往并没有严格的属性，因此将模糊数学引入聚类分析后，形成了一种新的聚类方法——模糊聚类。FCM 聚类是以样本到聚类中心的距离平方和最小为目标，通过不断优化目标函数，获取样本对相应类中心的最优隶属度。它是一种通过迭代优化无监督的学习方法，具有良好的局部收敛性。

FCM 聚类的目标函数为

$$J(U,V) = \sum_{k=1}^{n} \sum_{i=1}^{C} (u_{ik})^m (d_{ik})^2 \tag{10.65}$$

式中，$U = [u_{ik}]$ 为模糊划分矩阵，$u_{ik} \in [0,1]$；$V = [v_i]$，v_i 表示第 $i(i = 1, 2, \cdots, C)$ 个类中心；$m \in [1, \infty)$ 是模糊指数，一般 $m \in [1, 2.5]$，取 $m = 2$。$J(U,V)$ 为所有样本

到相应的聚类中心的加权距离平方和，$J(U,V)$ 越小，说明聚类效果越好，权重 u_i 是样本 x_k 对第 i 类的隶属度值。d_{ik} 为欧氏距离，计算式为

$$(d_{ik})^2 = \left\| x_k - v_i \right\|^2 = (x_k - v_i)^{\mathrm{T}} A (x_k - v_i) \tag{10.66}$$

式中，矩阵 $A = I$ 为对称阵。

聚类的准则是求得最佳的模糊划分矩阵 $\mu = [\mu_{ik}]$ 和相应的聚类中心 v_i，使得 $J(U,V)$ 的值极小，即

$$\begin{cases} \min\left\{ J(U,V) = \min\left\{ \sum_{k=1}^{n} \sum_{i=1}^{C} (u_{ik})^2 (d_{ik})^2 \right\} = \sum_{k=1}^{n} \min\left[\sum_{i=1}^{C} (u_{ik})^m (d_{ik})^2 \right] \right\} \\ \sum_{i=1}^{C} u_{ik} = 1 \end{cases} \tag{10.67}$$

利用拉格朗日（Lagrange）乘子求解：

$$F = \sum_{i=1}^{C} (u_{ik})^m (d_{ik})^2 + \lambda \left(\sum_{i=1}^{C} u_{ik} - 1 \right) \tag{10.68}$$

其最优条件为

$$\begin{cases} \dfrac{\partial F}{\partial \lambda} = \left(\sum_{i=1}^{C} u_{ik} - 1 \right) = 0 \\ \dfrac{\partial F}{\partial \lambda} = \left[m(u_{ik})^{m-1} (d_{ik})^2 - \lambda \right] = 0 \end{cases} \tag{10.69}$$

由式（10.69）可得

$$u_{ik} = \frac{1}{\displaystyle\sum_{j=1}^{C} \left(\frac{d_{ik}}{d_{jk}} \right)^{\frac{2}{m-1}}}, \quad 1 < i < C; 1 < k < n \tag{10.70}$$

$$v = \frac{\displaystyle\sum_{k=1}^{n} (u_{ik})^m x_k}{\displaystyle\sum_{k=1}^{n} (u_{ik})^m} \tag{10.71}$$

FCM 聚类算法的实现步骤如下所述。

输入：X 为 UHF PD 信号能量与视在放电量数据；C 为聚类中心类数；M 为模糊指数；$E_{\max}$ 为最小迭代容差。

输出：V 为聚类中心；U 为模糊划分矩阵；J 为目标函数的值。

(1)设定 $2 \leqslant c \leqslant n-1$ 和 $1 \leqslant m \leqslant +\infty$，$k=1$。容差 $E_{max}>0$ 和初始中心 $V=(v_1, v_2, \cdots, v_c)$。

(2)通过式(10.70)计算 $u^{(k)}$。

(3)通过式(10.71)更新 $V^{(k)}$。

(4)比较 $u^{(k-1)}$ 和 $u^{(k)}$，如果 $\parallel u^{(k-1)} - u^{(k)} \parallel^2 < E_{max}$，停止；否则，$k=k+1$，返回步骤(2)。

10.3.3　测试结果与分析

通过 FCM 聚类对图 10.10 所示数据进行聚类分析，设置 $C=4$，$E_{max}=10^{-5}$，随机选择初始聚类中心。迭代过程中目标函数的值，如图 10.11 所示。由此，可以看出，通过十余次的迭代，目标函数是收敛且稳定的，说明聚类的效果良好。

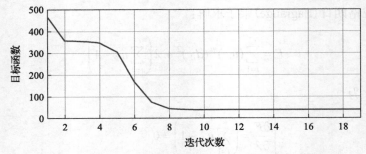

图 10.11　FCM 迭代过程中的目标函数值

通过竞争输出(最大值输出)各缺陷最大隶属度所对应的缺陷，整理识别结果如表 10.7 所示。可以看出，类似于 UHF TRPD 识别，对其中 G 类、M 类、N 类三种绝缘缺陷的识别效果相对较好，识别准确率均达到了 90%以上，而对 P 类绝缘缺陷的识别准确率为 89%，相对较低，与图 10.10 结果基本一致。可能仍是由于微粒在放电过程中固有的随机跳动，改变了放电的物理模型，信号的随机性增强。

表 10.7　UHF/IEC60270 数据的 FCM 聚类识别结果

绝缘缺陷类型	识别结果				总计	识别准确率 /%
	N 类	P 类	M 类	G 类		
N 类	482	0	13	5	500	96
P 类	3	444	24	29	500	89
M 类	4	14	466	16	500	93
G 类	0	13	11	476	500	95
总计	489	471	514	526	2000	93

10.4　基于 DS 证据理论的多信息融合识别

由于 GIS 设备内部绝缘缺陷形貌的多样性和发生的随机不确定性, 在所激发的 PD 下, 往往伴随电、磁、光、超声以及化学等多种物理特征信息, 而这些信息能够从不同角度有效反映设备内部的绝缘状态, 已成为目前对 GIS 设备内部绝缘状态评估最为有效的特征信息依据, 加之 PD 检测技术的长足进步与广泛应用, 为 GIS 设备绝缘状态评估提供了更加丰富和可靠的特征数据信息, 因此普遍认为可将 PD 所伴随的多种物理特征量作为评估 GIS 绝缘状态的核心指标[33,34]。

10.4.1　DS 证据理论

作为贝叶斯推理扩展的 DS (Dempster-Shafer) 证据理论[35-38]是通过数学推理的方式对不确定和不完整的信息进行融合计算, 主要由识别框架 Θ、基本概率分配 (basic probability assignment, BPA)、信任函数 (belief function, Bel)、似然函数 (plausibility function, Pl)、Dempster 合成规则 (Dempster's combinational rule) 组成, 其中识别框架是所有可能结论的集合, 基本概率分配是融合的基础, 合成规则是融合的过程, 而信任函数和似然函数用以表达最终结论对某个假设支持度的上限和下限。

1. 识别框架 Θ

识别框架 Θ 为命题所有可能结果的集合, 即是一个互斥、非空且有限的集合。

$$\Theta = \{A_1, A_2, \cdots, A_n, \theta\} \tag{10.72}$$

式中, A_i 为识别命题可能的结果; θ 为不确定性。

2. 基本概率分配

设置 BPA (又称 m 函数) 应满足

$$m: 2^{\Theta} \rightarrow [0,1] \tag{10.73}$$

$$m(\varnothing) = 0 \text{ 且 } \sum_{A \subseteq \Theta} m(A) = 1 \tag{10.74}$$

3. 信任函数 Bel

DS 证据理论的融合结论对任意一个假设的支持度通过一个区间来表示, 其

下限即为信任函数 Bel，具体定义为

$$\mathrm{Bel}(A) = \sum_{B \subseteq A} m(B) \tag{10.75}$$

融合结论中某命题的 Bel 只计算对该命题的支持力度，而不包括该命题的其他组合中的支持力度，如果在 BPA 中，有一部分的支持力度被分配到未知领域，那么这部分的支持力度将不能被计算在 Bel 中。

4. 似然函数 Pl

似然函数 Pl 为 DS 证据理论融合结论区间的上限，其定义为

$$\mathrm{Pl}(A) = \sum_{B \cap A \neq \varnothing} m(B) \tag{10.76}$$

融合结论中在对某命题的 Pl 计算时，不仅需要计算对该命题的直接支持力度，而且需要计算所有包含该命题组合的支持力度和被分配至所有未知领域的支持力度。

对于识别框架 Θ 中的某个命题 A，根据其 BPA 可以计算出关于该命题的所有 $\mathrm{Bel}(A)$ 和 $\mathrm{Pl}(A)$ 组成的信任区间 [$\mathrm{Bel}(A)$，$\mathrm{Pl}(A)$]，以此表示对 A 的确认程度，如图 10.12 所示。

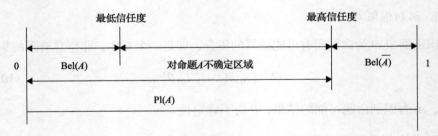

图 10.12　信任函数与似然函数的关系

由图 10.12 中可以看出

$$\mathrm{Pl}(X) \geqslant \mathrm{Bel}(X), \quad \mathrm{Pl}(X) = 1 - \mathrm{Bel}(\overline{X}) \tag{10.77}$$

在融合计算时，可以直接采用 $\mathrm{Bel}(A)$ 或 $\mathrm{Pl}(A)$，也可以用它们组成的区间来表示对每一个命题的支持力度。

5. Dempster 合成规则

Dempster 合成规则是 DS 证据理论的核心，也称为证据融合公式，其计算方法为

$$m(A_j) = (m_1 \oplus m_2)(A_j) = \frac{1}{K} \sum_{B \cap C = A_j} m_1(B) m_2(C) \qquad (10.78)$$

$$K = \sum_{B \cap C \neq \varnothing} m_1(B) \cdot m_2(C) \qquad (10.79)$$

它满足交换性：$m_1 \oplus m_2 = m_2 \oplus m_1$，结合性：$(m_1 \oplus m_2) \oplus m_3 = m_1 \oplus (m_2 \oplus m_3)$ 等特性。

DS 证据理论为解决多信息融合问题提供了便利，当遇到多个证据问题时，不仅不需要考虑证据合成的顺序，而且可以在合成步骤中根据对象的属性进行调整。当证据间存在较强的相关性或冲突时，可以将相似的证据分组合成，以削弱它们的影响。

10.4.2　多信息融合的 PD 模式识别

从以上的模式识别结果可以发现，识别结果都存在一定的误差，且各识别信息对于 PD 缺陷的作用也存在差异。由此，综合各传感器或不同 PD 信息分析模式所提供的识别结论，是非常有必要的。它可以使得模式识别中共性的结论更加肯定，而部分原本错误结果得到一定的修正。本书基于 DS 证据理论多信息融合，建立 PD 故障综合识别模型，模式识别流程如图 10.13 所示。

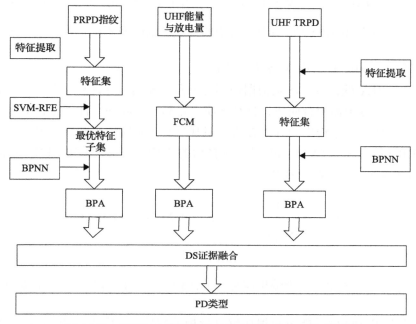

图 10.13　基于 DS 证据理论多信息融合的 PD 模式识别

模型建立的主要步骤如下所述。

(1)建立识别框架 Θ。

对于一个识别问题，所有可能的输出结果为该识别问题的识别框架。因此，本节的识别框架为 A_1-G 类、A_2-M 类、A_3-N 类、A_4-P 类以及不确定性 θ:

$$\Theta = \{A_1, A_2, A_3, A_4, \theta\} \tag{10.80}$$

(2)设置 BPA。

将之前的三种识别信息作为证据信息来源，将其转化为 BPA(也称作 m 函数):

$$m(\varnothing) = 0 \text{ 且 } \sum_{A \subseteq \Theta} m(A) = 1 \tag{10.81}$$

由于各信息来源的可靠性不一，设置 $\alpha \in [0,1]$ 为可靠性系数，本节以样本测试中的识别准确率代替。由此，识别框架上的 BPA 计算方法为

$$m_i(A_j) = \alpha_i u_{ij}, \quad i = 1,2,3; j = 1,2,3,4, \quad m_i(\theta) = 1 - \alpha_i \tag{10.82}$$

式中，α_i 为第 i 个证据源的可靠性系数，对于 UHF TRPD 信息，α_1=0.8294；对于经 SVM-RFE 特征选择后的输入子集，α_2=0.925；对于 UHF PD 信号能量与视在放电量相关性信息，α_3=0.934；$m_i(A_j)$ 为第 i 个证据对于第 j 个对象的 BPA；$m_i(\theta)$ 为不确定性的 BPA 值。显然，对于四种绝缘缺陷及不确定性，有 $\sum_{j=1}^{4} m_i(A_j) + m_{(\theta)} = 1 \, (i=1,2,3)$，满足 BPA 的设置要求。

同时，BPA 的计算方法须根据识别分类器的输出独立计算。由于 SVM 多分类器由多个二分类器组合而成，且其本质上是高维空间的线性划分，虽然有部分学者提出一些软概率输出的计算方法，但其具有诸多应用局限性。因而，本书对 UHF TRPD 信息和经 SVM-RFE 特征选择后的 TRPD 信息，采用 BPNN 输出，并通过式(10.83)计算二者的 BPA:

$$m_i(A_j) = \alpha_i \frac{O_j}{\sum\limits_{j=1}^{j=4} O_j}, \quad i = 1,2; j = 1,2,3,4, \quad m_i(\theta) = 1 - \alpha_i \tag{10.83}$$

式中，O_j 为神经网络第 j 个输出层神经元的输出；$m_i(A_j)$ 为第 i 个证据对 j 类缺陷的 BPA。

对于 UHF PD 信号能量与视在放电量相关性信息，由于采用 FCM 聚类算法

的识别分类器输出为隶属度, 符合 BPA 的定义, 仅需引入识别的不确定性即可, 计算方法为

$$m_3(A_j) = \alpha_3 u_j, \quad j = 1,2,3,4, \quad m_3(\theta) = 1 - \alpha_i \tag{10.84}$$

式中, u_j 为输出为 j 类缺陷的隶属度, 显然符合隶属度的定义。

(3) 证据合成。

通过式 (10.83) 和式 (10.84) 合成三种信息源的 BPA, 输出的结论即为基于三种信息的共同识别结论。

(4) 决策。

通过三种决策信息的融合所得的 BPA, 为对识别框架内识别对象的概率输出, 因而须通过以下三个规则判定其绝缘属性。

规则 Ⅰ: $m(A_{\max 1}) = \max\{m(A_i), A_i \subset \Theta\}$, $m(A_{\max 1})$ 为输出 BPA 的最大值。规则 Ⅰ 说明作为整体识别结论的输出应该具有最大的 BPA。

规则 Ⅱ: $m(A_{\max 1}) > m(\theta)$, 规则 Ⅱ 说明其输出的 BPA 需大于不确定性 θ。

规则 Ⅲ: $m(A_{\max 1}) - m(A_{\max 2}) > \varepsilon$, 规则 Ⅲ 说明只有当最终的输出足够突出才能被接受。其中, $m(A_{\max 2})$ 为 BPA 的次大值, ε 的取值须结合样本的数据属性和识别准确率以及综合识别系统的实际应用, 本书取 $\varepsilon = 0.30$。

10.5　实　例　分　析

10.5.1　典型绝缘缺陷识别测试

本节用 DS 证据理论多信息融合技术对 GIS 设备内部常见的绝缘缺陷进行模式识别。

1. 金属突出物缺陷

在图 10.14 所示的 ZF-10-126 型 GIS 设备的出线端设置了某未知绝缘缺陷, 通过 UHF 传感器和 IEC 60270 传感器分别采集了 TRPD 信息和 PRPD 信息, 如图 10.14(a) 和 (b) 所示。

通过前述方法, 分别计算其 TRPD 的时域、频域以及以 db4 为母小波的小波包能量分布信息, 经 SVM-RFE 法筛选的 9 组最优特征集和 UHF PD 信号能量与视在放电量的相关性信息, 分别经 BPNN 和 FCM 聚类输出其 BPA, 通过式 (10.83) 和式 (10.84) 计算三种信息的 BPA 以及采用 DS 证据理论多信息融合技术的最终结果如表 10.8 所示。

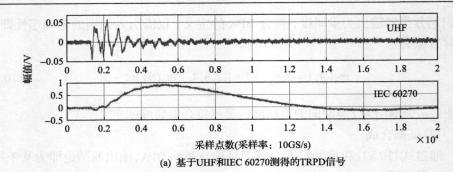

(a) 基于UHF和IEC 60270测得的TRPD信号

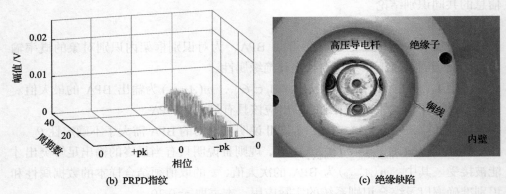

(b) PRPD指纹

(c) 绝缘缺陷

图 10.14　测试信号与 GIS 设备内部盆式绝缘结构

表 10.8　三种信息及采用 DS 证据理论多信息融合后的 BPA（金属突出物缺陷）

BPA	UHF TRPD	UHF/IEC 60270	PRPD	融合
$m(A_1)$	0.0033	0.0359	0.0074	0.0007
$m(A_2)$	0.0074	0.0173	0.0208	0.0007
$m(A_3)$	0.8016	0.8522	0.8723	0.9926
$m(A_4)$	0.0172	0.0196	0.0335	0.0011
$m(\theta)$	0.1706	0.0750	0.0660	0.0010

从表 10.8 中可以看出，三种识别信息的输出结论是相似的，其被诊断为金属突出物缺陷的概率都比较大。融合结果符合三条判决规则，且判定为金属突出物缺陷。最终打开端盖，发现其亦为此缺陷。进一步观察表 10.8 中的数据还可发现，虽然最终的识别结论与之前三种信息完全一致，但是通过融合后，输出的诊断结果使得原本比较肯定的结论更加肯定，融合增强了其中共性的信息。同时，此绝缘缺陷的位置和结构与之前样本数据库中的缺陷设计比较接近，因此较容易识别。

2. 绝缘子表面金属污染物缺陷

将另一未知缺陷布置在 Ⅱ 号母线筒内, 用 UHF 传感器和 IEC 60270 传感器采集得到的 TRPD 信息与 PRPD 指纹分别如图 10.15(a) 和 (b) 所示。同样采用与之前缺陷数据相同的处理方法, 最终输出其三种识别信息的 BPA 和 DS 融合后的结果, 如表 10.9 所示。

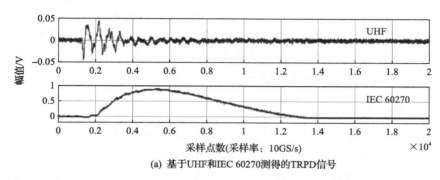

(a) 基于UHF和IEC 60270测得的TRPD信号

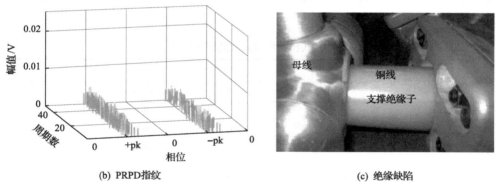

(b) PRPD指纹　　　　　　　　　　(c) 绝缘缺陷

图 10.15　测试信号与 GIS 设备内部导杆结构

表 10.9　三种信息及采用 DS 证据理论多信息融合后的 BPA(绝缘子表面金属污染物缺陷)

BPA	UHF TRPD	UHF/IEC 60270	PRPD	融合
$m(A_1)$	0.3451	0.3326	0.0383	0.1009
$m(A_2)$	0.3357	0.4153	0.6101	0.7997
$m(A_3)$	0.1054	0.1039	0.2158	0.0626
$m(A_4)$	0.0432	0.0732	0.0698	0.0166
$m(\theta)$	0.1706	0.0750	0.0660	0.0040

从表 10.9 中可以看出, 三种信息的识别结果不完全一致, 其中 TRPD 信息识别为绝缘子气隙的概率要稍高一些, 而 PRPD 指纹和 UHF PD 信号能量与视

在放电量相关性信息识别为绝缘子表面金属污染物缺陷的可能性要高一些。但从整体上来看，三种信息独立判定为绝缘子表面金属污染物缺陷都隐含着较大的可能性。由最终的输出数据可以看出，其结果满足三个判决规则，其最终基于 DS 证据理论多信息融合输出的结论为绝缘子表面金属污染物缺陷，与实际模型(图 10.15(c))相一致。因此，通过融合挖掘出竞争输出所忽略的潜在重要信息，使得原本不一致的结论统一。此外，本次设置的绝缘子表面金属污染物的物理模型以及安装位置与之前数据库中的差异较大，因此 TRPD 的信号源和传播路径的数学模型都有所改变，引起识别结论的可靠性相对较差。若数据库中已包含类似的绝缘缺陷，识别结果将大大改善，由此可以得出，在 PD 识别过程中，数据库的质量起着基础性和关键性的作用。

10.5.2　样本测试

为整体评价 DS 证据理论多信息融合的识别性能，随机选取每种典型绝缘缺陷的三类信息组成样本各 200 组，其中一半作为训练样本，另一半作为测试样本。通过前述的数据预处理、特征提取、BPA 计算和决策输出之后，识别的统计结果如表 10.10 所示。

表 10.10　样本测试的统计结果

绝缘缺陷类型	识别率/%			融合数
	UHF TRPD	PRPD	UHF/IEC 60270	
A_1	85.0	93.0	96.0	100/0/0
A_2	80.0	98.0	88.0	99/0/1
A_3	81.0	93.0	93.0	97/2/1
A_4	86.0	86.0	96.0	97/1/2
总计	83.0	92.5	93.3	393/3/4

注：表中"融合数"一列中"数据 1/数据 2/数据 3"分别表示"正确/错误/未决策"的融合数。

可以看出，三种独立识别方法的识别结果与之前测试结果基本接近，仍然是 UHF TRPD 信息的识别能力稍弱。通过 DS 证据理论多信息融合后的极少部分样本未作决策，可能是由于三种信息源所提供的信息存在较严重的冲突。如果对它们采用竞争输出(最大值输出)，或许可能被正确识别，识别准确率会有所提高，但这将一定程度上降低融合系统的可靠性。

本书介绍的 DS 证据理论多信息融合识别能取得较好识别效果，这是基于三个子识别系统提供了比较可靠的信息源。在建立多信息融合识别系统过程中，应确保各信息来源的准确性，以免某些识别能力差的信息扰动系统。同时，部分子系统因采用竞争输出，易导致输出信息中一些原本相对不够突出但又占据重要分量的信息丢失，而 DS 证据理论多信息融合识别系统能有效地挖掘和利用这些信息。

10.5.3　分析和讨论

受目前数据采集方法的限制，实现 DS 证据理论多信息融合识别系统是比较困难的。主要在于：UHF PD 信号频率最高达数吉赫兹，部分天线的设计带宽达 3GHz 甚至更高，因而为使得所采集的 TRPD 信息不失真，需要更高采样率和带宽的信号采集设备；PRPD 指纹为三维数据，若其精度设置过高，则会导致单位样本的数据量较大，进而后面的显示和计算的复杂度呈超线性增长，因而对计算机中央处理器(CPU)的计算能力要求极高；TRPD 和 PRPD 难以同时采集。目前，单个数字采集设备如示波器，不同通道基本不具备在同一时刻设置不同采样率的能力，因而利用一台数字采集设备同时采集 TRPD 信息和 PRPD 信息几乎是不可能的，因为其数据量约为 20ms×采样率(GS/s)，即一个工频周期内需要采集和存取几十甚至几百兆个数据点(数百兆比特至数吉比特)，这显然是极不容易现实的。因而，要同时捕获 TRPD 和 PRPD 信息，只有通过采用两个数字采集设备或者设置不同的采样率采集存取后，再由计算机对历史数据进行综合分析处理。但是，多信息融合处理模式增强了 PD 识别系统的集成性和容错性，这也是在线检测技术的发展方向，这些硬件条件的限制，也将随着数字采集、计算机等技术的迅猛发展而逐渐被攻克。

在信息采集时，本书推荐采用抗干扰能力较强、安全性较好的 UHF PD 信号，主要是由于在检测过程中，光电倍增管暗电流的干扰是难以抑制的；再有基于 IEC 60270 的方法也易受地线电流和空间电磁干扰。然而，在不考虑三种传感器干扰或 PD 信号漏检的情况下，所获取的 TRPD 信息和 PRPD 信息基本是一致的。

DS 证据理论多信息融合识别系统的精度和识别能力与各子识别系统的性能密切相关，因而要确保所参与的子识别系统的可靠性和识别率。同时，识别数据库的数据规模和多样性等因素，也对系统的性能有着很大的影响。因而，在工程中不断丰富和提升数据库的质量，对于模型的改进和推广也是极佳的选择。

参 考 文 献

[1] Ma X, Zhou C, Kemp I J. Interpretation of wavelet analysis and its application in partial discharge detection[J]. IEEE Transactions on Dielectrics and Electrical Insulation, 2002, 9(3): 446-457.

[2] 张晓星. 组合电器局部放电非线性鉴别特征提取与模式识别方法研究[D]. 重庆: 重庆大学, 2006.

[3] Liao R J, Yang L J, Li J, et al. Aging condition assessment of transformer oil-paper insulation model based on partial discharge analysis[J]. IEEE Transactions on Dielectrics and Electrical Insulation, 2011, 18(1): 303-311.

[4] Gao W S, Ding D W, Liu W D. Research on the typical partial discharge using the UHF detection method for GIS[J]. IEEE Transactions on Power Delivery, 2011, 26(4): 2621-2629.

[5] Venkatesh S, Gopal S. Robust heteroscedastic probabilistic neural network for multiple source partial discharge pattern recognition-significance of outliers on classification capability[J]. Expert Systems with Applications, 2011, 38(9): 11501-11514.

[6] Xu C M, Zhang H, Peng D G, et al. Study of fault diagnosis of integrate of D-S evidence theory based on neural network for turbine[J]. Enrgy Procedia, 2012, 16: 2027-2032.

[7] He H W, Sun C, Zhang X W. A method for identification of driving patterns in hybrid electric vehicles based on a LVQ neural network[J]. Energies, 2012, 5(9): 3363-3380.

[8] 于志伟, 苏宝库, 曾鸣. 小波包分析技术在大型电机转子故障诊断系统中的应用[J]. 中国电机工程学报, 2005, 25(22): 158-162.

[9] 廖瑞金, 邓小聘, 杨丽君, 等. 油纸绝缘热老化特征参量的多元统计分析[J]. 高电压技术, 2010, 36(11): 2621-2628.

[10] Tang J, Tao J G, Zhang X X, et al. Multiple SVM-RFE for feature subset selection in partial discharge pattern recognition[J]. International Review of Electrical Engineering, 2012, 7(4): 5240-5246.

[11] Fisher R A. The use of multiple measurements in taxonomic problems[J]. Annals of Eugenics, 2012, 7(2): 179-188.

[12] 陶加贵. 组合电器局部放电多信息融合辨识与危害性评估研究[D]. 重庆: 重庆大学, 2013.

[13] Fan Y, Shen D G, Davatzikos C. Classification of structural images via high-dimensional image warping, robust feature extraction, and SVM[J]. Medical Image Computing and Computer-Assisted Intervention, 2005, 3749: 1-8.

[14] Liang Y C, Zhang F, Wang J X, et al. Prediction of drought-resistant genes in arabidopsis thaliana using SVM-RFE[J]. PLoS One, 2011, 6(7): e21750.

[15] Zhao Y M, Yang Z X. Improving MSVM-RFE for multiclass gene selection[J]. Proceedings of the Fourth International Conference on Computational Systems Biology, 2010, 13: 43-50.

[16] Yoon S, Kim S. Mutual information-based SVM-RFE for diagnostic classification of digitized mammograms[J]. Pattern Recognition Letters, 2009, 30(16): 1489-1495.

[17] Yoon S, Kim S. Adaboost-based multiple SVM-RFE for classification of mammograms in DDSM[J]. BMC Medical Information and Decision Making, 2009, 9(s1): 1-10.

[18] Tan J Y, Yang Z X, Deng N Y. A novel SVM-RFE for gene selection[J]. Optimization and Systems Biology, 2009, 11: 237-244.

[19] Zhou Q F, Hong W C, Shao G F, et al. A new SVM-RFE approach towards ranking problem[C]. IEEE International Conference on Intelligent Computing and Intelligent Systems, Shanghai, 2009: 270-273.

[20] Yoon S, Kim S. Multiple SVM-RFE using boosting for mammogram classification[C]. International Joint Conference on Computational Sciences and Optimization, Sanya, 2009: 740-742.

[21] Yoon S, Kim S. Adaboost-based multiple SVM-RFE for classification of mammograms in DDSM[C]. IEEE International Conference on Bioinformatics and Biomedicine Workshops, Philadelphia, 2008: 75-82.

[22] Tang Y C, Zhang Y Q, Huang Z. Development of two-stage SVM-RFE gene selection strategy for microarray expression data analysis[J]. IEEE/ACM Transactions on Computational Biology and Bioinformatics, 2007, 4(3): 365-381.

[23] Zhou X, Tuck D P. MSVM-RFE: Extensions of SVM-RFE for multiclass gene selection on DNA microarray data[J]. Bioinformatics, 2007, 23(9): 1106-1114.

[24] Li H G, Duan Y H, Li Q S, et al. Feature selection for tumor classification based on improved SVM-RFE[C]. International Symposium on Intelligence Computation and Applications, Wuhan, 2007: 422-424.

[25] Ding Y Y, Wilkins D. Improving the performance of SVM-RFE to select genes in microarray data[J]. BMC Bioinformatics, 2006, 7(s2): S12.

[26] Duan K B, Rajapakse J C, Wang H Y, et al. Multiple SVM-RFE for gene selection in cancer classification with expression data[J]. IEEE Transactions on Nanobioscience, 2005, 4(3): 228-234.

[27] Majumder S K, Ghosh N, Gupta P K. Support vector machine for optical diagnosis of cancer[J]. Journal of Biomedical Optics, 2005, 10(2): 024034-02403414.

[28] Tang J, Tao J G, Zhang X X, et al. Investigation of partial discharge on typical defects with UHF detection method for GIS[J]. Przeglad Elektrotechniczny, 2012, 88(12): 351-355.

[29] Reid A J, Judd M D, Duncan G. Simultaneous measurement of partial discharge using TEV, IEC 60270 and UHF techniques[C]. Conference Record of the IEEE International Symposium on Electrical Insulation(ISEI), San Juan, 2012: 439-442.

[30] Giussani R, Cotton I, Sloan R. Comparison of IEC 60270 and RF partial discharge detection in an electromagnetic noise-free environment at differing pressures[C]. Conference Record of the IEEE International Symposium on Electrical Insulation(ISEI), San Juan, 2012: 127-131.

[31] Reid A J, Fouracre R A, Judd M D, et al. Identification of simultaneously active partial discharge sources using combined radio frequency and IEC 60270 measurement[J]. IET Science, Measurement & Technology, 2011, 5(3): 102-108.

[32] Reid A J, Judd M D, Fouracre R A, et al. Simultaneous measurement of partial discharges using IEC 60270 and radio-frequency techniques[J]. IEEE Transactions on Dielectrics and Electrical Insulation, 2011, 18(2): 444-455.

[33] Tang B W, Wang J, Liu Y L, et al. Comprehensive evaluation and application of GIS insulation condition, Part 1: Selection and optimization of insulation condition comprehensive evaluation index based on multi-source information fusion[J]. IEEE Access, 2019, 7: 88254-88263.

[34] Tang B W, Sun Y Z, Wu S Y, et al. Comprehensive evaluation and application of GIS insulation condition, Part 2: Construction and application of comprehensive evaluation model considering universality and economic value[J]. IEEE Access, 2019, 7: 129127-129135.

[35] Lu J R. Target feature fusion identification based on D-S evidence theory[C]. The Second International Conference on Information, Communication and Education Application, Shanghai, 2011: 476-481.

[36] Liu P, Zhang L X, Yang X F. Data fusion of distributed D-S evidence theory based on predicted reliability[C]. The International Conference on Energy and Environmental Science, Singapore, 2011: 989-994.

[37] Garofalo F, Giona M. Dispersion-induced mixing in simple flows: Evidence for new anomalous scaling laws in the mixing boundary layer beyond the Lèvêque theory[J]. EPL (Europhysics Letters), 2011, 93(5): 54003.

[38] Broughton J M, Cannon M D, Bayham F E, et al. Prey body size and ranking in zooarchaeology: Theory, empirical evidence, and applications from the Northern Great Basin[J]. American Antiquity, 2011, 76(3): 403-428.

第 11 章　描述 PD 发展过程的特征信息

对 PD 程度进行评估,最基本的就是要掌握 PD 的发展过程和发展规律。然而,由于 GIS 设备内绝缘介质主要为 SF₆ 气体,不同于固体绝缘介质,SF₆ 气体不会有像固体绝缘介质一样的老化过程,所以 GIS 设备内 PD 发展过程必然与固体绝缘介质内 PD 发展过程不同。因此,为了掌握 GIS 设备的绝缘状况,必须展开 GIS 设备内 PD 发展过程的研究。目前,国内外一些学者从 PD 的统计特征出发,对 PD 发展过程进行了一些研究,提取了放电次数、放电幅值和放电相位等特征信息,分析发现,随着 PD 的发展,正负半周放电次数比值、放电次数和放电幅值比值等特征有一定的规律性,这些特征与 PD 程度紧密相关[1-10]。因此,通过研究 PD 发展过程,提取出表征不同 PD 阶段的特征信息,可为设备状态检修提供指导。

11.1　PD 发展过程的统计谱图分析

PD 发展的根本原因是局部电场畸变产生的高能电子及局部高温导致绝缘逐步劣化,以致局部电场越强放电越严重,对绝缘的危害逐步加剧。为了模拟典型绝缘缺陷在不同发展阶段的 PD 发展过程,采用阶梯电压法获取 GIS 内部四种(N 类、P 类、M 类和 G 类)典型绝缘缺陷产生的 PD 发展过程及变化规律[11,12]。施加的阶梯电压如表 11.1 所示,每个实验电压持续 2h,分别采集 2500 个工频周期放电波形数据。放电过程不具有可逆性,且难以预知,导致不同缺陷下实验电压次数不等。前后进行 3 组实验,实验规律基本一致,为此选择其中一组实验数据进行分析,同时考虑到图谱较多,每种缺陷下只选择了 4 个典型电压下的谱图进行分析。

表 11.1　实验阶梯电压

绝缘缺陷类型	实验电压值/kV
N 类	9.4、11.9、14.4、16.9、19.4、21.9、24.4、26.3
P 类	11、11.3、13.6、15、16.1、17.1、18、19、20
M 类	8.7、10、11.5、13、14.5、15、16、17.5
G 类	10、13.5、15、16.5、18.1、19.5、21、23、25、27、28.7

图 11.1 所示为实验接线原理图,T_1 为柱式调压器,输入电压为 220V,输出电压可调范围为 0～250V;T_2 为无晕工频实验变压器(YDTCW-1000/2×500);C_1、C_2 为工频分压器(TAWF-1000/600),R_r 为工频实验保护电阻(GR1000-1/6),阻值

为 10kΩ，用来限制试品击穿时的短路电流；示波器为 TekDPO 7104 示波器，其模拟带宽为 1GHz，最大采样率为 20GS/s，采样点数为 4.8×10^7；UHF 传感器为特高频微带天线[13]，带宽为 340～440MHz，中心频率为 390MHz，实测通带增益达到了 5.38dB；人工物理绝缘缺陷模型放置于密封的石英玻璃腔体内，并充入 0.1～0.4MPa 气压的 SF$_6$ 气体；UHF PD 信号通过波阻抗为 50Ω 的同轴电缆传输至示波器，实验环境平均温度约为 15℃。

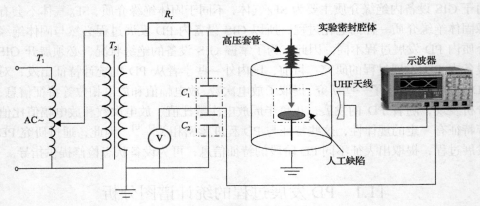

图 11.1　实验接线原理图

实验前，利用真空泵将模拟罐体抽成真空，静置一天，检查实验装置的气密性，保证罐体漏气率在 0.01% 以下后方可进行 PD 实验。具体实验步骤如下。

(1)实验准备工作。清洁罐体并进行干燥处理，将人工物理绝缘缺陷模型置于实验罐体内，对罐体抽真空，之后充入一个大气压的 SF$_6$ 气体，静置 15min 后，再次抽真空，如此反复进行 2 次洗气，最后充入 0.4MPa 的 SF$_6$ 气体，静置一段时间后即可开始进行 PD 实验。

(2)起始放电电压和击穿电压测量。在加压前首先用示波器记录背景噪声，了解实验环境噪声水平，另外必须测试装置本身 PD 起始电压，以保证实验所采集的 PD 信号都是由缺陷自身产生的(本实验中发现即使加压到 50kV，装置本身也没有观察到放电信号)。根据图 11.1 所示实验电路进行加压实验。闭合调压台的开关，再一次观察示波器噪声水平，并记录噪声数据。均匀缓慢地升高实验电压，直至观察到 PD 信号，记录此时的实验电压值，即起始 PD 电压 U_{incept}，继续升高电压直至缺陷模型发生击穿，记录击穿电压 U_{break}。

(3)实验数据采集。为保证实验数据样本的多样性，需要采集不同实验电压 U_t 下稳定的 UHF PD 信号($U_{\text{incept}} < U_t < U_{\text{break}}$)，以及不同绝缘缺陷模型的 UHF PD 数据。对于同一绝缘缺陷模型不同物理形态下的 PD 数据是通过调整绝缘缺陷模型尺寸或传感器的位置而获取的，如改变 N 类绝缘缺陷针-板间距和针尖曲率、P 类绝缘缺陷微粒数量和大小、M 类绝缘缺陷铜屑形状和距高压极板位置和 G 类绝

缘缺陷气隙的大小,以及 UHF 天线的放置位置(贴着玻璃腔体、距离玻璃腔体 10cm 等)。实验中采集了单次 PD 波形和工频周期内 PD 波形两大类实验数据。

①单次 PD 波形数据。PD 脉冲波形是绝缘缺陷发生 PD 物理过程最直接的体现,而波形特征分析相比于 PRPD 谱图特征分析是一种更接近放电机理的分析方法,为此采集单次 PD 波形数据来研究不同缺陷下的 PD 波形特征,并用于放电类型识别。在采集单次 PD 脉冲波形时,设置示波器采样率为 5GS/s,时间分辨率为 1μs/div,采样点数为 5×10^4,共采集了四类典型缺陷在不同实验电压、不同绝缘缺陷尺寸,以及在不同 PD 信号检测位置处每类缺陷下各 300 组单次波形数据。

②工频周期内 PD 波形数据。大量研究表明,在不同工频相位处,PD 脉冲幅值、脉冲次数和频谱分布等波形特征,在不同放电阶段的规律性信息不明显,而放电信号的统计特征随放电发展变化趋势有较明显的规律性,现阶段也有很多学者提出采用 PRPD 统计特征进行放电程度评估[1-3,6,14]。因此,为保证研究 PD 发展规律和放电评估的有效性和可靠性,采集了大量工频周期内 PD 波形,提取出 PRPD 谱图的放电发展特征信息。在采集工频周期的 PD 信号时,设置示波器的采样频率为 50MS/s,时间分辨率为 2ms/div,采样点数为 10^6,即 20ms 时间长度,并同时采集工频参考电压相位信号。

11.1.1　金属突出物缺陷 PD 发展过程

图 11.2 为金属突出物缺陷下不同放电阶段 UHF PD 信号的相位-幅值(φ-u)散点图和相位-放电次数(φ-n)谱图。实验中发现,实验电压为 9.4kV、当针电极为负极性电压时,针尖容易发射电子,在负半周峰值附近最先出现放电,放电区间分布在 250°~310°,而正半周峰值附近只是偶尔能看到微弱的放电脉冲,且主要分布在 80°~110°,负半周的放电脉冲幅值明显大于正半周产生的放电脉冲幅值,如图 11.2(a)所示。

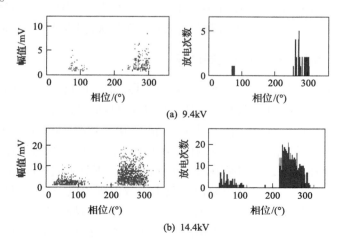

(a) 9.4kV

(b) 14.4kV

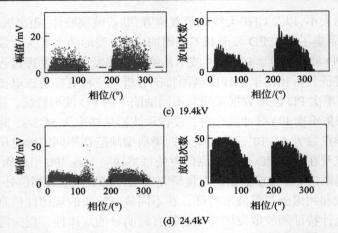

(c) 19.4kV

(d) 24.4kV

图 11.2　金属突出物缺陷下不同放电阶段 UHF PD 信号的相位-幅值散点图和相位-放电次数谱图

随着实验电压的升高，在 14.4kV 电压下，正负半周内的放电脉冲幅值和放电次数显著增加，正半周放电变得明显，放电脉冲最大幅值达到了 10mV 左右，但是放电次数较少，远小于负半周放电次数，且负半周放电脉冲的相位-放电次数谱图向 180°偏斜。

继续升高实验电压到 19.4kV 时，正半周放电次数成倍增长，负半周放电次数有少量增加；正半周放电脉冲幅值增加较明显，而负半周的放电脉冲幅值没有明显增加。在该放电阶段，正半周放电脉冲的相位-放电次数谱图开始向 0°偏斜，且呈三角形形状。

当实验电压升高到 24.4kV 时，实验过程中听到了明显的电晕声，正半周放电次数开始超过负半周放电次数。另外，在 10°～95°区间内，放电次数约为 50 次，说明在该实验电压下，在该区间的每度相位下都出现了放电。在 10°～100°区间内放电脉冲幅值没有明显的增加，而在 100°～125°区间内放电脉冲幅值增加较明显，但是在区间 100°～125°内，放电次数相对较少。负半周放电脉冲最大幅值达到饱和。

11.1.2　自由金属微粒缺陷 PD 发展过程

图 11.3 为自由金属微粒缺陷下不同放电阶段 UHF PD 信号的相位-幅值散点图和相位-放电次数谱图。实验发现，在实验电压为 11kV 时，观察到放电现象，且放电首先出现在工频正半周 90°附近，主要分布在 50°～120°，负半周的峰值附近偶尔也可以观察到十分微弱的放电脉冲，在该放电阶段，放电脉冲幅值小，放电次数少。

随着实验电压升高，在实验电压为 13.6kV 时，正负半周放电逐渐增强，放电次数明显增加，相比于初始放电阶段，负半周放电现象已经十分明显；正负半周放电脉冲最大幅值比电压为 11kV 时增长了近一倍，但幅值仍然较小，最大幅值不超过 4mV；相位-幅值散点图和相位-放电次数谱图的正负半周特性都是分别关于 90°和 270°呈近似对称分布。

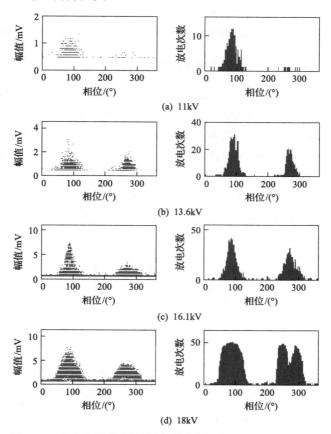

图 11.3　自由金属微粒缺陷下不同放电阶段 UHF PD 信号的
相位-幅值散点图和相位-放电次数谱图

　　当升高实验电压到 16.1kV 时，正负半周放电进一步加强，放电脉冲幅值和放电次数都有明显的增加，但正半周放电幅值仍高于负半周，正半周最大放电脉冲幅值达到了 7.5mV 左右，而负半周最大放电脉冲幅值小于 4mV，正负半周相位-幅值散点图呈近似等腰三角形，但正半周谱图比较"高瘦"，负半周谱图比较"矮胖"；正负半周放电次数差距逐渐缩小，正半周放电脉冲分布相对较集中，主要分布在 50°~135°，而负半周放电脉冲主要分布在 220°~325°。另外，相比于之前两个电压下的相位-放电次数谱图，正半周谱图相位分布区间向 0°和 180°扩展，但不明显，而负半周向 180°和 360°两个方向扩展得十分明显。

　　继续升高实验电压到 18kV，放电发展到临近击穿阶段，正负半周放电强度急剧增加。正半周最大放电脉冲幅值有少量的增长，正半周放电脉冲相位分布增加到 20°~150°，且 90°附近以外的相位放电脉冲幅值增加较明显；负半周放电脉冲幅值增长明显，最大幅值达到了近 5mV；正负半周相位-幅值散点图仍然呈近似等腰三角形，但"胖"了。对于相位-放电次数谱图，正半周谱图呈"倒浴盆"状，而负半周谱图呈"双驼峰"状，在 270°附近，放电次数明显低于 230°～260°和 285°～305°。

11.1.3　绝缘子表面金属污染物缺陷 PD 发展过程

图 11.4 为绝缘子表面金属污染物缺陷下不同放电阶段 UHF PD 信号的相位-幅值散点图和相位-放电次数谱图。从图中可以看出，实验电压为 8.7kV 时，类似于自由金属微粒缺陷下的 PD 过程，金属污染物缺陷下的 PD 首先发生在工频正半周，负半周偶尔能观察到微弱的放电脉冲，并且正负半周放电脉冲都集中在正负半周电压峰值附近，不同的是起始放电阶段中放电比自由金属微粒缺陷下的放电相位更加集中，正半周放电脉冲主要集中在 80°～110°，负半周主要集中 255°～300°，这是因为在电场作用下，自由金属微粒容易跳动，导致放电不稳定。

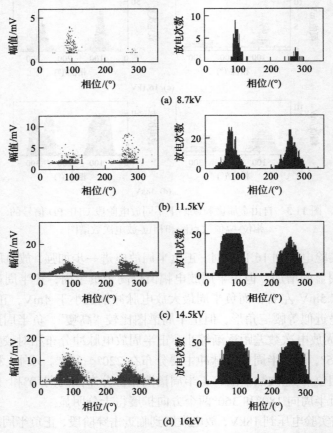

(a) 8.7kV

(b) 11.5kV

(c) 14.5kV

(d) 16kV

图 11.4　绝缘子表面金属污染物缺陷下不同放电阶段 UHF PD 信号的
相位-幅值散点图和相位-放电次数谱图

当实验电压升高到 11.5kV 时，放电特征发生了明显变化，放电程度加剧，负半周放电脉冲幅值超过了正半周放电脉冲幅值，正半周放电脉冲幅值有少量的增加，但是大多数放电脉冲幅值都在 3mV 左右，负半周最大幅值已经接近 9mV。正负半周放电次数增长明显，且正负半周放电脉冲次数近似相等，放电脉冲在 90°附近和 270°附近较为集中，可以看到相位-放电次数谱图的正负半周中存在明显尖峰。

继续升高实验电压到 14.5kV，负半周放电逐渐增强，放电脉冲幅值有少量增加，但不明显，放电次数增加较为明显，相比于 11.5kV 下，其相位-放电次数谱图变得"饱满"。正半周放电脉冲幅值和放电次数增长十分明显，放电脉冲最大幅值达到了 10mV 左右，且相位-幅值散点图 50°～100°区间内出现了较小的"空穴"，说明在这个相位区间内放电脉冲幅值都较大；在 50°～110°相位区间内，放电次数达到了 50 次，相位-放电次数谱图呈"梯形"状。

当进一步升高实验电压到 16kV 时，放电发展到临近击穿阶段，实验过程中能听到"咝咝"的声音。正半周放电脉冲幅值继续增加，而负半周放电脉冲幅值趋于饱和值，相位-幅值散点图出现的"空穴"消失了。在这一阶段正负半周放电次数增加较明显，特别是负半周，正半周在 50°～110°相位以外的区间内放电次数出现明显增加，而负半周在 250°～270°区间内放电次数达到了近 50 次，正负半周相位-放电次数谱图的相似性变高了。

11.1.4　绝缘子气隙缺陷 PD 发展过程

图 11.5 为绝缘子气隙缺陷下不同放电阶段 UHF PD 信号的相位-幅值散点图和相位-放电次数谱图。气隙缺陷下的 PD 只是发生在气隙内部，环氧树脂的绝缘强度特别高，而介电常数大，气隙的介电常数低，两种介质的介电常数值差异很大，所以气隙缺陷起始放电电压和击穿电压相差较大。实验中首先在工频

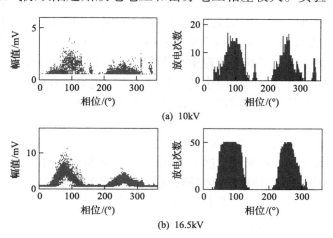

(a) 10kV

(b) 16.5kV

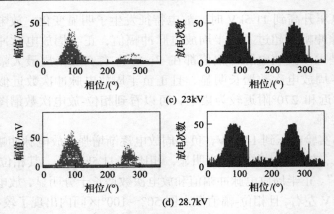

图 11.5　绝缘子气隙缺陷下不同放电阶段 UHF PD 信号
相位-幅值散点图和相位-放电次数谱图

正半周观察到放电信号，且在 10kV 电压下在工频正负半周都开始观察到了放电脉冲，但是放电幅值都不大，基本都小于 4mV；相比于另外三种缺陷下的起始放电过程，正负半周的放电次数都较多，且总放电次数相差不大，在工频电压峰值幅值放电次数快达到了 20 次，而放电脉冲相位分布更宽，主要分布在 30°～150°和 210°～320°。

当实验电压升高到 16.5kV 时，正负半周放电加剧，正负半周放电二维谱图的差异性开始凸显。在这一阶段，正半周放电幅值增长较明显，最大幅值已经达到了 10mV 左右，而负半周放电脉冲最大幅值只有 5mV 左右；相位-幅值散点图 50°～100°区间内出现了明显的"空穴"，且相位-幅值散点图的正半周出现向 0°偏斜的现象。正负半周的相位-放电次数谱图也变得明显不同，正半周呈"等腰梯形"状，负半周则呈"等腰三角形"状；在 65°～100°相位区间内，放电次数达到了 50 次。

继续升高实验电压到 23kV，正半周放电明显加剧，放电幅值达到了近 50mV；相位-幅值散点图的"空穴"消失，而负半周放电脉冲幅值也有增加，但不明显；相位-放电次数谱图呈现"双驼峰"状，且两个峰相似度极高。这一阶段虽然某些相位区间放电次数出现了减少的现象，但是在 0°和 180°附近开始观察到微弱的放电，这可能是因为，放电时气隙中的气体分子大量电离，在气隙中产生了大量的带电粒子，使气隙的介电常数进一步降低，带电粒子使气隙中的空间复合电场进一步畸变。

当实验电压升高到 28.7kV 时，放电进一步加剧，正负半周放电脉冲幅值进一步增加，正半周放电脉冲幅值超过了 50mV，负半周放电脉冲幅值增长更为明显，超过了 25mV。在整个工频相位区间都观察到了明显的放电脉冲，但是在 0°～20°、130°～200°和 300°～360° 三个相位区间内放电脉冲幅值都较小，而在其他相位区间放电次数只有少量的增加。

11.2　PD 发展过程的特征信息提取

为实现 GIS 设备的状态检修，必须对 GIS 设备的运行状况进行评估。对 GIS 设备的 PD 进行监测，能够在很大程度上掌握 GIS 设备内部的绝缘状态[15-17]。对 PD 程度进行评估，最基本的就是要掌握 PD 的发展过程和发展规律，本节在 11.1 节的基础上，着重介绍 PD 发展过程的特征信息提取，为 11.3 节定量描述放电发展过程做准备。

1. 放电次数和放电脉冲最大幅值

GB/T 7345—2018[18]中说明了放电次数 N 是记录在选定时间间隔内 PD 脉冲的总数，它是放电程度最直观的统计特征，可以表征放电剧烈程度，而工频正负半周放电次数 N^+ 和 N^- 可以分别表示工频正负半周放电剧烈程度的差异性。

由于 PD 视在放电量可以表征放电剧烈程度，加之有研究表明 UHF PD 信号幅值与视在放电量存在二次积分关系[19,20]，所以 UHF PD 信号幅值也能表征局部放电剧烈程度，而正负半周最大放电脉冲幅值 u_{max}^+ 和 u_{max}^- 可以表征正负半周放电可能出现的最大放电情况。因此，放电幅值和放电次数可直接用来评估绝缘缺陷的危害程度。

2. 相邻放电脉冲时间间隔

在不同的 PD 阶段，正负半周放电脉冲的密集程度不同，即正负半周相邻放电脉冲的时间间隔有差异。另外，整个工频周期内，在工频电压下降沿放电少，甚至没有放电，因此仅靠放电次数不能完全表征放电相位分布和放电程度。例如，当反映 35kV 电缆尖刺缺陷在阶梯电压下的 PD 时[3]，放电相位宽度随着放电的发展呈现单一增大的趋势，可以较好地描述电缆尖刺缺陷下 PD 的发展过程；当反映 GIS 设备绝缘子表面高压电极发生 PD 故障时，发现 PD 越剧烈放电相位的分布越宽[4]。因此，利用放电相位分布特征可以有效地描述 PD 发展阶段和程度。

工频正负相邻放电脉冲时间间隔是反映正负半周放电脉冲密集程度的特征信息，而最大时间间隔又是表征工频周期 0° 和 180° 附近放电空白区域宽度参数，可以从侧面反映放电相位分布宽度，其表达式如式(11.1)~式(11.3)所示：

$$\Delta T^+ = \frac{1}{N^+ - 1} \sum_{i=1}^{N^+ - 1} \Delta t_i^+ \tag{11.1}$$

$$\Delta T^- = \frac{1}{N^- - 1} \sum_{i=1}^{N^- - 1} \Delta t_i^- \tag{11.2}$$

$$\Delta T_{\max} = \max(\Delta t_1, \Delta t_2, \cdots, \Delta t_{N-1}) \tag{11.3}$$

式中，N^+ 和 N^- 分别表示一个工频周期正、负半周放电次数；Δt_i^+（$i=1, 2, \cdots, N^+$）和 Δt_i^-（$i=1, 2, \cdots, N^-$）分别表示一个工频周期正、负半周相邻放电脉冲时间间隔；N 为一个工频周期内放电次数；Δt_i（$i=1, 2, \cdots, N-1$）表示一个工频周期中相邻两次放电脉冲时间间隔；ΔT^+ 表示一个工频周期正半周相邻放电脉冲的平均时间间隔；ΔT^- 表示一个工频周期负半周相邻放电脉冲的平均时间间隔；$\Delta T_{\max}$ 表示一个工频周期内相邻两次放电脉冲最大时间间隔。

3. 等值累积放电量

通常 PD 越剧烈，单位时间内的放电量越大，对绝缘的危害就越大。也就是说，一定时间内的放电量，可以从宏观角度表征 PD 程度。由于 UHF PD 信号幅值与 PD 视在放电量存在二次积分关系[19,20]，本书提出用等值累积放电量 Q_{acc} 作为描述 PD 程度的特征信息，即

$$Q_{\mathrm{acc}} = \sum_{i=1}^{N} u_i^2 \tag{11.4}$$

式中，N 为一个工频周期内放电次数；u_i 为第 i 个放电脉冲幅值。

4. 放电信号熵

信息熵表示信息的复杂度，熵越大，信息越丰富，复杂度越高[21]。在不同 PD 阶段，放电越严重，放电过程中电荷迁移速度越大，碰撞越剧烈，放电系统越混乱，而熵可以很好地从宏观角度去描述微观过程的复杂度。因此，本书构造熵值 En 作为表征 PD 复杂程度的特征信息，即

$$\mathrm{En} = -\sum_{i=1}^{N} \left(u_i \sum_{i=1}^{N} u_i \right) \lg \left(u_i \sum_{i=1}^{N} u_i \right) \tag{11.5}$$

式中，N 为一个工频周期内放电次数；u_i 为第 i 个放电脉冲幅值。

11.3　PD 发展过程中的特征量变化规律

研究放电发展过程是实现电气设备 PD 程度可靠评估的基础，PD 三维或二维

谱图虽然可以观察出放电发展过程，但是不够直观，没有一个量化的特征和特征变化规律，因此有必要对放电发展过程中各特征信息的变化规律进行分析[22-24]。

11.3.1　放电次数和放电脉冲最大幅值

1. 金属突出物缺陷

图 11.6 为金属突出物缺陷下放电次数和放电脉冲最大幅值的变化曲线。可以看出，随着放电的发展，放电次数和放电脉冲最大幅值都呈增长趋势，且正负半周的统计特征又有明显的差异。虽然正负半周放电次数呈增长趋势，但负半周放电次数 N^- 增长速率相对较平缓，在 PD 初始阶段，正半周放电次数 N^+ 很少，增长速率也很慢，到临近击穿阶段，N^+ 急剧增加，并超过 N^-，如图 11.6(a) 所示。负半周放电脉冲最大幅值 u_{max}^- 呈"增长-饱和"趋势，初始放电阶段，u_{max}^- 有少量的增长，之后很快达到了饱和。正半周放电脉冲最大幅值 u_{max}^+ 呈指数增长趋势，从起始放电电压到 19.4kV 电压下，u_{max}^+ 小于 u_{max}^-，从 19.4kV 开始，u_{max}^+ 开始超过 u_{max}^-，并急剧增加，如图 11.6(b) 所示。

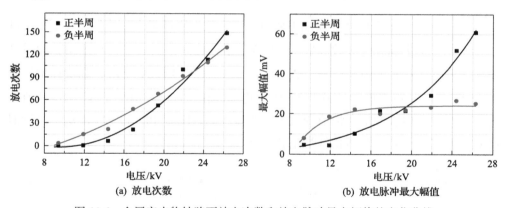

(a) 放电次数　　　　　　　　　　　　(b) 放电脉冲最大幅值

图 11.6　金属突出物缺陷下放电次数和放电脉冲最大幅值的变化曲线

产生 N^+、N^-、u_{max}^+ 和 u_{max}^- 变化规律差异性的原因是放电产生的空间电荷和外施电压建立的电场共同作用的结果。在负半周，正空间电荷加强了针尖附近电场，导致很容易发生放电，外施电压越大，外施电压和空间电荷建立的电场上升到临界场强所需时间越短，也就是说产生下一次放电脉冲时间越短，放电越密集，N^- 越大；而在正半周，电压越大，外施电压建立的电场促使正离子向阴极运动速度越快，减弱了正空间电荷对针尖附近电场的削弱作用，因此 N^+ 随着电压的升高逐渐增大。另外，在正半周电压较低时，正空间电荷对电场的削弱作用导致正半周不容易放电，外施正弦电压需要升高的更高电压下才能激发 SF_6 电离，因

此 N^+ 小于 N^-；而在临近击穿电压下，外加电场使正离子向阴极运动，这样正空间电荷的削弱电场作用又相对减弱了，且电子质量比正离子小得多，在电离过程中，电子更加容易被吸入电极，滞留在空间中的负电荷较少，所以 N^+ 急剧增加，最终超过 N^-。

对于放电脉冲幅值，在负半周，电压越大，SF_6 电离越剧烈，单位时间进入电极的电荷量越大，因此放电信号幅值 u_{max}^- 越大。在电压较高时，正空间电荷虽然更容易被吸引进入针电极，但是由于正离子质量大，体积大，运动速度慢，碰撞概率大，当电离产生的正离子浓度达到一定程度时，单位时间进入电极的正离子达到饱和，导致 u_{max}^- 呈"增长-饱和"变化趋势。在正半周，电子质量比正离子轻得多，迁移速度快，能更快地被吸入阳极，因此，电压越高，放电脉冲最大幅值 u_{max}^+ 越大。另外，电压越高，外施电压建立的电场加速正离子更快向阴极迁移，使正空间电荷对电场的畸变作用减弱，相同电压下，针尖附近 SF_6 电离越强，放电脉冲幅值 u_{max}^+ 越大，因此，当电压达到临界击穿电压附近时 u_{max}^+ 急剧增大。

2. 自由金属微粒缺陷

图 11.7 为自由金属微粒缺陷下放电次数和放电脉冲最大幅值的变化曲线。可以看出，正负半周放电次数都呈"S曲线"增长趋势，但是 N^+ 和 N^- 增长曲线又有较大不同，在初始放电阶段，N^+ 大于 N^-，且 N^- 增长更平缓；在快速增长阶段，N^- 的增长速率更大；另外 N^- 更快趋于饱和，且饱和值小于 N^+ 的饱和值。而正负半周放电脉冲最大幅值变化规律明显不同，随着 PD 的发展，u_{max}^+ 呈近似指数增长趋势，u_{max}^- 呈近似线性增长趋势。

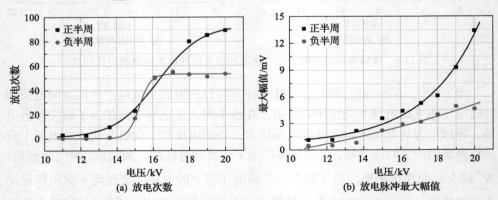

(a) 放电次数　　　　　　　　　　(b) 放电脉冲最大幅值

图 11.7　自由金属微粒缺陷下放电次数和放电脉冲最大幅值的变化曲线

自由金属微粒缺陷下的 PD 是在电场作用下金属微粒的跳动引起局部电场畸

变导致的。在外施电压建立的电场作用下，当金属微粒所受电场力大于自身重力时，金属微粒发生跳动，在微粒跳动的过程中，发生电荷转移导致产生 PD。外施电压越高，空间电场越强，微粒跳动越大，放电就越剧烈，表现为放电次数和放电幅值的增加。

不同于金属突出物缺陷下的放电过程，自由金属微粒缺陷下电场畸变最大之处是微粒周围，微粒缺陷下每一次放电与微粒的跳动数量和起跳高度密切相关。在初始放电阶段，微粒跳动少，放电弱，放电次数和放电幅值都较小；每次放电之后，产生的空间电荷会与微粒自身带的电荷发生中和，微粒所受电场力减小致使放电变弱，所以放电次数与微粒数量相关。由于实验模型中微粒数目固定，放电次数随着 PD 的发展趋于饱和。另外，在正半周时，微粒带负电荷，由于 SF_6 容易附着电子，形成负离子，正半周每次放电之后，部分负离子滞留在放电通道内，加强局部场，而负半周，空间电荷建立的电场削弱局部场，促使微粒跳动强度降低，所以正半周放电次数总体表现为大于负半周放电次数。放电幅值与微粒的跳跃高度，即微粒跳动后与高压电极的距离有关。在正半周，空间电荷加强放电通道的空间电场，而且随着电压升高，每次放电产生的负空间电荷积累越多，微粒跳动越剧烈，放电幅值越大；而在负半周，由于负空间电荷对外施电压建立电场的削弱作用，放电幅值随电压的升高增长缓慢。

3. 绝缘子表面金属污染物缺陷

图 11.8 为绝缘子表面金属污染物缺陷下放电次数和放电脉冲最大幅值的变化曲线。可以看出，正负半周放电次数都呈线性增长趋势，且各放电阶段 N^+ 和 N^- 差异不大。正负半周放电脉冲最大幅值变化规律有明显不同，随着 PD 的发展，u_{max}^+ 呈近似线性增长趋势，u_{max}^- 呈饱和增长趋势。

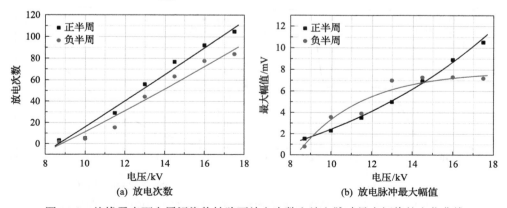

(a) 放电次数　　　　　　　(b) 放电脉冲最大幅值

图 11.8　绝缘子表面金属污染物缺陷下放电次数和放电脉冲最大幅值的变化曲线

　　从物理本质上讲，PD 产生的根本原因是局部电场畸变达到临界场强后的结果。根据文献[25]，绝缘子表面金属污染物缺陷放电和金属突出物缺陷放电类似，在外施电压下，绝缘子表面金属污染物与高压电极和污染物与低压电极之间产生两个畸变电场，且两个轴向电场分布特点与金属突出物缺陷下的轴向电场分布类似。

　　在放电过程中，由于存在两个类似的畸变电场，在正负半周引发放电的物理条件类似，正负半周放电次数变化规律相同，且电压越大，局部电场越强，放电次数越多。另外，金属污染物缺陷下电场最强的位置为污染物附近，在高压极板为正电压时，污染物处于低电位，污染物上曲率大的部位更容易发射电子，正半周容易放电，且正半周放电次数大于负半周放电次数。放电幅值变化规律的不同是由于产生放电脉冲主要的基本粒子的性质不同。脉冲电流的产生需要带电粒子的转移，并进入电极，正半周放电产生大量电子，电子质量小，迁移速度快，体积小，碰撞概率小，电子进入电极可以激发大幅值的脉冲电流；而负半周放电时，脉冲电流的产生需要正离子进入电极产生，而正离子质量大，迁移速度慢，体积大，碰撞概率大，正离子浓度达到一定值时，剧烈的碰撞会使单位时间进入电极的正离子数饱和，因此负半周放电脉冲最大幅值呈饱和增长趋势。

4. 绝缘子气隙缺陷

　　图 11.9 为绝缘子气隙缺陷下放电次数和放电脉冲最大幅值的变化曲线。可以看出，正负半周放电次数曲线基本相同，都呈现出两个快速增长阶段和三个平稳阶段。正负半周放电脉冲最大幅值都呈指数增长趋势，正半周放电脉冲最大幅值 u_{max}^+ 始终大于负半周放电脉冲最大幅值 u_{max}^-。

　　绝缘子气隙气体的介电常数小于环氧树脂的介电常数，在外施电压下，气隙内承受场强比固体绝缘介质高得多，当电压达到一定数值时，气隙内部就会发生PD，且外施电压越高，放电次数越多。

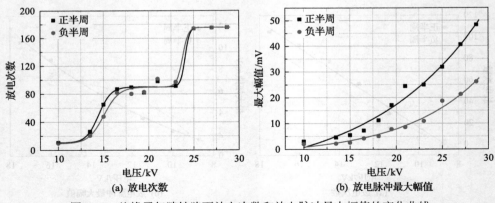

(a) 放电次数　　　　　　　　(b) 放电脉冲最大幅值

图 11.9　绝缘子气隙缺陷下放电次数和放电脉冲最大幅值的变化曲线

PD 使 SF_6 气体分子电离，产生带电粒子，形成空间电荷。在外施电场的作用下，带电粒子迁移到绝缘气隙形成的气泡壁上，建立与外施电场方向相反的电场。当空间电荷和外施电压建立复合电场产生的场强小于气隙临界场强时，放电停止。如果不考虑气隙的边缘效应，气隙内部电场分布可以看成是准均匀场，由于气隙上壁与高压电极接触，在正负半周交替变化时，与电压极性相反的电荷会消失在电极中，因此放电极性效应不明显，正负半周放电次数大小和变化趋势基本相同。同时，在起始放电阶段，电场强度小，放电次数少；进一步升高实验电压，放电次数急速增加，但由于气体分子有限，粒子碰撞与复合会趋于饱和，放电次数会达到一个饱和值；如果继续升高电压，电离产生的带电粒子在电场的作用下，轰击固体绝缘材料表面介质，使固体绝缘材料表面有机分子分解，参与放电过程，所以放电次数又开始迅速增长。空气与绝缘介质的接触面大小一定，所以单位时间轰击固体绝缘材料表面引起的电离过程会再趋于饱和，放电次数再一次达到饱和。当继续升高电压后，固体绝缘材料逐渐炭化，最终引起绝缘击穿。u_{max}^+ 始终大于 u_{max}^- 的根本原因是在正负半周产生脉冲电流的基本粒子不同。如前所述，正半周产生脉冲电流主要是由于电子进入电极，而负半周是由于正离子进入电极。另外，由于正负半周放电极性效应不明显，正负半周放电脉冲最大幅值增长趋势相似。

11.3.2　相邻放电脉冲时间间隔

1. 金属突出物缺陷

图 11.10 为金属突出物缺陷产生的 PD，在正负半周相邻放电脉冲平均时间间隔和最大时间间隔的变化曲线。正负半周放电脉冲平均时间间隔呈近似指数衰减，在起始放电阶段，ΔT^+ 大于 ΔT^-，随着 PD 的发展，这种差距逐渐缩小，在临近击穿阶段，ΔT^+ 和 ΔT^- 基本相等；而相邻放电脉冲最大时间间隔 ΔT_{max} 逐渐减小。

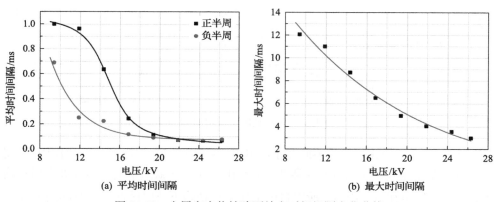

图 11.10　金属突出物缺陷下放电时间间隔变化曲线

在正半周，PD 产生的电子迅速进入阳极，而正离子向阴极运动，由于正空间电荷削弱电场作用加强，放电变得不易，需要外施正弦电压升高到更大的幅值才能进一步激发放电，所以 ΔT^+ 较大。在负半周，PD 产生的电子迅速离开阴极，而正离子以较慢速度向阴极运动，致使针尖附近电场得以加强，进而负半周更容易发生放电，所以 ΔT^+ 大于 ΔT^-。随着电压的升高，外施电压对针尖附近复合电场的影响越来越大，放电越容易，相邻放电脉冲时间间隔越小。

最大时间间隔 $\Delta T_{\max}$ 也就是正负半周中相隔最近两次放电脉冲的最大时间间隔，它一定程度上表征正负半周相位分布区间的变化趋势。在正半周放电之后，部分正空间电荷残留在针电极附近，随着电压升高，正半周放电越强烈，电离产生的正电荷越多，残留的正电荷也越多，当电压转入负半周时，由于正空间电荷进一步加强针尖附近电场，随着电压的增加，放电相位逐渐向 180° 附近扩展，$\Delta T_{\max}$ 逐渐减小。

2. 自由金属微粒缺陷

图 11.11 为自由金属微粒缺陷产生的 PD，在正负半周相邻放电脉冲平均时间间隔和最大时间间隔的变化曲线。随着 PD 的发展，负半周放电脉冲平均时间间隔 ΔT^- 呈近似指数衰减，正半周放电脉冲平均时间间隔 ΔT^+ 呈近似线性衰减趋势，且从起始放电阶段到临近击穿阶段，衰减量很少；ΔT^- 大于 ΔT^+，且差异随着 PD 的发展逐渐缩小，在临近击穿阶段，ΔT^+ 和 ΔT^- 基本相等。相邻放电脉冲最大时间间隔 $\Delta T_{\max}$ 逐渐减小。

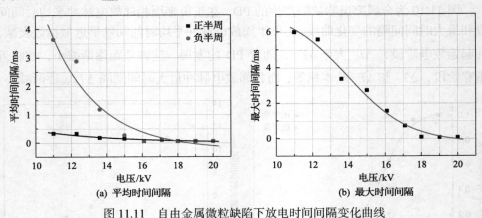

(a) 平均时间间隔　　　　　　(b) 最大时间间隔

图 11.11　自由金属微粒缺陷下放电时间间隔变化曲线

ΔT^+ 与 ΔT^- 变化趋势的不同在于放电过程中空间电荷对电场的畸变作用，金属突出物缺陷下电场最强时在针尖附近，而自由金属微粒缺陷下电场最强处在微粒附近，放电区域也在微粒附近，所以自由金属微粒缺陷下放电脉冲平均时间间隔 ΔT^+ 与 ΔT^- 的变化特点与金属突出物缺陷下的相反。而最大时间间隔 $\Delta T_{\max}$ 的变化特点受外施电压和空间电荷共同作用的影响，外施电压越大，空间电场必定越强，虽然产生滞留于放电区域的空间电荷积累越多，但是复合电场仍然受外施电压的主导，因此，随着电压升高，放电相位逐渐向 0° 和 180° 发展，ΔT_{max} 逐渐减小。

3. 绝缘子表面金属污染物缺陷

图 11.12 为绝缘子表面金属污染物缺陷产生的 PD，在正负半周相邻放电脉冲平均时间间隔和最大时间间隔的变化曲线。随着 PD 的发展，正负半周放电脉冲平均时间间隔 ΔT^- 和 ΔT^+ 呈近似指数衰减趋势，且变化趋势基本一致。根据上述分析，由于正负半周电场分布特点相似，正负半周放电规律类似，ΔT^- 和 ΔT^+ 变化规律基本相同；但在起始放电阶段，正半周容易发生放电，所以 ΔT^- 大于 ΔT^+。而且随着放电发展，部分电荷会在绝缘子表面聚集，进一步使放电变得容易，放电变得密集，甚至发生闪络[24,26]，所以绝缘子表面金属污染物缺陷下 ΔT^- 和 ΔT^+ 曲线衰减比自由金属微粒缺陷和金属突出物缺陷下的 ΔT^- 和 ΔT^+ 更快。相邻放电脉冲最大时间间隔 ΔT_{max} 呈近似指数衰减趋势，这一方面是因为电压升高，局部电场增强，在更小相位角度上放电也容易发生；另一方面是因为空间电荷在绝缘子表面累积，降低起始放电电压。

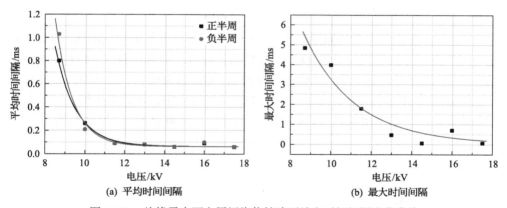

图 11.12　绝缘子表面金属污染物缺陷下放电时间间隔变化曲线

4. 绝缘子气隙缺陷

图 11.13 为绝缘子气隙缺陷产生的 PD，在正负半周相邻放电脉冲平均时间间隔和最大放电时间间隔的变化曲线。随着 PD 的发展，正负半周放电脉冲平均时间间隔 ΔT^+ 和 ΔT^- 呈近似指数衰减。在工频正半周放电时，电子能迅速进入电极，而在负半周，正离子进入电极的迁移速度慢，在正半周气隙内建立的反向电场要比负半周的小，正半周放电在熄灭后更加容易发生再次放电，所以在放电起始阶

段 ΔT^+ 小于 ΔT^-；同时由于放电发展过程主要由外施电场主导，电压越高，气隙内部电场越强，ΔT^+ 和 ΔT^- 越小，在更小相位角度上放电也容易发生，相邻放电脉冲最大间隔时间 ΔT_{max} 呈近似线性衰减趋势。

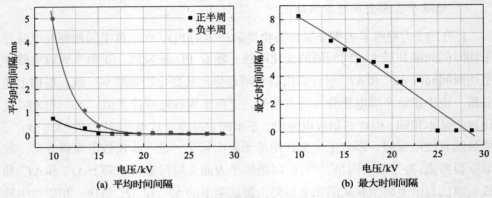

(a) 平均时间间隔　　　　　　　　　　(b) 最大时间间隔

图 11.13　绝缘子气隙缺陷下放电时间间隔变化曲线

11.3.3　等值累积放电量

1. 金属突出物缺陷

图 11.14 为金属突出物缺陷产生的 PD 等值累积放电量的变化曲线。随着实验电压的增高，等值累积放电量 Q_{acc} 呈指数增长趋势，即电压越高，PD 越剧烈，Q_{acc} 越大，绝缘劣化越严重，在临近击穿阶段，Q_{acc} 急剧增长。这是因为 Q_{acc} 是一个工频周期放电脉冲幅值平方和，而在 PD 发展过程中，随着电压增大，放电脉冲幅值和放电次数呈增长趋势，因此，等值放电量随着 PD 的发展逐渐增大。

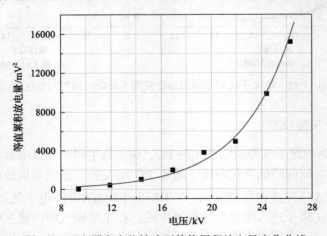

图 11.14　金属突出物缺陷下等值累积放电量变化曲线

2. 自由金属微粒缺陷

图 11.15 为自由金属微粒缺陷产生的 PD 等值累积放电量的变化曲线。实验电压越高，PD 越强，Q_{acc} 越大，绝缘劣化越严重，在临近击穿阶段，Q_{acc} 急剧增长，这是由于放电脉冲幅值和放电次数随着电压增大呈增长趋势，等值累积放电量 Q_{acc} 随着 PD 的发展逐渐增大。另外，由于自由金属微粒缺陷下的放电比金属突出物缺陷下的放电弱，等值放电量 Q_{acc} 比金属突出物缺陷下的小。

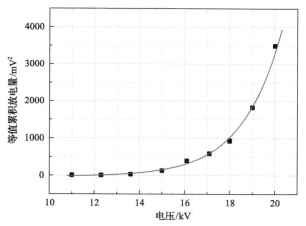

图 11.15　自由金属微粒缺陷下等值累积放电量变化曲线

3. 绝缘子表面金属污染物缺陷

图 11.16 为绝缘子表面金属污染物缺陷产生的 PD 等值累积放电量的变化曲线。可以看出，施加实验电压越高，Q_{acc} 越大。从物理角度分析，电压越大，电

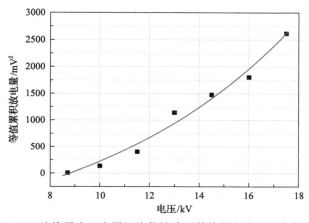

图 11.16　绝缘子表面金属污染物缺陷下等值累积放电量变化曲线

场越强，放电越容易，放电次数越多；而且放电越强，使得每次放电电离产生的粒子就越多，在电场作用下，加速进入电极的带电粒子也越多，即转移的电荷量越多，因此等值累积放电量 Q_{acc} 随着 PD 的发展逐渐增大。

4. 绝缘子气隙缺陷

图 11.17 为绝缘子气隙缺陷产生的 PD 等值累积放电量的变化曲线。可以看出，施加实验电压越高，等值累积放电量 Q_{acc} 越大。从物理角度分析，电场越强，放电越容易，放电次数越多，每次放电转移的电荷量越多，因此等值累积放电量 Q_{acc} 随着 PD 的发展逐渐增大。

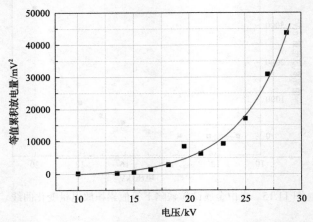

图 11.17　绝缘子气隙缺陷下等值累积放电量变化曲线

11.3.4　放电信号熵

1. 金属突出物缺陷

图 11.18 为金属突出物缺陷下不同阶段 PD 信号熵的变化曲线。由图可以看出，放电信号熵 En 呈指数增长关系，PD 越剧烈，En 值越大，工频周期内放电信号越复杂，信息含量越丰富。熵是对复杂度的测度量，在 PD 发展过程中，放电次数增多，放电脉冲变密集，放电脉冲幅值越来越大，放电相位区间扩宽，所以随着电压升高，放电信号的熵值越大。

2. 自由金属微粒缺陷

图 11.19 为自由金属微粒缺陷下不同阶段 PD 信号熵变化曲线。可以看出，PD 越剧烈，En 值越大，工频周期内放电信号就越复杂，信息含量也越丰富。这是因为 PD 过程中产生的粒子越多，外施电压建立的电场和空间带电粒子建立的复合

电场越复杂，粒子运动越杂乱无章，碰撞越激烈，整个放电系统越复杂，宏观表现为微粒跳动越剧烈。

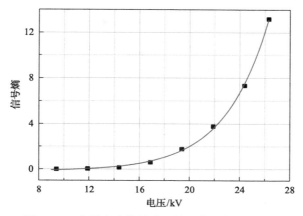

图 11.18　金属突出物缺陷下放电信号熵变化曲线

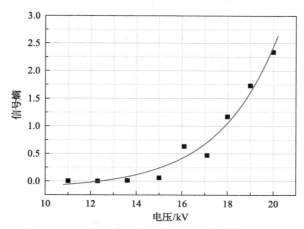

图 11.19　自由金属微粒缺陷下放电信号熵变化曲线

3. 绝缘子表面金属污染物缺陷

图 11.20 为绝缘子表面金属污染物缺陷下不同阶段 PD 信号熵变化曲线。可以看出，En 值随着外施电压的增加呈近似指数增长趋势，但增长速率较低。曲线呈单调增长趋势的原因是整个放电系统越来越复杂。对比金属突出物缺陷下的 En 变化曲线，由于绝缘子表面金属污染物缺陷下放电发展过程放电通道可能出现不稳定的现象，在放电熄灭后，局部放电可能出现在另一位置，所以放电过程缺少了部分电荷或环境条件累积，En 增长较平缓。

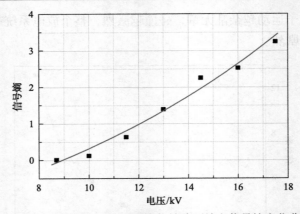

图 11.20　绝缘子表面金属污染物缺陷下放电信号熵变化曲线

4. 绝缘子气隙缺陷

图 11.21 为绝缘子气隙缺陷下不同阶段 PD 信号熵变化曲线。可以看出，En 值随着外施电压的增加呈指数增长趋势。从微观角度看，这是由于放电越剧烈，气隙中的电子、正负离子和中性粒子运动越来越杂乱，碰撞越来越剧烈，而且气隙在没有发展成贯穿的放电通道时，具体放电位置不稳定，所以放电系统越来越复杂，En 越来越大。

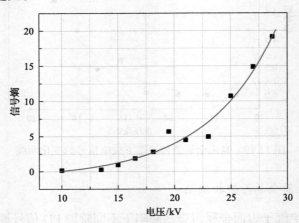

图 11.21　绝缘子气隙缺陷下放电信号熵变化曲线

综上所述，在不同 PD 阶段，提取的放电特征信号的变化规律和变化趋势都不同，利用这些特征的差异信息，可以构建用于 PD 发展阶段和 PD 程度判别的特征集，且可克服在进行 PD 发展阶段划分过程中，由 PD 阶段划分的模糊性导致的单一特征不足以描述不同 PD 阶段特征的问题，为 PD 故障程度评估提供更加完整的基础数据信息。

参 考 文 献

[1] Sellars A G, Farish O, Peterson M M. UHF detection of leader discharges in SF_6[J]. IEEE Transactions on Dielectrics and Electrical Insulation, 1995, 2(1): 143-154.

[2] Sellars A G, Farish O, Hampton B F, et al. Using the UHF technique to investigate PD produced by defects in solid insulation[J]. IEEE Transactions on Dielectrics and Electrical Insulation, 1995, 2(3): 448-459.

[3] 常文治, 李成榕, 苏錡, 等. 电缆接头尖刺缺陷局部放电发展过程的研究[J]. 中国电机工程学报, 2013, 33(7): 192-201, 1.

[4] 齐波, 李成榕, 郝震, 等. GIS 绝缘子表面固定金属颗粒沿面局部放电发展的现象及特征[J]. 中国电机工程学报, 2011, 31(1): 101-108.

[5] Qi B, Li C R, Geng B B, et al. Severity diagnosis and assessment of the partial discharge provoked by high-voltage electrode protrusion on GIS insulator surface[J]. IEEE Transactions on Power Delivery, 2011, 26(4): 2363-2369.

[6] 王彩雄, 唐志国, 常文治, 等. 气体绝缘组合电器尖端放电发展过程的试验研究[J]. 电网技术, 2011, 35(11): 157-162.

[7] 胡泉伟, 张亮, 吴磊, 等. GIS 中自由金属颗粒缺陷局部放电特性的研究[J]. 陕西电力, 2012, 40(1): 1-3, 24.

[8] Zhao X F, Yao X, Guo Z F, et al. Characteristics and development mechanisms of partial discharge in SF_6 gas under impulse voltages[J]. IEEE Transactions on Plasma Science, 2011, 39(2): 668-674.

[9] Ren M, Dong M, Liu Y, et al. Partial discharges in SF_6 gas filled void under standard oscillating lightning and switching impulses in uniform and non-uniform background fields[J]. IEEE Transactions on Dielectrics and Electrical Insulation, 2014, 21(1): 138-148.

[10] Okabe S, Yamagiwa T, Okubo H. Detection of harmful metallic particles inside gas insulated switchgear using UHF sensor[J]. IEEE Transactions on Dielectrics and Electrical Insulation, 2008, 15(3): 701-709.

[11] 邱昌容, 王乃庆. 电工设备局部放电及其测试技术[M]. 北京: 机械工业出版社, 1994.

[12] 林俊亦. 组合电器局部放电统计特征优化与类型识别研究[D]. 重庆: 重庆大学, 2013.

[13] 张晓星, 唐炬, 彭文雄, 等. GIS 局部放电检测的微带贴片天线研究[J]. 仪器仪表学报, 2006, 27(12): 1595-1599.

[14] Strachan S M, Rudd S, McArthur S D J, et al. Knowledge-based diagnosis of partial discharges in power transformers[J]. IEEE Transactions on Dielectrics and Electrical Insulation, 2008, 15(1): 259-268.

[15] 唐炬. 组合电器局放在线监测外置传感器和复小波抑制干扰的研究[D]. 重庆: 重庆大学, 2004.

[16] 唐炬, 张晓星, 曾福平. 组合电器特高频局部放电检测与故障诊断[M]. 北京: 科学出版社, 2016.

[17] 唐炬, 曾福平, 张晓星. 基于分解组分分析的 SF_6 气体绝缘装备故障诊断技术[M]. 北京: 科学出版社, 2016.

[18] 全国高电压试验技术和绝缘配合标准化技术委员会. 高电压试验技术 局部放电测量: GB/T 7345—2018[S]. 北京: 中国电力出版社, 2018.

[19] 张晓星, 唐俊忠, 唐炬, 等. GIS 中典型局部放电缺陷的 UHF 信号与放电量的相关分析[J]. 高电压技术, 2012, 38(1): 59-65.

[20] Ohtsuka S, Teshima T, Matsumoto S, et al. Relationship between PD-induced electromagnetic wave measured with UHF method and charge quantity obtained by PD current waveform in model GIS[C]. IEEE Conference on Electrical Insulation and Dielectric Phenomena, Kansas City, 2006: 615-618.

[21] Yang W X, Tse P W. Development of an advanced noise reduction method for vibration analysis based on singular value decomposition[J]. Nondestructive Testing and Evaluation International, 2003, 36(6): 419-432.

[22] 董玉林. 组合电器局部放电特征提取与放电严重程度评估方法研究[D]. 重庆: 重庆大学, 2015.

[23] 唐炬, 董玉林, 樊雷, 等. 基于 Hankel 矩阵的复小波-奇异值分解法提取局部放电特征信息[J]. 中国电机工程学报, 2015, 35(7): 1808-1817.

[24] Zeng F P, Dong Y L, Tang J. Feature extraction and severity assessment of partial discharge under protrusion defect based on fuzzy comprehensive evaluation[J]. IET Generation, Transmission & Distribution, 2015, 9(16): 2493-2500.

[25] 卓然. 气体绝缘电器局部放电联合检测的特征优化与故障诊断技术[D]. 重庆: 重庆大学, 2014.

[26] 邢照亮. GIS 绝缘子表面电荷分布对沿面闪络的影响[D]. 北京: 华北电力大学, 2013.

第四篇　局部放电程度评估与状态评价技术

第 12 章　GIS PD 状态模糊综合评判方法

GIS 作为电力系统中主要设备之一，其运行工况直接关系到电力系统的安全稳定，因此对 GIS 设备进行 PD 在线监测和状态综合评估是保障设备安全与可靠供电的有效手段之一，做到"应修必修"、"修必修好"，避免"过修"。如同医生治病救人，不但要做到对症下药，还必须合理地控制用药剂量，补药过量也可能引发新的疾病。

但是，PD 程度的评判涉及非常多的物理量和复杂的物理过程，对其进行精确评判非常困难。在目前发展的多种综合评判方法中，人工神经网络方法中的评估结果与训练样本数和网络参数密切相关，导致评估模型不稳定；基于概率统计的分类方法（如贝叶斯网络分类器），虽然可以很好地处理不完备信息，但是在关键信息缺失或偏差大时容易导致评估准确率降低；而模糊评判理论采用模糊隶属度来描述各研究对象对各评价集的隶属程度，可充分描述具有模糊变化规律的物理现象，已在发电厂等状态评估中得到了广泛的应用[1-3]。

12.1　模糊综合评判理论

随着科学研究的不断深入，人们需要研究的关系越来越复杂，对系统的判别和推理的精确要求也越来越高。为了精确地描述复杂的现实对象，各类新的数学分支不断地产生和发展起来。迄今为止，处理现实对象的数学模型可分为以下三类[4]。

(1)确定数学模型：背景对象具有确定性或固定性，对象间具有必然关系；

(2)随机数学模型：背景对象具有或然性或随机性；

(3)模糊数学模型：背景对象及其关系均具有模糊性。

前两类模型的共同点是所描述的事物本身的含义是确定的，它们赖以存在的基石是集合论，满足互补定律，就是"非此即彼"的清晰概念的抽象。而模糊数学模型描述的事物本身的含义具有不确定性。

事实上，现实中的对象很多是模糊的、不能精确定义的类型，它们的成员没有精确定义的类别准则。模糊集正是反映这类"亦此亦彼"的模糊性，它不满足互补定律。

模糊性是指存在于现实中的不分明现象，如"稳定"与"不稳定"、"健康"与"不健康"之间找不到明确的边界。从差异的一方到另一方，事物的发展和进化中间经历着一个从量变到质变的连续过渡过程，在量变过程中，事物的各发展阶段存在过渡性和连续性，各阶段的界限是模糊的。为了对事物各发展阶段进行量化和直观的描述，美国控制论专家 Zadeh 提出了采用模糊集和隶属度来描述这种边界不明确的系统状态行为[5]。模糊综合评判是一种多因素多目标综合评价的特殊情形，它基于模糊数学基本理论，综合多种影响因素，对待评价事物或对象的性质或状态做出综合评价，相比于其他评价方法，该方法综合考虑了多种因素的影响，计算量小，信息损失少。

12.1.1 模糊集合

人们所熟悉的普通集(为了与模糊集相区别，故称之为普通集)要求：论域 U 中每个元素 u，对于子集 $A \subseteq U$ 来说，要么 $u \in A$，要么 $u \notin A$，二者必居其一，且仅居其一，绝不允许模棱两可。因而，子集 A 可用 0 和 1 两个数来刻画。1965 年，Zadeh 将普通集合论里特征函数的取值范围由 $\{0,1\}$ 推广到闭区间 $[0,1]$，于是得到了模糊集的定义[5]。

定义 12.1 设在论域 U 上给定一个映射

$$A : U \to [0,1] \tag{12.1}$$

$$u | \to A(u) \tag{12.2}$$

则称 A 为 U 上的模糊(fuzzy)集，$A(u)$ 称为 A 的隶属度函数(或称 u 对 A 的隶属度)。模糊集又称模糊集合或模糊子集。对于任意元素 $u \in U$，$A(u) \in [0,1]$，$A(u)$ 越接近 1，表明 u 隶属于 A 的程度越高，反之亦然。0 表示 u 完全不属于 A，1 表示 u 完全属于 A。

常见的模糊集合表示方法有以下几种。

(1)Zadeh 表示法：

$$A = \frac{A(u_1)}{u_1} + \frac{A(u_2)}{u_2} + \cdots + \frac{A(u_n)}{u_n} \tag{12.3}$$

(2)向量表示法：

$$A = \{A(u_1), A(u_2), \cdots, A(u_n)\} \tag{12.4}$$

(3)序偶表示法：

$$A = \{(u_1, A(u_1)), (u_2, A(u_2)), \cdots, (u_n, A(u_n))\} \tag{12.5}$$

式中，$\dfrac{A(u_i)}{u_i}$ 不是分数形式，而是表示论域 U 中 u_i 与其隶属度 $A(u_i)$ 的一一对应关系；"+"也非"加号"，而是为了表示模糊集合的整体；向量表示法中隶属度为 0 的项不能省略。

12.1.2　隶属度函数

隶属是客观存在的，虽然表面上似乎隶属度是主观的，但实际上，模糊性的根源在于客观事物差异之间存在中间过渡，这样便在客观上对隶属度进行了某种限定，使得隶属度不能主观捏造，具有客观规律。应用模糊数学方法的关键在于建立符合时间的隶属度函数。而模糊评判中，隶属度函数求解是对边界模糊现象进行量化的过程，是整个综合评判的基础和关键。隶属度函数取值范围为 [0, 1]，对于完全属于模糊子集和不属于模糊子集的状态可以很好理解和很快求解，但当隶属度函数取值为 (0, 1) 时，通常需要根据所分析的论域选择隶属度函数和求解方法。常见的隶属度函数有矩形函数、三角函数、梯形函数、高斯函数和柯西分布函数等，它们常用的几种求解方法如下。

1. 直觉法

直觉法是人类利用自己的智慧和常识来建立隶属函数。直觉包含问题的上下文和语义的有关知识，也包含了对这些知识的真实语言学价值。例如，讨论可变模糊温度的隶属函数，图 12.1 表示用摄氏温度计测出的摄氏温度域上的各种形式，每条曲线表示不同的模糊变量，如"冷"、"凉"、"暖"、"热"等所对应的隶属函数。这些曲线相互作用，并可供人们分析。在实际应用中，这些曲线的精确形状并不是很重要，但重要的概念是，在所讨论的论域上，这些曲线是近似的，在模糊运算中所用到的是这些曲线的数目及其相交特性。

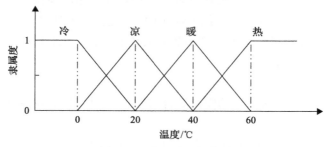

图 12.1　隶属度函数曲线

2. 推理法

推理法即通过对给定的一批论据和知识进行演绎和推理，得出一个结论。这种方法有多种形式，如与几何学和几何形状相关的图形识别。在三角形的识别中，通过几何知识可以帮助人们为近似等腰三角形、近似直角三角形、近似等腰直角三角形、近似等边三角形等确定隶属关系。

3. 模糊统计法

模糊统计在形式上类似于概率统计，并且都是用确定性手段研究不确定性。但是模糊统计与概率统计属于两种不同的数学模型，它们有如下区别。

随机实验最基本的要求是：在每次实验中，事件 A 发生（或不发生）必须是确定的，在各次实验中，A 是确定的，基本空间 Ω 中元素 ω 是随机变动的。做 n 次实验，计算 A 发生的概率为

$$P(A) = \frac{\omega \in A \text{的次数}}{n} \tag{12.6}$$

随着 n 的增大，通常会表现出频率稳定性，频率稳定所在的那个数称为 A 在某个条件下的概率。

模糊统计实验的基本要求：要对论域上固定的元 u_0 是否属于论域上一个可变动的普通集合 A_*（A_* 作为模糊集 A 的弹性域），进行一个确切的判断，这要求在每次实验中 A_* 必须是一个取定的普通集合，在各次实验中，u_0 是固定的，而 A_* 在随机变动，做 n 次实验后对 A 的隶属频率为

$$u_0 \text{对} A \text{的隶属频率} = \frac{u_0 \in A_* \text{的次数}}{n} \tag{12.7}$$

随着 n 的增大，隶属频率也会呈现稳定性，频率稳定值称为 u_0 对 A 的隶属度。

4. 二元对比排序法

当进行多相模糊统计时，被调查者往往很难从众多的模糊集中选出唯一的隶属度为 1 的模糊集。实际上，人们习惯于两两比较（二元对比），二元对比确定顺序 "$\geqslant$"，由该顺序便可确定隶属度函数的大致形状；二元对比排序法就是用这种方法来决定隶属的关系次序。

1）相对比较法

设 $U = \{u_1, u_2, \cdots, u_n\}$ 上的模糊集合 A 表示某种特性，使用相对比较法确定 A 的隶属函数步骤如下。

（1）建立 U 的任意两个元素关于 A 的对偶函数 $(f_i(j), f_j(i))$，满足 $f_i(j), f_j(i) \in [0,1]$，其中 $f_j(i)$ 表示 u_i 对 u_j 具有特性 A 的程度。

（2）建立相及矩阵 $C = [c_{ij}]_{n \times n}$，有

$$c_{ij} = \begin{cases} \dfrac{f_j(i)}{\max(f_j(i), f_i(j))}, & i \neq j \\ 1, & i = j \end{cases} \tag{12.8}$$

式中，c_{ij} 是对选择 u_i 优于 u_j 的隶属度值的一种度量，或可以看成"偏向 u_i 胜于 u_j"的隶属度。当 $c_{ij}=1$ 时，表明 $f_j(i) \geqslant f_i(j)$，即 u_i 绝对优于 u_j；否则，用比值 $f_j(i)/f_i(j)$ 表明 u_i 优于 u_j 的可能性。

（3）为了确定总次序，取相及矩阵中各行的最小值作为各行对应元素的隶属度，即

$$\mu_A(u_i) = \min(c_{ij}), \quad i, j = 1, 2, \cdots, n \tag{12.9}$$

由此建立 U 上模糊集 A 的隶属度函数。

2）择优比较法

择优比较法类似于抽样调查，被调查者只能进行两两比较，难以给出总体各个元素的顺序，与相对比较法不同的是，择优比较法在两两比较过程中被调查者不必评分，只要给出自己心目中的最优即可。

3）对比平均法

对模糊集合 A，建立论域 U 的任意两个元素关于 A 的对偶函数 $(f_i(j), f_j(i), i, j = 1, 2, \cdots, n)$，构造对偶函数矩阵 $\boldsymbol{B} = [b_{ij}]_{n \times n}$，有

$$b_{ij} = \begin{cases} f_j(i), & i \neq j \\ 1, & i = j \end{cases} \tag{12.10}$$

按式（12.11）确定各元素的隶属度，即

$$\mu_A(u_i) = \sum_{i=1}^{n} w_j b_{ij} \tag{12.11}$$

式中，$w_j(j = 1, 2, \cdots, n)$ 为权重，满足 $\sum w_j = 1$，这种方法称为对比平均法。

5. 模糊分布法

在客观事物中，最常见的是以实数 $\mathbf{R}$ 作为论域的情形，把实数 $\mathbf{R}$ 上的模糊集的隶属函数称为模糊分布。在实际的问题中，可根据实际情况，选择恰当的模糊分布。常见的模糊分布如下所示。

1）矩形分布和半矩形分布

（1）偏小型（图 12.2（a））

$$A(x) = \begin{cases} 1, & x \leqslant a \\ 0, & x > a \end{cases} \tag{12.12}$$

（2）偏大型（图 12.2（b））

$$A(x) = \begin{cases} 0, & x < a \\ 1, & x \geqslant a \end{cases} \tag{12.13}$$

(3) 中间型 (图 12.2(c))

$$A(x) = \begin{cases} 0, & x < a \\ 1, & a \leqslant x < b \\ 0, & x \geqslant b \end{cases} \tag{12.14}$$

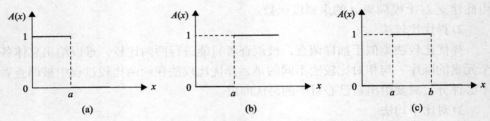

图 12.2　矩形分布和半矩形分布函数曲线

2) 梯形分布和半梯形分布

(1) 偏小型 (图 12.3(a))

$$A(x) = \begin{cases} 1, & x < a \\ \dfrac{b-x}{b-a}, & a \leqslant x \leqslant b \\ 0, & x > b \end{cases} \tag{12.15}$$

(2) 偏大型 (图 12.3(b))

$$A(x) = \begin{cases} 0, & x < a \\ \dfrac{x-a}{b-a}, & a \leqslant x \leqslant b \\ 1, & x > b \end{cases} \tag{12.16}$$

(3) 中间型 (图 12.3(c))

$$A(x) = \begin{cases} 0, & x < a \\ \dfrac{x-a}{b-a}, & a \leqslant x < b \\ 1, & b \leqslant x < c \\ \dfrac{d-x}{d-c}, & c \leqslant x < d \\ 0, & x \geqslant d \end{cases} \tag{12.17}$$

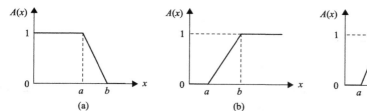
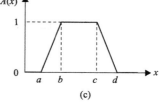

图 12.3　梯形分布和半梯形分布函数曲线

3）抛物线型分布

（1）偏小型（图 12.4（a））

$$A(x)=\begin{cases}1, & x<a \\ \left(\dfrac{b-x}{b-a}\right)^{k}, & a\leqslant x\leqslant b \\ 0, & x>b\end{cases} \tag{12.18}$$

（2）偏大型（图 12.4（b））

$$A(x)=\begin{cases}0, & x<a \\ \left(\dfrac{x-a}{b-a}\right)^{k}, & a\leqslant x\leqslant b \\ 1, & x>b\end{cases} \tag{12.19}$$

（3）中间型（图 12.4（c））

$$A(x)=\begin{cases}0, & x<a \\ \left(\dfrac{x-a}{b-a}\right)^{k}, & a\leqslant x<b \\ 1, & b\leqslant x<c \\ \left(\dfrac{d-x}{d-c}\right)^{k}, & c\leqslant x<d \\ 0, & x\geqslant d\end{cases} \tag{12.20}$$

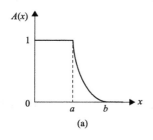
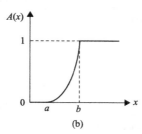
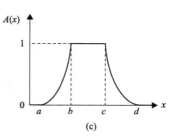

图 12.4　抛物线型分布函数曲线

4）正态分布

（1）偏小型（图 12.5（a））

$$A(x) = \begin{cases} 1, & x \leqslant a \\ \mathrm{e}^{-\left(\frac{x-a}{\sigma}\right)^2}, & x > a \end{cases} \tag{12.21}$$

（2）偏大型（图 12.5（b））

$$A(x) = \begin{cases} 0, & x \leqslant a \\ 1 - \mathrm{e}^{-\left(\frac{x-a}{\sigma}\right)^2}, & x > a \end{cases} \tag{12.22}$$

（3）中间型（图 12.5（c））

$$A(x) = \mathrm{e}^{-\left(\frac{x-a}{\sigma}\right)^2}, \quad -\infty < x < +\infty \tag{12.23}$$

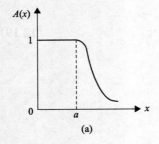 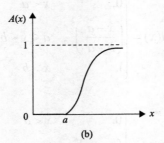 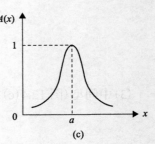

图 12.5　正态分布函数曲线

5）柯西分布

（1）偏小型（图 12.6（a））

$$A(x) = \begin{cases} 1, & x \leqslant a \\ \dfrac{1}{1 + \alpha(x-a)^{\beta}}, & x > a \end{cases} \quad \alpha > 0, \beta > 0 \tag{12.24}$$

（2）偏大型（图 12.6（b））

$$A(x) = \begin{cases} 0, & x \leqslant a \\ \dfrac{1}{1 + \alpha(x-a)^{\beta}}, & x > a \end{cases} \quad \alpha > 0, \beta > 0 \tag{12.25}$$

(3) 中间型(图 12.6(c))

$$A(x) = \frac{1}{1 + \alpha(x - a)^{\beta}}, \quad \alpha > 0, \beta \text{为正偶数} \tag{12.26}$$

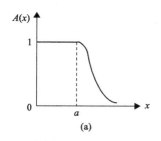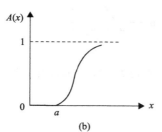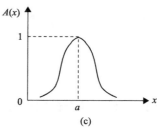

图 12.6　柯西分布函数曲线

6)岭形分布

(1) 偏小型(图 12.7(a))

$$A(x) = \begin{cases} 1, & x \leqslant a_1 \\ \dfrac{1}{2} - \dfrac{1}{2} \sin \dfrac{\pi}{a_2 - a_1} \left(x - \dfrac{a_2 + a_1}{2} \right), & a_1 < x \leqslant a_2 \\ 0, & x > a_2 \end{cases} \tag{12.27}$$

(2) 偏大型(图 12.7(b))

$$A(x) = \begin{cases} 0, & x \leqslant a_1 \\ \dfrac{1}{2} + \dfrac{1}{2} \sin \dfrac{\pi}{a_2 - a_1} \left(x - \dfrac{a_2 + a_1}{2} \right), & a_1 < x \leqslant a_2 \\ 1, & x > a_2 \end{cases} \tag{12.28}$$

(3) 中间型(图 12.7(c))

$$A(x) = \begin{cases} 0, & x \leqslant -a_2 \\ \dfrac{1}{2} + \dfrac{1}{2} \sin \dfrac{\pi}{a_2 - a_1} \left(x - \dfrac{a_2 + a_1}{2} \right), & -a_2 < x \leqslant -a_1 \\ 1, & -a_1 < x \leqslant a_1 \\ \dfrac{1}{2} - \dfrac{1}{2} \sin \dfrac{\pi}{a_2 - a_1} \left(x - \dfrac{a_2 + a_1}{2} \right), & a_1 < x \leqslant a_2 \\ 0, & x > a_2 \end{cases} \tag{12.29}$$

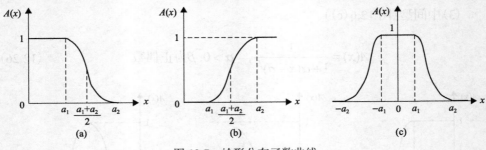

图 12.7 岭形分布函数曲线

12.1.3 模糊综合评判步骤

模糊综合评判的基本思想是利用模糊线性变换原理和最大隶属度原则，考虑与被评价事物相关的各个因素，对其做出合理的综合评价。其基本流程包括：确定被评价对象的等级或评语，建立评判集；综合考虑影响被评判对象的因子，建立因素集；对因素集中的单因子运用评判集进行评判，建立单因素评判；给各因素赋权值；综合单因素评判结果和权重求解综合评判结果。具体可归纳为以下步骤。

(1)给出评语集 $X = \{x_1, x_2, \cdots, x_n\}$，即评判对象所有可能的状态或性质；

(2)确定因素集 $U = \{u_1, u_2, \cdots, u_m\}$，即确定影响被评判对象状态或性质的因素；

(3)建立模糊评判矩阵 $\boldsymbol{R}$，即建立集合 X 到集合 U 的模糊关系矩阵 $\boldsymbol{R}$；$\boldsymbol{R} \in F(X \times U)$，用于评价各项因素对每个评判对象的隶属情况。对每个评判因素 u_i，在根据评语集 X 等级指标进行评判时，对应着建立一个评价矩阵，即 $\boldsymbol{R}_i = (r_{i1}, \cdots, r_{ij}, \cdots, r_{in})$，$r_{ij}$ 表示评判因素的评价结果在评语集 x_j 上的可能程度，即 u_i 对 x_j 的隶属程度，其中：

$$\sum_1^n r_{ij} = 1, \quad r_{ij} \geqslant 0 \tag{12.30}$$

$$\boldsymbol{R} = \begin{bmatrix} r_{11} & r_{12} & \cdots & r_{1n} \\ r_{21} & r_{22} & \cdots & r_{2n} \\ \vdots & \vdots & & \vdots \\ r_{m1} & r_{m2} & \cdots & r_{mn} \end{bmatrix} \tag{12.31}$$

(4)计算权重向量 $V = [v_1, v_2, \cdots, v_m]$，$v_i \, (0 \leqslant v_i \leqslant 1)$ 为因素 i 对最终评判结果影响大小，权值向量元素和为 1。

(5)计算最终评价矩阵 $\boldsymbol{B} = V \circ \boldsymbol{R} = [b_1, b_2, \cdots, b_n]$，其中 "∘" 为模糊算子。

12.2　GIS PD 发展阶段的划分

目前，由于对 GIS 设备内部 PD 程度评估还处于起步阶段，PD 程度的划分也尚无统一标准，没有建立起公认的专家意见系统，有必要建立统一标准的 PD 程度划分等级。

12.2.1　PD 等级的定义

根据 GIS 实际运行情况和 PD 发展过程中放电物理现象，结合一般的状态划分方法，将 PD 程度划分为 3 个等级，即 L1 级(轻微)、L2 级(注意)和 L3 级(危险)，如表 12.1 所示。

表 12.1　PD 程度划分[6]

等级	PD 程度	阶段描述	检修策略
L1	轻微	放电起始阶段	定期检修
L2	注意	放电持续发展阶段 1	实时监测
L3	危险	放电持续发展阶段 2	引起重视，停电检修

(1)轻微(L1 级)：设备满足出厂要求，资料齐全，验收合格；各种运行监测数据都在正常范围，或个别非关键数据虽有所增加但仍在运行要求的规定范围内，且没有明显的增大趋势，GIS 可维持正常的试验和巡检周期。

(2)注意(L2 级)：试验中检测到放电信号，但由于 PD 信号微弱，难以根据信号对故障原因及危害性进行定性和定量。该状态下的 GIS 可以保持继续运行，但是要加强跟踪观察，实时监测 GIS 的运行状况，尽早探明故障缘由，同时需要缩短试验和检修周期。

(3)危险(L3 级)：试验中检测到明显的 PD 信号，已基本确定绝缘故障位置及原因，且对设备安全运行构成较大潜在威胁。为保证供电的可靠性和经济性，必须引起重视，需要制定合适的检修策略，对设备进行停电检修。

12.2.2　模糊 C 均值聚类分析

目前，针对电气设备内部 PD 程度的评估多集中在大型电力变压器方面，其评估体系相对成熟，许多电气量和非电气量都有相应的行业标准和专家意见。而针对 GIS 内部 PD 的研究成果还不能完全满足工程需求，对其内部 PD 特征量的量化缺乏相关行业标准支撑，加之不同特征量对 PD 属性的描述能力是不同的，没有形成相关的专家一致意见系统。许多学者对放电阶段的划分基本都是基于现象或特征描述而人为划分的，由于 PD 发展是缓慢的，放电阶段边界是模糊的，各阶段边界的定量不可避免地受到人为因素的影响。

文献[7]在对 PD 程度划分时完全根据不同外施电压下的放电特征来划分，文献中只涉及三个电压，由于不同电压之间存在电压梯度，这种划分方式将所选中的电压下的 PD 自动作为该 PD 状态的中心，这种分析方法简单、易于实现，但放电阶段的划分方法存有一定的争议，特别是当不只三个电压时，若仍然将放电阶段分为三个，该方法明显就不再适用。陈伟根等[8]采用了聚类分析方法对 PD 阶段进行了划分，聚类中心为 PD 程度的中心，在一定程度上避免了人为对状态中心设定的影响，但由于作者采用的是 PRPD 统计特征，而大多数统计特征都不是单调变化的，在实际应用中为实现快速评估 PD 程度必须借助计算机处理，不能直观根据特征值大小判断 PD 程度。

为实现 PD 程度的划分，首先就需要求解各 PD 程度划分准则的中心。FCM 聚类算法是一种采用模糊方法来处理数据的算法，它能根据已有数据，对其进行聚类划分，并得到一个基于历史和实时数据的状态中心和模糊聚类结果。

FCM 聚类的基本原理为[9,10]设样本集为 $\Theta = \{\theta_1, \theta_2, \cdots, \theta_n\}$，$\theta_i$ 为第 i 个样本，且 $\theta_i = (\theta_{i1}, \theta_{i2}, \cdots, \theta_{is})$（$1 \leqslant i \leqslant n$）；$s$ 为样本属性的个数，θ_{is} 为样本 θ_i 第 s 个属性的值。FCM 聚类目标函数为

$$\min J(\boldsymbol{\Theta}, \boldsymbol{C}) = \sum_{i=1}^{n} \sum_{k=1}^{C} (u_{ik})^m (d_{ik})^2 \tag{12.32}$$

式中，$\boldsymbol{C} = [c_k]_{t \times s}$ 为聚类中心矩阵，c_k 表示第 k 类的聚类中心，t 为类的总数，$1 \leqslant k \leqslant t \leqslant n$；$\boldsymbol{U} = [u_{ik}]_{s \times t}$ 为隶属度矩阵，u_{ik} 表示第 i 个样本 θ_i 隶属于第 k 类的隶属度，$u_{ik} \in [0,1]$ 且 $\sum_{k=1}^{C} u_{ik} = 1$；$m \in [1, \infty)$ 是加权指数；d_{ik} 表示样本 θ_i 与第 k 类聚类中心 c_k 间的距离，即

$$(d_{ik})^2 = \left\| \theta_i - c_k \right\|^2 \tag{12.33}$$

由于求解目标函数即为求解最佳的隶属度矩阵 $\boldsymbol{U} = [u_{ik}]$ 和聚类中心 c_k。因此，可将目标函数转化为

$$\min \{ J(\boldsymbol{\Theta}, \boldsymbol{C}) \} = \min \left\{ \sum_{i=1}^{n} \sum_{k=1}^{C} (u_{ik})^m (d_{ik})^2 \right\} \tag{12.34}$$

利用拉格朗日乘法求解式(12.34)的最优化问题：

$$F = \sum_{k=1}^{C} (u_{ik})^m (d_{ik})^2 + \lambda \left(\sum_{k=1}^{C} u_{ik} - 1 \right) \tag{12.35}$$

最优条件为

$$\begin{cases} \dfrac{\partial F}{\partial \lambda} = \left(\displaystyle\sum_{k=1}^{C} u_{ik} - 1 \right) = 0 \\[3mm] \dfrac{\partial F}{\partial \lambda} = [m(u_{ik})^{m-1}(d_{ik})^2 - \lambda] = 0 \end{cases} \tag{12.36}$$

则求得的最佳隶属度 u_{ik} 和模糊聚类中心 c_k 为

$$u_{ik} = \sum_{j=1}^{C} \left(\frac{d_{ik}}{d_{ij}} \right)^{\frac{2}{1-m}} \tag{12.37}$$

$$c_k = \frac{\displaystyle\sum_{i=1}^{n} (u_{ik})^m \theta_i}{\displaystyle\sum_{i=1}^{n} (u_{ik})^m} \tag{12.38}$$

12.2.3　PD 程度中心的求解

PD 程度中心的求解是对放电阶段进行划分的基础。根据第 11 章中提取的 9 个特征在 PD 发展过程中呈单调变化，所以在进行状态中心求解时，状态中心不会出现交叉现象。采用 FCM 聚类，设置 3 个聚类中心，即 3 个 PD 状态，每个电压下的数据样本为 50 个，得到的不同 PD 程度中心值如表 12.2 所示。

表 12.2　不同 PD 程度中心值

绝缘缺陷类型	PD 程度	$u_{\max}^+$ /mV	$u_{\max}^-$ /mV	N^+ /次	N^- /次	ΔT^+ /ms	ΔT^- /ms	$\Delta T_{\max}$ /ms	Q_{acc} /mV²	En
	轻微	0.21	1.93	0.63	3.87	0.9455	0.5595	11.07	8.0	0.0003
N 类	注意	7.43	9.86	31.0	42.9	0.1850	0.1439	5.58	830.9	0.1010
	危险	9.51	17.74	89.8	81.53	0.0923	0.0789	3.91	3318.7	1.8823
	轻微	1.03	0.30	2.50	0.00	0.5800	2.7206	5.89	2.1	0.0001
P 类	注意	3.83	1.87	16.76	9.94	0.1175	0.2410	2.61	48.8	0.0121
	危险	5.92	2.93	51.92	47.82	0.0778	0.0696	1.94	455.9	0.5396
	轻微	3.45	3.63	7.34	5.66	0.4017	0.5336	5.39	64.3	0.0056
M 类	注意	4.51	4.02	56.32	48.72	0.1007	0.1049	2.50	293.8	0.0893
	危险	6.86	7.11	78.60	70.00	0.0823	0.0827	1.91	1058.6	1.1792
	轻微	4.75	2.28	33.04	26.96	0.3221	0.8528	6.00	101.6	0.0293
G 类	注意	11.90	5.69	84.24	81.42	0.0706	0.0744	4.94	3272.9	1.8345
	危险	23.60	10.41	93.16	96.60	0.0678	0.0645	1.49	6746.7	2.1584

在 FCM 聚类过程中，简化认为当 GIS 设备内部绝缘缺陷在某外施电压下 PD 程度的特征量超过一半的样本隶属某一状态等级，则认定在该电压下的放电属于这一 PD 程度，则计算得到的各电压下样本聚类后隶属的 PD 程度如表 12.3 所示。

表 12.3　各外施电压下样本聚类后隶属的 PD 程度

绝缘缺陷类型	各 PD 故障的电压值/kV		
	轻微	注意	危险
N 类	9.4	11.9/12.4	16.9/19.4
P 类	11/12.3/13.6	15/16.1	17.1/18
M 类	8.7	10/11.5	13/12.5
G 类	10/13.5/15	16.5/18.1/19.5	21/23

注: 不同的电压值代表不同的 PD 程度，这里的电压为实验中实际施加电压，对其进行了一个 PD 程度分类。

12.3　GIS PD 程度模糊综合评判模型

PD 的发展过程是一个量变过程，随着 PD 的不断发展，特征参量值不会出现阶跃变化，也就是各 PD 阶段的界限具有模糊性，应用于 PD 类型模式识别的分类算法和模型都不能直接应用于 PD 程度的评判，PD 程度的评判缺少统一、可靠的评判模型。大多研究人员开始采用 PD 发展过程对大型电力变压器的绝缘状态进行评估，例如，Liao 等[11]提出一种基于模糊评判理论的变压器状态评估模型，模型包含模糊评判模型和证据推理决策模型两层，模糊评判模型用于产生二级证据推理模型的基本概率分配，证据推理决策模型则对所有证据给出一个综合评价，之后杨丽君等[12]又相继提出采用 ID3 决策树进行放电发展阶段和风险的评估，但是该方法需要建立大量典型绝缘缺陷放电模型库及其在各放电阶段的样本知识库，并根据知识库构建各类 PD 源发展程度的决策树。Strachan 等[13]建立了一个基于 PRPD 统计谱图特征知识库的变压器故障诊断和状态评估模型，根据工频正负半周放电次数、放电相位、放电幅值等特征的变化规律来推理 PD 的类型和状态，这种分析方法综合了当前数据和历史数据信息，扩展容易，但要求设计者对 PD 过程有非常全面、深入的专家知识。Dreisbusch 等[14]以缺陷类型辨识为基础，结合法默图，将 GIS 运行状态分为高、中、低三个风险区域，建立了一个 GIS 风险评估系统，系统综合了缺陷属性和风险、诊断可信度、缺陷位置信息、放电时间信息、运行电压状况等特征，但是，由于该评估模型是基于 PD 类型准确辨识的，必须要提高辨识的准确率。另外，GIS 的 PD 最终风险划分准则是由人为主观决定的。

12.3.1　模糊评判矩阵求解

由于各 PD 发展阶段界限的模糊性,一个 PD 程度通常并不隶属于某个确定的状态,而是隶属于两个或多个状态,只是隶属程度不同而已。根据 PD 发展的量变规律可知,对于具体 PD 程度的评判,其 PD 程度不会同时隶属于三个不同状态等级。因此,采用如图 12.8 所示的梯形和三角函数作为模糊映射关系函数,采用表 12.2 所示的特征在 PD 程度的中心值作为表征 PD 程度的标准值。由于 ΔT^+、ΔT^- 和 ΔT_{max} 三个参数都随着放电发展,且呈减小趋势,即特征参数值越小,PD 越严重。为了按图 12.8 所示的特征值增长趋势划分 PD 程度,取 ΔT^+、ΔT^- 和 ΔT_{max} 的倒数作为模糊综合评判模型中的标准值,而其他各因素的隶属度函数中 a_1、a_2 和 a_3 则分别对应表 12.2 中的轻微、注意和危险状态标准值。

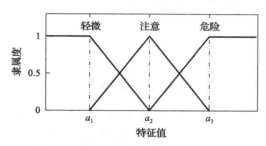

图 12.8　各 PD 程度的隶属度函数曲线

可以求得任意 PD 的各特征参量的隶属度,如式(12.39)～式(12.41)所示。

(1)轻微

$$r_{i1} = \begin{cases} 1, & U_i \leqslant a_1 \\ \dfrac{a_2 - U_i}{a_2 - a_1}, & a_1 < U_i \leqslant a_2 \\ 0, & U_i > a_2 \end{cases} \quad (12.39)$$

(2)注意

$$r_{i2} = \begin{cases} 0, & U_i \leqslant a_1 \\ \dfrac{U_i - a_1}{a_2 - a_1}, & a_1 < U_i \leqslant a_2 \\ \dfrac{a_3 - U_i}{a_3 - a_2}, & a_2 < U_i \leqslant a_3 \\ 0, & U_i > a_3 \end{cases} \quad (12.40)$$

(3) 危险

$$r_{i3} = \begin{cases} 0, & U_i \leqslant a_2 \\ \dfrac{U_i - a_2}{a_3 - a_2}, & a_2 < U_i \leqslant a_3 \\ 1, & U_i > a_3 \end{cases} \tag{12.41}$$

式中，U_i 表示特征向量 $\boldsymbol{U} = [u_{\max}^+, u_{\max}^-, N^+, N^-, \Delta T^+, \Delta T^-, \Delta T_{\max}, Q_{\mathrm{acc}}, \mathrm{En}]$ 中第 i 个特征量，r_{i1}、r_{i2} 和 r_{i3} 分别表示第 i 个特征对轻微、注意和危险三个 PD 程度的隶属度，可以最终得到模糊评判矩阵 $\boldsymbol{R}$：

$$\boldsymbol{R} = \begin{bmatrix} r_{11} & r_{12} & r_{13} \\ r_{21} & r_{22} & r_{23} \\ \vdots & \vdots & \vdots \\ r_{91} & r_{92} & r_{93} \end{bmatrix} \tag{12.42}$$

12.3.2　基于离差最大化的自适应客观权值计算

在 PD 程度评估中，由于每个因素确定的对各状态等级隶属度是不同的，在多因素评判过程中必须计算各因素的权重。通过分析可知，当某个因素的隶属度函数值差异性较小时，其对最终评判结果的贡献也较小，可赋予较小的权值；反之亦然。为此，本书采用离差最大化的自适应客观权值计算方法来解决 PD 程度的评估过程中各因素对评判结果贡献度的选择问题[3]。权值计算公式如式 (12.43) 所示：

$$v_i = \frac{\displaystyle\sum_{j=1}^{m}\sum_{k=1}^{m}\left|r_{ij} - r_{ik}\right|}{\displaystyle\sum_{i=1}^{n}\sum_{j=1}^{m}\sum_{k=1}^{m}\left|r_{ij} - r_{ik}\right|} \tag{12.43}$$

式中，k 和 j 为表 12.1 划分的不同的 PD 程度等级，i 为提取的特征参量，$\left|r_{ij} - r_{ik}\right|$ 表示对于特征 i 的各隶属度函数偏差绝对值。最终的评判结果矩阵可根据 $\boldsymbol{B} = \boldsymbol{V} \circ \boldsymbol{R} = (b_1, b_2, \cdots, b_n)$ 计算得到，采用竞争输出后即为最终评判结果。

12.3.3　两级模糊综合评判模型

在对复杂问题进行综合评估时，由于评判因素很多，而每个因素都必须赋予一定的权值，则必然存在难以恰当分配权值系数和得不到有意义的评判结果的情况。例如，当因素项大于 10 时，必然存在多项因素的权值小于 0.1，这样在使用模糊变换时，微小的权值会淹没一些评判因素值，也就无法求解出合理正确的评判结果。

本书所提出的 9 个特征参量集合了 PD 信号的幅值、相位和放电次数三类宏观统计信息，其中 $u_{\max}^+$、$u_{\max}^-$、N^+、N^- 和 $\Delta T_{\max}$ 分别只反映放电次数、幅值或相位一种特征信息，可以归为一类，记为因素集 $U_{\mathrm{I}} = [u_{\max}^+, u_{\max}^-, N^+, N^-, \Delta T_{\max}]$；$\Delta T^+$ 和 ΔT^- 既表征相位信息，又与放电次数有关，而 Q_{acc} 和 En 将放电幅值和放电次数统一起来，可将 ΔT^+、ΔT^-、Q_{acc} 和 En 归为一类，记为因素集 $U_{\mathrm{II}} = [\Delta T^+, \Delta T^-, Q_{\mathrm{acc}}, \mathrm{En}]$，最终构建的两级模糊综合评判流程如图 12.9 所示。

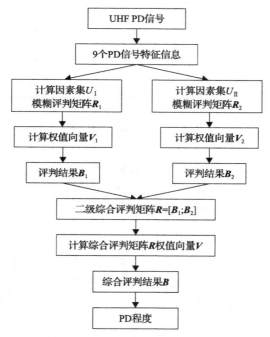

图 12.9　两级模糊综合评判流程图

12.3.4　两级模糊综合评判模型测试

采用 12.3.3 节建立的两级模糊综合评判模型，对不同缺陷三个 PD 程度下的样本数据进行测试，得到如表 12.4 所示的评判结果。

由表 12.4 可知，采用所提出的特征参量进行 PD 评估时，对轻微状态的评估准确率较高，而对注意和危险状态下的评估准确率偏低，这是因为在轻微状态下，放电处于起始放电阶段，放电过程稳定，放电发展趋势平稳。而在注意和危险状态下，进入了放电发展阶段，各放电特征进入一个持续变化阶段，放电发展趋势不稳定，波动大，样本特征变化快，样本的差异性较大，所以注意状态和危险状态下放电特征的边界更加模糊，这两种状态的样本容易互相错分，从而导致评估准确率降低。虽然对于注意和危险状态下的评估准确率偏低，但是最低评估准确率也达到了 81%，平均评估准确率达到了 89%。因此，本书构建的两级模糊综合评判模型是可靠的，可有效用于 GIS 内部绝缘缺陷 PD 程度的评估。

表 12.4 PD 程度评判结果

绝缘缺陷类型	评估准确率/%			
	轻微	注意	危险	平均
N 类	100	83	84	89
P 类	100	83	99	94
M 类	97	85	84	89
G 类	100	91	81	91

12.4 实 例 分 析

图 12.10 为自由金属微粒缺陷在 17.1kV 的外施电压作用下 UHF PD 信号的相位-幅值散点图和相位-放电次数谱图。当外施电压为 17.1kV 时，负半周放电信号幅值和正负半周放电次数明显增加，放电变得剧烈，表 12.5 为提取的各特征参量值。

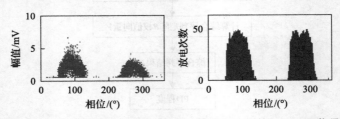

图 12.10 自由金属微粒缺陷在 17.1kV 外施电压下的 UHF PD 信号的
相位-幅值散点图和相位-放电次数谱图

表 12.5 自由金属微粒缺陷在 17.1kV 外施电压下的特征参量值

缺陷类型	电压/kV	u_{max}^+ /mV	u_{max}^- /mV	N^+ /次	N^- /次	ΔT^+ /ms	ΔT^- /ms	ΔT_{max} /ms	Q_{acc} /mV²	En
自由金属微粒缺陷	17.1	4.40	2.94	52.1	53.0	0.0762	0.0768	5.79	321.4	0.2231

应用所构建的两级模糊综合评判模型，可以计算由因素集 U_1 得到的单因素评判矩阵 $\boldsymbol{R}_1$：

$$\boldsymbol{R}_1 = \begin{bmatrix} 0 & 0.7273 & 0.2727 \\ 0 & 0 & 1 \\ 0 & 0 & 1 \\ 0 & 0 & 1 \\ 0.9845 & 0.0155 & 0 \end{bmatrix}$$

式中，各因素集权值矩阵为 $\boldsymbol{V}_1 = [0.1815 \quad 0.2211 \quad 0.2210 \quad 0.1565 \quad 0.2198]$，则由因素集 U_I 计算得到其模糊评判结果向量为

$$\boldsymbol{B}_1 = \boldsymbol{V}_1 \circ \boldsymbol{R}_1 = [0.2164 \quad 0.1354 \quad 0.6482]$$

因此，竞争输出结果为：危险，需要实时监测设备内部 PD 的发展状况，预防事故发生。

同样，计算因素集 U_II 的单因素判别矩阵 $\boldsymbol{R}_2$，如下所示：

$$\boldsymbol{R}_2 = \begin{bmatrix} 0 & 0 & 1 \\ 0 & 0.1318 & 0.8682 \\ 0 & 0.3304 & 0.6696 \\ 0 & 0.6 & 0.4 \end{bmatrix}$$

对应的权值矩阵为 $\boldsymbol{V}_2 = [0.2920 \quad 0.2663 \quad 0.2276 \quad 0.2141]$，由因素集 U_II 计算得到其模糊评判结果向量为

$$\boldsymbol{B}_2 = \boldsymbol{V}_2 \circ \boldsymbol{R}_2 = [0 \quad 0.2388 \quad 0.7612]$$

输出的评判结果也为：危险。由此得到两级综合评判矩阵为：$\boldsymbol{R} = \begin{bmatrix} \boldsymbol{B}_1 \\ \boldsymbol{B}_2 \end{bmatrix}$，权值矩阵为：$\boldsymbol{V} = [0.5223 \quad 0.4777]$，最终的两级模糊综合评判结果为

$$\boldsymbol{B} = [0.1130 \quad 0.1848 \quad 0.7022]$$

综合评判结果是处于危险状态，对 PD 程度需要给予足够重视，并采取相关的措施对设备进行检修，以使设备工作在轻微状态下。从计算过程可以看出，虽然由因素集 U_I 和因素集 U_II 得到评判结果都为危险状态，但是发现 $u_{\max}^+$ 和 En 的单因素评判结果都为注意状态，而 $T_{\max}$ 的单因素评判结果为轻微状态，由此可以看出若采用单一或少数几个特征进行 PD 程度评估，最终评估结果的可信度就会降低，而采用多特征进行 PD 程度评估，避免了由少数几个特征出现较大偏差而导致的评估结果不符合客观实际情况的发生，导致本该检修的设备没有检修而引发停电事故，或是不需要检修的设备出现"过修"现象，增加运行成本。

另外，不同于 SVM 和神经网络输出，两级模糊综合评判以模糊隶属的形式

输出状态评估结果，不但可以输出得到 PD 的程度等级，还可以根据最后模糊判别矩阵得到对其他各状态等级的隶属度情况，实时掌握 PD 的演变状态，并且根据中间的单因素评判矩阵 R_1 和 R_2 还可以了解单个特征参量对不同 PD 程度的隶属情况。因此，采用多特征参量用于 PD 程度评估，并应用两层模糊综合评判模型可以达到一个更优评价的效果。

参 考 文 献

[1] 满若岩, 付忠广. 基于模糊综合评判的火电厂状态评估[J]. 中国电机工程学报, 2009, 29(5): 5-10.

[2] 李辉, 胡姚刚, 唐显虎, 等. 并网风电机组在线运行状态评估方法[J]. 中国电机工程学报, 2010, 30(33): 103-109.

[3] 康世崴, 彭建春, 何禹清. 模糊层次分析与多目标决策相结合的电能质量综合评估[J]. 电网技术, 2009, 33(19): 113-118.

[4] 杨纶标, 高英仪, 凌卫新. 模糊数学原理及应用[M]. 5 版. 广州: 华南理工大学出版社, 2011.

[5] Zadeh L A. Fuzzy sets[J]. Information and Control, 1965, 8(3): 338-353.

[6] 董玉林. 组合电器局部放电特征提取与放电严重程度评估方法研究[D]. 重庆: 重庆大学, 2015.

[7] 陶加贵. 组合电器局部放电多信息融合辨识与危害性评估研究[D]. 重庆: 重庆大学, 2013.

[8] 陈伟根, 蔚超, 凌云, 等. 油纸绝缘气隙放电特征信息提取及其过程划分[J]. 电工技术学报, 2011, 26(4): 7-12.

[9] Bezdek J C. Pattern Recognition with Fuzzy Objective Function Algorithms[M]. New York: Plenum Press, 1981.

[10] 刘帆. 局部放电下六氟化硫分解特性与放电类型辨识及影响因素校正[D]. 重庆: 重庆大学, 2013.

[11] Liao R J, Zheng H B, Grzybowski S, et al. An integrated decision-making model for condition assessment of power transformers using fuzzy approach and evidential reasoning[J]. IEEE Transactions on Power Delivery, 2011, 26(2): 1111-1118.

[12] 杨丽君, 廖瑞金, 孙才新, 等. 油纸绝缘的局部放电特征量分析及危险等级评估方法研究[J]. 中国电机工程学报, 2011, 31(1): 123-130.

[13] Strachan S M, Rudd S, McArthur S D J, et al. Knowledge-based diagnosis of partial discharges in power transformers[J]. IEEE Transactions on Dielectrics and Electrical Insulation, 2008, 15(1): 259-268.

[14] Dreisbusch K, Kranz H G, Schnettler A. Determination of a failure probability prognosis based on PD-diagnostics in GIS [J]. IEEE Transactions on Dielectrics and Electrical Insulation, 2008, 15(6): 1707-1714.

第13章　基于栈式自编码原理的 PD 程度评估

13.1　栈式自编码基本理论

现实生活中常常会有这样的问题：因缺乏足够的先验知识，而难以人工标注类别或进行人工类别标注的成本太高。很自然地希望计算机能代人工完成这样的工作，或至少提供一些帮助。根据类别未知(没有被标记)的训练样本解决模式识别中的各种问题，称为无监督学习(unsupervised learning)。无监督学习是深度学习的基础，也是大数据时代科学家用来处理数据挖掘的主要方法。用无监督学习算法训练参数，然后用一部分加了标签的数据测试，这种方法称为半监督学习(semi-unsupervised learning)。自 2006 年以来，以深度学习[1-5]为代表的自动编码器表示学习在机器学习领域取得了突破性的进展，这使得人们通过计算机设备实现人工智能的美好愿望看到了新的曙光。

13.1.1　自编码算法与稀疏性

1. 自编码算法

借助自编码算法[2]，研究人员对于"抽象概念"的表示方法研究取得了较大的进展。自动编码器可以通过一个能适应原始数据的多种非线性变换形式优化目标，从而得到更加抽象和有用的表示。使用自动编码器进行原始数据特征学习，从经济成本的角度来说，避免了大量人工标注成本，同时特征抽取效率高，对输入数据起到降维效果，还可以获得数据的逆映射特征。自动编码器实现对输入数据的分层特征表示，并且作用于无标注数据，在自动编码器研究的基础上，很多深度学习算法得到优化和完善[6]。

常用的神经网络算法在有监督训练过程中，训练样本是有类别标签的。现在假设只有一个没有带类别标签的训练样本 $\{x^{(1)}, x^{(2)}, x^{(3)}, \cdots\}$，其中 $x^{(i)} \in \mathbf{R}^n$。AE(自编码)神经网络是一种无监督学习算法，它使用 BP 算法，并让目标值等于输入值，如 $y^{(i)} = x^{(i)}$。一个简单 AE 神经网络示例如图 13.1 所示[1,2]。

AE 神经网络尝试学习 $h_{W,b}(x) \approx x$，这意味着该模型尝试逼近一个恒等函数，从而使得输出 $\hat{x}$ 接近等于输入 x。恒等函数虽然看上去不太有学习意义，但是当在 AE 神经网络中加入某些限制时，如限定隐藏神经元的数量，我们就可以从输入数据中发现一些有趣的结构。隐藏层可以看成是原始数据 X 的另外一种特征表

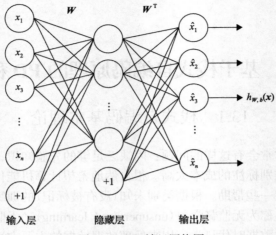

图 13.1　AE 神经网络图

达。AE 包括编码和解码两个过程，即将输入层 $\boldsymbol{x}^{(i)}$ 经编码函数 f 变换为隐藏层 $\boldsymbol{a}$，然后经解码函数 g 映射为输出层 $h_{\boldsymbol{W},\boldsymbol{b}}(\boldsymbol{x}^{(i)})$，这两个过程可表示为[3]

$$\begin{cases} \boldsymbol{a} = f_1(\boldsymbol{x}^{(i)}) = S_f(\boldsymbol{W}\boldsymbol{x}^{(i)} + \boldsymbol{b}) \\ h_{\boldsymbol{W},\boldsymbol{b}}(\boldsymbol{x}^{(i)}) = g_\theta(\boldsymbol{a}) = S_g(\boldsymbol{W}^{\mathrm{T}}\boldsymbol{a} + \boldsymbol{b}^{\mathrm{T}}) \end{cases} \tag{13.1}$$

式中，S_f、S_g 为 sigmiod 函数；$\boldsymbol{W}$ 与 $\boldsymbol{W}^{\mathrm{T}}$ 分别表示输入层与隐藏层及隐藏层与输出层之间的权值矩阵；$\boldsymbol{b}$ 与 $\boldsymbol{b}^{\mathrm{T}}$ 分别表示隐藏层与输出层的偏置向量。因此，原始数据的重构误差函数为

$$J_{\mathrm{E}}(\boldsymbol{W},\boldsymbol{b}) = \frac{1}{m}\sum_{i=1}^{m}\frac{1}{2}\left\| h_{\boldsymbol{W},\boldsymbol{b}}(\boldsymbol{x}^{(i)} - \boldsymbol{y}^{(i)}) \right\|^2 \tag{13.2}$$

为了防止过拟合，一般还加入了权重衰减项，因此对于一个输入的样本训练集，其代价函数定义为

$$J(\boldsymbol{W},\boldsymbol{b}) = \frac{1}{m}\sum_{i=1}^{m}\frac{1}{2}\left\| h_{\boldsymbol{W},\boldsymbol{b}}(\boldsymbol{x}^{(i)} - \boldsymbol{y}^{(i)}) \right\|^2 + \frac{\lambda}{2}\sum_{l=1}^{n_l-1}\sum_{i=1}^{s_l}\sum_{j=1}^{s_l+1}(\boldsymbol{W}_{ji}^{(k,l)})^2 \tag{13.3}$$

式中，$J(\cdot)$ 为输入/输出的均方差项；m、n_l 和 s_l 分别表示训练样本数、网络层数和第 l 层的单元数；$\boldsymbol{x}^{(i)} \in \mathbf{R}^{s_1 \times 1}$ 与 $\boldsymbol{y}^{(i)}$ 分别表示第 i 个样本的输入和输出向量；$\boldsymbol{W}_{ji}^{(k,l)}$ 为向量形式，表示第 k 个 AE 神经网络中 l 层 i 单元与 $l+1$ 层 j 单元之间的连接权值。

2. 稀疏性限制

"稀疏性"是指用较少的基对一个信号进行表示，即对于一个输入向量，其表示系数尽可能少，且远大于 0。对于每一个输入，可以使用一个线性方程对其进行表示，通过最优化输入和输出的差值，可以找到输入的最佳表达方式。如果对该式加上稀疏正则限制，则可以实现对输入的稀疏编码。稀疏编码是无监督学习方法，可以实现对样本数据的"超完备"原始特征表达。

上述论述是基于隐藏神经元数量较小的假设。但是，即使隐藏神经元的数量较大，仍然通过给 AE 神经网络施加一些其他的限制条件来发现输入数据中的结构。具体来说，如果给隐藏神经元加入稀疏性限制，那么 AE 神经网络即使在隐藏神经元数量较多的情况下，仍然可以发现输入数据中一些有趣的结构。此处稀疏性可以被简单地解释如下：当神经元的输出接近 1 时认为它被激活，而输出接近 0 时认为它被抑制，那么使得神经元大部分的时间都是被抑制的限制则被称为稀疏性限制。这里假设的神经元激活函数是 sigmoid 函数。如果使用 tanh 作为激活函数，当神经元输出为–1 时，可认为神经元是被抑制的。

当隐藏层的单元数大于输入层的单元数时，算法无法完成低阶特征提取。为了避免这种情况，可以对损失函数进行稀疏性限制，即稀疏自编码（sparse auto-encoder，SAE）[4]。稀疏自编码对隐藏层神经元加入的稀疏约束，希望用尽可能少的神经元来表示原始数据 X。由于隐藏层神经元的激活值相当于原始数据 X 的另外一种表达，且这种表达是稀疏表达（也就是隐藏层的神经元激活值尽可能为 0）。隐藏层神经元 j 的平均激活度为

$$\hat{\rho}_j = \frac{1}{m}\sum_{i=1}^{m}[a_j^{(2)}(\boldsymbol{x}^{(i)})] \tag{13.4}$$

式中，m 表示样本的个数。要让隐藏层神经元激活值 j 尽量为 0，可以使 $\hat{\rho}_j = \rho$，且 ρ 是一个趋近于零的小数。于是可构造 KL 散度（Kullback-Leibler divergence）作为网络的正则约束项，使得 $\hat{\rho}_j$ 尽量接近 ρ。

实现稀疏性编码通常采用一种基于相对熵的方法，式（13.5）中 KL($\cdot$) 为稀疏性约束项：

$$J(\boldsymbol{W}, \boldsymbol{b})_{\text{sparse}} = J(\boldsymbol{W}, \boldsymbol{b}) + \beta \sum_{j=1}^{s_2} \text{KL}(\rho \| \hat{\rho}_j) \tag{13.5}$$

式中，β 为控制稀疏性惩罚项的权重系数；ρ 为稀疏性参数；$\hat{\rho}_j$ 表示输入为 $\boldsymbol{x}^{(i)}$ 时

隐藏层第 j 号神经元在训练集 S 上的平均激活度；$\mathrm{KL}(\rho \| \hat{\rho}_j)$ 表达式为

$$\mathrm{KL}(\rho \| \hat{\rho}_j) = \rho \ln \frac{\rho}{\hat{\rho}_j} + (1 - \rho) \ln \frac{1 - \rho}{1 - \hat{\rho}_j} \tag{13.6}$$

由式(13.6)可知，$\mathrm{KL}(\rho \| \hat{\rho}_j)$ 随着 $\hat{\rho}_j$ 与 ρ 差值的增大而逐渐减小，当二者相等时，取值为最小值 0。因此，可以通过最小化代价函数(13.5)使得 $\hat{\rho}_j$ 与 ρ 尽量接近。

13.1.2　栈式自编码原理

本章将 SAE 作为深度神经网络的基本结构进行层叠训练，形成深度学习模型，即栈式稀疏自编码器(stacked sparse auto-encoder，SSAE)，该过程属于无监督学习的一部分[3-5]。

在深度学习中，一般网络都有很多层，但是网络层数一多，训练网络采用的梯度下降在低层网络会出现梯度弥散的现象，导致深度网络一直未有很好的发展应用。直到 2006 年 Hinton 等[1,2]提出了一种深层网络的训练方法，改变了人们对深度学习的态度。Hinton 等所提出的训练思想如下。

(1)网络各层参数预训练。在以前的神经网络中，参数的初始化都是用随机初始化方法。然而，对于深层网络，在低层中，参数很难被训练，于是 Hinton 等提出了参数预训练，主要采用 RBM 和自编码，对网络的每一层参数进行初始化。如本章涉及的 SAE 对网络的每一层进行参数初始化，获得初始的参数值(这就是无监督参数初始化，或者称为"无监督 pretraining")。

(2)本章采用的自编码网络可以对网络从第一层开始进行自编码训练，将每一层学习到的隐藏特征表示作为下一层的输入，然后下一层再进行自编码训练，对网络进行逐层无监督训练。

(3)当无监督训练完毕后，要用于某些指定的任务，如分类，这个时候可以用有标签的数据对整个网络的参数继续进行梯度下降调整。

总之，SSAE 的各层网络参数通过逐层贪婪训练来完成，即将前一隐藏层的输出作为后一隐藏层的输入，整个训练过程为无监督训练。假设要训练一个四层神经网络模型用于分类任务，其网络结构如图 13.2 所示。

(1)训练采用的网络如图 13.3 所示，先训练从输入层到第一个特征层 H_1 层的参数，训练完毕后，去除解码层，只留下从输入层到隐藏层的编码阶段。

(2)接着训练从 H_1 到 H_2 的参数，如图 13.4 所示，把无标签数据的 H_1 层神经元的激活值，作为 H_2 层的输入层，然后再进行自编码训练，训练完毕后，再

去除 H_2 层的解码层。如此重复，可以训练更高层的网络，这就是逐层贪婪训练的思想。

（3）训练完 H_2 后，就可以连接 softmax 分类器，用于多分类任务。至此参数的初始化阶段结束，这个过程就是无监督预训练。

SSAE 网络训练具体原理如下[7-9]。

（1）获取表征样本特征信息的数据 $\boldsymbol{x} = \left\{ \boldsymbol{x}^{(i)} \big| i = 1, 2, \cdots, n \right\}$，设定 SAE 隐藏层的层数 N_k。

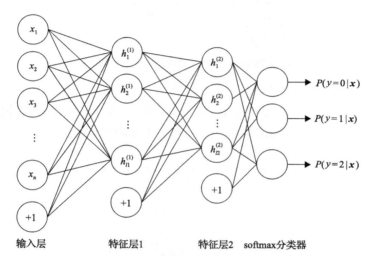

图 13.2　四层神经网络分类模型结构图

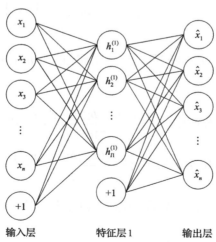

图 13.3　输入层到第一特征层训练网络

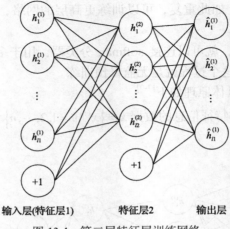

输入层(特征层1)　　　　特征层2　　　　输出层

图 13.4　第二层特征层训练网络

(2)利用原始特征数据 $\boldsymbol{x}$ 训练第一个 AE 网络，用经典的 BP 神经网络训练。对于样本 $(\boldsymbol{x}^{(i)}, \boldsymbol{y}^{(i)})$，输出层单元与隐藏层单元的残差为

$$\begin{cases} \boldsymbol{\delta}_n^{(k,3)} = \dfrac{\partial}{\partial s_n^{(k,3)}} \dfrac{1}{2} \left\| h_{\boldsymbol{W},\boldsymbol{b}}(\boldsymbol{x}^{(i)} - \boldsymbol{y}^{(i)}) \right\|^2 \\[2mm] \qquad = -(\boldsymbol{y}_n^{(i)} - \boldsymbol{a}_n^{(k,3)}) f'(\boldsymbol{z}_n^{(k,3)}) \\[2mm] \boldsymbol{\delta}_n^{(k,2)} = f'(\boldsymbol{z}_n^{(k,3)}) \cdot \left(\displaystyle\sum_{m=1}^{s_2} \boldsymbol{W}_{mn}^{(k,2)} \boldsymbol{\delta}_m^{(k,3)} \right) \\[2mm] \qquad + f'\left(\boldsymbol{z}_n^{(k,3)}\right) \cdot \beta \left(-\dfrac{\rho}{\hat{\rho}} + \dfrac{1-\rho}{1-\hat{\rho}} \right) \end{cases} \tag{13.7}$$

式中，向量 $\boldsymbol{z}^{(k,l+1)} = \boldsymbol{W}^{(k,l)} \boldsymbol{a}^{(k,l)} + \boldsymbol{b}^{(k,l)}$，$z_n^{(k,l)}$ 为 $\boldsymbol{z}^{(k,l)}$ 的第 n 个向量。对参数求偏导数可得

$$\nabla_{\boldsymbol{W}^{(k,l)}} J(\boldsymbol{W}, \boldsymbol{b}; \boldsymbol{x}^{(i)}, \boldsymbol{y}^{(i)}) = \frac{\partial J(\boldsymbol{W}, \boldsymbol{b}; \boldsymbol{x}^{(i)}, \boldsymbol{y}^{(i)})}{\partial \boldsymbol{W}^{(k,l)}} = \boldsymbol{\delta}^{(k,l+1)} (\boldsymbol{a}^{(k,l)})^{\mathrm{T}}$$

$$\nabla_{\boldsymbol{b}^{(k,l)}} J(\boldsymbol{W}, \boldsymbol{b}; \boldsymbol{x}^{(i)}, \boldsymbol{y}^{(i)}) = \frac{\partial J(\boldsymbol{W}, \boldsymbol{b}; \boldsymbol{x}^{(i)}, \boldsymbol{y}^{(i)})}{\partial \boldsymbol{b}^{(k,l)}} = \boldsymbol{\delta}^{(k,l+1)} \tag{13.8}$$

获得损失函数和参数偏导数后，使用梯度下降算法，求取 AE 网络最优参数，其步骤如下所示。

①对所有 l，设矩阵 $\Delta \boldsymbol{W}^{(k,l)} := 0$，向量 $\Delta \boldsymbol{b}^{(k,l)} := 0$。

②对于 $i=1$ 到 m，计算：

$$\Delta \boldsymbol{W}^{(k,l)} = \boldsymbol{W}^{(k,l)} - \alpha \left[\frac{1}{m} \Delta \boldsymbol{W}^{(k,l)} + \lambda \boldsymbol{W}^{(k,l)} \right]$$

$$\Delta \boldsymbol{b}^{(k,l)} = \boldsymbol{b}^{(k,l)} - \alpha \left[\frac{1}{m} \Delta \boldsymbol{b}^{(k,l)} \right]$$

（13.9）

③然后根据式（13.9）更新网络参数：

$$\boldsymbol{W}^{(k,l)} = \boldsymbol{W}^{(k,l)} - \Delta \boldsymbol{W}^{(k,l)}$$

$$\boldsymbol{b}^{(k,l)} = \boldsymbol{b}^{(k,l)} - \Delta \boldsymbol{b}^{(k,l)}$$

（13.10）

④重复步骤②，直到算法收敛或达到最大迭代次数，得到 $(\boldsymbol{W}^{(k,1)}, \boldsymbol{b}^{(k,1)} : \boldsymbol{W}^{(k,2)}, \boldsymbol{b}^{(k,2)})$，即完成第一层的训练。

（3）将第一层的原始输入向量转化为隐藏层激活值，以其作为第二层的输入重复上述过程完成第二层训练，依次完成后面各层训练。

（4）微调。在步骤（1）～（3）训练每一层参数时，其他各层参数固定保持不变，而为了得到更好的网络参数，完成预训练后可以再通过 BP 算法同时调整所有层的参数。

13.2　PD 程度特征提取及评估方法

对 GIS 内 PD 程度进行评估，最基本的就是要掌握 PD 的发展过程和变化规律。然而，由于 GIS 设备内绝缘介质主要为 SF_6 气体，不同于固体绝缘介质，SF_6 气体不会有像固体绝缘介质一样的老化过程，所以 GIS 设备内 PD 发展过程必然与固体绝缘介质内 PD 发展过程不同。为了掌握 GIS 设备的绝缘状况，必须对 GIS 设备内 PD 发展过程进行研究。由于绝缘缺陷局部电场发生畸变，在不同的 PD 阶段，PD 信号特征有明显差异，研究 PD 发展过程，目的就是要提取不同 PD 阶段的特征信息，进而指导设备状态检修。

13.2.1　基于栈式自编码的 UHF PD 信息特征提取方法

1. PD 发展过程特征参数提取

目前，国内外一些学者从 PD 的统计特征出发，对 PD 发展过程进行了研究，提取出放电次数、放电幅值和放电相位等特征信息，分析发现随着 PD 的发展，正负半周放电次数比值、放电次数和放电幅值比值等特征有一定的规律性，这些特征与 PD 程度紧密相关。Sellars 等[10,11]对高压导电杆金属突出物缺陷和绝缘子表面金属污染物缺陷下的 PD 发展过程进行了模拟试验，提出根据放电幅值和放电次数来评估绝缘缺陷的危害程度。常文治等[12]研究了 35kV 电缆尖刺缺陷在阶梯电压下的 PD 发展过程，提取了灰度图像空穴面积、放电相位宽度、能量增长率三个特征，并发现三个特征量呈现单一增大的趋势，可以较好地描述电缆尖刺缺陷下 PD 的发展过程。齐波等[13]采用阶梯电压法模拟了 GIS 绝缘子表面金属污染物缺陷下的 PD 发生发展过程，发现表面金属污染物缺陷下 PD 发展过程呈现三个阶段，即电晕放电、电晕放电和沿面流注放电共存和沿面流注放电。之后又对 GIS 设备绝缘子表面高压电极故障 PD 发展过程进行了研究[14]，并发现 PD 越剧烈，放电相位的分布越宽，散点图、柱状图、灰度图和时频分析图的形貌特征出现一定规律的变化，利用放电相位分布特征和几种统计谱图的形貌特征可以对其 PD 发展阶段和严重程度进行诊断评估。王彩雄等[15]研究了恒定电压下 GIS 高压导体金属突出物缺陷下的 PD 发展过程，研究发现随着耐压时间的增加，PD 脉冲幅值和放电次数呈现出先增大后减小的趋势，正负半周最大放电脉冲幅值和正负半周放电次数比值都呈现增大的趋势，但与幅值的增加速率相比，放电次数随放电发展增长速率衰减越来越快。胡泉伟等[16]采用阶梯电压法对 GIS 内自由金属微粒缺陷下的 PD 发展过程进行了研究，发现放电重复率与金属微粒的跳动有关，金属微粒跳动后离高压电极越近，放电重复率越大，随着电压的升高，并根据放电重复率将放电过程划分为静止不动、小幅值跳跃和大幅值跳跃三个阶段。Zhao 等[17]研究了针-板模型下施加振荡电压后 PD 起始放电和击穿特征，发现在非周期脉冲电压下，PD 的发展过程由流注和先导机制决定，在振荡脉冲电压下 PD 信号传播特性由振荡电压下产生的位移电流决定。Ren 等[18]模拟了均匀场和不均匀场下气隙缺陷下的放电过程，发现气隙内部气压越大，对 PD 的抑制作用越大，气隙越扁平，放电越严重。Okabe 等[19]对自由金属微粒缺陷下 PD 发展过程进行了深入而系统的研究，并发现自由金属微粒缺陷下，最大放电量随微粒个数增加而增加。外施电压越高，微粒跳动越剧烈；在相同的物理条件下，高压导体附着金属微粒缺陷下的放电量比自由金属微粒缺陷下的放电量小一个数量级。绝缘子表面附着金属微粒缺陷下，放电量大小取决于金属微粒的位置，放电量同样随微粒个数增加而增加，放电强度介于自由金属微粒和高压导体附着金属微粒缺陷之间。

可以看出，目前国内外对 PD 发展过程的研究还比较零散，多集中在绝缘缺陷的放电现象描述和机理研究，以及绝缘缺陷的属性对 PD 的影响及其危害性研究。为对 PD 严重程度进行可靠的评估，放电幅值和放电次数并不能作为 PD 程度评估的唯一判据，虽然放电次数和放电幅值特征随着 PD 的发展表现出一定的单调性，但在对 PD 发展和程度进行诊断评估时，只能作为参考特征，不能仅由单一特征或很少几个特征来评判。

2. 基于自编码网络特征学习

无论机器学习算法如何强大，都需要给这个算法以更多的数据，才能使结果有效可信。机器学习领域甚至有个说法：有时候胜出者并非有最好的算法，而是有更多的数据。而人们总是可以尝试获取更多的已标注数据，但是这样做成本往往很高。例如，研究人员已经花了相当的精力在使用类似 AMT(Amazon Mechanical Turk)这样的工具上，以期获取更大的训练数据集。相比大量研究人员通过手工方式构建特征，用众包的方式让多人手工标数据成为进步。具体来说，如果算法能够从未标注数据中学习，那么就可以轻易地获取大量未标注数据，并从中学习。自学习和无监督特征学习就是这种算法。尽管单一的未标注样本蕴含的信息比一个已标注样本要少，但是如果能获取大量未标注数据(如从互联网上下载随机的、无标注的图像、音频剪辑或者文本)，并且采用算法能够有效地利用它们，那么相比大规模的手工构建特征和已标注数据，采用算法将会取得更好的性能。

在自学习和无监督特征学习问题上，可以给算法以大量的未标注数据，学习出较好的特征描述。在尝试解决一个具体的分类问题时，可以基于这些学习出的特征描述和任意的(可能比较少的)已标注数据，使用有监督学习方法完成分类。

在一些拥有大量未标注数据和少量已标注数据的场景中，上述思想可能是最有效的。即使在只有已标注数据的情况下(这时通常忽略训练数据的类标号进行特征学习)，以上想法也能得到很好的结果。因此，在传统的对于 GIS 内 PD 劣化的研究尚不充足的情况下，本章尝试引入深层神经网络 SSAE 模型，提出基于 SSAE 模型的 PD 程度特征信息提取方案，通过自编码器的数据映射与降维的思想，将已有的数据转化成 SSAE 网络结构模型，规避人为特征量的构造过程，通过深度学习实现特征提取，最后结合网络结构尾端的 softmax 分类器实现。

假定有一个无标注的训练数据集 $\{x_u^{(1)}, x_u^{(2)}, \cdots, x_u^{(m_u)}\}$(下标 u 代表"不带类标")，用它们训练一个稀疏自编码器(可能需要先对这些数据进行白化或其他适当的预处理)。利用训练得到的模型参数 $W^{(1)}$、$b^{(1)}$、$W^{(2)}$、$b^{(2)}$，给定任意的输入数据 x，可以计算隐藏单元的激活量(activations) a。如前所述，相比原始输入 x 来说，a 可能是一个更好的特征描述。图 13.5 为 AE 网络描述特征(激活量 a)的计算过程示意。

假定有大小为 m_l 的已标注训练集 $\{(x_l^{(1)}, y^{(1)}), (x_l^{(2)}, y^{(2)}), \cdots, (x_l^{(m_l)}, y^{(m_l)})\}$(下标 l 表示"带类标")，可以为输入数据找到更好的特征描述。例如，可以将 $x_l^{(1)}$ 输入到稀疏自编码器，得到隐藏单元激活量 $a_l^{(1)}$。接下来，可以直接使用 $a_l^{(1)}$ 来代替原始数据 $x_l^{(1)}$。也可以使用新的向量 $a_l^{(1)}$ 来代替原始数据 $x_l^{(1)}$。经变换后，训

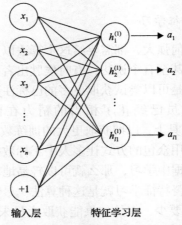

输入层　　　　　特征学习层

图 13.5　AE 网络的特征学习过程

练集就变成了 $\{(a_1^{(1)}, y^{(1)}), (a_1^{(2)}, y^{(2)}), \cdots, (a_1^{(m_1)}, y^{(m_1)})\}$。

具体实现过程如下。

(1)原始 UHF PD 数据采集及数据库构建。利用 UHF 传感器采集不同 PD 程度下的数据，利用 PRPD 模式构建原始 PD 数据库。

(2)归一化处理。为了去除各特征参数物理单位干扰，仅从量值上来分析，将所有采集的数据归一化到[0, 1]，归一化公式可使用：

$$x_i^* = \frac{x_i - x_{\min}}{x_{\max} - x_{\min}}, \quad i = 1, 2, \cdots \tag{13.11}$$

式中，x_i 与 x_i^* 分别表示原信号与归一化信号；$x_{\max}$ 与 $x_{\min}$ 分别表示输入信号参数集中的最大值与最小值。

(3)SSAE 网络结构及关键参数设定。设定 SSAE 网络结构的隐藏层层数，以及各隐藏层的节点数，给定关键参数的值，如表 13.1 所示。

表 13.1　SSAE 网络关键参数说明

序列	参数	详细说明
1	迭代次数	神经网络中的迭代训练次数
2	权重衰减系数	调节高层网络的权重矩阵衰减速度
3	稀疏系数	指定所需网络的稀疏度
4	权重	稀疏值惩罚项的权重
5	学习率	调整网络权重参数的更新幅度

(4) SSAE 网络的堆栈训练。依照栈式编码原理方法训练出第一个隐藏层结构的网络参数与第一层的输出。把前一层的输出作为下一个隐藏层的输入，用同样的方法训练第二个隐藏层网络的参数，依次完成多个隐藏层的网络参数训练。完成步骤(2)、(3)和(4)的预训练，利用 BP 算法对整个网络参数值进行微调优化。

(5) 测试验证。以上获取的 SSAE 网络结构的模型及相应调整的模型参数即为原始输入 PD 信息的特征转化，可以利用测试数据进行模型分类准确性的验证。

13.2.2　基于 softmax 分类器的 PD 严重程度评估方案

1. softmax 分类器

softmax 分类器即 softmax 回归模型，该模型是 logistic 回归模型在多分类问题上的推广，在多分类问题中，类标签可以取两个以上的值[20]。

在 logistic 回归中，训练集由 m 个已标记的样本构成：$\{(\boldsymbol{x}^{(1)}, \boldsymbol{y}^{(1)}), \cdots, (\boldsymbol{x}^{(m)}, \boldsymbol{y}^{(m)})\}$，其中输入特征 $\boldsymbol{x}^{(i)} \in \mathbf{R}^{n+1}$。对符号的约定是特征向量 $\boldsymbol{x}$ 的维度为 $n+1$，其中 $x_0 = 1$ 对应截距项。logistic 回归是针对二分类问题的，因此类标记 $\boldsymbol{y}^{(i)} \in \{0,1\}$。假设函数(hypothesis function)如下：

$$\boldsymbol{h}_\theta(\boldsymbol{x}) = \frac{1}{1 + \exp(-\boldsymbol{\theta}^{\mathrm{T}} \boldsymbol{x})} \tag{13.12}$$

训练模型参数 $\boldsymbol{\theta}$ 能够最小化的代价函数为

$$J(\boldsymbol{\theta}) = -\frac{1}{m}\left[\sum_{i=1}^{m} \boldsymbol{y}^{(i)} \lg \boldsymbol{h}_\theta(\boldsymbol{x}^{(i)}) + (1 - \boldsymbol{y}^{(i)}) \lg(1 - \boldsymbol{h}_\theta(\boldsymbol{x}^{(i)}))\right] \quad \boldsymbol{h}_\theta(\boldsymbol{x}) = \frac{1}{1 + \exp(-\boldsymbol{\theta}^{\mathrm{T}} \boldsymbol{x})} \tag{13.13}$$

在 softmax 回归模型中，解决的是多分类问题(相对于 logistic 回归解决的二分类问题)，类标 y 可以取 k 个不同的值(而不是 2 个)。对于训练集 $\{(\boldsymbol{x}^{(1)}, \boldsymbol{y}^{(1)}), \cdots, (\boldsymbol{x}^{(m)}, \boldsymbol{y}^{(m)})\}$，有 $\boldsymbol{y}^{(i)} \in \{1, 2, \cdots, k\}$ (注意此处的类别下标从 1 开始，而不是 0)。因此，对于给定的测试输入 $\boldsymbol{x}$，用假设函数对每一个类别 j 估算出概率值 $p(y = j \mid \boldsymbol{x})$，即估计 $\boldsymbol{x}$ 的每一种分类结果出现的概率。因此，假设函数将要输出一个 k 维的向量(向量元素的和为 1)来表示这 k 个估计的概率值，即假设函数 $\boldsymbol{h}_\theta(\boldsymbol{x}^{(i)})$ 形式如下：

$$\boldsymbol{h}_\theta(\boldsymbol{x}^{(i)}) = \begin{bmatrix} p(\boldsymbol{y}^{(i)} = 1 \mid \boldsymbol{x}^{(i)}; \boldsymbol{\theta}) \\ p(\boldsymbol{y}^{(i)} = 2 \mid \boldsymbol{x}^{(i)}; \boldsymbol{\theta}) \\ \vdots \\ p(\boldsymbol{y}^{(i)} = k \mid \boldsymbol{x}^{(i)}; \boldsymbol{\theta}) \end{bmatrix} = \frac{1}{\sum_{j=1}^{k} \mathrm{e}^{\theta_j^{\mathrm{T}} \boldsymbol{x}^{(i)}}} \begin{bmatrix} \mathrm{e}^{\theta_1^{\mathrm{T}} \boldsymbol{x}^{(i)}} \\ \mathrm{e}^{\theta_2^{\mathrm{T}} \boldsymbol{x}^{(i)}} \\ \vdots \\ \mathrm{e}^{\theta_k^{\mathrm{T}} \boldsymbol{x}^{(i)}} \end{bmatrix} \quad \boldsymbol{h}_\theta(\boldsymbol{x}) = \frac{1}{1 + \exp(-\boldsymbol{\theta}^{\mathrm{T}} \boldsymbol{x})} \tag{13.14}$$

式中，$\theta_1, \theta_2, \cdots, \theta_k \in \mathbf{R}^{n+1}$ 为模型的参数，请注意 $\sum\limits_{j=1}^{k} e^{\theta_j^{\mathrm{T}} x^{(i)}}$ 这一项对概率分布进行归一化，使得所有概率之和为 1。

2. 基于 SSAE 的 PD 程度评估

基于 SSAE 的 PD 程度评估模型如图 13.6 所示[21,22]。将输入 PD 数据 $\{x_1, x_2, \cdots\}$ 经过无监督训练后的输出作为 softmax 分类器的输入量，在第 12 章中对 PD 程度定义的 L1、L2 和 L3 三种等级作为 softmax 分类器的输出，构建整个深度网络。利用栈式自编码原理实现各层网络参数通过逐层贪婪训练，以及优化算法实现整个网络微调得到最优的网络参数值。最后，利用训练得到的整个深层网络结构的最优参数值对 PD 测试数据集的 PD 程度进行评估。

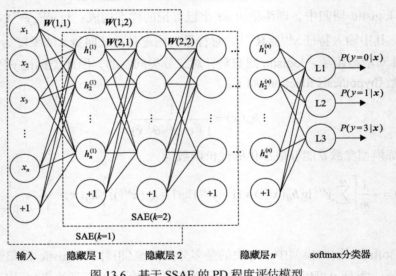

图 13.6 基于 SSAE 的 PD 程度评估模型

13.3 基于 UHF PD 数据的栈式自编码网络架构构建

13.3.1 GIS PD 数据采集

本章依照图 13.7 所示的实验接线原理图，实现 GIS 设备内 PD 数据的采集，图中 T_1 为柱式调压器，输入电压为 220V，输出电压可调范围为 0～250V；T_2 为无局放工频试验变压器（YDTCW-1000/2×500）；C_1、C_2 为工频分压器（TAWF-1000/600），R_r 为工频试验保护电阻（GR1000-1/6），阻值为 10kΩ，用来限制试品击穿时的短路电流；示波器为 TekDPO 7104 示波器，其模拟带宽为 1GHz，最大采样率为 20GS/s；UHF 传感器为自主研制的 UHF 微带天线[23]，带宽为 340～440MHz，中心频率为 390MHz，实测通带增益达到了 5.38dB；人工物理绝缘缺陷模型放置于密封的石英玻璃腔体内，并充入 0.1～0.4MPa 气压的 SF$_6$气体；UHF PD 信号通过波阻抗为 50Ω 的同轴电缆传输至示波器，实验环境平均温度约为 25℃。

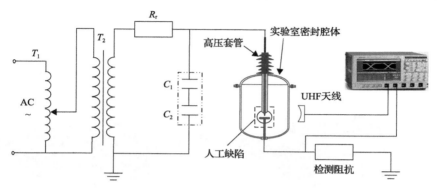

图 13.7　实验接线原理图

　　PD 发展的原因主要有两个：一是缺陷自身劣化，导致局部电场畸变严重；二是放电发展过程中产生了大量带电粒子，形成空间电荷，空间电荷使局部电场畸变进一步加剧。在目前的研究中，为了模拟 PD 的发展过程，可以采用恒定电压和阶梯电压两种工频加压方法[10,11,14]。恒定电压法与实际较为相符，但所需要的实验周期长；尽管阶梯电压法所需要的实验时间短，不能完全模拟实际工作情况，但只要外施阶梯电压值选择恰当，也足以反映绝缘缺陷的劣化程度，所以阶梯电压法得到了广泛应用。本书也选用阶梯电压法对不同绝缘缺陷进行 PD 实验。

　　本章选择采用阶梯电压法来研究 GIS 设备内四种典型绝缘缺陷下的 PD 发展过程，四种绝缘缺陷物理模型的几何尺寸详见 3.1.1 节。实验从起始放电一直逐步加压到临近击穿或击穿阶段，每一实验电压共进行 3 次实验。实验阶梯电压如表 13.2 所示，实验中每隔 2h 升压一次，每个实验电压下采集了 2500 个工频周期放电波形数据。

表 13.2　实验阶梯电压

绝缘缺陷类型	电压/kV
N 类	9.4、11.9、13.4、16.9、19.4、21.9、24.4、26.3
P 类	11、12.3、13.6、15、16.1、17.1、18、19、20
M 类	8.7、10、11.5、13、13.5、15、16、17.5
G 类	10、13.5、15、16.5、18.1、19.5、21、23、25、27、28.7

　　为保证研究 PD 发展规律和放电程度评估的有效性和可靠性，采集了大量

工频周期内放电波形，基于 PRPD 谱图提取放电发展特征信息。采集工频周期的 PD 信号时，设置示波器的采样频率为 50MS/s，时间分辨率为 2ms/div，采样点数为 10^6，即 20ms 时间长度，并引入工频参考电压相位信号。通过实验采集的四种典型绝缘缺陷下工频周期内的 UHF PD 信号构建的三维谱图如图 13.8 所示。

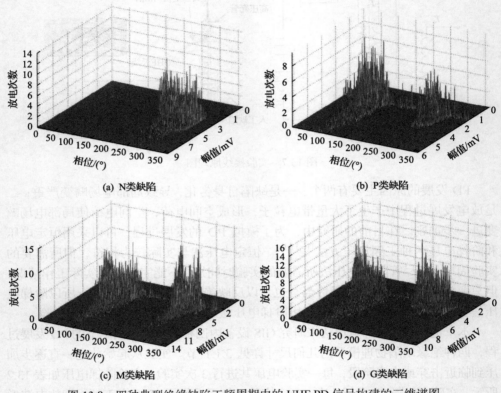

图 13.8　四种典型绝缘缺陷工频周期内的 UHF PD 信号构建的三维谱图

　　参考第 12 章的内容，通过对 PD 不同发展阶段的理论分析，完整分析了四种绝缘缺陷下各个放电电压下的相位-幅值散点图和相位-放电次数谱图的特点及典型统计特征量随着放电发展的变化规律。基于图谱特征，提取出正负半周放电次数、正负半周放电脉冲最大幅值、正负半周相邻放电脉冲时间间隔、一个工频周期内相邻放电脉冲最大时间间隔、等值累积放电量和放电信号熵共计 9 个特征如表 13.3 所示，该统计特征为 PD 程度评估提供良好基础。

表 13.3　PD 程度统计特征量

特征参数类型	参数计算	参数描述
统计特征信息	u_{max}^+，u_{max}^-	正负半周放电脉冲最大幅值
	N^+，N^-	正负半周放电次数
相邻放电时间间隔特征信息	$\Delta T^+ = \dfrac{1}{N^+ - 1}\displaystyle\sum_{i=1}^{N^+ - 1}\Delta t_i^+$	一个工频周期内正负半周相邻放电脉冲的平均时间间隔
	$\Delta T^- = \dfrac{1}{N^- - 1}\displaystyle\sum_{i=1}^{N^- - 1}\Delta t_i^-$	
	ΔT_{max}	一个工频周期内相邻放电脉冲最大时间间隔
等值累积放电量特征信息	$Q_{acc} = \displaystyle\sum_{i=1}^{N} u_i^2$	表征一定时间内的放电量
放电信号熵特征信息	$En = -\displaystyle\sum_{i=1}^{N}\left(u_i\Big/\sum_{i}^{N}u_i\right)\lg\left(u_i\Big/\sum_{i}^{N}u_i\right)$	表征 PD 的复杂程度

由于目前对 GIS 设备内 PD 程度评估甚少，对 PD 程度的等级划分尚无统一标准，更没有形成一致的专家意见系统[16,17]。为此，借鉴变压器状态评估方案及一般的状态划分方法，依据 GIS 实际运行情况和伴随 PD 发展过程中所呈现出的特征，将 PD 程度划分为三个状态等级，即 L1 级（轻微）、L2 级（注意）和 L3 级（危险），如表 13.4 所示。从第 12 章中各类缺陷不同电压等级相位-幅值散点图和相位-放电次数谱图可看出统计特征量对应整个 PD 三个状态发展，呈线性改变趋势，且各阶段存在一定差异性，证明了 PD 阶段划分的合理性[24]。

表 13.4　PD 程度状态等级阶段划分及检修策略

状态等级	阶段定义	特点描述
L1（轻微）	起始放电阶段	放电次数与幅值极小，正半周几乎没有发生放电
L2（注意）	轻微放电阶段	放电次数与幅值，以及 Q_{acc} 与 En 呈一定程度改变，正半周开始出现微弱放电
L3（危险）	危险放电阶段	放电次数与幅值、放电时间间隔以及 Q_{acc} 与 En 呈大幅度变化趋势，甚至正半周出现不弱于负半周的放电

研究表明实验选用阶梯电压法存在几个电压等级处于同一严重程度的情况，为实现 PD 程度的划分，需要求解各 PD 程度等级划分准则的中心，因此在提取的特征信息基础上，需要进一步对各电压等级所隶属的严重程度状态进行划分。借鉴第 12 章中提出的 FCM 聚类算法，通过对样本所属类别的模糊划分来避免严格的硬划分引起的分类错误问题。在 FCM 聚类过程中，简化认为若某电压等级下超过一半的样本隶属某一状态等级，则认定在该电压下的放电属于这一状态等级。计算结果如表 13.5 所示。

表 13.5　　各电压下样本聚类后隶属的状态等级

绝缘缺陷类型	各 PD 状态的电压值/kV		
	L1 级 (轻微)	L2 级 (注意)	L3 级 (危险)
N 类	7.3/8.6/9.4	11.6/13.5	13.6/16.4/19.4
P 类	11/13.6	15/16.1	17.1/18.0/19.0/20.0
M 类	8.7	10.0/11.5	13.0/13.5/16.0/17.5
G 类	10/13.5/15	16.5/18/19.5	21.0/23.0/25.0/27.0

13.3.2　SSAE 网络结构对评估准确率的影响

在构建的 PD 程度评估的样本数据库中, 选取 N 类、P 类、M 类和 G 类绝缘缺陷的四种严重程度样本数据 2000 组, SSAE 模型的初始学习速率设为 0.1, 网络权重更新速率设为 0.001, 神经网络的迭代次数为 200 次, 稀疏性参数设为 0.1, 权重衰减系数设定为 0.00001。为了选择最优的 SSAE 网络结构及参数实现 PD 程度评估, 分别测试了 AE 网络层数、终端节点个数 (即提取特征量个数) 和预训练集大小对评估准确率的影响, 以达到构建最优网络结构的目的。这里 PD 程度评估准确率定义为正确评估样本与对应测试样本数之比。

1. AE 网络层数对评估准确率的影响

网络深度的确定对于深度模型最终的分类效果十分重要。自编码器倾向于学习得到更好地表示输入数据的特征, 在合理范围内, AE 神经网络的更高层会学习到数据更高阶更抽象的特征, 这些特征能够对数据有更加本质的描述。但是网络层数过多也可能会降低 AE 的性能, 容易导致过拟合。在 SAE 网络中, 隐藏层节点数也会影响分类的效果, 当隐藏层节点数较少时, 可能不能充分学习到数据的特征。隐藏层节点数过多, 特征向量太稀疏同样无法有效描述数据的特征, 并且会增加网络学习的负担, 导致训练时间过长。

本章测试了 SSAE 模型在 AE 网络层数为 2~9 时各类缺陷 PD 程度的总评估准确率, 并在该测试中统一设定最后一层隐藏层节点为 20 (即输出 20 个特征量)。测试结果如图 13.9 所示。随着 AE 网络层数增加, 各类缺陷的状态评估准确率逐步提升, 当网络层数增加到 5 时, 准确率提升达到饱和。而随着层数增加, 网络训练时间变长, 网络结构过于复杂降低了网络的准确率, 训练效果下降。因此, 使用 3 或 4 层网络就能达到很好的评估效果, 同时也说明多个隐藏层比传统的单层网络训练有更好的特征提取能力。

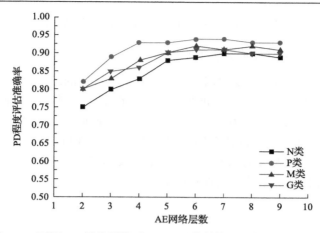

图 13.9　不同 AE 网络层数时 SSAE 网络结构对评估准确率的影响

2. 特征量个数对评估准确率的影响

为了测试提取的特征量个数是否会对评估准确率产生影响，选取了 4 层隐藏层的训练结构 360-200-100-50-N-4，输入层维度为 360，最终输出为四种严重程度等级的分类。第四个隐藏层的节点数 N 分别设为 10、15、20、25、30、35，即对应改变模型提取的特征量个数，然后测试各结构下的 SSAE 模型的状态评估准确率。测试结果如图 13.10 所示，总体上特征量个数的变化对评估准确率影响不大。因此，在选定合适特征量个数的基础上，改进深层网络结构能提高 SSAE 模型的性能。

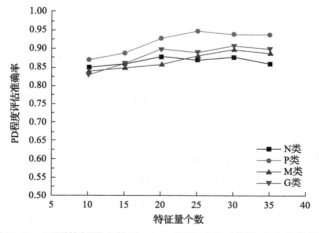

图 13.10　不同特征量个数时 SSAE 网络结构对评估准确率的影响

对于这种隐藏神经元数量增加时，错误率也增加的结果，合理的解释是当隐藏神经元数量不断增加时，模型学习的特征量增加，模型出现过度拟合现象。

3. 预训练集大小对评估准确率的影响

在进行评估过程中，改变预训练集大小对最终评估的结果会产生一定的影响，本书在预训练过程中，测试了预训练集样本数在不同情况下的评估准确率。测试过程中总训练样本数定为 2000，预训练集样本数分别为 600、800、1000、1200、1400、1600 时 PD 程度的评估准确率测试结果如图 13.11 所示，随着预训练集样本数的增加，评估准确率逐步提高。当预训练集样本数与测试集样本数比值超过 1 时，算法的评估准确率能维持在较高的水准。

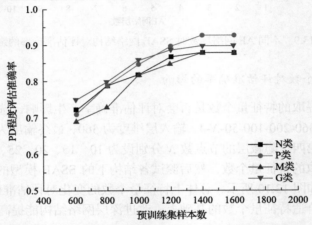

图 13.11　不同预训练集样本数时 SSAE 网络结构对评估准确率的影响

4. 与其他方法对比测试

经以上测试，设定 SSAE 模型的训练结构为 360-200-100-50-20-4，预训练集样本数为 1400。此处引入 SSAE 模型提取表征 PD 程度的特征量信息，并分别用 softmax 分类器与 SVM 分类器对 SSAE 模型提取的特征量与传统统计特征量下各类缺陷 PD 程度进行评估。通过比较两种方案测试的 PD 程度评估准确率，验证本章提取特征量的有效性与评估算法的准确性。

SSAE 算法与 SVM 算法针对 N 类、P 类、M 类和 G 类绝缘缺陷在各严重程度等级（L1、L2、L3）的评估准确率以及总评估准确率 TOTAL 如表 13.6 所示。总体来看，基于 SSAE 算法提取特征完成的状态评估的准确率较基于统计特征量的 SVM 算法评估准确率有所提高。从识别效果可以看出，两种算法对严重放电阶段 L3 的识别准确率相对较低，这与实验图谱信息反映的这个阶段各统计特征区别不太相符。此外，两种算法对 M 类绝缘缺陷的评估准确率相对不高，主要是由于在实验过程中，M 类绝缘缺陷的 PD 起始电压与击穿电压相距不大，导致该缺陷下三种 PD 程度阶段区分性较差。为了改善上述问题，可以采用如 SF_6 分解特征组分等多源特征进行综合评估。

表 13.6　SSAE 与 SVM 评估准确率比较

PD 程度	评估准确率							
	SSAE 算法				SVM 算法			
	N	P	M	G	N	P	M	G
L1	0.92	0.95	0.92	0.90	0.89	0.81	0.76	0.81
L2	0.92	0.94	0.90	0.98	0.72	0.80	0.70	0.95
L3	0.88	0.92	0.87	0.85	0.79	0.80	0.72	0.80
TOTAL	0.91	0.94	0.90	0.91	0.80	0.80	0.73	0.85

参 考 文 献

[1] Hinton G E, Osindero S, Teh Y W. A fast learning algorithm for deep belief nets[J]. Neural Computation, 2006, 18(7): 1527-1554.

[2] Hinton G E, Salakhutdinov R R. Reducing the dimensionality of data with neural networks[J]. Science, 2006, 313(5786): 504-507.

[3] Bengio Y. Learning deep architectures for AI[J]. Foundations and Trends in Machine Learning, 2009, 2(1): 1-132.

[4] Erhan D, Bengio Y, Courville A, et al. Why does unsupervised pre-training help deeplearning? [J]. Journal of Machine Learning Research, 2010, 11: 625-660.

[5] Baldi P, Guyon G, Dror V, et al. Autoencoders, unsupervised learning and deep architectures editor: I[C]. Proceedings of the International Conference on Unsupervised and Transfer Learning Workshop, Bellevue, 2011, 27: 37-50.

[6] Bengio Y, Lamblin P, Popovici D, et al. Greedy layer-wise training of deep networks[M]// Schölkopf B, Platt J, Hofmann T. Advances in Neural Information Processing Systems. Cambridge: The MIT Press, 2007.

[7] Vincent P, Larochelle H, Lajoie I, et al. Stacked denoising autoencoders: Learning useful representations in a deep network with a local denoising criterion[J]. Journal of Machine Learning Research, 2010, 11: 3371-3408.

[8] 孙志军, 薛磊, 许阳明, 等. 深度学习研究综述[J]. 计算机应用研究, 2012, 29(8): 2806-2810.

[9] 杜骞. 深度学习在图像语义分类中的应用[D]. 武汉: 华中师范大学, 2014.

[10] Sellars A G, Farish O, Peterson M M. UHF detection of leader discharges in SF_6[J]. IEEE Transactions on Dielectrics and Electrical Insulation, 1995, 2(1): 143-154.

[11] Sellars A G, Farish O, Hampton B F, et al. Using the UHF technique to investigate PD produced by defects in solid insulation[J]. IEEE Transactions on Dielectrics and Electrical Insulation, 1995, 2(3): 448-459.

[12] 常文治, 李成榕, 苏镝, 等. 电缆接头尖刺缺陷局部放电发展过程的研究[J]. 中国电机工程学报, 2013, 33(7): 192-201, 1.

[13] 齐波, 李成榕, 郝震, 等. GIS 绝缘子表面固定金属颗粒沿面局部放电发展的现象及特征[J]. 中国电机工程学报, 2011, 31(1): 101-108.

[14] Qi B, Li C R, Geng B B, et al. Severity diagnosis and assessment of the partial discharge provoked by high-voltage electrode protrusion on GIS insulator surface[J]. IEEE Transactions on Power Delivery, 2011, 26(4): 2363-2369.

[15] 王彩雄, 唐志国, 常文治, 等. 气体绝缘组合电器尖端放电发展过程的试验研究[J]. 电网技术, 2011, 35(11): 157-162.

[16] 胡泉伟, 张亮, 吴磊, 等. GIS 中自由金属颗粒缺陷局部放电特性的研究[J]. 陕西电力, 2012, 40(1): 1-3, 24.

[17] Zhao X F, Yao X, Guo Z F, et al. Characteristics and development mechanisms of partial discharge in SF_6 gas under impulse voltages[J]. IEEE Transactions on Plasma Science, 2011, 39(2): 668-674.

[18] Ren M, Dong M, Liu Y, et al. Partial discharges in SF_6 gas filled void under standard oscillating lightning and switching impulses in uniform and non-uniform background fields[J]. IEEE Transactions on Dielectrics and Electrical Insulation, 2014, 21(1): 138-148.

[19] Okabe S, Yamagiwa T, Okubo H. Detection of harmful metallic particles inside gas insulated switchgear using UHF sensor[J]. IEEE Transactions on Dielectrics and Electrical Insulation, 2008, 15(3): 701-709.

[20] Gold S, Rangarajan A. Softmax to Softassign: Neural Network Algorithms for Combinatorial Optimization[M]. Norwood: Ablex Publishing Corporation, 1996.

[21] Tang J, Jin M, Zeng F P, et al. Assessment of partial discharge severity in gas-insulated switchgear with an SSAE[J]. IET Science Measurement Technology, 2017, 11(4): 423-430.

[22] 金森. 基于多源局部放电信息融合的气体绝缘装备绝缘状态评估研究[D]. 武汉: 武汉大学, 2018.

[23] 张晓星. 组合电器局部放电非线性鉴别特征提取与模式识别方法研究[D]. 重庆: 重庆大学, 2006.

[24] 董玉林. 组合电器局部放电特征提取与放电严重程度评估方法研究[D]. 重庆: 重庆大学, 2015.

第14章　气体绝缘装备绝缘状态多源信息融合评价

随着以 GIS 为代表的气体绝缘装备在超/特高压输变电系统中的大量使用,保障 GIS 设备的可靠运行对于复杂大电网的安全运行就更加重要,尤其是"高龄" GIS 设备的绝缘劣化问题更显突出,时刻危及设备及电网的安全运行。另外,由于 GIS 设备存在运行环境条件、投运时间长短及剩余经济使用价值等因素的差异,如何对其进行科学的绝缘状态技术经济指标评估是本领域仍未完全解决和备受关注的热点问题。

由于 GIS 设备内部绝缘缺陷形貌的多样性和发生的随机不确定性,在其内激发的 PD 往往伴随电、磁、光、超声以及化学等多种物理特征信息,而这些信息能够从不同角度有效反映设备内部的绝缘状态,已成为目前对 GIS 设备内部绝缘状态评估最为有效的特征信息依据[1],加之 PD 监测技术的长足进步与广泛应用,为 GIS 设备绝缘状态评估提供了更加丰富和可靠的特征数据信息。因此,普遍认为可将 PD 所伴随的多种物理特征量作为评估 GIS 绝缘状态的核心指标[2-9],同时还应当考虑 SF_6 气体自身的绝缘特性参数,加上设备存在的安放环境、投运长短、大修次数以及剩余经济价值等运行差异信息。另外,如果仅仅依据上述固有的物理特征信息,缺乏普适性的技术与经济比较,也难以全面科学地评估 GIS 设备内部绝缘状态。为此,首要问题是如何根据获取的众多信号,提取出表征 GIS 设备内部绝缘状态的多源特征信息并进行有效的融合,以不同权重方式考虑评价指标的重要性,优选并形成涵盖表征 PD 危害性、SF_6 绝缘性能和其他相关指标(设备运行时间与环境及剩余经济价值等)为一体的三大类别绝缘状态评估综合指标体系。

在对气体绝缘装备绝缘运行状态综合评估时,由于各种信息在获取过程中受到各种因素的影响,要对评估信息的使用具有普适性,就需要对获取的诊断数据信息进行必要的校正或统一到标准状态。例如,在获取 SF_6 绝缘故障分解组分特征信息时,因为 SF_6 气体中微水微氧含量的不同会对分解组分比值大小和变化规律产生较大差异,进而降低对绝缘状态评估的可行性和准确率。因此,有必要构建相关的数学模型来描述微水微氧的影响规律,并对受到影响的数据信息进行校正。

本章借助多源信息融合技术,充分利用不同状态监测法的优势互补信息,采用特征优选策略,从原始 PD 特征数据空间中,通过一定的信息评价准则,选取最能表达 PD 属性的特征量,将其作为 PD 程度的评估指标,然后根据现有输变电设备状态评估相对成熟的实现方案，包含评估指标的建立、指标隶属度函数的构造、指标权重的确定和计算状态评判结果等，提出气体绝缘装备绝缘状态多源信息融合评估方法。

14.1　最大相关最小冗余特征优选理论

气体绝缘状态监测技术的长足发展，极大地丰富了气体绝缘状态信息基础数据，然而不同监测方法所获取的监测信息与气体绝缘状态之间的关联程度，各监测方法之间的相关性和冗余性等问题，还未得到解决。针对这一问题，本节采用最大相关最小冗余准则对各监测方法与气体绝缘状态的相关性进行判别。最大相关最小冗余准则由 Peng 等[10]在互信息的理论基础之上提出，该准则通过挖掘特征变量之间的关联关系，获取与目标类别相关度最大的特征参量集合，应用效果已在人工智能算法[11,12]、医学疾病诊断[13]以及电气工程中故障诊断[14,15]等领域得到了广泛的应用，成为经典的特征选择方法。

14.1.1　统计信息相关度的度量准则

给定两个随机变量 X 和 Y，它们的概率密度与联合概率密度分别设定为 $p(x)$、$p(y)$、$p(x,y)$，则两个变量之间的互信息为[10]

$$I(X,Y) = \iint p(x,y) \lg \frac{p(x,y)}{p(x)p(y)} \mathrm{d}x\mathrm{d}y \tag{14.1}$$

互信息是最大相关最小冗余算法中信息相关性度量的基本准则，在原始数据量较大的情况下，互信息相较于皮尔逊相关系数在描述特征之间的关系上更具优势。最大信息系数(maximum information coefficient，MIC)[16,17]是近年来提出的一种衡量变量之间相关性的度量准则，该参量可以挖掘变量之间的线性和非线性关系，具有较高的鲁棒性，能够探索其他相关分析度量难以挖掘的函数关系，特别在数据规模较大的情况下，该方法更具优势。

鉴于本章多源 PD 信息的数据基础，最大信息系数也可以用来定义 PD 程度与 PD 特征之间的相关性。特征量与 PD 程度之间的 MIC 越大，两者之间的相关性越强，表明该特征量为强相关特征，在进行选择的时候，倾向于保留。反之，MIC 越小，相关性越弱，该特征越倾向于被删除。若两者之间的 MIC 为 0，则该特征就应该从该特征集中删除。两个特征量之间的 MIC 表征了特征之间的冗余性，若两个特征之间的 MIC 很大，则表示这两个特征之间的可替代性很强，即冗余性很强，反之则很弱。如果两个特征之间的 MIC 为 0，则表示两个特征相互独立。

　　MIC 在互信息的基础上，通过网格划分的方法进行计算。对于变量 X 和 Y，假设集合 $D=\{(x_i, y_i), i=1,2,\cdots,n\}$ 由有限的有序对构成，然后划分一个 G 网络，将变量 X 和 Y 的值域分别划为 x 段与 y 段，G 成为一个 $x \times y$ 的网格，在得到的每一种网格划分内部计算互信息 $I(X, Y)$，取不同 $x \times y$ 的网格划分方式中的 $I(X, Y)$ 最大值作为划分 G 的互信息值。

　　定义划分 G 下 D 的最大信息公式为[17]

$$I^*(D, x, y) = \max I(D \mid G) \tag{14.2}$$

式中，$D|G$ 表示利用网格 G 对数据 D 进行划分。通过互信息网格结果的优劣来表示最大信息系数。将不同划分下得到的最大归一化互信息 I 组成特征矩阵，特征矩阵定义为 $\boldsymbol{M}(D)_{x,y}$，计算公式为

$$\boldsymbol{M}(D)_{x,y} = \frac{I^*(D, x, y)}{\lg \min\{x, y\}} \tag{14.3}$$

　　MIC 的定义为

$$\mathrm{MIC}(D)_{x,y} = \max_{x \times y < B(n)} \{\boldsymbol{M}(D)_{x,y}\} \tag{14.4}$$

式中，$B(n)$ 为网格划分的 $x \times y$ 上限值，参考该理论在各领域的应用情况可知 $B(n)=n^{0.6}$ 的效果最好，本书 $B(n)$ 直接采用该值。

14.1.2　最大相关最小冗余准则

　　最大相关准则要求所选的特征集与目标类别有最大的依赖性，定义为[11]

$$\max D(S,c), \quad D = \frac{1}{|S|} \sum_{f_i \in S} I(f_i, c) \tag{14.5}$$

式中，S 为特征子集；$|S|$ 为特征量的个数；f_i 为第 i 个特征；c 为目标类别。

　　最小冗余准则以特征集的冗余信息最少为原则，即保证选择出来的最优特征集中各特征之间的相关性最小，准则定义为[12]

$$\min R(S), \quad R = \frac{1}{|S|^2} \sum_{f_i, f_j \in x} I(f_i, f_j) \tag{14.6}$$

式中，f_i、f_j 分别为第 i 和 j 个特征。

　　最大相关最小冗余（maximal relevance and minimal redundancy，mRMR）准则

常用 Φ_1 和 Φ_2 两个算子指导特征优化选择，Φ_1 表示互信息差（mutual information difference，MID），Φ_2 表示互信息熵（mutual information quotient，MIQ）[18, 19]，其定义式为

$$\begin{cases} \max \Phi_1(S,c), & \Phi_1 = D - R \\ \max \Phi_2(S,c), & \Phi_2 = \dfrac{D}{R} \end{cases} \tag{14.7}$$

mRMR 准则搜索原理：假定最终要选取的最优特征集为 S_m，现已经计算得到了由 $m-1$ 个最优的特征构成的特征集 S_{m-1}，然后用式（14.7）中的两个算子来搜索第 m 个特征，具体计算规则如下：

$$\begin{aligned} \max \nabla_{\text{MID}}, \quad \nabla_{\text{MID}} &= \max \left\{ I(f_j,c) - \frac{1}{m-1} \sum_{f_i \in S_{m-1}} I(f_j,f_i) \right\} \\ \max \nabla_{\text{MIQ}}, \quad \nabla_{\text{MIQ}} &= \max \left\{ I(f_j,c) \bigg/ \frac{1}{m-1} \sum_{f_i \in S_{m-1}} I(f_j,f_i) \right\} \end{aligned} \tag{14.8}$$

式中，f_j 为原始特征集中不包含 S_{m-1} 中特征量中的特征。

14.1.3　改进最大相关最小冗余准则

在 mRMR 准则中，式（14.5）～式（14.8）基于互信息定义了最大相关与最小冗余以及算法的搜索规则，根据实际采集数据情况的不同，可以根据需要选择不同的相关度度量定义该准则。如本章采集的多源 PD 数据中特高频和超声 PD 数据周期较短，积累数据量较大，可以选择使用 MIC 作为信息相关的度量准则。

Peng 等[10]提出的标准 mRMR 准则，直接选择将最大相关量与最小冗余量做差或者做熵来指导特征优选，这种表达方式在实际应用过程中很难细致刻画特征相关性与冗余性在特征分析过程中的比重问题。因此，本章尝试引入一个权重因子 α 对信息的相关度与冗余度进一步细化描述。通过对 α 进行不同的赋值，调整整个信息分析中特征相关性与冗余性的比重，进一步优化特征优选的结果，式（14.7）中的信息差 MID 可以修改为

$$\max \Phi_1'(S,c), \quad \Phi_1' = \alpha D - (1-\alpha)R \tag{14.9}$$

式中，当权重因子 α 为 0.5 时，改进的信息差公式就是原始标准的信息差公式。为了挖掘选择更有优势的特征集合，在传统 mRMR 准则分析的基础上，本章在特征优选过程中进一步改进该理论优化了计算结果。

14.2　基于多源信息的最大相关最小冗余特征量优选

在第 11～13 章中有关气体绝缘装备内部 PD 发展过程和故障程度估计分析的基础上，本节从气体绝缘装备状态评估的角度，着重探讨基于多源信息的气体绝缘装备内部绝缘状态特征提取及优选方法，更加侧重多源特征信息与绝缘状态之间的关联关系或映射关系。为使表述更为简洁，并结合气体绝缘装备实际运行情况和 PD 发展过程的规律，本章仍然依据第 12 章对 PD 程度状态等级的划分及定义，即 L1 级（轻微）、L2 级（注意）和 L3 级（危险），如表 14.1 所示。

表 14.1　PD 程度状态等级划分及理论描述

PD 程度状态等级	阶段定义	N 类绝缘缺陷下 PD 放电变化典型特点描述
L1（轻微）	起始放电阶段	工频正半周几乎没有发生放电
L2（注意）	轻微放电阶段	工频正半周发生放电且逐步增强
L3（危险）	危险放电阶段	工频正负半周放电强度几乎一致

以 UHF 数据 PRPD 模式下的特征数据为基础，采用 FCM 聚类算法进行聚类计算，聚类目标为三类，计算聚类中心与聚类半径，各特征数据中超过一半的样本隶属某一状态等级将该电压归类到这一状态等级，计算结果如表 14.2 所示。在实验过程中，同时采集超声、UHF 和 SF_6 分解组分信息，不需要用超声和组分数据再进行计算。

表 14.2　各电压下样本聚类后隶属的状态等级

绝缘缺陷类型	各 PD 程度状态等级的电压值/kV		
	L1	L2	L3
N 类	27.3/28.6/29.3	30.4/31.6/33.5	315.6/36.4/39.4
P 类	19.2/22.3/23.6	25/26.1/27.1	28.1/29.3/31.0
M 类	27.7/29.0/31.5	32.9/315.5	36.0/37.5
G 类	32.0/33.5/35.0	36.5/38.0/39.6	42.9/415.8/46.8

14.2.1　描述气体绝缘装备 PD 程度的多源信息特征量

1. UHF 特征量

在 UHF PD 数据现场采集过程中，采集的传感器型号、缺陷具体结构属性以及信号传输路径等因素，对获取 PD 脉冲信号有极大影响，该类信息在 PD 程度评估上存在着极大的制约，因此描述 PD 程度的特征信息主要基于 PRPD 模式。

不同电压等级的 UHF PRPD 图谱呈现不同的轮廓特征，因此 PRPD 图谱信息可以用作区分不同 PD 程度的原始特征信息，表 14.3 中特征量 $V_1 \sim V_{16}$ 从不同角度描述 PRPD 的图谱特征，可以构成描述 PD 程度的原始特征量。

表 14.3　描述 PD 程度的 UHF 原始特征参数

序列	特征量	特征含义
$V_1 \sim V_6$	Sk_m^+, Sk_m^-, Sk_m Sk_n^+, Sk_n^-, Sk_n	正负半周以及整个工频周期的偏斜度
$V_7 \sim V_{12}$	Ku_m^+, Ku_m^-, Ku_m Ku_n^+, Ku_n^-, Ku_n	正负半周以及整个工频周期的陡峭度
V_{13}, V_{14}	Q_m, Q_n	正负半周放电次数和幅值比值
V_{15}, V_{16}	cc_m, cc_n	正负半周互相关系数

特征量 $V_1 \sim V_{16}$ 能表征 PRPD 模式下的图谱信息，这些特征在表征 PD 程度上各有优劣，其中可能存在不能表征 PD 程度的特征，因此需要进一步挖掘特征信息与 PD 程度之间的关系，以便进一步优选出描述 PD 程度的特征量。

通过对 UHF PD 发展不同阶段的三维图谱理论分析，可得到高压导体金属突出物缺陷下各个放电电压下的相位-幅值散点图和相位-放电次数谱图的特点及典型统计特征量随着放电发展的变化规律[17]。基于 PRPD 三维图谱提取了放电次数、幅值、放电时间间隔和放电剧烈程度等统计特征来描述 PD 程度，如表 13.3 所示。本书后续研究中将会把表 13.3 的理论统计特征作为对比样本，测试在原始的 PRPD 特征轮廓信息中提取的特征基础上，优选的特征量是否能有效表征 PD 程度。

2. 超声特征量

因不同电压等级超声 PD 脉冲信号呈现一定规律的变化，可以用时域和频域特征参数描述 PD 程度[20]。表 14.4 中超声信号的时域特征参数和频域特征参数 $V_{17} \sim V_{24}$ 可以描述原始 PD 信息轮廓。然而在没有充足数据分析的基础上，暂时无法确定哪些特征适合用于 PD 程度的评估。后文在原始特征参数的基础上，通过 mRMR 准则开展超声 PD 数据的挖掘工作，获取与 PD 程度息息相关的特征量。

3. SF_6 分解组分特征量

本书以典型绝缘故障的四种共同特征气体 CF_4、CO_2、SO_2F_2 和 SOF_2 作为基本特征组分，借鉴变压器故障诊断中 IEC(国际标准)三比值法的故障特征构造规则，用基本特征组分构建出可表征一定物理含义的比值特征量[21]。根据分子动力学和气体电离理论可知，虽然不同实验条件或不同化学检测仪器下检测到的分解产物有差别，但主要产物肯定为含硫化物和含碳化物。因此，可将所有含硫化物之和作为 SF_6 气体分解总量的体现。

表 14.4　描述 PD 程度的超声 PD 信号原始特征参数

序列	时域特征	计算公式	序列	频域特征	计算公式
V_{17}	均方根	$\sqrt{\dfrac{\sum\limits_{i=1}^{N} X_i^2}{N}}$	V_{22}	功率谱最大值	$\max\{\mathrm{Psd}(f)\},\ f \in (1, N)$
V_{18}	方差	$\dfrac{1}{N-1}\sum\limits_{i=1}^{N}(X_i - \bar{X})^2$	V_{23}	中值功率	$\dfrac{\sum\limits_{f=1}^{N}\mathrm{Psd}(f)}{2}$
V_{19}	绝对平均值	$\dfrac{1}{N}\sum\limits_{i=1}^{N}|X_i|^2$	V_{24}	平均功率频率	$\dfrac{\sum\limits_{f=1}^{N} f \cdot \mathrm{Psd}(f)}{\sum\limits_{f=1}^{N}\mathrm{Psd}(f)}$
V_{20}	峰度	$\dfrac{\sum\limits_{i=1}^{N}(X_i - \bar{X})^4}{(N-1)\mathrm{sd}^4}$			
V_{21}	偏度	$\dfrac{\sum\limits_{i=1}^{N}(X_i - \bar{X})^3}{(N-1)(N-2)\mathrm{sd}^3}$			

表 14.5 列出了各种可能的描述 PD 程度的 SF_6 分解组分含量比值,其中硫化物为 SO_2F_2 和 SOF_2 含量之和,碳化物为 CF_4 和 CO_2 含量之和。

表 14.5　描述 PD 程度的 SF_6 分解组分含量比值特征量

序列	特征量	序列	特征量
V_{25}	$f(CF_4)/f(CO_2)$	V_{29}	$f(CO_2)/f(SO_2F_2)$
V_{26}	$f(CF_4)/f(SO_2F_2)$	V_{30}	$f(SO_2F_2)/f(SOF_2)$
V_{27}	$f(CF_4)/f(SOF_2)$	V_{31}	$f(碳化物)/f(硫化物)$
V_{28}	$f(CO_2)/f(SO_2F_2)$		

14.2.2　基于最大相关最小冗余准则的特征优选策略及改进

在使用 mRMR 准则对本书研究的各特征量进行优选之前,同样需要对数据进行归一化处理,去除计算得到的特征参数物理单位干扰,将特征数据归一化到[0, 1]。此处仍选用 min-max 归一化预处理公式:

$$x_i^* = \frac{x_i - x_{\min}}{x_{\max} - x_{\min}}, \quad i = 1, 2, \cdots \tag{14.10}$$

式中,x_i 与 x_i^* 分别为原始数据与归一化数据;$x_{\min}$ 与 $x_{\max}$ 分别为数据的最小值与最大值。

此外，提取的 UHF PD、超声 PD 信号以及 SF$_6$ 分解组分含量比值的特征量都为连续型变量，要计算特征量之间的互信息，就要预先知道其概率密度函数，而实际采用的 UHF、超声波幅值与放电次数以及时间间隔等特征量，通过数据无相关统计分析表明，各特征量暂时也没有特定的分布类型。因此，有必要对特征数据进行离散化处理，在特征数据归一化处理的基础上，利用等间隔划分归类处理方式获取对应的离散变量类型。

以特征量 F_1 和 F_2 为例，假设特征量 F_1 和 F_2 的数据样本为 N，将特征量 F_1 和 F_2 的归一化数据按照数值大小升序排列，并将归一化特征数据等分为 N_a 和 N_b 个子区间，分别计算 F_1 中落入第 i 个区间的数据个数 n_a 和 F_2 中落入第 j 个区间的数据个数 n_b，然后再计算各故障类型中 F_1 数据第 i 个子区间与 F_2 数据第 j 个子区间的数据 $n_{ab}(i,j)$，式 (14.11) 可为互信息计算的离散化形式：

$$I(F_1, F_2) = \sum_{i=1}^{N_a} \sum_{j=1}^{N_b} \frac{n_{ab}(i,j)}{N} \lg \frac{N^2 n_{ab}(i,j)}{n_a(i) n_b(j)} \tag{14.11}$$

PD 程度按照前述章节定义的三个等级进行区分，在实际处理过程中用离散数据 [1, 2, 3] 进行标注，计算过程中不需要进行离散化处理。基于 mRMR 准则，本书以获取的 UHF PD、超声 PD 信号和 SF$_6$ 分解组分含量比值三类特征集数据为样本，给出 PD 程度的最优特征集选取的具体实现过程，如图 14.1 所示。

(1) PD 数据库建立。搜集多源 PD 信息，根据 14.2.1 节各阶段数据的归类方式，构建各 PD 程度的原始数据库，各特征数据对应的状态等级 c 用数字标签表示。

(2) 特征集合构建。基于多源 PD 信息，提取描述 PD 程度的特征量，分别构建各源信息原始的评估特征集，并对所有的数据进行归一化处理。

(3) 离散化处理。本书提取的特征量为连续型变量，因此需要对归一化的特征数据进行等间隔划分归类处理，获取对应的离散变量类型。

(4) 最优特征集选取。选定最优特征集的特征个数，然后用前文理论中定义的 MID 和 MIQ 指导特征选择，获取各缺陷的最优特征集及特征优劣排序。

(5) 优选效果测试。选用合适的分类器，将得到的最优特征集作为输入，分别选定合适的训练集和测试集，计算 PD 程度评估的准确率。

直接采用 SVM 分类器对最优特征集进行测试，通过 SVM 分类器的训练和测试优选出表征 PD 程度准确率的特征集，并利用对 PD 程度评估的准确率评价来判断特征集的优劣。基于图 14.1 给出的 mRMR 准则实现的基本流程，针对实施的过程中存在的相关性度量准则、最优特征集个数和特征优选指导准则问题，做出了必要的改进 [2,9]，其流程如图 14.2 所示。

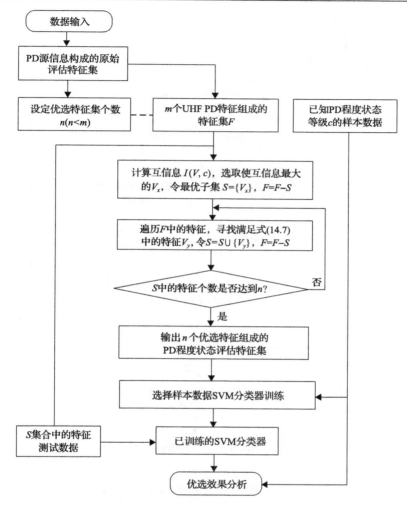

图 14.1　基于 mRMR 准则的 PD 程度特征优选流程

（1）mRMR 准则选择的是互信息 I 度量变量之间的相关性，在实际应用过程中，考虑数据量的大小、信息相关度衡量的精准性，可以选择不同的相关度衡量准则，如本章引入的最大信息系数 MIC；而在本书的 UHF 数据和超声数据的分析中，数据量相对较大，可以尝试引入 MIC 来度量特征与 PD 程度、特征与特征之间的相关度。改进流程中用 MIC 与 I 作为信息相关性度量准则进行对比。

（2）在最优特征子集的个数确定上，mRMR 准则并没有提供一种有效的选定方案，在多数应用中，最优子集选定通过人为确定。因此，可以考虑增加一个评价函数来评价最优特征子集，然后改变特征子集个数，以达到最优的特征子集个数的选定，同时用测试数据测试的 PD 程度准确率作为准则，修改最优特征子集的个数。

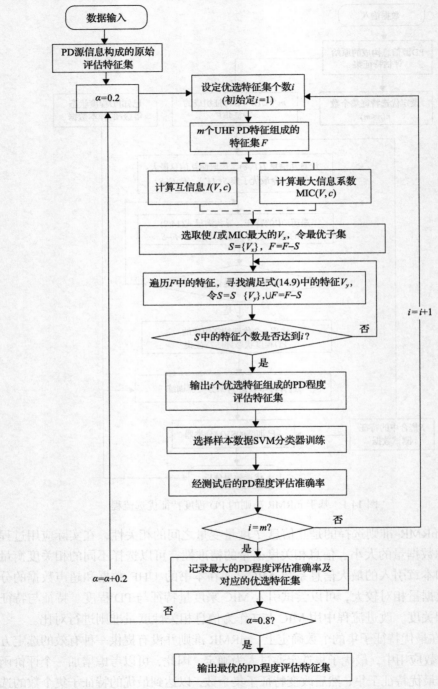

图 14.2 基于 mRMR 准则的 PD 程度特征优选改进流程

（3）在指导最优特征子集的选择上，mRMR 准则提供了 MIQ 和 MID 两种方法，已有研究中[11,12]，两种方法的选择结果相差极小，因此多数文献中会选择 MIQ 或 MID 中的一种作为特征选择的指导准则。MID 方法在信息相关性与信息冗余度的重要程度上缺少描述，因此，本书尝试引入一个权重因子 α 对相关度与冗余度进一步细化描述，指导公式参考式（14.9），形成 MIDS 准则。

基于改进的 mRMR 准则的 PD 程度特征优选流程如图 14.2 所示，信息相关度衡量中加入最大信息系数作为对比，最优特征集个数加入评估准确率作为评价函数，特征优选指导选择了不同权重因子大小的 MIDS 准则。

本章选择了 UHF PD 数据作为测试数据，测试了 mRMR 准则的改进效果。依照图 14.1 与图 14.2 构建的评估特征集选取流程，对预处理后的 UHF 数据进行 PRPD 图谱统计特征提取，并针对金属突出物缺陷的 PD 数据构建原始特征集样本 800 条，即一个 800×16 的数据矩阵，然后对应形成样本数据所属的 PD 程度等级的标签向量矩阵。

1. 特征优选指导准则

为了更广泛地分析特征量的优劣，选定最优特征集特征个数分别为 1～16，利用 MID 和 MIQ 方法获取最优的 PD 特征集。

表 14.6 是优选特征量个数为 8～16 时，在 MIQ 与 MID 两种方法指导下选择的最优特征集，其中优选结果为表 14.3 中给出特征量 V_1～V_{16} 的下标，代表其相应的特征量。当优选特征量个数为 16 时，优选的结果其实就是对所有特征量的优劣进行一个整体排序。随着设定的优选特征量个数减少，MIQ 与 MID 两种方法优选的特征集结果就是在原始 16 个特征量优劣排序结果的基础上逐次去掉排序最末的特征量。观察优选结果可以发现 MIQ 和 MID 方法选出的最优特征排序

表 14.6　UHF 信息下金属突出物类缺陷的特征量优选结果

优选特征量个数	特征搜索类型及特征优选结果	
	MID 方法	MIQ 方法
8	16, 1, 13, 6, 15, 7, 4, 14	16, 1, 13, 6, 14, 15, 7, 4
9	16, 1, 13, 6, 15, 7, 4, 14, 11	16, 1, 13, 6, 14, 15, 7, 4, 11,
10	16, 1, 13, 6, 15, 7, 4, 14, 11, 3	16, 1, 13, 6, 14, 15, 7, 4, 11, 3
11	16, 1, 13, 6, 15, 7, 4, 14, 11, 3, 12	16, 1, 13, 6, 14, 15, 7, 4, 11, 3, 2
12	16, 1, 13, 6, 15, 7, 4, 14, 11, 3, 12, 8	16, 1, 13, 6, 14, 15, 7, 4, 11, 3, 2, 12
13	16, 1, 13, 6, 15, 7, 4, 14, 11, 3, 12, 8, 10	16, 1, 13, 6, 14, 15, 7, 4, 11, 3, 2, 12, 8
14	16, 1, 13, 6, 15, 7, 4, 14, 11, 3, 12, 8, 10, 2,	16, 1, 13, 6, 14, 15, 7, 4, 11, 3, 2, 12, 8, 10
15	16, 1, 13, 6, 15, 7, 4, 14, 11, 3, 12, 8, 10, 2, 5	16, 1, 13, 6, 14, 15, 7, 4, 11, 3, 2, 12, 8, 10, 5
16	16, 1, 13, 6, 15, 7, 4, 14, 11, 3, 12, 8, 10, 2, 5, 9	16, 1, 13, 6, 14, 15, 7, 4, 11, 3, 2, 12, 8, 10, 5, 9

大体相同，与该方法在其他领域的应用结果一致。在进行最优特征选择的指导中，可以选择 MID 方法作为最基本的特征优选准则。

在相关性和冗余性的重要性权衡上，依照图 14.2 中给出的优选流程，选择权重因子 α 为 0.2、0.4、0.5、0.6、0.8，代入 MIDS 准则中的公式，其中 $\alpha=0.5$ 是采用标准的 MID 搜索公式进行特征优选，最终的特征降序结果如表 14.7 所示。

表 14.7　MIDS 特征优选指导规则下评估特征量降序排列

权重因子 α	特征搜索类型(MIDS 准则)
0.2	16, 6, 15, 1, 13, 14, 11, 7, 4, 3, 12, 8, 5, 9, 10, 2,
0.4	16, 6, 1, 15, 13, 7, 14, 4, 11, 12, 3, 8, 2, 5, 10, 9
0.5	16, 1, 13, 6, 15, 7, 4, 14, 11, 3, 8, 12, 10, 2, 5, 9
0.6	16, 13, 6, 1, 15, 14, 7, 4, 3, 11, 12, 8, 10, 5, 9, 2
0.8	16, 13, 1, 6, 7, 15, 4, 14, 11, 3, 12, 8, 10, 5, 9, 2

由于本书设计的算法在确定第一个优选特征量时，直接选定与 PD 程度相关度最高的特征量，故不同权重因子下排序最优的特征都为 16 号特征。计算结果表明，金属突出物缺陷下的 PD 特征量，不同权重因子通过细化相关性和冗余性的重要程度，特征优劣排序有小幅度改变。其中，当优选特征量个数为 12 时，α 为 0.2、0.4、0.5、0.6、0.8，MIDS 准则获得的特征集参量构成一样。

采用 SVM 分类器测试最优特征集的评估效果。测试过程中，选取训练样本 800 个，测试样本 200 个，按照特征排序的结果逐一添加优选出的特征量，最后得到 PD 程度评估准确率结果如图 14.3 所示。

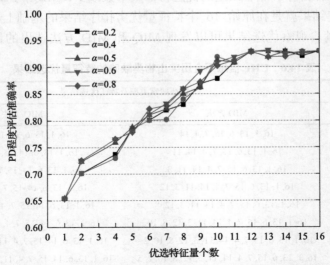

图 14.3　不同权重因子优选结果对应的 PD 程度评估准确率

根据图 14.3 的分析结果可知，α 为 0.2、0.4、0.5、0.6、0.8 时获得的五组最优特征集，随着测试的优选特征量个数的增加，PD 程度评估准确率都逐渐增大；当特征量个数达到 11 时，PD 程度评估准确率达到了 90%，随着特征量个数进一步增加到 12，PD 程度评估准确率达到一个峰值，随后基本保持不变或略微下降。五组最优特征集的前 12 个特征整体一样，所以 12 个特征量的优选集 PD 程度评估准确率一样大。随着优选特征量增加到 13 个以后，评估准确率出现略有下降的情况，这表明排序最后的几个特征量并没有改善评估效果，有些特征量反而给 PD 程度评估带来了不利影响。以上结果表明在 PD 程度评估过程中，存在着能够表示 PD 程度的特征量信息，同时，也存在对评估无影响，甚至负影响的特征量，因此有必要用 PD 特征遴选的方式达到特征优选的目的。

当权重因子 α 变化时，金属突出物缺陷下的 UHF 数据的 PD 程度评估准确率的变化并不明显，这与排序最优的特征量在 PD 程度评估中起到了很大的作用有关。从整体来看，α 较大时评估效果要略佳，表明该数据类型下特征与 PD 程度之间的相关性起主导作用时，优选结果更优。

2. 信息相关度衡量准则

为了更好地评价参量 I 和 MIC 度量 PD 数据相关性的效果，此处选取了四种典型绝缘缺陷不同 PD 程度下的特征数据，每种缺陷的原始特征集样本 800 条，训练样本 600 条，测试样本 200 条。为了更广泛地分析优选特征量的优劣，测试过程中选定最优特征集合特征量个数为 16，利用 MID 方法获取最优 PD 特征集。

表 14.8 是计算得到的四种典型绝缘缺陷的最优特征集，最优特征集按照特征的优劣顺序进行排列。从表 14.8 的结果可以看出，互信息与最大信息系数的优选结果存在着差异，证明不同的相关性度量基准在特征优选中效率不同。

表 14.8　不同相关性度量基准下四种典型绝缘缺陷的特征量降序排列

绝缘缺陷类型	特征搜索类型	
	互信息 I	最大信息系数 MIC
N 类	16, 1, 13, 6, 15, 7, 4, 14, 11, 3, 12, 8, 10, 2, 5, 9	16, 13, 1, 6, 14, 15, 7, 4, 11, 3, 2, 12, 8, 10, 5, 9
G 类	13, 15, 3, 11, 16, 14, 1, 12, 2, 9, 10, 7, 8, 6, 5, 4	13, 15, 1, 14, 11, 9, 16, 3, 12, 2, 10, 7, 6, 8, 5, 4
M 类	14, 16, 5, 15, 13, 1, 4, 7, 9, 12, 6, 8, 10, 3, 11, 2	14, 5, 16, 13, 15, 1, 4, 7, 9, 12, 8, 6, 10, 11, 3, 2
P 类	16, 5, 3, 15, 14, 11, 6, 9, 8, 4, 12, 7, 13, 10, 2, 1	16, 5, 6, 15, 14, 11, 3, 9, 8, 13, 4, 12, 7, 10, 2, 1

横向对比各缺陷的最优特征量，互信息与最大信息系数两种方法筛选的前几位最优的特征量几乎一致。在两种方法下，M 类绝缘缺陷与 G 类绝缘缺陷特

征排序几乎一致，P 类绝缘缺陷与 N 类绝缘缺陷特征排序存在差异，但整体上优秀的特征量都排在靠前的位置。以 UHF PD 数据为测试样本，选用 SVM 分类器测试两种方法获取的最优特征集的评估效果。在测试过程中，选择训练样本800 个，测试样本 200 个，所有样本按照优选的特征排序结果逐一增加特征量个数，如图 14.4 为对应的 PD 程度评估准确率曲线。由图可知，四种典型绝缘缺陷在优选特征量个数为 10～12 时，评估准确率都达到 92%，整个特征集的评估效果达到饱和。此外，最大信息系数优选的特征排序比互信息优选的特征排序有更明显的优势，因此可以以最大信息系数作为分析 UHF PD 中特征参数相关度的基准。

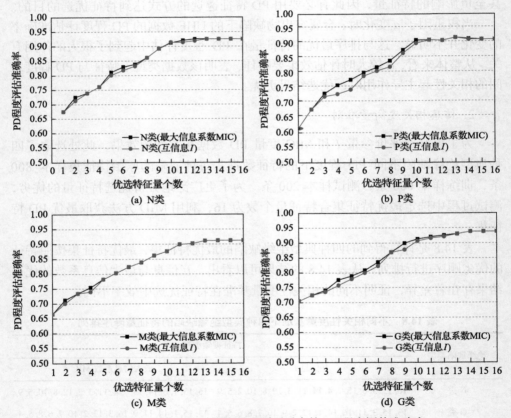

图 14.4　不同信息相关度衡量准则下对应的 PD 程度评估准确率

这两种特征优选方式的 PD 程度评估准确率差异极小，在选取 9～12 个特征量作为最优特征集时，两种信息度量的评估效果相差不大。实际应用中，如果特征量维度较大，优选的特征集个数又相对较少，两种特征优选方式的结果会对后期评估分类造成较大影响。

3. mRMR 准则优选特征效果

由图 14.4 的结果可以看出，当四种绝缘缺陷优选特征量个数为 10～12 时，各类缺陷的识别准确率达到 90% 以上，几乎达到全特征集的识别准确率，该结果表明特征优选的必要性。为了证明通过该优选方案在描述 PD 程度特征信息中进行数据挖掘能达到理论研究的效果，下面对 UHF PD 优选方案的特征量与 UHF PD 程度理论分析特征量的识别效果进行对比。

采用 mRMR 准则得到的四种绝缘缺陷分别对应的 9 维最优特征集 F_m，与特征集 $F_s=[u_{max}^+，u_{max}^-，N^+，N^-，\Delta T^+，\Delta T^-，\Delta T_{max}，Q_{acc}，En]$ 进行对比测试。针对同样的原始 PD 信息，构建 800 组特征样本数据，经 SVM 分类后得到四种（N 类、P 类、G 类和 M 类）绝缘缺陷在各 PD 程度（L1、L2、L3）的评估准确率以及整体评估准确率，如表 14.9 所示。

表 14.9　F_m-SVM 与 F_s-SVM 两种方案的 PD 程度评估效果对比

状态	评估准确率							
	F_m-SVM				F_s-SVM			
	N 类	P 类	M 类	G 类	N 类	P 类	M 类	G 类
L1	0.92	0.92	0.90	0.91	0.88	0.88	0.83	0.87
L2	0.88	0.87	0.85	0.88	0.76	0.82	0.73	0.83
L3	0.91	0.90	0.86	0.92	0.80	0.86	0.80	0.85
整体	0.903	0.897	0.870	0.903	0.813	0.853	0.787	0.850

总体来看，F_m 特征集与 F_s 特征集的评估效果都很好，但是在 F_s 特征集评估效果相对较差的 N 类绝缘缺陷和 M 类绝缘缺陷中，最优特征集仍能保持较高的评估准确率，这说明了本书特征选择的思路在 PD 程度评估中可行，并且效果更加稳定，整体表现更佳。

通过上述特征优选改进方案的测试，证明了改进方案的有效性。因此，针对三类 PD 源信息，先进行互信息与最大信息系数的相关度基准的选择，然后测试不同权重下的评估效果，选择评估效果最好的一组权重开展特征优选工作，最后测试不同特征量下的评估效果。

14.2.3　多源 PD 信息的状态特征优选

1. 基于 UHF 信息的 PD 程度特征优选

依照改进 mRMR 准则的流程对四种典型绝缘缺陷下的 UHF PD 特征数据进行优选测试，信息相关度用 MIC 来衡量，权重因子 $\alpha=0.6$，SVM 分类器的训练样本为 600 个，测试样本为 200 个，得到的特征排序结果如表 14.10 所示。分析可知：N 类绝缘缺陷的最优特征 V_1 和 V_{16} 表征了正负半周的放电次数剧烈变化的特征信息，与前文中该类缺陷在正半周放电变化最为显著的三维图谱分析相印证；G 类绝缘缺陷的最优特征 V_{13}、V_{15} 和 V_1，表明整个正负半周的放电幅值和次数的偏斜度最重要，该结果印证 G 类绝缘缺陷的放电次数与幅值在整个劣化程度上跨度较大；M 类绝缘缺陷的最优特征 V_{14}、V_5 和 V_{16}，表明正负半周放电差异性和偏斜度能凸显该缺陷特征；而 P 类绝缘缺陷的最优特征 V_{16}、V_5 和 V_3，表明放电负半周下的互相关系数和偏斜度更能区分该类缺陷下的 PD 发展。通过对 M 类和 P 类缺陷的数据分析发现，M 类和 P 类绝缘缺陷分别受正负半周放电差异性能和放电次数与幅值变化的影响，这是仅靠简单统计无法发现的规律。

表 14.10　基于 UHF 信息的四种绝缘缺陷的特征排序（α=0.6）

缺陷类型	MIDS 准则（MIC 信息相关度度量）
N 类	1, 16, 13, 6, 15, 14, 7, 4, 3, 11, 12, 8, 10, 5, 9, 2
G 类	13, 15, 1, 14, 11, 9, 16, 3, 12, 2, 10, 7, 6, 8, 5, 4
M 类	14, 5, 16, 13, 15, 1, 4, 7, 9, 12, 8, 6, 10, 11, 3, 2
P 类	16, 5, 3, 15, 14, 11, 6, 9, 8, 13, , 4, 12, 7, 10, 2, 1

在得到特征排序的基础上，为了证明最优特征集的评估效果，将最优特征集的特征量与原始表 14.10 中依照 1～16 统计特征排序的特征量构成的特征集的 PD 程度评估效果进行对比测试，评估效果分析如图 14.5 所示。评估对比测试表明，测试过程中，输入数据维度的减少降低了分类器的工作量，也为分类器剔除了冗余信息，大大提高了分类器的工作效率，当优选特征量个数为 9 时，SVM 分类器的训练和测试用时是全特征集状态下用时的 72%。

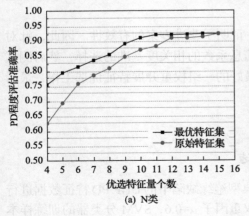

(a) N类

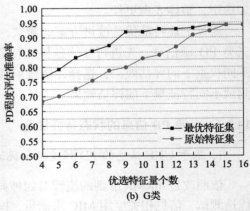

(b) G类

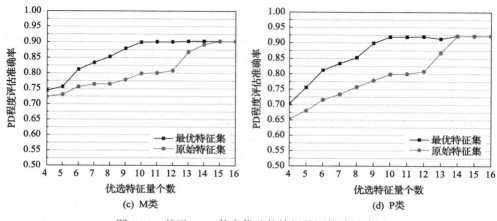

图 14.5 基于 UHF 信息优选的特征量评估效果分析

由图 14.5 可以看出，四种典型绝缘缺陷在优选特征量个数为 9～12 时，各类缺陷的识别准确率都已经达到全特征集的识别准确率；P 类、G 类绝缘缺陷在最优特征集中排序最后几个特征量的加入，反而降低了 PD 程度评估准确率，证明了原始特征集中存在着影响分类的干扰信息。此外，对比原始顺序排列的特征集，经过挑选的最优特征集能获得同样甚至更高的识别准确率，表明了 mRMR 准则的有效性。总之，通过对比最优的几个特征与实际的 PRPD 三维图谱宏观变化，mRMR 准则从数据层面客观分析了各类缺陷对应的特征量的重要程度，更加客观合理地验证了三维图谱的分析结果。PD 程度评估准确率的对比测试表明，改进的 mRMR 准则确实优选出了更能表征 PD 程度的 UHF 特征量，在实际应用中，可以将该数据挖掘结果应用到模型的构建中。

2. 基于超声信息的 PD 程度特征优选

依照改进的 mRMR 准则的流程对四种典型绝缘缺陷下 PD 产生的超声特征数据进行优选测试。经过测试后，信息相关度用 MIC 来衡量，权重因子 $\alpha=0.4$，同样选择 SVM 分类器的训练样本为 600 个和测试样本为 200 个。超声信息的特征量按照表 14.4 中 $V_{17}\sim V_{24}$ 的原始排列顺序进行输入优选，经过运算得到的特征排序结果如表 14.11 所示。

表 14.11 基于超声信息的四种典型绝缘缺陷的特征排序（$\alpha=0.4$）

缺陷类型	MIDS 准则（MIC 信息相关度度量）
N 类	24, 22, 23, 20, 16, 21, 19, 17, 18
G 类	24, 23, 22, 16, 19, 20, 21,18, 17
M 类	24, 22, 23, 16, 21, 19, 20, 17, 18
P 类	24, 23, 22, 16, 18, 20, 17, 21, 19

从四种典型绝缘缺陷的特征排序结果可以看出，各缺陷对应的 PD 特征重要程度排序存在着差异。但是，可以发现总体上特征量 $V_{22} \sim V_{24}$ 在四个特征中都占据比较重要的位置，这表明超声信息的频域分析特征更能凸显出 PD 程度的阶段特性。而 N 类绝缘缺陷、G 类绝缘缺陷、M 类绝缘缺陷的 V_{17} 和 V_{18} 特征，即表征超声信号幅度的特征量在区分 PD 程度上效果最差，这与实验中这三种缺陷下的超声信号整体幅度变化不太相吻合，也从侧面反映了该分析结果的有效性。

同样，对于 PD 产生的超声信息在得到最优特征集的基础上，为了证明最优特征集的评估效果，将最优特征集的特征量与表 13.3 中定义各特征参数 1～8 排序特征量构成的原始特征集评估效果进行对比测试，每一种缺陷的训练样本都为600 个，测试样本为 200 个，测试结果如图 14.6 所示。可以看出，四种绝缘缺陷在优选特征量个数为 4 时，识别准确率都已达到全特征集的评估准确率，原始特征提取表中排序在前的几个超声特征在 PD 程度评估过程中，评估准确率小于65%，评估效果非常差。因此，在实际评估中，可以选择频域参数代表原始的超声 PD 信息实现 PD 程度评估，效果更优。

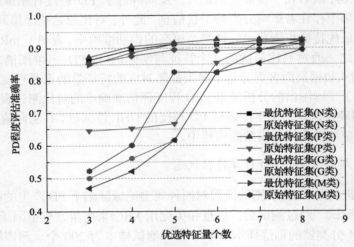

图 14.6　基于超声信息优选的特征量评估效果分析

3. 基于 SF$_6$ 分解组分信息的 PD 程度特征优选

依照改进的 mRMR 准则对典型绝缘缺陷下的 SF$_6$ 分解组分特征数据进行优选测试，由于 SF$_6$ 分解组分实验周期较长，采集的样本数据有限，互信息更适合作为信息相关度度量准则。在测试过程中权重因子 $\alpha=0.5$，选取标准的 mRMR 准则。每种缺陷 SVM 分类器的训练样本为 600 个，测试样本为 200 个，得到的特征排序结果如表 14.12 所示。测试的特征量由表 14.5 中的特征量 $V_{25} \sim V_{31}$ 构成。

表 14.12　基于 SF$_6$ 分解组分信息的四种典型绝缘缺陷的特征排序（α=0.5）

缺陷类型	MIDS 准则（互信息 I 为信息相关度度量）
N 类	31, 25, 30, 28, 29, 26, 27
G 类	30, 25, 28, 29, 31, 26, 27
M 类	31, 25, 28, 29, 30, 26, 27
P 类	31, 25, 29, 30, 28, 27, 26

从表 14.12 中的计算结果可以看出，四种典型绝缘缺陷下特征组分的比值特征排列顺序不同，整体对比四种典型绝缘缺陷的最优特征量，其中明显排序较优的比值特征量有 V_{25}、V_{30} 和 V_{31}，其物理含义为 $f(CF_4)/f(CO_2)$、$f(SO_2F_2)/f(SOF_2)$、$f(碳化物)/f(硫化物)$ 等特征组分构成的比值，这表明含硫特征组分在 PD 程度表征上有着重要的意义。其中 $f(CF_4)/f(CO_2)$ 特征比值中 C 元素来源于有机材料、F 元素来源于 SF$_6$ 分解，随着放电电压增加，C 元素和 F 元素分解产量增加，从而导致该特征比值呈现差异性变化，特征比值在时间尺度上整体呈现线性增加或减小的趋势，如图 14.7 所示。因此，该特征比值表征 PD 程度有一定的理论意义。

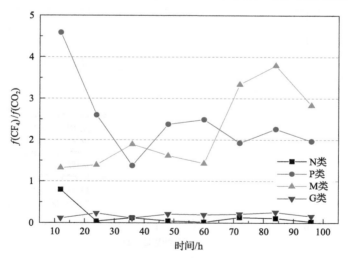

图 14.7　不同缺陷的 $f(CF_4)/f(CO_2)$ 特征比值数据变化规律

由 SF$_6$ 分解机理可知[21-26]，放电程度越剧烈，电子碰撞生成的 SF$_2$ 越多，由于两种组分分解变化速率不同，特征比值会发生变化，如图 14.8 所示，随着时间递增，比值呈递增趋势。因此，$f(SO_2F_2)/f(SOF_2)$ 表征放电的剧烈程度，可选取进行 PD 程度的评估。另外，采用自由排序的 $V_{25} \sim V_{31}$ 与优选后的特征排序下的特征集进行 PD 程度评估对比测试，测试结果如图 14.9 所示，整体上优选出的特征量能较先发挥出在 PD 程度评估中的效果。

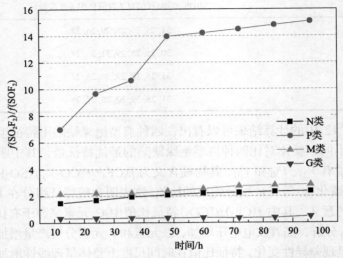

图 14.8　不同缺陷的 $f(SO_2F_2)/f(SOF_2)$ 特征比值数据变化规律

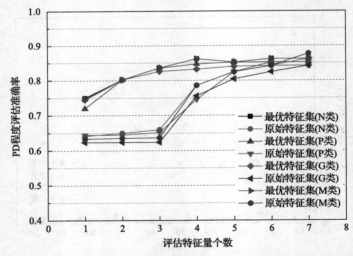

图 14.9　基于 SF_6 分解组分信息优选的特征量评估效果分析

　　特征排序及 PD 程度评估测试计算结果也表明，CF_4 为分子、硫化物为分母的特征含量比值，在实际四种缺陷的 PD 程度评估都没有起到作用。实际上由于 CF_4 数据值过于小，其特征数据经比值分析后已被忽略。综上 mRMR 准则确实优选出了更能表征 PD 程度的 SF_6 分解组分特征量，在实际应用中，可以将该数据挖掘结果应用到模型的构建中。

14.3　基于多源信息融合的气体绝缘装备绝缘状态评估

由于影响气体绝缘装备绝缘状态的因素较为复杂，影响程度不尽相同，加之理论基础相对薄弱，国内外关于气体绝缘装备绝缘状态评估的研究相对较少，目前反映绝缘状态的评价指标众多，且包含不同侧面的影响因素。从本书前述章节中有关多源 PD 信息分析也表明，同一信息下的不同特征参数对评估结果影响程度不一，这些都制约着气体绝缘装备绝缘状态评估技术的发展。

状态评估方法是气体绝缘装备绝缘理论与气体绝缘装备现场维修之间的"桥梁"，科学合理是状态评估的第一要务。因此，本节围绕以上状态评估方法，对气体绝缘装备绝缘状态评估模型中三个部分提出优化策略。

(1)绝缘状态评估指标的建立中，考虑到指导实际工程应用的需求，基于 UHF、超声和 SF_6 分解组分三类信息下 mRMR 准则的特征优选结果，引入改进遗传算法对各缺陷下的评估特征量进行综合分析，建立统一和全面的 PD 危害性评估指标体系。

(2)指标的权重确定是评估过程中极为重要的一环。本节在大量实验数据的基础上，构建一种基于互信息的因子分析赋权法，并结合互信息来评估指标之间的重要程度，获取各评估指标的权重。

(3)在最终评估结果的融合决策过程中，借助 DS 证据融合理论，同时针对决策融合中出现的"不予决策"问题，引入证据相容度，改进 DS 证据融合理论，提高最终决策正确率。

14.3.1　气体绝缘装备绝缘状态评估指标体系构建

目前，PD 信号是评估气体绝缘装备绝缘状态的主要信息来源，是评估气体绝缘装备绝缘状态的重要信息指标。此外，与气体绝缘装备绝缘状态息息相关的预防性实验信息和 SF_6 气体绝缘性能信息，同样不可忽略。总结目前对气体绝缘装备绝缘状态监测信息的研究，表征气体绝缘装备绝缘状态相对全面的信息量主要有两类：①PD 危害性信息，它以 PD 信息为主，主要对 PD 程度或状态进行评判；②SF_6 气体绝缘性能信息，它主要对气体绝缘装备中的 SF_6 绝缘气体本身的绝缘性能进行判断。

1. 基于 PD 源的 UHF 信息评估指标

在 14.2 节中用 mRMR 准则对 PRPD 模式下的 16 维特征集合进行了特征优选分析，计算结果表明，针对气体绝缘装备内不同的绝缘缺陷，不同特征集的评估效果不同，每种绝缘缺陷都对应一个最优的评估特征集。但是，在实际的气体绝缘装备绝缘状态评估模型的构建过程中，如果针对每种绝缘故障建立一套评估指标体系，那么在现场实施中就极为烦琐。为了保证指标体系的普适性，便于后期构建适合工程实际应用的评估方法，有必要建立统一的评估指标体系。因此，在14.2 节特征优选的基础上，需要对比四种典型绝缘缺陷的最优特征集，选取一个统一的评估指标体系，该指标体系在四种绝缘缺陷产生的 PD 程度评估中，都能达到较优的评估效果。

由于 UHF PRPD 模式下的四种绝缘缺陷的最优评估特征集的组合较多，此处提出利用遗传算法搜索最优的评估特征集的方案，并利用遗传算法的思想进行迭代选择[27-29]。如图 14.10 所示，随机选取一个 PD 程度评估特征集作为初始群体，通过仿真生物进化机制，对个体评价、选择、交叉以及变异重新组合特征集等，新选出满足设定的终止条件的最优特征集，进行迭代运算输出最终的评估特征集。

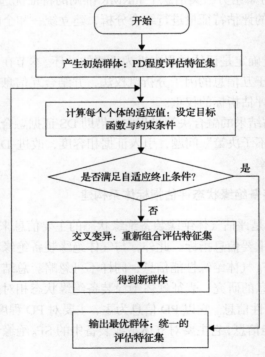

图 14.10　遗传算法实现的流程

在 UHF PD 危害性评估指标体系构建中，将遗传算法思想应用到最佳 PD 程度评估指标的选择，算法实现过程如下。

步骤 1　产生初始群体。PD 程度评估特征量即是初始的分析群体，群体规模大小的选择依据本章数据挖掘的分析结果。

UHF PD 程度评估特征量群体规模的确定：根据图 14.4 所示四种缺陷 PD 程度评估准确率随着优选特征量个数增加的曲线，在优选特征量个数为 10 时，四种绝缘缺陷产生的 PD 程度评估准确率都大于 90%，随后优选特征量个数增加到 11～12 时，四种缺陷的评估准确率维持在 92%左右，几近饱和。在遵循评估效果足够优质的情况下，尽量选择少的特征量个数，避免过多过细的指标体系。因此，选择评估准确率达到 90%，符合工程应用需求的 10 作为最优特征集的元素个数。用"popsize"表示群体规模。然后利用遗传算法的二进制编码方式对评估特征量进行编码，即用"1"和"0"来表示评估特征量被选中和没有被选中。

在构建初始群体的过程中，引用链式竞争策略的智能体遗传算法[28, 29]，如图 14.11 所示的链式循环结构。图中每一个圆圈表示一个评估特征量，则共有定义的 popsize 规模的特征量群体。在后面遗传变异进化规则中包含了该智能体的训练模式，在进化过程中，通过相邻的智能体的适应度值比较进行淘汰。该方式在特征集搜索过程中更符合优胜劣汰的进化思想，能保证特征量搜索范围足够广。

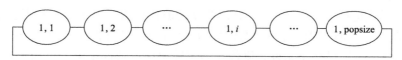

图 14.11　智能体遗传算法中的链式循环结构

初始群体确定以后，需要确定群体的适应度，判断选定的群体是否优秀。进化初始群体过程中，为防止最优个体在交叉和变异等遗传操作过程中编码发生变化或丢失，采用精英保留策略。在子代的评估特征集中的最差评估特征量用父代的最优评估特征量代替。

步骤 2　用准则 θ_1 对应的适应度函数计算个体的适应度值，构建算法模型的目标函数。在传统理论分析的基础上，引入数据分析的方式挖掘特征信息中潜在的信息规律，并将其用到算法模型的构建思路。

利用基于互信息理论的 mRMR 准则，通过 14.1 节中 PD 程度评估特征量优选，定义准则 θ_1 及其适应度函数 f_1。同样基于此理论定义群体进化是以 mRMR 为准则，即构建的特征群体对于四种缺陷都能尽可能达到 mRMR 的目标。

参考式(14.5)和式(14.6)定义的 mRMR 准则的相关理论，以信息差作为衡量评估选择的特征集是否优质的第一个准则，因此其评价准则 θ_1 的适应度函数 f_1 如式(14.12)所示：

$$f_1 = \Phi_{\text{缺陷}1} + \Phi_{\text{缺陷}2} + \Phi_{\text{缺陷}3} + \Phi_{\text{缺陷}4}$$

$$\Phi_{\text{缺陷}i} = \frac{1}{|S|}\sum_{f_i \in S} I(f_i, c) - \frac{1}{|S|^2}\sum_{f_i, f_j \in S} I(f_i, f_j) \tag{14.12}$$

该目标函数定义中特别指出需将四种缺陷的信息差进行求和，旨在指出综合考虑进化的评估特征集在四种缺陷中信息的综合丰富度，这样才能保证最终的最优群体对四种缺陷都相对最优。

式 (14.12) 中各变量的定义可参照 14.1 节中说明，缺陷 1、缺陷 2、缺陷 3 和缺陷 4 分别表示 N 类缺陷、G 类缺陷、M 类缺陷和 P 类缺陷。

步骤 3 用准则 θ_2 对应的适应度函数 f_2 计算个体的适应度值，通过链式竞争选择、自适应交叉、自适应变异和精英保留策略[28, 29]等措施使群体进化。适应度函数 f_2 选用的评估特征集，以在四种评估缺陷中评估准确率的平均值作为适应度值。

计算过程中，直接选用 SVM 分类器，在求解评估准确率时，从每种缺陷的 800 组样本数据中选取 600 组样本，用 svmtrain 函数进行训练，然后将剩余的 200 组缺陷用 svmpredict 函数进行预测，获得四种缺陷的评估准确率 accruacy，适应度函数 f_2 即为四种缺陷的准确率平均值。

步骤 4 设定终止条件，如果满足则终止进化，如果不满足，则进行交叉变异，进化新的群体。本节采用自适应终止条件，每代的最优适应度值作为基准量，定义 k 为最优适应度值保持不变的代数，t 为遗传代数。当 k 与 t 分别达到设定的常数限值 K 与 T 时，即保持不变的代数与遗传代数都达到既定要求，则停止进化。

步骤 5 若满足终止条件，则停止搜索输出最终特征子集，否则回到步骤 2。

每组缺陷同样选择 800 组样本数据作为算法的分析数据源，在计算过程中最终设定 $K=10$，$T=17$。经过遗传算法对评估指标进一步综合选择，最终 PRPD 模式下的评估特征集表 14.3 中的 $\{V_1, V_3, V_4, V_6, V_{11}, V_{13}, V_{14}, V_{15}, V_{16}\}$，将其选取为 UHF PD 的气体绝缘装备评估指标，评估指标涉及的信息意义为：{正负半周以及整个工频周期的偏斜度、正负半周以及整个工频周期的陡峭度、正负半周放电次数和幅值比、正负半周互相关系数}，可以看出在评估 PD 的危害性部分，UHF 数据中表征正负半周放电差异性的特征信息起主导作用。

2. 基于 PD 源的超声信息评估指标

根据 14.2 节中对不同 PD 程度的超声特征量优劣排序可知，在四种典型绝缘缺陷的原始 8 个特征量中，对于不同 PD 程度的评估效果，在频域的三个特征量上都具有明显的优势，而在时域的几个特征量表现并不太好。

在超声信息中，定义了 8 个评估 PD 程度的原始特征量，特征量个数相对较少，并且与 UHF PD 特征量相比，对超声信息的 PD 程度特征量优选表明，频域的特征量在表征 PD 程度上比几个表征时域轮廓参数更有优势。因此，可以直接选用超声评估特征集表 14.4 中的频域特征 {V_{22}-功率谱最大值，V_{23}-中值功率，V_{24}-平均功率频率}作为超声信息源的评估指标。

3. 基于 PD 源的 SF$_6$ 分解组分信息评估指标

在基于油色谱数据的变压器故障诊断与状态评估中，采用分解组分的特征比值进行故障诊断与绝缘状态判断是行业比较认同的方法，为此参照变压器故障诊断的三比值法，建立 SF$_6$ 分解组分含量比值的信息评估指标技术，在实际应用中更具有通用性。

在选取分解组分构建评估指标体系时，主要考虑特征组分含量比值作为绝缘劣化的评估指标，因此，SF$_6$ 分解组分信息的评估指标仍根据 mRMR 准则优选的特征量进行选择。根据 14.2 节中对含量比值特征量的 mRMR 优选结果可知，在构建的七个特征比值中，四种缺陷在 PD 程度评估中，整体表现较为突出的特征量有 $f(SO_2F_2)/f(SOF_2)$、$f(CF_4+CO_2)/f(SO_2F_2+SOF_2)$、$f(CO_2)/f(SO_2F_2)$ 和 $f(CF_4)/f(CO_2)$，即直接将 SF$_6$ 气体分解组分监测信息构成的含量比值作为评估指标。

4. 反映 SF$_6$ 气体绝缘性能评估指标

针对气体绝缘装备内 SF$_6$ 气体绝缘性能的检测内容，且围绕预防性实验等检测实验，主要有以下指标与其气体绝缘状态息息相关。

(1) SF$_6$ 气体的微水含量。在设备换气的时候不可避免地会混入水蒸气，同时设备内部绝缘材料同样可能释放水分，气体绝缘装备内的水蒸气极大地影响气体的绝缘性能，降低设备电气性能，因此微水含量可以作为评估指标之一。

(2) SF$_6$ 气体的泄漏值。气体绝缘装备内的 SF$_6$ 气体泄漏是运行过程中经常发生的问题，气体泄漏会导致 SF$_6$ 气体密度降低，气压变低，绝缘保护变弱，设备的绝缘耐受能力变差；在断路器隔室内，SF$_6$ 气体泄漏影响更为明显，会导致设备开断容量降低；气体泄漏值是气体绝缘装备内绝缘密度和绝缘压力的表征，毫无疑问是评估 SF$_6$ 气体绝缘性能不可缺少的一个评估指标[30,31]。

微水含量和气体泄漏值都可以通过相应的设备进行检测，并且现有导则指明了其对于设备绝缘状态影响的量化分析。

5. 气体绝缘装备绝缘状态评估的综合指标体系

PD 危害性与 SF$_6$ 绝缘性能信息涵盖了气体绝缘装备绝缘系统健康状况相对全面的信息，评估指标选取符合现有气体绝缘装备的绝缘理论，对于多源 PD 信息中评估指标的选取，在传统理论特征量提取的基础上，还可利用 mRMR 准则开展数据分析挖掘和智能分析等建立评估特征量，更为客观合理。

气体绝缘装备绝缘状态评估指标体系最终归纳如图 14.12 所示，其中评估指标统一用小写字母 v 表示，最终形成了 18 个状态评估指标。

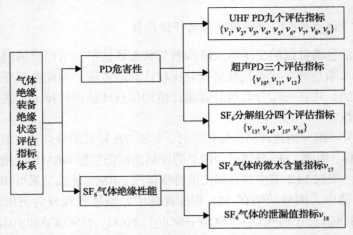

图 14.12 气体绝缘装备绝缘状态评估指标体系

14.3.2 气体绝缘装备的绝缘状态评估模型

状态评估问题本质为分类问题,目前在变压器领域的状态评估技术研究应用较为成熟[32-36],评估方法整体分为两大类。

(1)人工智能方法。在状态监测数据量相对充足的情况下,引入人工神经网络、支持向量机等智能分类器,通过数据训练获取分类器关键参数,构建智能算法模型,最终实现状态评估。该方法普遍适用于数据量积累足够充足的情形。

(2)以层次分析为代表的数学模型类评估方法。通过构建评估指标体系,确定各指标的隶属度与指标权重,通过数学方法获取样本数据隶属于各个状态的隶属度,模型构建的方法流程清晰明了,评估过程中的结果与最终评估结果都可以用来指导现场状态评估与设备维护,是目前普遍采取的方法。

此外在各评估指标累积数据量不对称的情况下,也可以将智能评估的方法与数学模型方法相结合。

在构建气体绝缘装备绝缘状态评估模型中,遵循适合于指导现场状态维修的标准。评估模型以层次分析为基础架构,引入模糊隶属度函数,并建立了基于客观数据分析的权重计算方案,最终通过决策信息融合模型实现最终的决策融合,给出评估结果。

1. 气体绝缘装备绝缘状态定义

目前,气体绝缘装备的绝缘状态评估研究较少,现有导则根据气体绝缘装备整体所有组件的状况对设备进行轻微、注意、严重和危险四个等级的评分,而对于装备绝缘状态的详细评价和绝缘状态的细分等没有明确的说明。这与该领域理论研究尚不成熟、行业标准制定相对滞后有关。

在前述各章节中有关 PD 程度等级划定和 PD 演变过程的研究表明,不同的检测手段获取的监测信息对 PD 程度的细化不一。因此,为了能够更加包容多源监测信息,在不影响对最终结果判断的情况下,仿照第 12 章对 PD 程度等级的划分,仍然将绝缘状态评价简单定义为三个等级,即 H1(轻微)、H2(注意)和 H3(危险)。

为了便于指导设备现场状态维修,评价等级不易划分过细,参照气体绝缘装备实际的运行状况,在不影响现场人员对于设备运行状况分析的前提下,考虑到本书状态评估信息来源的多源性,将设备的绝缘状态用式(14.13)来表征:

$$H=\{H1, H2, H3\} \tag{14.13}$$

各状态等级设定详细说明如表 14.13 所示。

表 14.13　气体绝缘装备绝缘状态评价等级定义

评价等级	绝缘状态	评价描述
H1	轻微	设备所有监测数据都在正常规定的允许范围内,监测数据的长期趋势也没有异常,该情况证明设备运行状态良好,可以依照原始的定期维护策略制定设备的运维管理
H2	注意	设备状态监测数据异常,设备中存在着未知缺陷,需要进一步通过长期的监测数据进行判断,该状态需要提高设备警惕,加大设备看护投入,持续关注设备状态
H3	危险	设备状态监测数据明显异常,设备内部存在对设备绝缘状态影响极大的缺陷,需要立即对设备进行维护

2. 气体绝缘装备绝缘状态评估模型

考虑到各评估指标状态边界的模糊性而引入模糊理论,模糊评判理论以层次分析法为基本架构,在大型电力变压器和高压电力电缆等输变电设备的绝缘状态评估领域有广泛的应用。模糊层次分析评估结合了模糊理论与层次分析评估架构形成一个成熟的状态评估模型,同样包括评估对象确定和评估指标体系建立,进行底层和因素层的分层处理,并考虑各评估指标的权重和评估结果的综合分析。

评估流程如下:

(1)确定评估对象 X。评估对象所有可能的状态或性质。

(2)影响评估对象的因素指标 U。使用分层处理评估指标体系的方式,先对评估指标体系因素层分类,然后在每个因素层细化指标因子,分层处理的方式细化了底层指标之间的重要程度,提高了评估模型的准确度,即确定影响评估对象状态或性质的因素。

(3)建立评估矩阵 R。评估矩阵表示评估指标 U 与评估对象 X 之间的函数关联,一般用模糊隶属度函数构建,因此矩阵 R 也称模糊评判矩阵。

当评估指标 U 对评估对象 X 进行评判时，对应着建立一个评估矩阵 $\boldsymbol{R}$，即 $\boldsymbol{R}_i = (r_{i1}, \cdots, r_{ij}, \cdots, r_{in})$，$r_{ij}$ 表示评估因素的评价结果在评语 x_j 上的可能程度，即 u_i 对 x_j 的隶属程度，其中：

$$\sum_{j=1}^{n} r_{ij} = 1, \quad r_{ij} \geq 0 \tag{14.14}$$

$$\boldsymbol{R} = \begin{bmatrix} r_{11} & r_{12} & \cdots & r_{1n} \\ r_{21} & r_{22} & \cdots & r_{2n} \\ \vdots & \vdots & & \vdots \\ r_{m1} & r_{m2} & \cdots & r_{mn} \end{bmatrix} \tag{14.15}$$

(4) 计算评估指标的权重 $\boldsymbol{W} = [w_1, w_2, \cdots, w_m]$，$v_i$（$0 \leq v_i \leq 1$）为因素 i 对最终评估结果影响大小，权值向量元素和为 1。

(5) 计算评估矩阵 $\boldsymbol{B} = \boldsymbol{V} \circ \boldsymbol{R} = [b_1, b_2, \cdots, b_n]$，"。"为模糊算子，最终评估结果为评估矩阵，为样本输入得到的隶属于每一个状态的可能性，可以从中选取可能性最大的状态进行评估。

然而，在使用多因素进行评估时，简单地将评估结果合并，选取最大可能性的状态等级评估方法有时不能满足要求，为此可以引入评估决策信息融合方案来解决该问题。

基于 14.3.1 节中的分析，绝缘状态的评估指标包含 PD 危害性和 SF_6 气体绝缘性能两个方面，共包括 18 个评估指标。在综合所有评估指标进行评估时，需要确定各指标的权重，分别就三类（UHF、超声和 SF_6 分解组分）PD 源信息和一类 SF_6 气体绝缘性能信息进行一次权重的分配，整个权重矩阵中各权重之和为 1，如果对 18 个指标平行赋权，每个指标的权重小于 0.1，这种方式不利于突出某些指标对最终评估结果的影响程度。一般根据信息来源的不同进行分层式的权重分配，即 PD 危害性信息与 SF_6 气体绝缘性能信息两大因素层。因此，在构建状态评估模型的过程中，采用多层评估的模型架构，对评估结果进行决策层信息融合的实施方案。该解决方案可以极大地规避上述问题。

决策信息融合具体的实现流程如下。

(1) 根据前述对于气体绝缘装备运行状态的分析，将评估模型针对的评语集 H 定为 H={H1-轻微，H2-注意，H3-危险}。

(2) 以多源 PD 信息为基础，结合 SF_6 气体绝缘性能信息，构建的 SF_6 评估指标体系分别有 UHF PD 评估指标 9 个、超声 PD 评估指标 3 个、SF_6 分解组分评估指标 4 个和 SF_6 气体绝缘性能评估指标 2 个，共计 18 个指标来构建评估指标集 U。

(3)建立模糊评判矩阵 **R**，即建立集合 H 到集合 U 的模糊关系矩阵，用于评价各项因素对每个评判对象的隶属情况。在确定评估样本缺陷类型的基础上，选择对应的隶属度边界构建隶属度函数，进而求得评估样本的隶属度矩阵。

(4)计算各评估指标的权重，利用本章提出的专家赋权法与基于互信息的因子分析赋权法分别对各源信息的评估指标进行权重计算。

(5)在最终评估矩阵的计算过程中，引入改进 DS 证据融合理论。

基于以上实施方案，气体绝缘装备绝缘状态评估流程如图 14.13 所示，对 PD 危害性和 SF$_6$ 气体绝缘性能评估后，决策融合多源 PD 信息，然后将 PD 危害性与 SF$_6$ 气体绝缘性能评估结果进行决策融合，结合 DS 证据理论的推理规则，给出最终的决策结果。

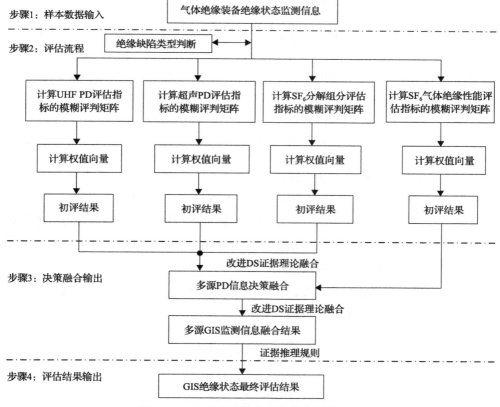

图 14.13　气体绝缘装备绝缘状态评估流程

14.3.3　评估指标权重确定

由于气体绝缘装备整体结构复杂，在实际运行过程中，难以收集到大量全信息状态下的有效数据样本，并且各状态量可收集到的数据量大小也不一致。目前，对于输变电设备的状态评估模型中指标权重的确定多来源于专家经验。如对变压器状态进行评估时[36-39]，多采用基于专家经验与相应的理论分析的赋权方法。

1. 专家赋权法

有关 SF_6 气体绝缘性能的指标主要参考现有的工程应用规程，没有挖掘指标之间相关规律的历史数据基础，因此在建立 SF_6 气体绝缘性能这一因素下的评估指标时，采用了层次分析法中的专家赋权法。

假定 SF_6 气体绝缘性能因素受 n 个评估指标综合决定，专家赋权法则根据理论经验假定 m 个专家，在对气体绝缘装备绝缘理论理解的基础上对任意两个指标进行比较，第 k 个专家得到的判断矩阵 $\boldsymbol{A}^{(k)}$ 为

$$\boldsymbol{A}^{(k)} = (a_{ij}^k)_{n \times n}, \quad i, j = 1, 2, \cdots, n \tag{14.16}$$

式中，a_{ij}^k 表示第 k 个专家在比较 i 和 j 的相对重要程度时得到的量化值。显然，构造的判断矩阵 $\boldsymbol{A}^{(k)}$ 有如下性质：

$$a_{ij}^k > 0, \quad a_{ij}^k \cdot a_{ji}^k = 1, \quad a_{ii} = 1 \tag{14.17}$$

各个评估指标的标度方法直接选用最常见的 1～9 标度法，通过 1、3、5、7、9 这些量化值评定各指标的重要程度，如表 14.14 所示。严格意义上来讲，对于矩阵 $\boldsymbol{A}^{(k)}$ 中的元素应该有 $a_{ij} = a_{ik} \cdot a_{kj}$，但是实际在进行评估模型构造的过程中很难达到该要求，因此专家赋权法中根据评估方法需求设定了以下准则：同一位专家在两两判断时，如果对三个指标的重要性排序分别有 $a_i > a_j$ 和 $a_j > a_k$，则一定有 $a_i > a_k$，这符合实际评定重要度的过程，必须遵守，在构造判断矩阵 $\boldsymbol{A}^{(k)}$ 时必须满足这一条件，该条件的数学表达式如式 (14.18) 所示：

$$\begin{cases} \text{C.I.} = \dfrac{\lambda_{\max} - n}{n - 1} \\ \text{C.R.} = \dfrac{\text{C.I.}}{\text{R.I.}} \end{cases} \tag{14.18}$$

式中，$\lambda_{\max}$ 为判断矩阵 $\boldsymbol{A}^{(k)}$ 的最大特征根；R.I.为平均随机一致性指标，如表 14.15 所示为不同阶数下的指标取值。

表 14.14　评估指标典型 1～9 标度法

标度	代表含义
1	评估指标同等重要
3	评估指标 i 比评估指标 j 稍微重要
5	评估指标 i 比评估指标 j 明显重要
7	评估指标 i 比评估指标 j 强烈重要
9	评估指标 i 比评估指标 j 极端重要

表 14.15　平均随机一致性指标取值

阶数 n	1	2	3	4	5	6	7	8	9
R.I.	0	0	0.58	0.89	1.12	1.24	1.36	1.41	1.46

常见一致性准则的数学判断可用式(14.19)表示：

$$\text{C.R.} < 0.1 \tag{14.19}$$

以上条件的检验可以证明专家赋权流程的可靠性，通过计算判断矩阵 $A^{(k)}$ 在 $\lambda_{\max}$ 时所对应的归一化特征向量 $\boldsymbol{w}^{(k)} = (w_1, w_2, \cdots, w_n)^{\mathrm{T}}$ 即为在单一准则因素 A 下所对应的 n 个评估指标的权重向量，即

$$\boldsymbol{w}^{(k)} = \left(\sum_{j=1}^{n} a_j b_{1j}, \sum_{j=1}^{n} a_j b_{2j}, \cdots, \sum_{j=1}^{n} a_j b_{nj} \right)^{\mathrm{T}} \tag{14.20}$$

SF_6 气体绝缘性能只有两个指标的权重，可以直接利用专家赋权法进行计算，即先根据表 14.14 中的 1～9 标度原理进行评估指标之间的比较，构建判断矩阵如表 14.16 所示，然后简单代入数据到式(14.20)中，求解判断矩阵的特征根，计算得到最大特征根为 2，根据对应的特征向量归一化处理可以得到该权重向量为[2/3, 1/3]，该判断矩阵为二阶，本身具有完备性，因此不用进行一致性检验。如果评估指标大于二阶矩阵，直接根据上述流程可进行一致性检验。

表 14.16　判断矩阵计算结果

$A^{(k)}$	气体微水	气体泄漏
气体微水	1	2
气体泄漏	1/2	1

2. 基于互信息的因子分析赋权法

互信息理论中互信息 $I(x, y)$ 表示了两个随机变量 x 和 y 之间的相关度，并且

在定义中 $p(x)$、$p(y)$、$p(x, y)$ 分别表示变量的概率密度，对这几个特征量进行分析，可类比专家赋权法的评估指标重要程度的思路，利用采集到的历史故障数据分析作为专家的理论经验，故可以在数据挖掘分析的基础上完成评估指标的赋权，这种客观分析的方式为基于互信息的因子分析赋权法。

在构建该方法的过程中，可以通过 $D = \dfrac{1}{|V|} \sum\limits_{v_i \in V} I(v_i, H)$ 来衡量评估特征集 V 的评估指标 v_i 与绝缘状态等级 H 之间的信息相关度，通过 $R = \dfrac{1}{|V|} \sum\limits_{v_i \in V} I(v_i, v_j)$ 来衡量评估指标 v_i 与 v_j 之间的相关度，利用 D 与 R 作为评估指标权重计算的基准量。

指标的权重本质上是反映该指标对最终评估结果的重要程度。因此，可以从权重的本质意义出发，借鉴互信息的关联度衡量准则，通过已有的数据分析，挖掘各指标与最终严重程度评估之间的相关度，最大限度上克服了现有专家赋值法的主观性，使得最终的评估结论更加准确。用算子 Φ_3 来衡量所有变量的信息相关度，即

$$\max_{y} \Phi_3, \quad \Phi_3 = \frac{y^{\mathrm{T}} D}{k} - \frac{y^{\mathrm{T}} R y}{k(k-1)} \tag{14.21}$$

其中，指示向量 $y = [y_1, y_2, \cdots]^{\mathrm{T}}$ 为衡量因子，公式中的意义在于权衡两方面信息。该二次函数的优化条件为

$$\text{s.t.} \sum_i y_i = k, \quad y_i \in [0, 1] \tag{14.22}$$

式中，k 为评估指标的个数。对这个二次规划函数进行求解，获取每个评估指标对应的指示向量的 y 值，使得所有评估指标构建的信息体系达到最大相关最小冗余，而这里的 y 就是我们需要的权值因子。

基于以上指标权重的分析方法，分别将 UHF、超声和 SF_6 分解组分方法所得到的样本数据作为权重分析的数据基础，其中三个 PD 源信息的评估指标个数 k 为所选取的评估指标的个数，分别为 9、3 和 4。因此，二次函数式（14.21）与式（14.22）中的个数 k 确定为常数，通过该优化条件反过来求取算子 Φ_3。

利用 UHF、超声和 SF_6 分解组分方法所得到的数据求得三个 PD 源信息的权重大小，以及用专家赋权法所得到的两个 SF_6 气体性能的指标权重，归纳如表 14.17 所示。

表 14.17　评估指标的权重计算结果

PD 源信息	该项目下指标权重
PD 的 UHF 特征量	0.1043, 0.066, 0.0926, 0.0755, 0.0958, 0.1304, 0.1258, 0.1332, 0.1764
PD 的超声特征量	0.4112, 0.3642, 0.2246
PD 的 SF$_6$ 分解组分特征量	0.2217, 0.3512, 0.1963, 0.2308
SF$_6$ 气体绝缘性能	0.667, 0.333

14.3.4　评估指标隶属度分析

在对输变电设备状态评估过程中，根据设备的实际运行状态，所定义的各评估状态之间很难存在绝对的阈值划分[20,40]，因此在评估判断的处理过程中，引入模糊理论，通过模糊隶属度函数定义各评估指标的隶属度，可以尽量避免交叉边界处误判为相邻等级。式(14.23)为引入的模糊隶属度函数：

$$H(\mu) = \left\{ \mu_{i,\text{H1}}, \mu_{i,\text{H2}}, \mu_{i,\text{H3}} \right\} \tag{14.23}$$

式中，$\mu_{i,\text{H}m}(m=1,2,3)$ 为评估指标 v_i 隶属于状态 Hm 的隶属度。

隶属度函数可以根据实际情况进行选取。本书研究的是电气装备绝缘状态，其隶属度函数的边界确定需要用到四种绝缘缺陷的样本数据，为此在状态评估指标中选取了四种绝缘缺陷的评估指标。方便起见，直接选用较为简单的三角函数与梯形函数作为评估指标的模糊隶属度函数，如图 14.14 所示。因此，对于某一评估指标 v_i，分属三种绝缘状态 H1、H2 和 H3 的可能程度分别以式(14.24)～式(14.26)表示，即

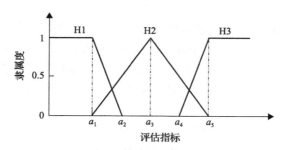

图 14.14　模糊隶属度函数曲线

H1(轻微状态)：

$$r_{i1} = \begin{cases} 1, & U_i \leqslant a_1 \\ \dfrac{a_2 - U_i}{a_2 - a_1}, & a_1 < U_i < a_2 \\ 0, & U_i \geqslant a_2 \end{cases} \tag{14.24}$$

H2（注意状态）：

$$r_{i2} = \begin{cases} 0, & U_i \leqslant a_1 \\ \dfrac{U_i - a_1}{a_3 - a_1}, & a_1 < U_i \leqslant a_3 \\ \dfrac{a_5 - U_i}{a_5 - a_3}, & a_3 < U_i < a_5 \\ 0, & U_i \geqslant a_5 \end{cases} \quad (14.25)$$

H3（危险状态）：

$$r_{i3} = \begin{cases} 0, & U_i \leqslant a_4 \\ \dfrac{a_5 - U_i}{a_5 - a_4}, & a_4 < U_i < a_5 \\ 1, & U_i \geqslant a_5 \end{cases} \quad (14.26)$$

式中，U_i 表示本章定义的评估指标 $v_1 \sim v_{18}$ 中第 i 个评估特征量的值；r_{i1}、r_{i2} 和 r_{i3} 分别表示第 i 个评估指标对轻微、注意和危险三个绝缘状态等级的隶属度，将评估的监测样本代入计算后，可以最终得到模糊评判矩阵 $\boldsymbol{R}$ 为

$$\boldsymbol{R} = \begin{bmatrix} r_{11} & r_{12} & r_{13} & r_{14} \\ r_{21} & r_{22} & r_{23} & r_{24} \\ \vdots & \vdots & \vdots & \vdots \\ r_{91} & r_{92} & r_{93} & r_{94} \end{bmatrix} \quad (14.27)$$

为了求得每个评估指标的隶属度函数，关键在于确定每个评估指标的隶属度边界，即式（14.24）～式（14.26）中 a_1、a_2、a_3、a_4 和 a_5 的值。因此，引入模糊聚类的方法对现有各评估指标的历史数据进行挖掘，获取现有评估指标构建的样本体系中指标的聚类中心与聚类半径，依据聚类中心与聚类半径构造 a_1、a_2、a_3、a_4 和 a_5 的值。

与前文样本数据的处理一样，采用 FCM 聚类，针对每一种绝缘缺陷产生 PD 程度的数据，设置 3 个聚类中心，也可称为 3 个绝缘状态等级，其中 PD 的 UHF 信息样本数据与超声信息样本数据在每个状态等级构建样本数据 200 个，PD 的 SF$_6$ 分解组分信息样本数据在每个状态等级构建样本数据 8 个，所有的数据都需要经过归一化的预处理。

假设状态评估指标 v_i 经过 FCM 聚类求得的状态中心分别为 o_{i1}、o_{i2} 和 o_{i3}，对应的半径分别为 r_{i1}、r_{i2} 和 r_{i3}，则其对应的模糊隶属度函数的边界 a_{i1}、a_{i2}、a_{i3}、a_{i4} 和 a_{i5} 的值可通过式（14.28）进行计算：

$$\begin{cases} a_{i1} = o_{i2} - r_{i2} \\ a_{i2} = o_{i1} + r_{i1} \\ a_{i3} = o_{i2} \\ a_{i4} = o_{i3} - r_{i3} \\ a_{i5} = o_{i2} + r_{i2} \end{cases} \tag{14.28}$$

显然，式(14.28)表明对应某缺陷某评估指标，a_{i3}、a_{i1} 和 a_{i5} 分别为 H2 状态的中心值和两个边界值，a_{i2} 为 H1 状态等级的右边界值，a_{i4} 为 H3 状态等级的左边界值。

此外，在 SF_6 气体绝缘性能的微水和气体泄漏数据的边界值处理中，可以直接参照行业标准 DL/T 1688—2017《气体绝缘金属封闭开关设备状态评价导则》和 DL/T 596—2021《电力设备预防性试验规程》的参数要求制定，汇总于表 14.18。

表 14.18　SF_6 气体部分的相关规程要求

组分	状态等级	断路器气室	其他气室
	轻微	运行中微水值接近 500mL/L	运行中微水值接近 500mL/L
SF_6 气体湿度	注意	运行中微水值大于 500mL/L 且有快速上升的趋势	运行中微水值大于 500mL/L 且有快速上升的趋势
	危险	运行中微水值大于 800mL/L 且有快速上升的趋势	运行中微水值大于 800mL/L 且有快速上升的趋势
	轻微	0.5MPa	0.4MPa
SF_6 气室规定压力值	注意	0.45MPa	0.3MPa
	危险	0.4MPa	—

将样本数据代入式(14.28)进行计算，同时为更好地适合实际推广应用，需要将得到的各评估指标数据归一化处理。在归一化处理过程中，最大值选取为危险状态的中心点加上聚类半径，得到各评估指标 a_1、a_2、a_3、a_4 和 a_5 的值。

以 SF_6 气体绝缘装备内出现的金属突出物缺陷进行评估为例，表 14.19 中给出了 UHF PD 数据信息下部分计算结果，该结果在原始 PD 信息计算基础上进行了归一化处理。PD 的超声数据信息同样用聚类分析做处理。由于 PD 的 SF_6 分解组分数据信息直接对应了三个等级，所以其边界直接根据统计结果进行处理。

表 14.19　金属突出物缺陷下 UHF PD 各评估指标的边界

类型	边界	v_1	v_2	v_3	v_4	v_5	v_6	v_7	v_8	v_9
金属突出物类缺陷	a_1	0.11	0.09	0.21	0.17	0.16	0.18	0.12	0.25	0.15
	a_2	0.21	0.21	0.31	0.29	0.28	0.30	0.21	0.36	0.25
	a_3	0.42	0.35	0.46	0.42	0.42	0.42	0.41	0.52	0.42
	a_4	0.63	0.43	0.55	0.58	0.65	0.69	0.60	0.67	0.55
	a_5	0.87	0.66	0.69	0.66	0.82	0.79	0.77	0.89	0.70

14.3.5　改进 DS 证据融合理论

由 Dempster 和 Shafer 提出的 DS 证据理论组合规则[8,9,35]是经典决策融合理论，该数学理论是对不同的决策结果或不同信源监测结果的综合推断。在实际决策过程中，由于对于各状态信息源的评估结果进行进一步决策分析缺乏足够的理论支撑，评估模型时借鉴 DS 证据融合理论方法，可以提高评估模型的可靠性。

DS 证据理论主要以上、下限值和合成规则几个部分构成，上、下限值分别以信任函数和似然函数表示。DS 证据理论本质上是根据原始决策信息的可信度实现状态信息的融合，关键的信任函数与似然函数的表示[41]如图 14.15 所示。DS 证据融合理论涉及以下几个基本的定义[41,42]。

图 14.15　信任函数与似然函数

定义 14.1（识别框架 Θ）　根据具体复杂系统确定所有的有限个可能结论，引入不确定性 θ 构成识别框架 Θ 为

$$\Theta = \{A_1, A_2, \cdots, A_n, \theta\} \tag{14.29}$$

式中，A_i 为识别命题可能的结果；θ 为不确定性。

定义 14.2（基本概率分配函数 $m(A)$）　单一证据源下任一命题 A 的 $m(A)$ 为

$$m : 2^{\Theta} \to [0,1] \tag{14.30}$$

$$m(\varnothing) = 0 \text{ 且 } \sum_{A \subseteq \Theta} m(A) = 1 \tag{14.31}$$

定义 14.3（信任函数 Bel(A)）　所有源信息对于整个决策的最低支持度一般用信任函数 Bel(A)表示，有

$$\text{Bel}(A) = \sum_{B \subseteq A} m(B) \tag{14.32}$$

定义 14.4（似然函数 Pl(A)）　所有证据源或专家意见对任一命题 A 的最高支持度，包括所有对分配到"不确定性 θ"中的命题支持度之和可表示为

$$\text{Pl}(A) = \sum_{A \cap B \neq \varnothing} m(B) \tag{14.33}$$

综上，可以确定出任一命题 A 在 DS 证据融合理论中的置信区间如图 14.15 所示，其区间划分显然有

$$\text{Pl}(A) \geqslant \text{Bel}(A), \quad \text{Pl}(A) = 1 - \text{Bel}(A) \tag{14.34}$$

定义 14.5（Dempster 合成规则）　对两个证据 B 和 C 的计算公式为

$$m(A) = (m_1 \oplus m_2)(A) = \frac{1}{K} \sum_{B \cap C = A} m_1(B) m_2(C) \tag{14.35}$$

$$K = \sum_{B \cap C \neq \varnothing} m_1(B) m_2(C) \tag{14.36}$$

式中，K 表示两个证据源中所有相互支持的 m 函数乘积之和，即两个证据源间的冲突程度，值越小冲突越小。此外，在实际的计算过程中，两个证据源在该组合规则下的运算可按表 14.20 进行。

表 14.20　证据理论运算规则表

$m^{n,n+1}$		证据源 B		
		$\{H_n\} m_2^n$	$\{H_{n+1}\} m_2^{n+1}$	$\{\theta\} m_2^\theta$
证据源 C	$\{H_n\} m_1^n$	$\{H_n\} m_1^n m_2^n$	$\{\theta\} m_1^n m_2^{n+1}$	$\{H_n\} m_1^n m_2^\theta$
	$\{H_{n+1}\} m_1^{n+1}$	$\{\theta\} m_1^{n+1} m_2^n$	$\{H_{n+1}\} m_1^{n+1} m_2^{n+1}$	$\{\theta\} m_1^{n+1} m_2^\theta$
	$\{\theta\} m_1^\theta$	$\{H_n\} m_1^\theta m_2^n$	$\{H_{n+1}\} m_1^\theta m_2^{n+1}$	$\{\theta\} m_1^\theta m_2^\theta$

定义 14.6（决策规则）　完成以上步骤后，根据设定的判断准则进行推理，以便得到复杂系统最终的决策输出。基本的决策规则如下所示。

规则 I：$m(A_{\max 1}) = \max\{m(A_i), i \subset \Theta\}$，采用常见最大 BPA 进行决策输出。

规则 II：$m(A_{\max 1}) - m(A_{\max 2}) > \varepsilon_1$，只有在命题获得的概率比所有其他命题都高许多的情况下，才能说明该最大概率对应的命题是正确决策。

规则 III：$m(\theta) < \varepsilon_2$，即融合证据后的"不确定"概率不应过大，否则失去了融合决策的意义。

在证据冲突较小，即证据都倾向于一种或多种因素，而不是出现两种极端偏差时，DS 证据融合理论组合规则能够向确定性较高的因素靠拢。但是，在证据冲突较大，甚至完全对立时，由于 DS 证据融合理论将冲突全部丢弃，达不到融合效果，结论常常与事实不符。如在文献[8]、[9]、[41]和[42]中，引入 DS 证据融合理论进行融合决策，都出现了无法决策的测试样本。结合国内外的相关理论，本书对该问题提出了相应的对策，改进了 DS 证据融合理论，引进证据相容度的概念。

定义 14.7（证据相容度）　同样依照前面的评估框架 Θ，两条证据的概率分配 $m_i(A_k)$ 和 $m_j(A_k)$ 关于 A_k 的相容系数可定义为

$$C_{i,j}(A_k) = \frac{m_i(A_k) \times m_j(A_k)}{[m_i(A_k)^2 + m_j(A_k)^2]/2} \tag{14.37}$$

若其中一条证据为 0，证明其中一条证据源否定当前判断，此时式 (14.37) 相容系数计算为 0，表明两条证据不相容，证据源高度冲突；若两条证据大小相等，相容系数为 1，说明两个证据源都可信。因此，相容系数为 0～1，两个证据源之间的相容系数越大，代表两个证据源判定的结果越可信。

假设存在 n 个证据源，根据式 (14.37) 分别计算各证据源之间的相容系数。由证据源之间的两两相容系数组成的相容矩阵为

$$\begin{bmatrix} C_{1,1} & C_{1,2} & \cdots & C_{1,n} \\ C_{2,1} & C_{2,1} & \cdots & C_{2,n} \\ \vdots & \vdots & & \vdots \\ C_{n,1} & C_{n,1} & \cdots & C_{n,n} \end{bmatrix} \tag{14.38}$$

该矩阵表明了两个证据源之间的支持度，证据的支持度越高，相容度就越高，这也符合实际计算规律。此外，每个证据源的绝对相容度为

$$S_i(A_k) = \sum_{j=1, i \neq j}^{n} M_{i,j}(A_k) \tag{14.39}$$

理想情况是希望所有证据源都相等，相容系数都为 1，对于 n 条证据源，理想的相容度为 $n-1$，可信度为

$$L_i(A_k) = \frac{S_i(A_k)}{n-1} \tag{14.40}$$

这样，在进行 DS 证据融合前将获得的基本概率分配函数乘以可信度 $L_i(A_k)$，也即可信度作为基本概率赋值的权重，然后依据证据融合规则重新进行计算。

14.4　实 例 分 析

1. 案例一

基于前文构建的状态评估模型与流程进行测试。在实验室环境内设置金属突出物的绝缘缺陷，在外施电压为 30kV 的情况下，首先用 IEC 60270 测量 PD 放电量约为 15pC，可以判定此时为危险状态。然后，用 UHF 传感器与超声波传感器采集一定量的 PD 脉冲信号，利用相应的特征提取方式计算选定的评估值。此外，在 PD 持续放电 96h 后，除分解组分含量数据外（表 14.21），所有采集的数据经以隶属度函数的最大边界归一化处理如表 14.22 与表 14.23 所示。

表 14.21　SF_6 分解组分含量

评估指标	SOF_2	SO_2F_2	CF_4	CO_2
量值/($\mu L/L$)	192.3	83.5	1.2	18.5

表 14.22　UHF PD 评估指标参数值

评估指标	v_1	v_2	v_3	v_4	v_5	v_6	v_7	v_8	v_9
量值	0.456	0.389	0.562	0.798	0.695	0.662	0.776	0.568	0.687

表 14.23　超声 PD 评估指标参数值

评估指标	v_{10}	v_{11}	v_{12}
量值	0.543	0.422	0.389

由于选用的是实验室环境下的数据，该案例中不考虑 SF_6 气体绝缘装备中微水含量与泄漏值这两个特征量，评估过程中只需要计算三个 PD 源信息的评估结果融合。根据前文求得的隶属度函数，将 UHF PD 评估特征量样本数据代入模糊隶属度函数，求得模糊隶属度矩阵为

$$\boldsymbol{R}_1 = \begin{bmatrix} 0 & 0.813 & 0.187 \\ 0 & 0.554 & 0.446 \\ 0 & 0.389 & 0.611 \\ 0 & 0.425 & 0.575 \\ 0 & 0.333 & 0.667 \\ 0 & 0.561 & 0.449 \\ 0 & 0.219 & 0.781 \\ 0 & 0.336 & 0.664 \\ 0 & 0.127 & 0.883 \end{bmatrix}$$

UHF PD 评估指标对应的权重系数为 V_1=[0.1043 0.066 0.0926 0.0755 0.0958 0.1304 0.1258 0.1332 0.1764]，由模糊评判规则可以计算得到评估矩阵为

$$\boldsymbol{B}_1 = \boldsymbol{V}_1 \circ \boldsymbol{R}_1 = [0 \quad 0.3892 \quad 0.6138] \tag{14.41}$$

同样，将超声 PD 评估指标的样本数据代入对应模糊隶属度函数，求得超声 PD 指标的模糊隶属度矩阵为

$$\boldsymbol{R}_2 = \begin{bmatrix} 0 & 0.167 & 0.833 \\ 0 & 0.245 & 0.755 \\ 0 & 0.451 & 0.549 \end{bmatrix}$$

超声 PD 评估指标对应的权重系数为 V_2=[0.4112 0.3642 0.2246]，由模糊评判规则可以计算得到评估矩阵为

$$\boldsymbol{B}_2 = \boldsymbol{V}_2 \circ \boldsymbol{R}_2 = [0 \quad 0.2592 \quad 0.7408] \tag{14.42}$$

同样，将 SF_6 分解组分含量比值的四个评估指标代入模糊隶属度函数，求得 SF_6 分解组分指标的模糊隶属度矩阵为

$$\boldsymbol{R}_3 = \begin{bmatrix} 0 & 0.577 & 0.423 \\ 0 & 0.821 & 0.179 \\ 0 & 0.432 & 0.568 \\ 0 & 0.719 & 0.281 \end{bmatrix}$$

SF_6 分解组分评估指标对应的权重系数为 V_3=[0.2217 0.3512 0.1963 0.2308]，由模糊评判规则可以计算得到评估矩阵为

$$B_3 = V_3 \circ R_3 = [0 \quad 0.6668 \quad 0.3332] \tag{14.43}$$

在处理三个证据源的原始概率分配时，直接根据模糊综合评判公式所计算的三个评估矩阵结果 B_1、B_2 和 B_3，其中各信息源的置信度是根据前文中三类 PD 源信息在各绝缘缺陷产生 PD 程度评估时的平均评估准确率。评估准确率反映了该类别信息的可信度，此处分别设置为 0.92、0.90 和 0.85。因此，改进的 DS 证据融合实现过程如下。

（1）评估框架构建：$\Theta=\{$H1-轻微；H2-注意；H3-危险$\}$。

（2）BPA 赋值：以 UHF、超声和 SF_6 分解组分三种源信息的评估矩阵 M_r，求解其值作为基本的概率分配值，即

$$M_r(H) = \begin{bmatrix} 0 & 0.3892 & 0.6138 \\ 0 & 0.2592 & 0.7408 \\ 0 & 0.6668 & 0.3332 \end{bmatrix}$$

（3）置信度系数的选取：本书以历史数据即前文的大量实验监测数据在 PD 程度评估的性能为依据。直接选取各 PD 程度下的 PD 数据，用三类评估指标进行 PD 程度评估测试，计算基于历史数据下三类评估指标的平均评估准确率，将其作为三类源信息的可信度：$\alpha_1=0.92$、$\alpha_2=0.90$ 和 $\alpha_3=0.85$。

（4）证据合成：依据式（14.35）和式（14.36）所示的合成规则，合成三种源信息的 BPA，融合前后的结果如表 14.24 所示。

表 14.24　UHF、超声与 SF_6 分解组分的基本概率分配

状态类别	BPA			
	UHF 源信息	超声源信息	SF_6 分解组分源信息	证据融合
$m_r(\text{H1})$	0	0	0	0
$m_r(\text{H2})$	0.358	0.2332	0.5668	0.2271
$m_r(\text{H3})$	0.5646	0.6667	0.2832	0.4688
$m_r(\theta)$	0.08	0.10	0.15	0.053

（5）证据相容性改进融合：根据式（14.37）～式（14.40）计算三个证据源之间的相容系数，从而构成相容性矩阵，再依据样本数据计算得到三个源信息的相容度均约等于 1。因此，直接将 BPA 值代入融合计算。

利用式（14.37）计算，分别得到状态 H1、状态 H2 和状态 H3 对应的证据相容矩阵 $C(\text{H1})$、$C(\text{H2})$ 和 $C(\text{H3})$ 如下：

$$C(\text{H1}) = \begin{bmatrix} 1 & 1 & 1 \\ 1 & 1 & 1 \\ 1 & 1 & 1 \end{bmatrix}$$

$$C(\text{H2}) = \begin{bmatrix} 1 & 0.91 & 0.90 \\ 0.91 & 1 & 0.71 \\ 0.90 & 0.71 & 1 \end{bmatrix}$$

$$C(\text{H3}) = \begin{bmatrix} 1 & 0.98 & 0.79 \\ 0.98 & 1 & 0.72 \\ 0.79 & 0.72 & 1 \end{bmatrix}$$

然后利用式(14.39)计算绝对相容度，得到每个证据源的可信度。对于状态 H1，三个证据源的可信度分别为 $L_1(\text{H1})=1$、$L_2(\text{H1})=1$ 和 $L_3(\text{H1})=1$；对于状态 H2，三个证据源的可信度分别为 $L_1(\text{H2})=0.905$、$L_2(\text{H2})=0.81$ 和 $L_3(\text{H2})=0.805$；对于状态 H3，三个证据源的可信度分别为 $L_1(\text{H1})=0.885$、$L_2(\text{H2})=0.85$ 和 $L_3(\text{H3})=0.755$。然后将可信度作为权重代入表 14.25 中，得出改进后的 BPA 值。

表 14.25　计及证据相容度的 UHF、超声与 SF$_6$ 分解组分的 BPA

状态类别	BPA			
	UHF 源信息	超声源信息	SF$_6$ 分解组分源信息	证据融合
$m_r(\text{H1})$	0	0	0	0
$m_r(\text{H2})$	0.3239	0.1889	0.4562	0.1252
$m_r(\text{H3})$	0.4996	0.5667	0.1865	0.3748
$m_r(\theta)$	0.0800	0.1000	0.1500	0.0053

(6)推理决策：基于以上三种源信息融合得到的 BPA 是对 GIS 设备绝缘状态的概率输出，进一步通过决策规则来确定最终输出。决策规则 I 是证据融合后概率输出最大的状态等级作为最终绝缘状态判定结果；决策规则 II 是最终评估的绝缘状态对应的概率输出必须大于不确定性的概率；决策规则 III 是最终必须保证 $m(H_{\max1}) - m(H_{\max2}) > \varepsilon$，该条规则表明只有当最终输出状态的概率 $m(H_{\max1})$ 相较其他状态概率 $m(H_{\max2})$ 足够明显，最终输出的评估结果才能被接受。

本案例中，根据状态评估过程的实际需要，ε 取值为 0.2，改进前后都能得到危险状态的评估结果。但如果 ε 取值为 0.25，改进前的融合无法得出评估结果。

根据实验时施加电压等级以及实验中测得的放电量情况判断实际的绝缘状态为危险状态，与 DS 证据融合理论的评估结果一致，可以判定该评估结果正确。如果仅依据 SF$_6$ 分解组分数据进行初判，结果仅为注意状态，这与实际情况不相符。通过上述多源信息融合评估判断，有效地规避了单源信息评估可能带来的误判。

2. 案例二

依托相关的 GIS 设备绝缘监测工程项目，在现场开展了大量 GIS 绝缘故障监测实验，获取评估模型的关键参数。通过采集得到的现有故障状态下 GIS 气室间隔内的数据样本，用现场运行经验评估分析，对间隔内 GIS 的绝缘状态判断为注意状态。

利用本书介绍的状态评估方法进行评估，首先收集 GIS 气室间隔内的现场数据信息，即分别采集 UHF 数据、超声数据和 SF_6 分解组分数据以及现场的微水含量和气体泄漏值监测信息。按照案例一的处理方法，计算融合 PD 危害性的评估结果，然后根据层次分析法得到作为信息可信度的权重系数，评估矩阵作为第二层融合决策的 BPA 值，进行数据的二次融合。其中，微水含量测试结果显示 $c(H_2O)=212\mu L/L$，测得 GIS 设备该间隔内的 SF_6 气体泄漏值为 $0.49\mu L/L$。

用上述状态评估方法得到 PD 危害性评估融合结果为

$$\boldsymbol{B}_1 = \boldsymbol{V}_1 \circ \boldsymbol{R}_1 = [0.1224 \quad 0.7835 \quad 0.1031] \tag{14.44}$$

SF_6 气体绝缘性能评估结果为

$$\boldsymbol{B}_2 = \boldsymbol{V}_2 \circ \boldsymbol{R}_2 = [0.625 \quad 0.336 \quad 0.039] \tag{14.45}$$

最终 DS 证据融合决策结果为注意状态，决策正确。

由该组实例可以看出，尽管该设备内原始存在的绝缘缺陷已经危害设备绝缘部分的健康运行，但利用气体绝缘性能部分的数据，不能有效反映设备的绝缘问题。通过多源信息融合评估判断技术，最终判定为需要注意的状态，有效做到了多源信息的互补，充分体现了多源信息融合监测的优势。

参 考 文 献

[1] 唐炬, 张晓星, 曾福平. 组合电器设备局部放电特高频检测与故障诊断[M]. 北京: 科学出版社, 2016.

[2] Tang J, Jin M, Zeng F P, et al. Assessment of PD severity in gas-insulated switchgear with an SSAE[J]. IET Science, Measurement & Technology, 2017, 11 (4): 423-430.

[3] 唐炬, 杨东, 曾福平, 等. 基于分解组分分析的 SF_6 设备绝缘故障诊断方法与技术的研究现状[J]. 电工技术学报, 2016, 31 (20): 41-54.

[4] Tang J, Liu F, Zhang X X, et al. Partial discharge recognition through an analysis of SF_6 decomposition products part 1: Decomposition characteristics of SF_6 under four different partial discharges[J]. IEEE Transactions on Dielectrics and Electrical Insulation, 2012, 19 (1): 29-36.

[5] Tang J, Liu F, Meng Q H, et al. Partial discharge recognition through an analysis of SF_6 decomposition products part 2: Feature extraction and decision tree-based pattern recognition[J]. IEEE Transactions on Dielectrics and Electrical Insulation, 2012, 19(1): 37-44.

[6] Suresh S D R, Usa S. Cluster classification of partial discharges in oil-impregnated paper insulation[J]. Advances in Electrical and Computer Engineering, 2010, 10(1): 90-93.

[7] Masud A A, Stewart B G, McMeekin S G. An investigative study into the sensitivity of different partial discharge ϕ-q-n pattern resolution sizes on statistical neural network pattern classification[J]. Measurement, 2016, 92: 497-507.

[8] 陶加贵. 组合电器局部放电多信息融合辨识与危害性评估研究[D]. 重庆: 重庆大学, 2013.

[9] 金淼. 基于多源局部放电信息融合的气体绝缘装备绝缘状态评估研究[D]. 武汉: 武汉大学, 2018.

[10] Peng H C, Long F H, Ding C. Feature selection based on mutual information: Criteria of max-dependency, max-relevance, and min-redundancy[J]. IEEE Transactions on Pattern Analysis & Machine Intelligence, 2005, 27(8): 1226-1238.

[11] Lin Y J, Hu Q H, Liu J H, et al. Multi-label feature selection based on max-dependency and min-redundancy[J]. Neurocomputing, 2015, 168(C): 92-103.

[12] Ahmad F, Isa N A M, Hussian Z, et al. A GA-based feature selection and parameter optimization of an ANN in diagnosing breast cancer[J]. Pattern Analysis and Applications, 2015, 18(4): 861-870.

[13] Xu Y, Ding Y X, Ding J, et al. Mal-Lys: Prediction of lysine malonylation sites in proteins integrated sequence-based features with mRMR feature selection[J]. Scientific Reports, 2016, 6: 38318.

[14] 李扬, 顾雪平. 基于改进最大相关最小冗余判据的暂态稳定评估特征选择[J]. 中国电机工程学报, 2013, 33(34): 179-186, 27.

[15] Ashkezari A D, Ma H, Saha T K, et al. Investigation of feature selection techniques for improving efficiency of power transformer condition assessment[J]. IEEE Transactions on Dielectrics & Electrical Insulation, 2014, 21(2): 836-844.

[16] Reshef D N, Reshef Y A, Finucane H K, et al. Detecting novel associations in large data sets[J]. Science, 2011, 334(6062): 1518.

[17] 孙广路, 宋智超, 刘金来, 等. 基于最大信息系数和近似马尔科夫毯的特征选择方法[J]. 自动化学报, 2017, 43(5): 795-805.

[18] 韩崇昭, 朱洪艳, 段战胜, 等. 多源信息融合[M]. 北京: 清华大学出版社, 2010.

[19] 姜万录, 刘思远. 多特征信息融合的贝叶斯网络故障诊断方法研究[J]. 中国机械工程, 2010, 21(8): 940-945, 967.

[20] 金虎. 基于多参量的GIS局部放电发展过程研究及严重度评估[D]. 北京: 华北电力大学, 2014.

[21] 唐炬, 曾福平, 张晓星. 基于组分分析的 SF_6 气体绝缘装备故障诊断技术[M]. 北京: 科学出版社, 2017.

[22] Zeng F P, Zhang M X, Yang D, et al. Hybrid numerical simulation of decomposition of SF_6 under negative DC partial discharge process[J]. Plasma Chemistry and Plasma Processing, 2019, 39(1): 205-226.

[23] Wu S Y, Zeng F P, Tang J, et al. Triangle fault diagnosis method for SF_6 gas insulated equipment[J]. IEEE Transactions on Power Delivery, 2019, 34(4): 1470-1477.

[24] Zeng F P, Wu S Y, Lei Z C, et al. SF_6 fault decomposition feature component extraction and triangle fault diagnosis method[J]. IEEE Transactions on Dielectrics and Electrical Insulation, 2020, 27(2): 581-589.

[25] Tang J, Zeng F P, Pan J Y, et al. Correlation analysis between formation process of SF_6 decomposed components and partial discharge qualities[J]. IEEE Transactions on Dielectrics and Electrical Insulation, 2013, 20(3): 864-875.

[26] Dong Y L, Tang J, Zeng F P, et al. Features extraction and mechanism analysis of partial discharge development under protrusion defect[J]. Journal of Electrical Engineering & Technology, 2015, 10(1): 344-354.

[27] 赵丽. 改进的 GSA-BP 算法及其在 GIS 局部放电识别中的应用[D]. 广州: 华南理工大学, 2013.

[28] 曾孝平, 郑雅敏, 李勇明, 等. 基于多准则的链式智能体遗传算法用于特征选择[J]. 计算机应用研究, 2008, 25(5): 1315-1318, 1322.

[29] 韩建松, 吴贵芳, 徐科, 等. 遗传算法在缺陷特征选择中的研究[J]. 计算机工程与应用, 2009, 45(15): 241-244.

[30] Tang B W, Tang J, Liu Y L, et al. Comprehensive evaluation and application of GIS insulation condition part 1: Selection and optimization of insulation condition comprehensive evaluation index based on multi-source information fusion[J]. IEEE Access, 2019, 7(1): 88254-88263.

[31] Tang B W, Sun Y Z, Wu S Y, et al. Comprehensive evaluation and application of GIS insulation condition part 2: Construction and application of comprehensive evaluation model considering universality and economic value[J]. IEEE Access, 2019, 7(1): 129127-129135.

[32] 廖瑞金, 张镱议, 黄飞龙, 等. 基于可拓分析法的电力变压器本体绝缘状态评估[J]. 高电压技术, 2012, 38(3): 521-526.

[33] 廖瑞金, 黄飞龙, 杨丽君, 等. 变压器状态评估指标权重计算的未确知有理数法[J]. 高电压技术, 2010, 36(9): 2219-2224.

[34] 廖瑞金, 黄飞龙, 杨丽君, 等. 多信息量融合的电力变压器状态评估模型[J]. 高电压技术, 2010, 36(6): 1455-1460.

[35] 周渺, 徐智, 廖瑞金, 等. 基于云理论和核向量空间模型的电力变压器套管绝缘状态评估[J]. 高电压技术, 2013, 39(5): 1101-1106.

[36] Liao R J, Zheng H B, Grzybowski S, et al. An integrated decision-making model for condition assessment of power transformers using fuzzy approach and evidential reasoning[J]. IEEE Transactions on Power Delivery, 2011, 26(2): 1111-1118.

[37] 胡泉伟, 吴磊, 季盛强, 等. 利用局部放电评价 GIS 设备典型缺陷危险性的研究[J]. 高压电器, 2012, 48(2): 19-22.

[38] 丁登伟, 高文胜, 刘卫东. GIS 中局部放电特高频信号与放电严重程度的关联分析[J]. 高压电器, 2014, (9): 6-11.

[39] Gao W S, Ding D W, Liu W D, et al. Investigation of the evaluation of the PD severity and verification of the sensitivity of partial-discharge detection using the UHF method in GIS[J]. IEEE Transactions on Power Delivery, 2014, 29(1): 38-47.

[40] Dreisbusch K, Kranz H G, Schnettler A. Determination of a failure probability prognosis based on PD-diagnostics in GIS[J]. IEEE Transactions on Dielectrics and Electrical Insulation, 2008, 15(6): 1707-1714.

[41] 李玲玲, 马东娟, 王成山, 等. DS 证据理论冲突处理新方法[J]. 计算机应用研究, 2011, 28(12): 4528-4531.

[42] 关昕, 郭俊萍, 王星. 基于改进 DS 理论的双重模糊信息安全评估[J]. 计算机工程与应用, 2017, 53(2): 112-117.